“十四五”职业教育江苏省规划教材
江苏省高职院校示范建设制药类专业优秀教材

制药设备使用与维护

杨成德 • 主编　　顾 准 • 主审

化学工业出版社
·北京·

本书以典型设备使用维护过程为依据，有效整合了制药工艺、药物制剂技术、制药化工过程与设备、制药安全技术等课程的部分内容，将化学合成制药工、药物制剂工中有关设备考核内容融入书中，按照原料药生产设备和制剂设备的使用规律进行编排，并选用典型制药设备的使用、维护、保养开展实训任务。任务实施中设有“能力目标”“知识目标”“实训设计”，任务前后设有“思考题”和“课后任务”，便于学生自主学习和教师选用。

本书采用将传统纸质教材与数字化教学资源融合一体编排的“富媒体”教材理念，为学生提供丰富的、可拓展的全新学习体验，也便于教师开展混合式教学。学生可以使用移动终端扫描二维码，随时随地观看彩图、视频、动画等多媒体素材。

本书可作为高等职业教育制药、化工、高分子、轻工、印染、材料等专业的教材和相关企业高技能人才的培训教材，也可供从事药剂研发和管理的技术人员参考。

图书在版编目（CIP）数据

制药设备使用与维护/杨成德主编.—北京：化学工业出版社，2017.5（2025.1重印）
高职高专“十三五”规划教材
ISBN 978-7-122-29314-5

Ⅰ.①制… Ⅱ.①杨… Ⅲ.①制药工业-化工设备-高等职业教育-教材 Ⅳ.①TQ460.3

中国版本图书馆CIP数据核字（2017）第055649号

责任编辑：提 岩 李 瑾
责任校对：王 静　　　　装帧设计：关 飞

出版发行：化学工业出版社（北京市东城区青年湖南街13号 邮政编码100011）
印　　刷：三河市航远印刷有限公司
装　　订：三河市宇新装订厂
787mm×1092mm 1/16 印张18 字数469千字 2025年1月北京第1版第9次印刷

购书咨询：010-64518888　　　　售后服务：010-64518899
网　　址：http://www.cip.com.cn
凡购买本书，如有缺损质量问题，本社销售中心负责调换。

定　　价：48.00元

前言

党的二十大报告指出，要实施科教兴国战略，强化现代化建设人才支撑。本书立足于高等职业教育的课程项目化改革，兼顾传统教学的理论学习，以典型设备使用维护过程为依据，以职业活动为导向，是为培养符合化学合成制药工、药物制剂工职业资格要求的高技术应用型人才的需要而编写的。

书中内容以国家职业资格标准为基础，贯穿职业能力的培养，突出技能教育特色，配合项目教学法，体现工学结合的教学思路，落实了“双证融通”的行业要求。编者通过深入研究制药行业的职业资格标准和大范围下厂调研，明确了企业对员工的知识、能力、素质结构的要求，在编写过程中力求把理论与实训统一起来，实现技能训练与理论学习的有机结合。通过项目化整体设计和实施设计，在具有职业活动特色的项目情境中贯穿学习内容，任务驱动教学活动，有效整合了制药工艺、药物制剂技术、制药化工过程与设备、制药安全技术等课程的部分资源，形成了“能力为本、任务训练、学生主体、职业活动导向、项目载体、课程一体化设计”的项目化教学体系和过程考核的教学模式，将制剂工考核内容融合于课程项目教学之中，工学结合，按认识规律进行梳理，打破理论与实践的界限，充分体现理实一体化。项目实施通过明确任务、技能实训、知识学习、实训总结、理论拓展等多个层次，分层次组织教学内容，每一层次均配有相应的试验工作任务，依托常规试验装置，实现多门课程的融合。

本书共设有原料药生产设备、制剂生产设备、包装设备三个方面的实训项目，每个项目均由任务驱动，带动自主学习，按照学时数匹配项目；项目中的实训任务可根据实际情况合并或者拆分，灵活处理，为教学或者技能培训服务。在每章的任务实施中设有“能力目标”“知识目标”“实训设计”，使学生明确学习内容、学习方式及应达到的课程实训标准；任务前后有“思考题”和“课后任务”，便于学生自主学习和教师选用。

本书采用将传统纸质教材与数字化教学资源融合一体编排的“富媒体”教材理念，为学生提供丰富的、可拓展的全新学习体验，也便于教师开展混合式教学。学生可以使用移动终端扫描二维码，随时随地观看彩图、视频、动画等多媒体素材。

本书由苏州健雄职业技术学院杨成德担任主编并统稿，编写了第一章、第二章、第七章、第十章、第十三章、第十四章，以及实训任务、附录；苏州健雄职业技术学院潘亚妮编写了第三章、第五章、第六章；苏州健雄职业技术学院杜晓晗编写了第四章；苏州健雄职业技术学院朱少晖编写了第八章、第十一章、第十二章；苏州健雄职业技术学院陆豪杰编写了第九章；苏州健雄职业技术学院陈雪峰编写了第十五章；苏州健雄职业技术学院顾准教授担任主审。天津渤海职业技术学院杨永杰教授、国药致君万庆公司高级工程师滕佳对本书的编写给予了很大帮助，在此一并致谢。

由于编者水平所限，书中不足之处在所难免，敬请广大读者不吝赐教。

编者

目录

第一章　制药设备概述 / 1

第二章　输送设备的使用与维护 / 8

第三章　传热设备的使用与维护 / 31

第四章　反应设备的使用与维护 / 43

第五章　分离设备的使用与维护 / 65

第六章　提纯设备的使用与维护 / 83

第七章　粉碎分级与混合设备的使用与维护 / 109

第八章　制药用水设备的使用与维护 / 133

第九章　灭菌与洁净设备的使用与维护 / 151

第十章　液体制剂设备的使用与维护 / 169

第十一章　固体制剂设备的使用与维护 / 194

第十二章　半固体等制剂设备的使用与维护　/ 221

第十三章　中药制剂设备的使用与维护　/ 235

第十四章　直接接触药品包装机械的使用与维护　/ 250

第十五章　药品外包装机械的使用与维护　/ 261

第一章

制药设备概述

制药工业是利润比较高、专利保护周密、竞争激烈的产业之一。欧美国家很早就实行了专利制度，对创新药物、药物生产工艺、新剂型、新配方都给予一定时期的专利保护。此外，一些大宗药品由于采用最新合成技术、自动化技术和规模生产，有些实现了原料药与其他化工原料或中间体一体化联合生产方式，从而大幅降低了生产成本，扩大了市场和应用领域，极大地增强了在国际市场上的竞争力。

化学合成药物自 20 世纪 30 年代磺胺药物问世以来发展迅速，各种类型持续涌现。40 年代抗生素的出现；50 年代激素类药物的应用，维生素类药物的工业化生产；60 年代新型半合成抗生素工业的崛起；70 年代新有机合成试剂、新技术的应用；80 年代生物技术兴起，使创新药物向疗效高、毒副作用小、剂量少的方向发展。

制药工业的发展速度不仅高于整个工业或化学工业的速度，而且世界上制药工业产品销售额已占化学工业各类产品的第二位或第三位，并已成为许多经济发达国家的重要产业；美国最有发展前途的十大产业中，制药工业名列第三；国际上，医药产品是国际交换量最大的十五类产品之一，也是世界出口总值增长最快的五类产品之一。

药物生产条件很复杂，从低温到高温，从真空到超高压，从易燃、易爆到剧毒、强腐蚀性物料等，千差万别。不同的生产条件对设备及其材质有不同的要求，先进的生产设备是产品质量的重要保证。因此，考虑设备来源及材质、加工在设计工艺路线时是必不可少的。同时，反应条件与设备条件之间是相互关联又相互影响的，只有使反应条件与设备条件有机地统一起来，才能有效地进行药物的工业生产。

我国的医药工业设备、工艺相对落后，在选择药物合成工艺路线时，对能显著提高收率，能实现机械化、连续化、自动化生产，有利于劳动防护和环境保护的反应，即使设备要求高、技术条件复杂，也应尽可能根据条件予以满足，使得技术改造和设备同步发展，使操作更加安全。

一、制药设备

从医药化工专业大类来看，制药设备可以简单划分为常用生产设备、制剂专用生产设备、包装设备和检测设备。本书重点讨论常用生产设备、制剂专用生产设备和包装机械。常用生产设备包括输送设备、传热设备、反应设备、分离和提纯设备、粉碎和混合设备等，这些设备或单独、或联合应用于原料药生产，或者应用于制剂和包装生产线。

（一）制药设备分类

一般来说，用于制药工艺过程的机械设备称为制药机械和制药设备。药品生产企业为进行生产所采用的各种机器设备统属于设备范畴，其中包括制药设备和非制药专用的其他设备。制药机械设备的生产制造在属性上应属于机械工业的子行业之一。

1. 制药机械分类

按照 GB/T 15692—2008，制药机械分为 8 类，包括 3000 多个品种规格。

（1）原料药设备及机械　实现生物、化学物质转化，利用动、植、矿物制取医药原料的工艺设备及机械。包括摇瓶机、发酵罐、搪玻璃设备、结晶机、离心机、分离机、过滤设备、提取设备、蒸发器、回收设备、换热器、干燥箱、筛分设备、淀粉设备等。

（2）制剂机械及设备　将药物制成各种剂型的机械与设备。包括颗粒剂机械、片剂机械、胶囊剂机械、粉针剂机械、小容量注射剂机械及设备、大容量注射剂机械及设备、丸剂机械、栓剂机械、软膏剂机械、口服液体制剂机械、气雾剂机械、眼用制剂机械、药膜剂机械等。

（3）药用粉碎机械　用于药物粉碎（含研磨）并使之符合药品生产要求的机械。包括万能粉碎机、超微粉碎机、锤式粉碎机、气流粉碎机、齿式粉碎机、超低温粉碎机、粗碎机、组合式粉碎机、针形磨、球磨机等。

（4）饮片机械　对天然药用动、植物进行选、洗、润、切、烘等方法制取中药饮片的机械。包括选药机、洗药机、烘干机、切药机、润药机、炒药机等。

（5）制药用水、气（汽）设备　采用各种方法制取药用纯水（含蒸馏水）的设备。包括多效蒸馏水机、热压式蒸馏水机、电渗析设备、反渗透设备、离子交换纯水设备、纯蒸汽发生器、水处理设备等。

（6）药品包装机械　完成药品包装过程以及与包装相关的机械与设备。包括小袋包装机、泡罩包装机、瓶装机、印字机、贴标签机、装盒机、捆扎机、拉管机、安瓿制造机、制瓶机、吹瓶机、铝管冲挤机、硬胶囊壳生产自动线。

（7）药物检测设备　检测各种药物制品或半成品的机械与设备。包括测定仪、崩解仪、溶出试验仪、融变仪、脆碎度仪、冻力仪。

（8）其他制药机械设备　辅助制药生产设备用的其他设备。包括空调净化设备、局部层流罩、送料传输装置、提升加料设备、管道弯头卡箍及阀门、不锈钢卫生泵、冲头冲模等。

2. 制剂机械分类

按照 GB/T 15692—2008，由前述按照剂型分为片剂机械、粉针剂机械等类。

（1）片剂机械　是将中西原料药与辅料经混合、造粒、压片、包衣等工序制成各种形状片剂的机械与设备。

（2）粉针剂机械　是将无菌生物制剂药液或粉末灌封于注射剂瓶内，制成注射针剂的机械与设备。

（3）大容量注射剂机械　是将无菌药液灌封于输液容器内，制成大剂量注射剂的机械与设备。

（4）丸剂机械　将药物细粉或浸膏与赋形剂混合，制成丸剂的机械与设备。

（5）栓剂机械　将药物与基质混合，制成栓剂的机械与设备。

（6）软膏剂机械　将药物与基质混匀，配成软膏，定量灌装于软管内的机械与设备。

（7）口服液体制剂机械　将药液灌封于口服液瓶内的机械与设备。

（8）气雾剂机械　将药物和抛射剂灌注于耐压容器中，使药物以雾状喷出的机械与设备。

（9）眼用制剂机械　将无菌药液灌封于容器内，制成滴眼药剂的机械与设备。

（10）药膜剂机械　将药物溶解于或分散于多聚物薄膜内的机械与设备。

（二）制药机械产品代码与型号

1. 制药机械产品代码

按《全国主要产品分类与代码》GB/T 7635—2002，制药机械代码共六层：前两层65 64，即机械产品［65］，制药机械［64］；第三层为制药机械的大类，如原料药设备及机械［10］，制剂机械［13］，药用粉碎机械［16］，饮片机械［19］等；第四层为区分各剂型机械的代码，如片剂机械［01］，水针剂机械［05］，大输液剂机械［13］，硬胶囊剂机械［17］等；第五层为按功能分类的代码，如片剂机械中压片机［05］；第六层按类型、结构分类，如压片机中单冲［01］，高速旋转压片机［09］，自动高速压片机［13］。例如高速旋转压片机代码为65 64 13 01 05 09，即第一层为机械产品［65］，第二层为制药机械［64］，第三层为制剂机械［13］，第四层为片剂机械［01］，第五层为压片机［05］，第六层为高速旋转压片机［09］。

2. 制药机械产品型号

制药机械产品型号的编制来源于行业标准《制药机械产品型号编制方法》，便于设备的销售、管理、选型与技术交流。其型号编制为主型号＋辅助型号。主型号：依次按制药机械分类名称、产品形式、功能及特征型号组成。辅助型号：主要参数、改进设计顺序号等。其格式为：制药机械分类名称代号及产品形式代号。

（三）制药设备发展动态

随着中国加入WTO（世界贸易组织）以及GAP（《中药材生产质量管理规范》）、GMP（《药品生产质量管理规范》）、GLP（《药品非临床研究质量管理规范》）、GSP（《药品经营质量管理规范》）等规范的实施，中国的制药工业得到了迅速发展，现在已有数万家制药企业和数千家保健品企业。而制药装备是制药行业发展的手段、工具和物质基础。我国制药设备行业通过科研开发、技术引进、消化吸收，制药设备产品的品种系列已基本满足医药企业的装备需要，总计已有3000多个品种规格。在这门类繁多的产品中，不但有先进的符合GMP要求的单机设备，还有整套全自动生产机组，不仅为国内医药企业的基本建设、技术改造、设备更新提供了大量的优质先进装备，还出口到美国、英国、日本、韩国、俄罗斯、泰国、印度尼西亚、马来西亚、菲律宾、巴基斯坦等30多个国家和地区。由于产品质量稳定可靠、售后服务及时、价格实惠，深受国内外用户的欢迎和青睐。

二、GMP与制药生产设备

当前是国内制药工业飞速发展的时代，制药设备种类繁多，制药设备发展的特点是向密闭、高效、多功能、连续化、自动化水平发展。因为密闭生产和多功能化，除可以提高生产效率、节省能源、节约投资外，更主要的是符合GMP要求，如防止生产过程对药物可能造成的各种污染以及可能影响环境和对人体健康造成危害等因素，所以制药企业的设备选型及其管理与产品质量及GMP的实施是息息相关的。

世界卫生组织（WHO）的《药品生产质量管理规范》（GMP，2012年版）对验证定义如下：证明任一程序、加工、设备、物料、活动或系统确实能达到预期结果的有文件证明的一系列行动。

GMP验证的内容包括厂房、设施与设备的验证，检验与计量的验证，生产过程的验证和产品验证。

通过这些验证要确认厂房是否达到设计的净化空调的要求；各个机器设备和系统的安装是否能够在规定的限度和偏差范围内稳定操作；设备运行是否达到规定的技术指标；各个系统的运行是否达到了事先设定的技术标准；相应的管理和维护规程是否已经建立；检验与质量相关的各种参数、措施、仪表、规程、标准等的适用性和可靠性，确认按规定的生产工艺生产的最终产品符合有效性和安全性的所有出厂要求，确认工艺是有效的、可重现的，为成品生产做最后的准备。

（一）GMP 对制药生产设备的要求

① 设备的设计、选型、安装应符合生产要求，易于清洗、消毒和灭菌，便于生产操作和维修、保养，并能防止差错或减少污染。

② 与药品直接接触的设备应光洁、平整，易清洗或消毒，耐腐蚀，不与药品发生化学变化或吸附药品。设备的传动部件要密封良好，防止润滑油、冷却剂等泄漏时对原料、半成品、成品和包装材料的污染。

③ 纯化水、注射用水的制备、储存和分配应能防止微生物的滋生和污染。储罐和输送管道所用材料应无毒、耐腐蚀。管道的设计和安装应避免死角、盲管。储罐和管道要规定清洗、灭菌周期。

④ 设备安装、维修、保养的操作不得影响产品的质量。

⑤ 对生产中发尘量大的设备如粉碎、过筛、混合、制粒、干燥、包衣等设备宜局部加设捕尘、吸粉装置和防尘围帘。

⑥ 无菌药品生产中，与药液接触的设备、容器具、管路、阀门、输送泵等应采用优质耐腐蚀材质，管路的安装应尽量减少连（焊）接处。过滤器材不得吸附药液组分和释放异物。禁止使用含有石棉的过滤器材。

⑦ 与药物直接接触的干燥用空气、压缩空气、惰性气体等均应设置净化装置。经净化处理后，气体所含微粒和微生物应符合规定的空气洁净度要求。干燥设备出风口应有防止空气倒灌的装置。

⑧ 无菌洁净室内的设备，除符合以上要求外，还应满足灭菌的需要。

本书在各个设备的介绍中尽量体现 GMP 要求。

（二）设备的安装应遵循的原则

① 在遵照安装操作规程的同时，采用适当的密封方式，保证洁净级别高的区域不受影响。

② 不同洁净等级房间之间，如采用传递带传递物料时，为防止交叉污染，传送带不宜穿越隔墙，而应在隔墙两边分段传送。对送至无菌区的传动装置则必须分段传递。

③ 对传动机械的安装应增加防震、消音装置，改善操作环境，动态测试时，洁净室内噪声不得超过 70dB。

④ 生产、加工、包装青霉素等强致敏性药物，某些甾体药物、高污性、有毒有害药物的生产设备必须分开专用。

⑤ 设备安装、保养的操作，不得影响生产及质量（距离、位置、设备控制工作台的设计应符合人类工程学原理）。

⑥ 洁净区内的设备，除特殊要求外，一般不宜设地脚螺栓。

（三）生产设备贯彻 GMP 的措施

① 制药生产设备对于实施 GMP 认证非常重要，加大对制药生产设备的研制力度和设计

能力，加强对生产制药设备的质量监控，使GMP的实施从设备源头抓起，是生产设备贯彻GMP的重要措施。

② 制药生产设备的设计、制造与材质的选择，应满足对原料、半成品、成品和包装材料无污染；与药品直接接触的设备应光洁、平整，易清洗或消毒，耐腐蚀；易于清洗、消毒和灭菌，便于生产操作和维修、保养，并能防止差错或减少污染。

③ 加强制药生产设备的验证制度。完善的验证是确保药品质量的关键因素之一。

④ 在GMP的要求下，设备的设计正在朝自动化、一体化方向发展。新型的制药机械设计成多工序联合或联动线以减少产品流转环节中的污染。有些产品在自动流转过程中，采用封闭装置或者在局部100级净化下及正压保护下防止外界空气对产品的污染。

新近开发的入墙层流式新型针剂灌装设备，机器与无菌室墙壁连接混合在一起，操作立面离墙壁仅500mm，当包装规格变动时，更换模具和导轨只需30min，检修可在隔壁非无菌区进行，维修时不影响无菌环境，既节省投资又更加保证了GMP的实施要求。

国外开发的非PVC多层共挤膜塑料袋输液生产线，集制袋、灌装、封口一次成型，只需加入合格的PVC材料颗粒，所有过程均在密闭无菌状态下进行，从工艺上彻底杜绝了外来污染的可能性。国产的大输液灌封联动线主要由不锈钢材质制成，由洗瓶机、灌封机两部分组成，既可分开又可联机使用。如水针洗烘灌封机、眼药水塑料吹塑灌装机等，都可设计成避免外界污染的形式。

（四）设备的清洗

制药企业的设备要求易于清洗。尤其是更换品种时，应对所有的设备和管道及容器等按规定进行拆洗和清洗。设备的清洗规程应遵循以下原则。

① 有明确的洗涤方法和洗涤周期。

② 明确关键设备的清洗验证方法。

③ 清洗过程及清洗后检查的有关数据要有记录并保存。

④ 无菌设备的清洗，尤其是直接接触药品的部位必须灭菌，并标明灭菌日期，必要时要进行微生物学验证。经灭菌的设备应在三天内使用。

⑤ 某些可移动的设备可移到清洗区进行清洗、灭菌。

⑥ 同一设备连续加工同一无菌产品时，每批之间要清洗灭菌；同一设备加工同一非灭菌产品时，至少每周或每生产三批后要按清洗规程全面清洗一次。

（五）设备的管理

药品生产企业必须配备专职或兼职设备管理人员，负责设备的基础管理工作，建立健全相应的设备管理制度。

① 所有设备、仪器仪表、衡器必须登记造册，注明生产厂家、型号、规格、生产能力、技术资料（说明书、设备图纸、装配图、易损件、备品清单）。

② 应建立动力管理制度，对所有管线、隐蔽工程绘制动力系统图，并由专人负责管理。

③ 设备、仪器的使用，应由企业指定专人制定标准操作规程（SOP）及安全注意事项。操作人员需经培训、考核，确定已掌握时才可操作。

④ 要制定设备保养、检修规程（包括维修保养职责、检查内容、保养方法、计划、记录等），检查设备润滑情况，确保设备经常处于完好状态，做到无跑、冒、滴、漏。

⑤ 保养、检修的记录应建立档案并由专人管理，设备安装、维修、保养的操作不得影响产品的质量。

⑥ 不合格的设备如有可能应搬出生产区。未搬出前应有明显标志。

三、药品包装机械

(一) 药品包装的作用

药品包装是药品生产的继续，是对药品施加的最后一道工序。药物制剂包装系指选用适宜的材料和容器，利用一定技术对药物制剂的成品进行分（灌）、封、装、贴签等加工过程的总称。对绝大多数药品来说，只有进行了包装，药品生产过程才算完成。一个（种）药品，从原料、中间体、成品、制剂、包装到使用，一般要经过生产和流通（含销售）两个领域。在整个转化过程中，药品包装起着重要的桥梁作用，有其特殊的功能。

1. 保护药品

药品包装应对药品质量起着保护作用。如避光、防潮、防霉、防虫蛀、避免与空气接触等，以提高药品的稳定性、延缓药品变质。药品包装应与药品的临床应用要求相配合。

药品包装应便于分发和账务统计，并应符合储运要求，能耐受运输过程中的撞击震动，保护药品不致破碎损失。

2. 方便流通和销售

包装要适应生产的机械化、专业化和自动化的需要，符合药品社会化生产的要求。要从储运过程和使用过程的方便性出发，考虑药品包装的尺寸、规格、形态等，既要适应流通过程中的仓储、货架、陈列的方便，也要适应临床过程中的摆设、室内的保管等；便于回收利用及绿色环保等；促进销售，提高附加值。药品包装是消费者购买的最好媒介，其消费功能是通过药品包装装潢设计来体现的。精巧的造型、醒目的商标、得体的文字、明快的色彩，均会对购药行为产生影响。

(二) 包装机械的分类

1. 按包装产品的类型分类

(1) 专用包装机　专门用于包装某一种产品的机器。

(2) 多用包装机　通过调整或更换有关工作部件，可以包装两种或两种以上产品的机器。

(3) 通用包装机　在指定范围内适用于包装两种或两种以上不同类型产品的机器。

2. 按包装机械的功能分类

包装机械按功能不同可分为：充填机械、灌装机械、裹包机械、封口机械、贴标机械、清洗机械、干燥机械、杀菌机械、捆扎机械、集装机械、多功能包装机械，以及完成其他包装作业的辅助包装机械。我国国家标准采用的就是这种分类方法。

(三) 包装生产线

由数台包装机和其他辅助设备联成的能完成一系列包装作业的生产线，即包装生产线。

在制药工业中，一般是按制剂剂型及其工艺过程进行分类。按照GB/T 15692—2008，药品包装机械分为药品直接包装机械、药品包装物外包装机械、药包材制造机械，制剂设备与包装设备的一体化趋势很明显，单独割裂是不可取的，本书分两章对药品直接包装机械、药品非直接包装机械加以介绍。

(四) 药用包装机械的组成

药用包装机械作为包装机械的一部分，主要由药品的计量与供送装置、包装材料的整理与供送系统、主传送系统、包装执行机构、成品输出机构、动力机与传送系统、控制系统、机身八个要素组成，是药用生产设备必不可少的一部分。

【思考题】

1. 为什么制药企业要实施 GMP？
2. 制药设备在 GMP 管理中应该注意哪些事项？

实训任务　认识制药企业与设备

能力目标：能够运用现代职业岗位的相关技能，调查该企业主要设备的使用要点和安全措施，对该企业的设备使用制度和使用规范，包括使用记录表、设备登记表、设备维护保养记录表、安全事项等进行评价。

知识目标：了解该企业主要设备的相关使用和维护方法，了解企业中主要设备的资讯，通过对设备资讯的对比和分析，理解企业对设备的管理和运行，掌握设备操作规程的编写要求和方法。

实训设计：以认识实习的要求，完成项目目标要求，提交认识调研报告。

一、操作规程

操作规程，又称作业规程，通常是指为设备、构件、装置或产品的设计、制造、安装、维修和使用制作的程序性文件，可以是一项标准或标准的一部分。在我国，对工艺、操作、安装等具体技术要求和实施程序所作的统一规定称作操作规程。操作规程是进行各类复杂操作的可执行文件，主要描述各类机械和设备的开停和切换规程、注意事项和安全措施等，需要严格按照统一的格式编制。

操作规程-视频

按照制药化工等行业惯例，要分级编写和建构其内容，对操作者和操作动作严格界定，语言规范，不能有歧义。一般分三级编写。

编制操作规程首先要明确“步骤”，然后归类总结出一级标题，其次对“步骤”进一步细化，补充动作的细节，描述“步骤”中包含的操作参数、规定指标、安全措施、检查要点以及微事故处理预案等，要求条理清晰，便于执行。

操作规程是制度性文件，应成立专门机构进行编制。

二、实训任务

（一）明确认识任务。理解知识目标、能力目标和实训设计。

（二）调查企业的主要设备。在教师指导下，查询该企业的设备概况。

（三）了解企业的设备运行和管理制度。查询该设备的相关知识。

（四）归纳总结。提交企业认识实习报告。

可以因地适时选择当地制药企业，通过实地参观调研，了解制药企业的设备概况，对主要设备的操作规程有明确的认识，理解制药设备对于制药企业的意义。提交认识调研报告。

【课后任务】

1. 查询制药企业设备管理制度。
2. 请列举几种常见的制剂设备。

第二章

输送设备的使用与维护

输送设备可以分为液体输送设备、气体输送设备、粉体输送设备等。在制药生产的各个环节中，为了满足工艺条件的要求，常需把流体从一处送到另一处，有时还需提高流体的压强或将设备造成真空，这就需采用为流体提供能量的输送设备，为液体提供能量的输送设备称为泵，为气体提供能量的输送设备称为风机及压缩机，它们都是药厂最常用的通用设备，也称为通用机械。

化工生产中被输送的流体是多种多样的，且在操作条件、输送量等方面也有较大的差别，所用的输送设备必须能满足生产上不同的要求。化工生产又多为连续过程，如果过程骤然中断，可能会导致严重事故，因此要求输送设备在操作上安全可靠。输送设备运行时要消耗动力，动力费用直接影响产品的成本，故要求各种输送设备能在较高的效率下运转，以减少动力消耗。为此，必须了解流体输送设备的操作原理、主要结构与性能，以便合理地选择和使用这些通用机械。

用于压缩和输送气体的气体输送设备应用极为广泛，可归结为下列三种用途：①将气体由甲处输送到乙处，气体的最初和最终压强不改变（用送风机）；②用来提高气体压强（用压缩机）；③用来降低气体（或蒸汽）压强（用真空泵）。

粉体输送是利用气流的能量，在密闭管道内沿气流方向输送颗粒状物料，是流态化技术的一种具体应用，又称作气力输送。气力输送装置结构简单、操作方便，可作水平的、垂直的或倾斜方向的输送，在输送过程中还可同时进行物料的加热、冷却、干燥和气流分级等物理操作或某些化学操作。与机械输送相比，此法能量消耗较大，被输送颗粒易破损，设备也容易被磨蚀。含水量多、有黏附性或在高速运动时易产生静电的物料，不宜进行气力输送。

第一节　输送设备简介

一、输送设备分类

液体输送设备的种类很多，按照工作原理的不同，分为离心泵、往复泵、旋转泵与旋涡泵等几种，其中，以离心泵在生产上应用最为广泛。

气体输送设备也可以按工作原理分为离心式、旋转式、往复式以及喷射式等；按出口压力（终压）和压缩比不同分为通风机、鼓风机、压缩机、真空泵。

根据颗粒在输送管道中的密集程度，气力输送分为：①稀相输送，固体含量低于或等于 $100kg/m^3$ 或固气比（固体输送量与相应气体用量的质量流率比）为 0.1～25 的输送过程，操作气速较高（18～30m/s）；②密相输送，固体含量高于 $100kg/m^3$ 或固气比大于 25 的输送过程，操作气速较低，采用较高的气压进行压送。密相输送的输送能力大，可输送较长距离，物料破损和设备磨损较小，能耗也较小。

粉体输送设备根据工作压力不同，可以分为吸送式和压送式两大类。吸送式根据系统的真空度，可分为低真空（真空度小于 9.8kPa）和高真空（真空度为 40～60kPa）等方式。压送方式根据系统作用压力，可分为高压［压力为（1～7）$\times10^5$Pa］和低压［压力在 0.5×10^5Pa 以下］等方式。此外还有在系统中既有吸送又有压送的混合系统、封闭循环系统（空气作闭路循环，物料可全部回收）和脉冲气力输送系统等。

二、输送系统简介

一个完整的输送系统中有若干输送设备和储存罐或者压力容器，其间由管路、管件、阀门、检测仪器设备等连接而成，能够承担各种物料的输送任务。

1. 管路与管件

化工管路主要由管子、管件和阀门构成，也包括一些附属于管路的管架、管卡、管撑等辅件。管件是用来连接管子，改变管路方向或直径，接出支路和封闭管路的管路附件的总称。

管件-图片

按照管材不同，管子分为金属管、非金属管和复合管。化工中最常用的是钢管（含碳），包括焊接钢管和无缝钢管。

2. 阀门

阀门是用来开启、关闭和调节流量及控制安全的机械装置。按阀体形式分为闸阀、截止阀、球阀、旋塞、隔膜阀、蝶阀等；按动作来源分为手动、气动和电动调节阀；还有一类自动作用阀，包括减压阀、安全阀、止回阀、疏水阀等。

闸阀的主要部件为一闸板，通过闸板的升降以启闭管路，这种阀门全开时流体阻力小，全闭时较严密。多用于大直径管路上作启闭阀，在小直径管路中也有用作调节阀的。不宜用于含有固体颗粒或物料易于沉积的流体，以免引起密封面的磨损和影响闸板的闭合。

截止阀-动画

截止阀的启闭件为阀瓣，由阀杆带动，沿阀座轴线做升降运动，流体自下而上通过阀座，流体阻力较大，但密闭性与调节性能较好；用于蒸汽、水、空气和真空管路，也可用于各种物料管路中，但不宜用于黏度大且含有易沉淀颗粒的介质。由于大量应用于蒸汽管路，所以有“气阀”之称。

球阀的阀芯呈球状，中间为一与管内径相近的连通孔，绕垂直于通路的轴线转动，结构简单，启闭迅速，操作方便，体积小，流体阻力小。缺点是高温时启闭困难，易磨损。适用于低温高压及黏度大的介质，但不宜用于调节流量。

隔膜阀的结构简单，便于维修，流体阻力小；不耐高温、高压，适用于 200℃ 以下、10MPa 压强以下的与橡胶不反应的各类流体（包括含固体颗粒的流体）。

蝶阀的启闭件为蝶板，绕固定轴转动；结构简单，体积小，操作简便、迅速，安装空间小。近十几年来，蝶阀制造技术发展迅速，其密封性及安全可靠性均已达到较高水平，因此，广泛应用于给水、油品及燃气管路。蝶阀可调节流量，部分取代了截止阀、闸阀、球阀。

止回阀是一种根据阀前、后的压力差自动启闭的阀门，其作用是使介质只作一定方向的流动，其分为升降式和旋启式两种，安装时应注意介质的流向与安装方向。止回阀一般适用于清洁介质，常用在泵的进口管路和蒸汽管路的给水管路上。止回阀的作用是使流体只作一个方向的流动，自动工作。

止回阀-动画

减压阀是自动降低管路工作压力的专门装置，可将阀前管路较高的压力减少至阀后管路所需水平。安全阀是锅炉、压力容器和其他受压设备上的重要安全附件，由阀前介质静压力驱动的自动泄压装置，用于蒸汽、气体场合。

呼吸阀是由压力阀和真空阀组成的组合阀系统，一般安装于储罐透气管上，能随储罐内气相压强正负变化而自动启闭，使储罐内外压强差保持在允许值范围内。压力阀是在一定压强下自动打开，低于此压强值则关闭，类似于安全阀。

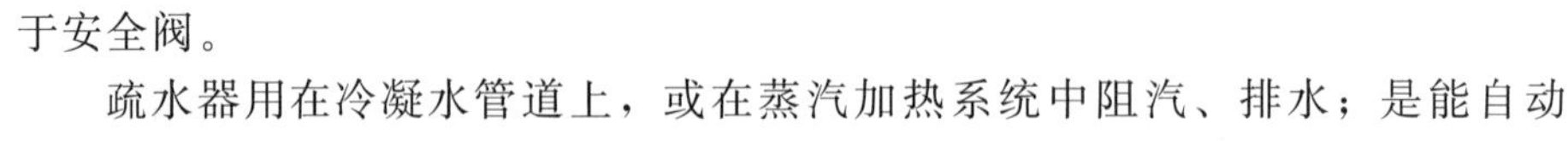

减压阀-动画

疏水器用在冷凝水管道上，或在蒸汽加热系统中阻汽、排水；是能自动间歇排除冷凝液，并自动阻止蒸汽排出的机械装置。

3. 容器

内部或外部承受气体或液体压力，并对安全性有较高要求的密封容器，又称作压力容器。按承受压力的等级分为：低压容器、中压容器、高压容器和超高压容器。按盛装介质分为：非易燃、无毒；易燃或有毒；剧毒。按工艺过程中的作用不同分为以下四类。

压力容器-图片

（1）反应压力容器（代号R） 主要是用于完成介质的物理、化学反应的压力容器，如反应器、反应釜、分解锅、硫化罐、分解塔、聚合釜、高压釜、超高压釜、合成塔、变换炉、蒸煮锅、蒸球、蒸压釜、煤气发生炉等。

（2）换热压力容器（代号E） 主要是用于完成介质的热量交换的压力容器，如管壳式余热锅炉、热交换器、冷却器、冷凝器、加热器、消毒锅、染色器、烘缸、蒸炒锅、预热锅、溶剂预热器、蒸锅、蒸脱机、电热蒸汽发生器、煤气发生炉水夹套等。

（3）分离压力容器（代号S） 主要是用于完成介质的流体压力平衡缓冲和气体净化分离的压力容器，如分离器、过滤器、集油器、缓冲器、洗涤器、吸收塔、铜洗塔、干燥塔、汽提塔、分汽缸、除氧器等。

（4）储存压力容器（代号C，其中球罐代号B） 主要是用于储存、盛装气体、液体、液化气体等介质的压力容器，如各种形式的储罐。

在一种压力容器中，如同时具备两个以上的工艺作用原理时，应当按工艺过程中的主要作用来划分品种。

压力容器的设计压力（p）划分为低压、中压、高压和超高压四个压力等级：①低压（代号L）$0.1\text{MPa} \leqslant p < 1.6\text{MPa}$；②中压（代号M）$1.6\text{MPa} \leqslant p < 10.0\text{MPa}$；③高压（代号H）$10.0\text{MPa} \leqslant p < 100.0\text{MPa}$；④超高压（代号U）$p \geqslant 100.0\text{MPa}$。

压力容器必须进行检验，也称运行中检查，检查的主要内容有：压力容器外表面有无裂纹、变形、泄漏、局部过热等不正常现象；安全附件是否齐全、灵敏、可靠；紧固螺栓是否完好、全部旋紧；基础有无下沉、倾斜以及防腐层有无损坏等异常现象。外部检查既是检验人员的工作，也是操作人员日常巡回检查项目。发现危及安全现象（如受压元件产生裂纹、变形、严重泄渗等）应予停运并及时上报；压力容器内外部检验必须在停车和容器内部清洗干净后才能进行。

由于介质的腐蚀性、反应条件忽冷忽热、运输、使用、人为等问题，压力容器要定期按照规范进行维护；压力容器价格较高，微小损坏时没有必要整台设备更新，可选用合适的修补法进行修补，避免造成停产、安全事故及环境污染等不可预计的损失。

4. 泵

为满足多种输送任务的要求，泵的形式繁多。根据泵的工作原理划分为：①动力式泵，又称叶片式泵，包括离心泵、轴流泵和旋涡泵等，这类泵产生的压力随输送流量而发生变化；②容积式泵，包括往复泵、齿轮泵和螺杆泵等，这类泵产生的压力几乎与输送流量无关；③流体作用泵，包括以高速射流为动力的喷射泵，高速射流可以是高压气体（通常为压缩空气），也可以是高速水流。

气动输送过程可描述如下，由气源来的低压空气，经调节阀（或减压阀）、蝶式止回阀、活动风管、喷嘴进入泵体扩散室内，当粉状或颗粒状物料由落料斗落下进入喷嘴与扩压器之间的高速气流区时，即被吹散；加之底部流化装置的作用，使物料流态化而成悬浮状态。此后即被高速气流送入扩压器的渐缩管内，流经喉部扩散管，进入输送管路，送至所要求的卸料点，即完成送料过程。

第二节　输送设备工作原理

在制药生产过程中经常遇到流体的输送问题，有时还需提高流体的压强或将设备造成真空，这就需采用为流体提供能量的输送设备。根据流体性质不同，流体输送设备分为液体输送设备和气体输送设备两类。为液体提供能量的输送设备称为泵，为气体提供能量的输送设备称为风机及压缩机，而气体的抽真空机械称为真空泵。

由于输送的物料性质各不相同，如有高黏度的、有强腐蚀的、有易燃易爆的或含固体悬浮物的等，而且要求的流量及扬程又不相同，因而有不同结构和特性的输送机械。目前，常用的液体输送设备，按工作原理不同可分为离心式、往复式、旋转式以及流体动力作用式等；而气体输送机械虽与液体输送机械的结构和操作原理相类似，但气体有可压缩性，当压力变化时会引起温度和密度的变化，因此气体的输送机械与液体的输送机械不同。

输送设备在输送系统中起着重要作用，门类繁多，操作规程各有特点，原理也不尽相同。

一、液体输送设备

为液体输送能量的设备称之为泵。因为流体在流动、输送过程中必有一部分能量损耗在流体阻力上，为了保证工艺条件所要求的流速和流量，就需要泵提供一定的机械能，以克服液体的阻力。泵的种类很多，有离心泵、往复泵、转子泵（旋转泵）与旋涡泵等。其中，离心泵的构造比较简单，价格便宜，安装使用也方便，在生产上应用最为广泛，占制药化工用泵的 80%～90%。

（一）离心泵的结构和工作原理

图 2-1 所示为离心泵的基本结构。主要部件有叶轮和泵壳（又称蜗壳）。其中，叶轮一般由若干片向后弯曲的叶片所组成，密封并紧固在泵壳内的泵轴上，叶片间是流体通过的通

离心泵工作原理-动画

道；泵壳为一螺旋蜗壳，液体吸入口位于轴心处，与吸入管路相连接，排出口则位于泵壳切线方向，与排出管路相连接。在吸入管路的末端装有带滤网的底阀，滤网的作用是防止杂物进入管路和泵壳。排出管上装有调节阀，用以调节泵的流量，通常还装有止逆阀，以防止停车时液体倒流入泵壳内而造成事故。当电机通过泵轴带动叶轮转动时，液体便经吸入管从泵壳中心处被吸入泵内，然后经排出管从泵壳切线方向排出。离心泵输送液体的过程就是由吸入和排出两个过程组成的。

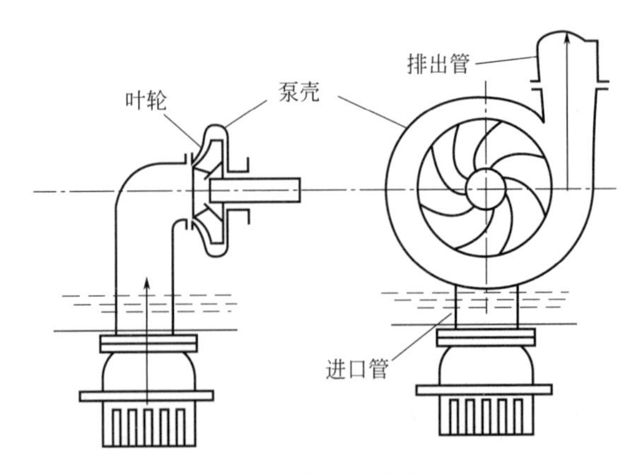

图 2-1　离心泵示意图

当泵内液体从叶轮中心被甩出时，在叶轮中心处形成了一定真空的低压区。这样，造成了吸入管储槽液面与叶轮中心处的压差。在此静压差的作用下，液体便沿着吸入管连续地进入叶轮中心，以补充被排出的液体。由此可见，离心泵之所以能输送液体主要是依靠叶轮不断地高速旋转，使液体在离心力的作用下获得了能量以提高压力。只有在泵壳内充满液体时，液体从叶轮中心流向边缘后，在叶轮中心处才能形成低压区，泵才能正常和连续地输送液体。为此，在离心泵启动前，需先用被输送的液体把泵灌满，称作灌泵。启动后，高速旋转的叶轮带动叶片间的液体做旋转运动。在离心力的作用下，液体便从叶轮中心被甩向叶轮边缘，流速可增大至15～25m/s，动能得到增加。当液体进入泵壳之后，由于蜗壳形泵壳中的流道逐渐扩大，流速逐渐降低，一部分动能转变为静压能，于是液体以较高的压力被压出。

离心泵启动时，如果泵壳与吸入管路内没有充满液体，则泵壳内存有空气。由于空气的密度小于液体的密度，产生的离心力小，因而，叶轮中心处所形成的低压不足以将储槽内的液体吸入泵内。此时虽启动离心泵也不能输送液体，这种现象称为“气缚”。气缚表示离心泵无自吸能力。通常，在吸入管末端安装底阀，目的就是为了在第一次开泵时，使泵内容易充满液体。

为了减少液体直接进入泵壳时产生的碰撞，有些泵在叶轮与泵壳之间装有一个固定不动而带有叶片的导轮。由于导轮具有很多逐渐转向的流道，可以使高速液体流过时能均匀而缓和地将动能转变为静压能，从而减小能量损失。

（二）离心泵的特点和适用范围

离心泵的特点：①当离心泵的工况点确定后，离心泵的流量和扬程是稳定的，而吸入压力一定时，扬程即为离心泵的排出压力；②流量（或扬程）一定时，只能有一个相对应的扬程（或流量）值；③离心泵的流量不是恒定的，而是随其排出管路系统的特性不同而异；

④离心泵的效率因其流量和扬程而异，大流量、低扬程时，效率较高，可达80%；小流量、高扬程时，效率较低，甚至只有百分之几；⑤一般离心泵无自吸能力，启动前需灌泵；⑥可用旁路回流、出口节流或改变转速调节流量；⑦离心泵结构简单，体积小、质量轻、易损件少，安装、维修方便。

离心泵的流量和扬程范围较宽。

(三) 离心泵的汽蚀现象和原因

1. 汽蚀现象

离心泵运行时，如泵内某区域液体的压力低于当时温度下的液体汽化压力，液体会开始汽化产生气泡；也可使溶于液体中的气体析出，形成气泡。当气泡随液体运动到泵的高压区后，气体又开始凝结，使气泡破灭。由于气泡破灭速度极快，使周围的液体以极高的速度冲向气泡破灭前所占有的空间，即产生强烈的水力冲击，引起泵流道表面损伤，甚至穿透。这种现象称为汽蚀。

离心泵产生汽蚀时，流量、扬程、效率将明显降低，同时伴有噪声增大和泵体剧烈振动。

2. 汽蚀原因

离心泵的汽蚀主要是被送液体进入叶轮时的压力降低，导致液体的压力低于当时温度下液体汽化压力而产生的，使泵不能正常工作，长期运行后叶轮将产生蜂窝状损伤或穿透。而引起离心泵吸入压力过低的因素有：吸上泵的安装高度过高，灌注泵的灌注头过低；泵吸入管局部阻力过大；泵送液体的温度高于规定温度；泵的运行工况点偏离额定点过多；闭式系统中的系统压力下降等。

(四) 离心泵的类型与选用

1. 离心泵的类型

在制药生产中，被输送液体的性质、压力、流量等差异很大，为了适应各种不同要求，应选用各自适宜的离心泵。离心泵的类型有很多，其分类方法有：按被输送液体的性质可分为水泵、耐腐蚀泵、油泵、杂质泵等；按液体进入叶轮的方式可分为单吸泵与双吸泵；按叶轮的数目可分为单级泵和多级泵；按照所产生的压力可分为低压泵、中压泵和高压泵。

2. 离心泵的选用

离心泵的选择，一般可按下列方法和步骤进行。

(1) 选定泵的类型　根据被输送液体的性质和操作条件确定泵的类别，例如输送清水选用清水泵，输送酸则选择耐腐蚀泵，输送油则选油泵等。

(2) 确定输送系统的流量和压头　按生产任务的要求确定液体的输送量，一般应按最大流量考虑。根据输送系统管路，用柏努利方程计算在最大流量下管路所需扬程，然后用已确定的流量 Q 和扬程 H 从泵样本或产品目录中选出合适的型号。即找出工况点，使泵在该点条件下工作时，既满足管路系统所需流量和扬程，又能为泵送能力所保证，所选的泵可以稍大一点，但应在该泵的高效区内，即在泵最高效率92%范围所对应的 Q-H 曲线的下方，该点落在哪种泵的高效区，就选用哪个型号的泵。

(3) 校核电动机的功率　如果液体的密度与水的密度相差较大时，应注意核算泵的轴功率。

(五) 其他类型泵

制药生产中，被输送的液体性质往往差异很大，工作状态也多种多样，对泵的要求也不尽相同。除了大量地使用离心泵外，还广泛地采用了其他形式的泵，这里介绍几种生产中常用的输送泵。

1. 往复泵和计量泵

往复泵为容积式泵中的一种，由泵缸、缸内的往复运动件、单向阀（吸出液体和排出液体）、往复密封以及传动机构等组成。图 2-2 所示泵缸内的往复运动件做往复运动，周期性地改变密闭液缸的工作容积，经吸入液单向阀周期性地将被送液体吸入工作腔内，在密闭状态下以往复运动件的位移将原动机的能量传递给被送液体，并使被送液体的压力直接升高，达到需要的压力值后，再通过排液单向阀排到泵的输出管路。重复循环上述过程，即完成输送液体。

往复泵工作原理-动画

(1) 活塞式往复泵　往复运动件为圆盘（或圆柱）形的活塞，活塞环与液缸内壁贴合而构成密闭的工作腔，活塞在液缸内的位移周期性地改变泵工作腔的容积，从而完成输送液体。

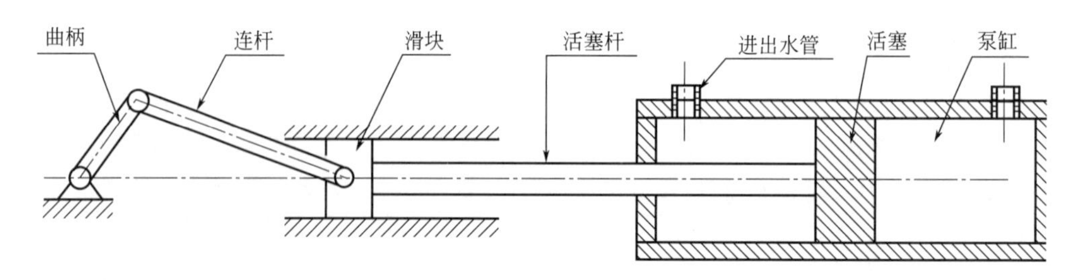

图 2-2　往复泵示意图

(2) 柱塞式往复泵　往复运动件为表面经精加工的圆柱体，即柱塞。其圆柱表面与液缸之间构成密闭的工作腔，柱塞进入泵工作腔内的长度周期性地改变，从而改变工作腔的容积，完成输送液体。

(3) 隔膜式往复泵　其往复运动件为膜片，以膜片与液缸之间的静密封构成密闭的工作腔，以膜片的变形周期性地改变泵工作腔的容积，完成输送液体。

上述柱塞式和隔膜式往复泵是计量泵的两种基本形式。在连续和半连续的生产过程中，往往需要按照工艺要求来精确地输送定量的液体，有时还要将两种或两种以上的液体按比例地进行输送，计量泵就是为了满足这些要求而设计制造的。如果用一个电动机同时带动两台或三台计量泵，每台泵输送不同的液体，便可实现各种流体的流量按一定比例进行输送或混合，故计量泵又称为比例泵。

2. 转子泵

转子泵和往复泵一样属于正位移泵的一种类型。转子泵的工作原理是由于泵壳内的转子的旋转作用而吸入和排出液体，又称为旋转泵。主要有以下两种基本形式。

(1) 齿轮泵　齿轮泵的结构如图 2-3 所示。泵壳内有一对相互啮合的齿轮，其中一个齿轮由电动机带动，称为主动轮，另一个齿轮为从动轮。两齿轮与泵体间形成吸入和排出空间。当两齿轮沿着箭头方向旋转时，在吸入空间因两轮的齿互相分开，形成低压而将液体吸入齿穴中，然后分两路，由齿沿壳壁推送至排出空间，两轮的齿又互相合拢，形成高压而将液体排出。

齿轮泵的压头高而流量小，适用于输送黏稠液体及膏状物料，但不能输送有固体颗粒的悬浮液。

齿轮泵-动画

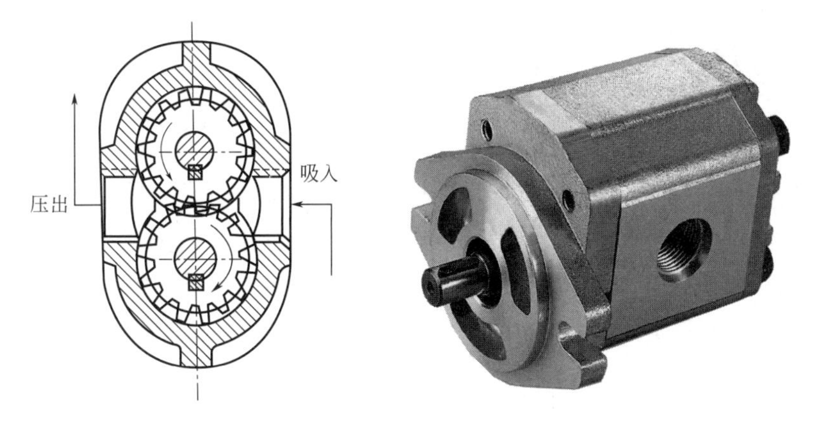

图 2-3 齿轮泵结构示意图

（2）螺杆泵 主要由泵壳与一个或一个以上的螺杆所组成。如图 2-4 所示为一单螺杆泵。其工作原理是靠螺杆在螺纹形的泵壳中做偏心转动，将液体沿轴间推进，最后挤压至排出口而推出。双螺杆泵的工作原理与齿轮泵相似，它利用两根相互啮合的螺杆来排送液体。当所需的扬程很高时，可采用长螺杆。螺杆泵的扬程高、效率高、无噪声、流量均匀，适宜在高压下输送黏稠液体。

螺杆泵-动画

综上所述，在制药生产中，离心泵的应用最广。它具有结构简单、紧凑，能与电动机直接相连，对安装基础要求不高，流量均匀，调节方便，可应用各种耐腐蚀材料，适应范围广等优点。缺点是扬程不高、效率低、没有自吸能力等。往复泵的优点是压头高、流量固定、效率较高。但其结构比较复杂，又需传动机构，因此，它只适宜在要求高扬程时使用，但往复式计量泵流量可调且能精确计量。转子泵是依靠一个以上的转子的旋转来实现吸液和排液，具有流量小、扬程高的特点，特别适用于输送高黏度的液体。

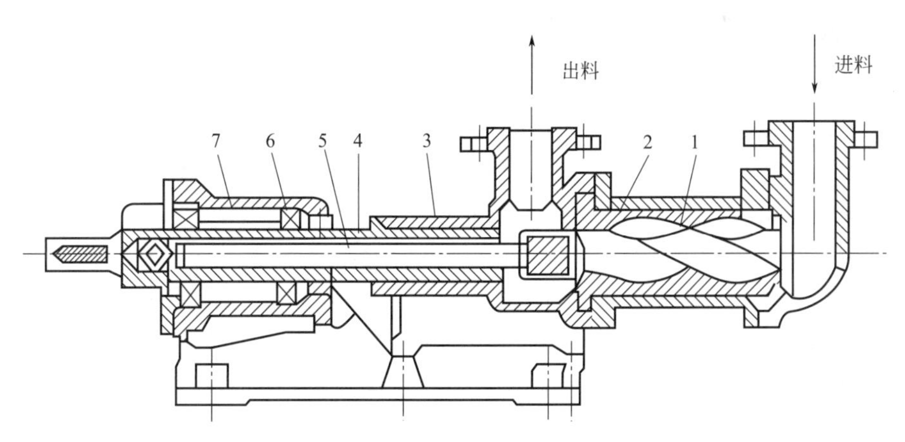

图 2-4 单螺杆泵示意图

1—螺杆；2—泵壳；3—轴套；4—密封；5—传动轴；6—填料函；7—轴承座

除上述几种类型泵外，在某些特定的情况下，制药厂中常用的液体输送机械还有如流体作用泵、漩涡泵、喷射泵等。其中流体作用泵是借助一种流体的动力作用而造成对另一种流体的压送或抽吸，从而达到输送流体的目的，特点是没有运动部件，结构简单，但效率很低，可用于输送腐蚀性、有毒的液体。

二、气体输送设备

在制药生产中，有许多原料和中间体是气体，如氢气、氮气、氧气、乙炔气、煤气、蒸汽等，需要从一处送到另一处；另外，有些化学反应或单元操作需要在较高的压力下进行，使得气体压缩和输送设备在制药生产中的应用十分广泛。

气体输送设备与液体输送设备的工作原理和结构大体相同，也可按其结构和工作原理分为往复式、离心式、旋转式和流体作用式四类。但由于气体为可压缩性流体，在输送过程中，当压力发生变化时，其体积和温度也将随之变化，因而，输送气体的设备又可根据气体进、出口产生的压力差或出口同进口压力的比值（称压缩比）来进行分类。

压缩机，终压在0.3MPa（表压）以上，压缩比大于4；鼓风机，终压为0.015～0.3MPa（表压），压缩比小于4；通风机，终压不大于0.015MPa（表压）。

三、粉体输送设备

气力输送及相关技术广泛应用于工业生产各个部门，往往是设备安全稳定运行、新型工艺技术的关键所在。气力输送与其他输送设备相比具有很多优点，比如生产率高、设备构造简单、管理方便、自动化程度高、节省劳动力、易装载、防潮、防污染等。

气力输送是指利用气体为载体，利用气体前后压差产生的压降提供能量来连续地输送管道和设备中的粉体物料的工艺技术。随着劳动保护的诉求和技术不断进步，气力输送作为经济、省力、便于实现自动化的搬运方式，其应用越来越广泛。

粉体物料在输送管道中的流动状态很复杂，主要随气流速度、气流中的物料量和物料本身特性等的不同而变化。根据输送管道中压强是正压还是负压，一般将气力输送分为两大类——吸送式和压送式。根据气流速度的大小及物料量的多少，物料在输送管道中的流动状态也可分为两大类：一类为悬浮流，物料颗粒依靠高速气流的动压而被推动；另一类为栓流，物料颗粒依靠气流的动压或静压而被推动。气力输送系统的分类方法还有：按输送压力的高低，可分为高压式和低压式；按输送装置的不同，可分为机械式和仓压式；按输送管的配置形式，可分为单管输送和双管输送，双管输送又分为内旁通道式和外旁通管式；按气源提供方式的不同，可分为连续供气和脉冲供气。

气力输送设备一般由受料器（如喉管、吸嘴、发送器等）、输送管、风管、分离器（常用的有容积式和旋风式两种）、锁气器（常用的有翻板式和回转式两种，既可作为喂料器，又可作为卸料器）、除尘器和风机（如离心式风机、罗茨鼓风机、水环真空泵、空压机等）等设备和部件组成。受料器的作用是进入物料，造成合适的料气比，使物料启动、加速。分离器的作用是将物料与空气分离，并对物料进行分选。锁气器的作用是均匀供料或卸料，同时阻止空气漏入。风机的作用是为系统提供动力。真空吸送系统常用高压离心风机或水环真空泵；而压送系统则需用罗茨鼓风机或空压机。

（一）吸送式气力输送系统

吸送式气力输送简图见图2-5，气源设备在系统的末端。当风机运转后，整个系统形成负压，管道内外产生压差，空气被吸入输料管道。物料也从吸嘴被空气带入管道，通过管道进入分离收集器，然后物料通过旋转供料器进入储料罐，而空气则通过收集器中的过滤设备从风机中排除。

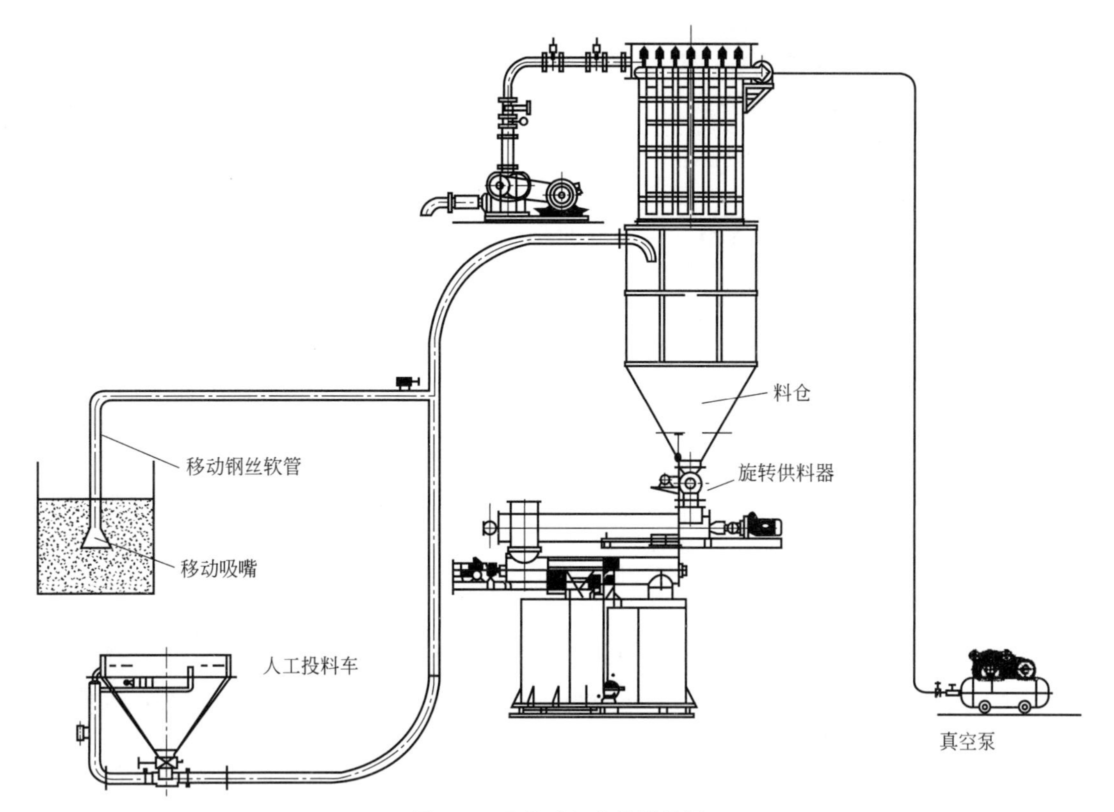

图 2-5　吸送式气力输送简图

（二）压送式气力输送系统

压送式气力输送简图见图 2-6。气源在输送设备的前端，因此，物料进入输送罐必须使用有密封压力的供料装置。一般在低压时，使用的是旋转供料器；高压时，使用流化罐。物料通过阀门进入输送罐，再通过蝶阀进入流化罐，通过量位仪或者称量秤控制其进料量，当达到要求后，蝶阀关闭，通入空气使物料流态化，开启流态化下端的阀门，通过空气将物料和空气的混合物压入管道。

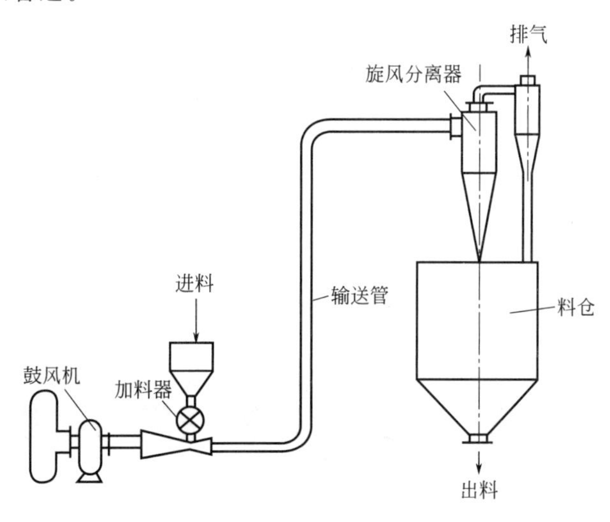

图 2-6　压送式气力输送简图

（三）气力输送的特点

1. 管道中物料流动方式

粉体物料在气力输送系统的管道中，流动方式一般可分为两种：一种为稀相输送，粉体可悬浮流动；另一种为密相输送。在密相输送中大致又分为四种：连续密相流、有沉积层栓流、无沉积层栓流和沙丘流。还有一种是介于稀相输送和密相输送之间的带沉积层的悬浮流。在这几种流动方式中，带沉积层的悬浮流所需要的压降最低，而连续密相输送和高气速稀相输送所需要的压降最大。

当输送气速很高时（15～20m/s及以上），通常被输送粉体物料都以稀相输送，其输送的速率要大于粉体物料的沉降速率，否则就会产生沉积层。

当输送气速低于粉体沉降速率时，就会产生带沉积层的悬浮流，在悬浮层中的粒子有可能被加速，也有可能沉降到沉积层。

当输送气速继续下降，就产生了通常所说的沙丘流。沙丘状输送物料时效率较低。

当输送气速再下降，物料就形成栓状流动，管道中形成不同的“料栓”和“气栓”，对于黏聚性物料有可能形成无沉积层栓流，这种料栓在前后气栓静压差的推动下，呈柱状运动而被输送到卸料处。

当输送气速相当低时，产生连续密相流动，此时粉体物料完全占据管道，通过静压强的压送来输送物料，输送量大，需要的气量最小，磨损相对于其他流动方式也最小，但是要求压强却很高，易堵塞且输送距离很短；能够进行连续密相流输送的物料必须通气性好、能流态化、堆积密度小，一般这类粉体物料都属于粉体堆积密度小于1.4g/cm^3，且粒径分布范围比较集中的物料。

总之，物料在管道中的流动影响因素多，比较复杂，实际生产中物料在管中的流动方式很少是其中的一种，有时是其中两种，甚至产生三种流动情况。典型的气力输送系统，物料刚开始进入管道中时是栓状，当随着输送气速的增加，粉体物料的速度也开始增加，栓状就变成了带沉积层的栓流，到输送的末段，流动方式也可能变成了沙丘流。

2. 气力输送的优缺点

气力输送系统适合小颗粒固体物料连续输送，可充分利用空间。带式输送机、螺旋输送机、埋刮板输送机等输送机械实质上是朝一个方向输送，而气力输送系统可以向各个方向像流体一样输送。系统所采用的各种固体物料输送泵、流量分配器以及接收器的操作类似于流体设备的操作，容易实现自动控制。

气力输送系统可降低粉体着火和爆炸危险，有效降低粉尘污染，包装和装卸费用低，设备简单，占地面积小，设备投资和维修费用少，有利于安全生产、改善劳动条件和环境保护。对于化学性能不稳定的物料，可以采用惰性气体输送。

但是，与其他散状固体物料输送设备相比，气力输送系统动力消耗较大，特别是稀相气力输送系统。气力输送系统只能输送干燥、能磨蚀、可自由流动的物料。通常气力输送系统只能用于比较短的输送距离，一般小于300m，对较黏的物料则更短，例如炭黑。粉体物料的堆积密度、粒度、硬度、休止角、磨琢性等特性的微小变化，都可能造成操作上的困难。

第三节　输送设备的使用与维护

设备的维护保养对设备的使用寿命影响很大，维护保养包括日常维护、一级保养、二级保养等；日常维护又称作定时现场巡检。检修周期分为小修、中修和大修等。

一、液体输送设备

（一）离心泵

1. 离心泵的启动

① 运转前应快速盘车，检查泵转动是否灵活；机械密封应无摩擦现象；检查储油器油位是否正常，电机转动方向是否正确。

② 关闭泵出口阀门，以防止电机启动负荷过大烧坏。

③ 打开泵进口阀门，灌泵，使泵腔内充满液体，并检查引水是否正常。

④ 外部有冲洗冷却的机械密封时，起动前应先开启冲洗液使密封腔内充满密封液。

⑤ 接通电源，当电机达到额定转速后逐渐开启出口阀门（一般泵出口阀门关闭时泵连续工作时间不能超过 3min），离心泵结构部件如图 2-7 所示。

图 2-7　离心泵结构部件

2. 离心泵的运转

① 经常检查泵和电机的发热情况（轴承温度≤75℃）。

② 经常检查机械密封的密封性能。

③ 轴承润滑油加注量为油位计中心线 2mm 左右。

④ 注意电动机电流、温度等参数是否在规定范围内。

⑤ 不能用吸入管上的阀门调节泵的流量，避免产生汽蚀。

⑥ 泵不能在低于 30％设计流量下长期运转。

3. 离心泵的停车

① 缓慢关闭出口管路阀门以免液体倒流、叶轮反转导致泵的损坏，并关闭各种仪表开关。

② 切断电源，关闭密封冲洗冷却液。

4. 离心泵的维护与保养

① 保持设备表面卫生。

② 定期检验电机绝缘性能。

③ 冬天环境温度低于液体凝固点时，停机后应将泵体内液体放尽，以免冻裂。

④ 长期停运时应彻底搞好设备卫生，拆开泵体，将所有零件上的腐蚀液擦拭干净，尤其是密封件要认真冲洗干净，重新装好，涂好防锈油，并将泵的进出口封闭后妥善保管。

（二）往复式计量泵

1. 往复式计量泵的启动

① 检查工作电源、传动部件及辅助设备是否安装完好，如图 2-8 所示。

图 2-8 往复式计量泵

② 新泵开车前应洗净泵上的防腐油脂或者污垢，切记要用煤油擦洗，不可用刀刮。

③ 传动箱及中间填料箱体内灌注专用机油，油位需在油标中间处。中间填料箱体内应使油面浸没柱塞。二阀油杯内加注变压机油，油位应该以浸没阀体顶部为止。

④ 盘动联轴器，使柱塞前后移动数次，不得有任何卡住现象。

⑤ 启动电机按照附在计量泵调量手轮上的警示标牌，调整泵的实际零位与调量表零位吻合。

⑥ 检查泵的运转情况，各运转部件不应有强烈的振动和不正常的声音，否则，应停车检查原因，排除故障后再投入运行。

⑦ 如有必要，泵机械运转正常后，可以进行流量校验。若经多次测定证明流量与冲程保持线性关系，且容积效率变化不大，则可投入正常运行。

2. 往复式计量泵的运转

① 检查泵的进出口压力、流量、电流以及泵体的振动、声音是否正常。

② 调节计量旋钮，使泵达到正常流量，旋转调量表时，应注意不得过快过猛，应按照从小流量往大流量方向调节，若需要从大流量往小流量方向调节时，应把调量表旋过数格，再向大流量方向旋至刻度。调节完毕后，用螺丝锁紧。

3. 往复式计量泵的停车

切断电源，停止电机运行；关闭进出口阀。

4. 往复式计量泵的维护与保养

① 定期清洗进出口阀，以免堵塞，影响计量精度。

② 上、下阀座、阀套均勿倒装或装错。

③ 经常保持纯净的指定油量，并注意适时换油；定期加注润滑脂，每年更换一次润滑脂。

④ 若泵长期停用时，应将泵缸内的介质排放干净，并用甲醇或其他清洗液继续工作 5min，封住进口，外露的加工表面应涂防锈油，存放期内往复泵应置于干燥处，并加罩遮盖。

（三）转子泵

转子泵又称作胶体泵、凸轮泵、三叶泵、万用输送泵等，转子泵属于容积式泵，如图 2-9 所示。

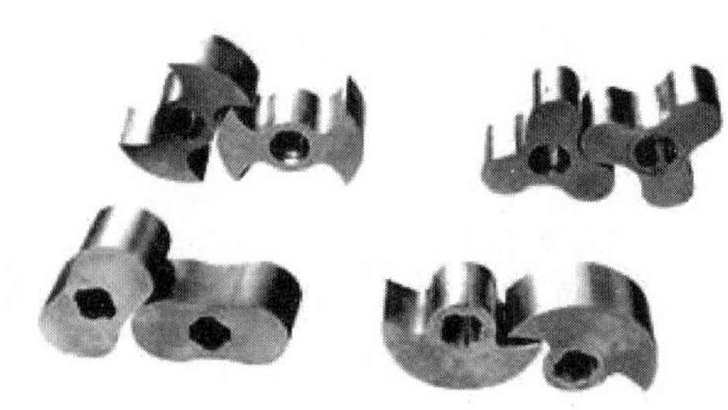

图 2-9 转子泵

1. 转子泵启动前的注意事项

检查齿轮箱内的油量是否正常，观察透明油标，油存量以油标视窗一半为宜，润滑油应定期更换，一般情况下，运转 4000h 后要全部更换。

启动前打开管道所有进、出口阀门，当介质流入腔体内，用手转动泵后无异常，即可先点动，确认泵转向和介质流动后，才开始正式运行，严禁空泵运转。当泵达到正常转速后，观察泵的压力指标。

当泵安装位置有吸程要求时，应在泵的进口管道和泵腔内注满物料。

当工艺流程要求对介质加热或冷却时，开泵前应先开通加热或冷却装置，一般提前 10min 开通，然后开泵。

装有冷却水的机械密封泵，在开机前必须先开启冷却水，并确保开机后无断流现象，否则机械密封立即会损坏。

2. 转子泵运行注意事项

① 泵在运行过程中，应注意电机功率及泵运转情况，有异常应停泵查找原因。

② 机械密封应无泄漏、发热现象。

③ 用填料密封件的泵，允许每分钟泄漏 1～3 滴，如泄漏量增大略微紧压料环即可，无需拆装。

④ 采用机械无级变速器时，在开机后根据数字显示的转速逐步调速，严禁停机时转动调速盘，否则会损坏无极变速器。

⑤ 采用变频器调速的可使用手动调频和自动控制两种方法。

⑥ 经常检查泵和电机的发热情况，当泵处于水冷却状态时，轴承温升为 40℃。当泵处于热水保温状态时，轴承座温度允许高于泵体温度 30℃。

⑦ 不能用进口管路的阀门调节流量，避免产生汽蚀而造成泵的振动。

⑧ 泵在运行时，严禁将进出口阀门全部关闭。

3. 转子泵关停注意事项

① 有回流支路时，先打开支路阀，再关闭出口阀，依次停泵，关闭其他阀门。无回流支路时，直接先停泵，后关闭进出口阀，然后排放清理易凝结物料。

② 泵停用较长时间后，启用前应先用手转动联轴器，手感有阻力，但能随意转动且轻重均匀。并注意辨别泵内有无摩擦声和异物。

③ 在泵与减速电机重新就位安装时，应检查泵轴与电机轴的同轴度，测量联轴器的外圆上下左右片位不得超过 0.1mm，否则会引起泵的振动，影响主轴寿命。

4. 转子泵的维护保养

① 检查转子泵和管路及结合处有无松动现象。用手转动转子泵，试看转子泵是否灵活。

② 向轴承体内加入轴承润滑机油，观察油位应在油标的中心线处，润滑油应及时更换或补充。

③ 拧下转子泵泵体的引液螺塞，灌注引液（或引浆）。

④ 关好出口管路的闸阀和出口压力表及进口真空表。

⑤ 点动电机，试看电机转向是否正确。

⑥ 开动电机，当转子泵正常运转后，打开出口压力表和进口真空泵，视其显示出适当压力后逐渐打开闸阀，同时检查电机负荷情况。

⑦ 尽量控制转子泵的流量和扬程在标牌上注明的范围内，以保证转子泵在最高效率点运转，才能获得最大的节能效果。

⑧ 转子泵在运行过程中，轴承温度不能超过 35℃，最高温度不得超过 80℃。

⑨ 如发现转子泵有异常声音，应立即停车检查原因。

⑩ 转子泵在工作第一个月内，经 100h 更换润滑油，以后每 500h 换油一次。

⑪ 经常调整填料压盖，保证填料函内的滴漏情况正常。

⑫ 定期检查轴套的磨损情况，磨损较大后应及时更换。

⑬ 转子泵在寒冬季节使用时，停车后，需将泵体下部放水螺塞拧开将介质放净，防止冻裂。

⑭ 转子泵长期停用，需将泵全部拆开，擦干水，将转动部位及结合处涂以油脂装好，妥善保管。

(四) 旋涡泵

以 W 型旋涡泵为例（如图 2-10 所示），泵的进、出口方向为垂直向上。

图 2-10　旋涡泵

1. 开车检查

① 对于分联式泵，首先应检查轴承体内是否有钙基黄油，若存放时间过长，应打开轴承端盖检查一下，看其是否变质。如发现变质，应重新换油后方可起动。

② 对于直联式泵，转动联轴器，检查转子部件是否转动轻松且均匀后，用水平仪检查机组的水平度，找平，适当上紧与基础连接的螺母。

③ 测量电动机绝缘强度，若低于 5MΩ，可能是电动机受潮或有损伤。若只是受潮，在电动机运转一段时间后可自行驱潮。否则必须修复或更换电动机，以免不良运转对泵带来损伤。

④ 试验起动。点动电动机盘车，检查电机转向与要求是否一致。

2. 开车操作

① 打开吸入管路阀门，引液体到泵体内。对泵安装位置高于水平位置的，可在吸入管端加装底阀，在起动泵前，向泵壳内灌满所抽液体。

② 打开压出管路阀门，起动电机，打开连接压力表的阀门，调整压出管路上的出口阀门开度，使压力表读数显示在合适范围内。不可让泵在关闭阀门或者流量极小的情况下工作。

正常运转时应该注意观察机组运行状态，监控电机温度、流量、出口压强是否在正常范围内，发现故障应立即切换关停。

3. 停车操作

① 停车时，先关闭压力表连接阀门，然后关闭电动机，迅速关闭压出及吸入管路阀门。

② 短时间停车，如环境温度低于液体凝固点，要放空泵内液体；长期停车，应将泵清洗干净，涂油后妥善保管。

二、气体输送设备

(一) 往复泵

1. 每天的维护保养

停泵。检查动力端的油位；检查喷淋润滑情况及油箱的油位；检查喷淋孔是否畅通；观察缸套与活塞的工作情况，及时更换磨损活塞和缸套；检查冷却液情况，必要时予以补充和更换；检查排出流体的压强是否符合操作条件的要求；检查吸入缓冲器的流体情况；每天把活塞杆、介杆卡箍松开，把活塞转动 1/4 圈左右，然后再上紧卡箍，以利于活塞面均匀磨损，延长活塞和缸套的使用寿命；泵在运转时要经常检查泵压是否正常，密封部位有无漏失现象，泵内有无异常响声，轴承温度是否正常。

2. 每周的维护保养

每周检查高压排出四通内的滤清器是否堵塞，并加以清洗；检查阀盖、缸盖密封圈的使用情况，清除污泥，清洗干净后涂钙基润滑脂；清洗阀盖、缸盖螺纹，涂上二硫化钼钙基润滑脂，检查阀杆导向套的内孔磨损情况，必要时予以更换；检查阀、阀压板、阀座的磨损情况，必要时予以更换；若主动轴传动装置是具有锥形轴套的大皮带轮时，需检查拧紧螺钉。

3. 每月的维护保养

检查所有双头螺栓和螺帽并予以紧固；检查密封盒内的油封，必要时予以更换；检查动力端润滑油的污染情况，每六个月换油一次，并彻底清理油槽；检查螺栓是否松动，松动时予以紧固；检查齿轮的啮合情况和磨损情况；检查安全阀是否灵活可靠。

（二）离心式通风机

通风机是依靠输入的机械能，提高气体压力并排送气体的机械，它是一种从动的流体机械，广泛用于装置和建筑物的通风、排尘和冷却；锅炉和工业炉窑的通风和引风；空气调节设备和家用电器设备中的冷却和通风；粉体物料的烘干和选送；风洞风源和设备的充气和推进等。

通风机的工作原理与透平压缩机基本相同，只是由于气体流速较低，压力变化不大，一般不需要考虑气体比容的变化，即把气体作为不可压缩流体处理。

按气体流动的方向，通风机可分为离心式、轴流式和混流式等类型。轴流风机的进风口与出风口平行，风量大、风压小、噪声小、种类繁多、价格便宜；离心风机的进风口与出风口垂直，风量小、风压高、噪声大、价格高、供应商少；混流风机的性能介于轴流风机和离心风机之间，风量大、风压高，其出风与进风有一倾斜角度，可以并联使用。

下面简要介绍离心式通风机的操作，其外形如图 2-11 所示。

图 2-11　离心式通风机

1. 离心式通风机的启动

① 检查各部件连接螺钉是否紧固。

② 轴承油量（指用机油润滑的）是否在视油孔正常位置。

③ 按正常开机顺序起动风机。

2. 离心式通风机的运转

起动后，当电机达到正常转速后，注意电流是否在规定范围内；当风机有剧烈噪声及震动、轴承温度剧烈上升时需要及时停车。

3. 离心式通风机的停车

正常情况下，由控制室按系统停机顺序停机。

4. 离心式通风机的维护与保养

① 在运转期间注意风机轴承声响和轴承振动情况是否正常。

② 运转过程中轴承温升不得超过周围环境 40℃。

③ 满载荷运转，对新安装的风机不少于 2h，对修理后的风机不少于 30min。

一般情况下，离心式通风机的最佳工作点在风机特性曲线的前 1/3 部分，即风压较高的区间；风机与被冷却部件之间的距离至少要大于 1 倍的风机厚度；风机的出风口应避免正对设备正面人员操作的地方；冷却风机的功率不得大于整机设备功耗的 10%。

当系统中热量分布不均匀，需要对专门区域进行集中冷却时，采用吹风方式，出风口直接对准被冷却部分，风量集中，风压大；系统中为正压，灰尘等不易进入。缺点是风速不均匀，存在死区（低速区）和局部回流区；进风流经风扇后，温度会有所升高。

当系统中阻力较大且热量分布较均匀时，采用抽风方式，系统使用抽风不存在死区，风速均匀，能较均匀地流过被冷却表面；不利的是系统中为负压，在恶劣环境中灰尘易进入，风扇所处的环境温度较高，影响寿命。

当系统中风压不够时，可采用风机串联的工作方式，以提高其工作压力。风机串联时，其风机特性曲线发生变化；风量比每台风机的风量略有增加，而风压在理论上则为相同风量下各风机风压之和。需增大风量时，可采用并联系统，当风机并联使用时，其风压比单个风机的风压稍有提高，而总的风量是各风机风量之和，并联系统的优点为气流路径短、阻力损失小、气流分布比较均匀，但效率低。

风机的噪声与其转速有密切的关系，降低转速，噪声显著降低。风机的寿命是整个系统的薄弱环节之一，控制风机的转速可以延长风机寿命，提高系统的可靠性。控制风机的转速还可以节约能源。风机在低速运转时，可以降低能源的消耗，提高整机效率。

（三）空气压缩机

1. 空气压缩机（以下简称空压机）开机操作

① 看交接班记录，空压机是否有异常记录，其外形如图 2-12 所示。

图 2-12　空气压缩机

② 检查压缩机油位是否指示在绿色区域中。

③ 关闭冷却水排污阀，打开冷却水进、出水阀，调节冷却水量。

④ 接通电源，电源指示灯亮。

⑤ 打开空气出口阀门。

⑥ 点动压缩机电机（即起动压缩机后立即关闭，时间尽可能的短），检查电动机的转动方向是否正确，如果不对请调换三相电源线的位置。

⑦ 转向正确后，启动压缩机，使电机达到额定转速，如果有异常响声，立即停机，必须消除异常后方可开机。

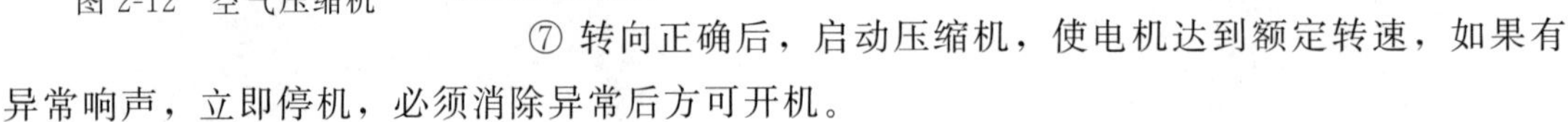

2. 空压机的关停

需要停机时，按下停机按钮，则自动完成停机；或者手动停机，先按下卸载按钮，此时压缩机卸载，待油压下降至 0.4MPa 以下时，按下停机按钮。停机后减荷阀内的放气孔和油分离器上的放气电磁阀应立即放气，待放气完毕后拉下供电电源开关。

3. 空压机运行中的注意事项

① 空压机运行后，应经常注意油面高度，如出现油位下降快，排出的压缩空气含油量大，应按照故障排除程序检查处理。

② 注意各仪表的指示读数是否在正常的范围内，气压应在额定压强范围内。在压缩机吸气温度≤40℃时，排气温度应≤115℃，油温不应高于 90℃。

③ 当油分离器及油过滤器进出压差过大，显示屏提示滤芯需更换时，应立即停机更换。

④ 当排气温度（或压力）过高，故障灯亮时，主机自动停机，显示屏显示超温（超压）提示，应立即查明原因并处理故障后，方可重新启动。

（四）流体作用泵

流体作用泵是利用一种流体的作用，产生压力或造成真空，从而达到输送另一种流体的目的。流体作用泵主要由喷嘴、喉管和扩散管等组成，如图 2-13 所示。当具有一定压强的工作流体通过喷嘴以一定速度喷出时，由于射流质点的横向运动扩散作用，将吸入管的空气吸走，管内形成局部低压区，流体被吸入，两股流体在喉管内混合并进行能量交换（工作流体速度减小，被吸流体的速度增加），在喉管出口，两者趋近一致，压力逐渐增加，混合流过扩散管后，大部分动能转换为压力能，使压力进一步提高，最后经排出管排出。

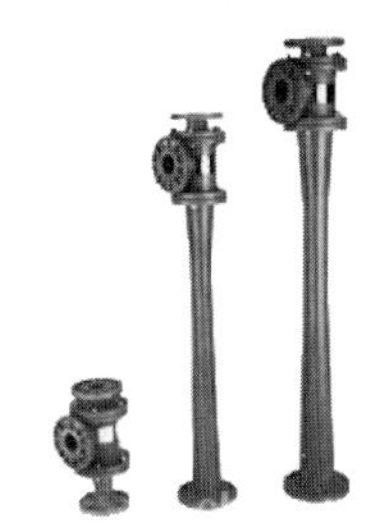

图 2-13　流体作用泵

流体作用泵与供给其工作流体的管路、工作泵和排出管路组成流体动力泵装置。按工作流体可分为液体射流泵和气体射流泵（喷射泵）两种；按材质有普通碳钢、不锈钢、酚醛树脂、石墨、环氧树脂、玻璃钢等；按喉管的形式有圆柱形喉管、圆锥形喉管等。

流体作用泵没有运动的构件，因此结构简单，工作可靠，安装维护方便，密封性好，便于综合利用。因流体作用泵内两股流体混合时产生较大的能量损失，后来有了多股射流、多级射流、脉冲射流等新型射流泵，效率均有所提高。

在很多场合下，采用流体作用泵可使整个工艺流程和设备大大简化，尤其是在高温、高压、真空和水下等特殊工作条件下，流体作用泵的优点更为显著。

三、粉体输送设备

（一）气力输送装置

气力输送装置又称作气流输送机，是利用气体在管道内的流动，推动物料沿指定的路线运送的装置。气力输送装置主要有抽吸式和压送式两种类型。抽吸式是引风设在系统末端使系统形成负压，利用管道始末端的压差吸送物料的气流输送装置；压送式比较常见，风机设在系统始端，其发送设备有螺旋泵和仓式气力输送泵两类。螺旋泵的出料口根据工艺要求可直出料或左右侧出料，密封采用油封及气封，输送过程无脉动，输送量可达数百吨。螺旋泵属悬浮式稀相输送，输送风速高，其螺旋叶片及内衬磨损大，需经常更换；电耗高于仓式气力输送泵约 30%以上，不宜在长距离大输送量的工艺系统中采用。

图 2-14　仓式气力输送泵

仓式气力输送泵如图 2-14 所示，结构简单，几乎没有运动件，所以故障少，几乎无噪声，能以非常高的混合比将粉粒物料输送至数千米以外的地方，可进行悬浮式、流态化式及静压式（浓相）输送。有些仓式气力输送泵，采用管道的变径设计，降低内部阻力，流态化气流速率低，磨损小，电耗低。

典型的高浓度气力输送方式有如下四种。

（1）仓式气力输送　图 2-14 中有进出料阀、物料输送管道、空气输入管道和料仓。在仓式气力输送装置进料以前，所有阀门都是关闭的。整个工作过程如下：①打开进料阀和排气阀，仓式泵在常压下进料，直到水平料位计发出仓满指示信号为止；②关闭进料阀和排气阀，然后打开高压气阀使罐内加压；③当达到操作压力后，打开输送空气阀门和卸料阀，物料开始输送；④由压力开关、料位计或时间继电器显示出输送结束。此时关闭高压气阀和卸料阀，使全部压缩空气都用来清吹输送管道；同时打开排气阀，使罐内压力减至常压状态。

（2）脉冲栓流气力输送　输送过程是将粉体物料装入栓流装置内，在压缩空气的作用下，物料进入输送管道，形成连续的较为密实的料柱。气流在脉冲装置的控制下间歇动作，将料柱切割成料栓，在管道中形成间隔排列的料栓和气栓，料栓在其前后气栓的静压差作用下移动，这种过程循环进行，形成栓流气力输送。

常见的气力输送是凭借输送气体的动压进行携带输送，而栓流输送利用的是气栓的静压差进行推移输送，并且物料的流动是栓状流，因此栓流输送的输送速率大大降低，具有低能耗、低磨损、高粒气比和高输送效率的特点。脉冲栓流的输送机理决定了被输送物料的粒度，输送距离较短，输送量较小，不能满足当前市场急需的长距离大输送量的气力输送需求。

（3）双套管紊流浓相气力输送　本法在长距离大输送量气力输送系统中有较广的应用，采用特殊结构的输送管道，在输料管内增设另一小管道，小管道布置在大管道上部，小管道下部每隔一定距离开有扇形缺口，正常输送时大管走料，小管主要走气。压缩空气通过小管缺口流出产生紊流效应，不断扰动物料进行低速输送。

当输送管道内出现被输送物料局部聚积时，流通截面减少，此时输送管道内压力高于小管道内压力，存在一个压力差，因此需对小管道内加压。当小管道内压力高于开口处的输送管道内压力时，则小管道内压缩空气输入输送管道内，对聚积物料进行分割吹散后输送。当输送管道内压力与小管道内压力平衡时，两者之间气流不交流，因此输料管道能保持平稳输送；此系统适应性强，可靠性高，流速低，磨损小，电耗低，输送距离较远。

（4）助推式高浓度气力输送　助推式高浓度气力输送系统是在输料管道上按一定间隔距离安装若干只助推器，输送用气并不全部加入仓泵，加入仓泵的空气只是起到将物料推进料管的作用，另外的空气通过助推器直接加入管道，被输送的物料在管道中呈集团流或栓流，运动速率低、混合比高、耗气量小。

（二）机械输送机

由机械装置来运载物料的输送机，有平板链式、皮带式、螺旋式、振动式输送机和料斗提升机等。平板链式输送机是采用平板链式带传送物料的输送机械。皮带输送机是采用皮带传送物料的输送机械。螺旋输送机是利用螺旋叶片的推力运送物料的输送机械。振动输送机是利用机械或其他方式产生的振动使物料受抛掷力向前运送的输送机械。料斗提升机是采用料斗提升到位，水平旋转或翻转卸料的输送机械。

传送带-动画

图 2-15 所示为皮带输送机，其操作规范如下。

1. 上岗巡检

① 固定式皮带输送机应安装在坚固的基础上，移动式皮带输送机在运转前，应将轮子对称楔紧。多机平行作业时，彼此间应留出 1m 以上的通道。输送机四周应无妨碍工作的堆积物。

② 启动前，应调整好输送带松紧度，带扣应牢固，轴承、齿轮、链条等传动部件应良好，托辊和防护装置应齐全，电气保护接零或接地应良好，输送带与滚筒宽度应一致。

2. 安全操作步骤

① 启动时，应先空载运转，待运转正常后，方可均匀装料。不得先装料后启动。

② 数台输送机串联送料时，应从卸料一端开始按顺序启动，待全部运转正常后，方可装料。

③ 加料时，应对准输送带中心并宜降低高度，减少落料对输送带、托辊的冲击。加料应保持均匀。

图 2-15 皮带输送机

④ 作业中，应随时观察机械运转情况，当发现输送带有松弛或走偏现象时，应停机进行调整。

⑤ 作业时，严禁任何人从输送带下面穿过，或从上面跨越。输送带打滑时，严禁用手拉动。输送带运转时严禁进行清理或检修作业。

⑥ 调节输送机的卸料高度，应在停车时进行。调节后，应将连接螺母拧紧，并应插上保险销。

⑦ 作业完毕后，应将电源断开，锁好电源开关箱，清除输送机上砂土，用防雨护罩将电动机盖好。

3. 其他注意事项

① 输送大块物料时，输送带两侧应加装料板或栅栏等防护装置。

② 当电源中断或其他原因突然停电时，应立即切断电源，将输送带上的物料清除掉，待来电或排除故障后，方可再接通电源启动运转。

③ 运输中需要停机时，应先停止装料，待输送带上物料卸尽后，方可停机。数台输送机串联作业停机时，应从上料端开始按顺序停机。

四、储存设备

储存物料的容器有立式、卧式、真空、保温等储存器。

立式储存器有平底平盖、平盖无折边锥形底、平底锥盖、无折边球形封头、椭圆形封头等形式，是壳体轴线与水平面垂直或基本垂直的储存设备。

卧式储存器是壳体轴线与水平面平行或基本平行的储存设备。有无折边球形封头、椭圆形封头容器。卧式无折边球形封头容器的两端均为无折边球形封头的卧式容器，而卧式椭圆形封头容器的两端均为椭圆形封头的卧式容器。

真空储存器是与真空系统连接的储存设备。保温储存器是利用夹套或其他绝热材料保持罐内温度的储存设备。

药品的储存是一项经常性工作，对药品安全储存、保证药品质量具有重要作用。为做好药品的储存工作，必须配备符合药品储存要求的设施设备，药品必须按照药品说明书的要求保存。药品储存条件遵照《中华人民共和国药典》及有关药品质量管理文件执行。

比如药品储存场所应当环境整洁、无污染源，墙壁、地面光滑整洁，符合药品储存和使用安全要求；药品与地面、墙、屋顶（房梁）、散热器之间，药品堆垛之间保持一定间距或者有相应隔离的措施；配备温、湿度监测和调节设备；符合安全用电要求的照明设备；配备防尘、防潮、防霉、防火、防虫、防鼠、防污染、避光、通风等设施设备；药品分装设施设备符合卫生学要求；中药饮片储存、配方和临床炮制设备满足实际需要；麻醉药品、精神药品、医疗用毒性药品、放射性药品的保管设施设备满足管理规定要求；配备满足处方调配要求或者摆药需要的设施设备；每季度对药品储存设备进行检查，并按要求定期进行维护，确保其正常运行，做好检查记录。

【思考题】

1. 简要说明气力输送动力和原理。
2. 列举几种输送设备，并阐述其维护要点和原因。

实训任务　使用通风机

能力目标：能够熟练查询该设备的相关资讯，运用现代职业岗位的相关技能，归纳和总结出设备的使用要点和安全措施，制定出使用制度和使用规范，包括使用记录表、使用要点、安全事项、使用规范等。

知识目标：了解该设备的相关基础知识，掌握该设备使用要点和使用方法，掌握该设备的分类、特点、安全、操作、维修、保养等知识，以及对设备资讯的对比、分析、归纳、总结的方法与要点。

实训设计：公司合成车间的制剂小组接到工作任务，要求及时维护、排除故障、完成保养和使用任务；按照车间组织构成，分为若干班组（项目组），选出组长，由组长协调组员进行设备评估任务的开展和工作，完成项目要求，提交使用报告，以公司绩效考核方式进行考评。

一、通风机特点

离心式通风机工作时，动力机（主要是电动机）驱动叶轮在蜗形机壳内旋转，空气经吸气口从叶轮中心处吸入。由于叶片对气体的动力作用，气体压强和速度得以提高，并在离心力作用下沿着叶道甩向机壳，从排气口排出。因气体在叶轮内的流动主要是在径向平面内，故又称为径流通风机。图 2-16 为离心式通风机结构图。

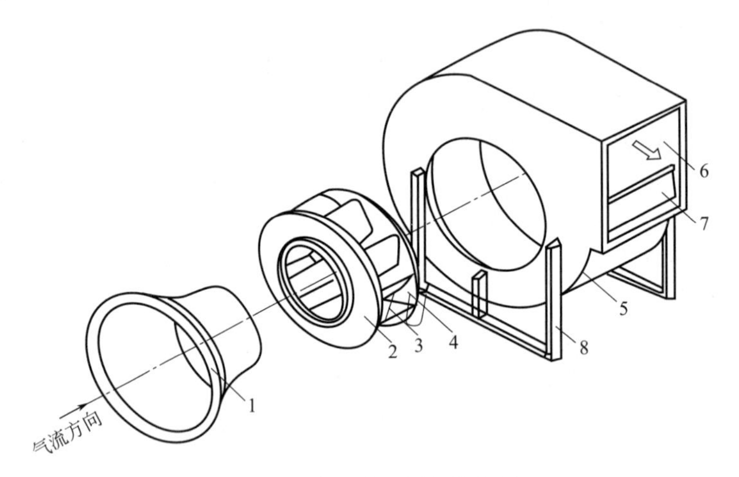

图 2-16　离心式通风机结构图

1—吸入口；2—叶轮前盘；3—叶片；4—后盘；5—机壳；6—出口；7—节流板；8—机架

离心式通风机主要由叶轮和机壳组成，小型通风机的叶轮直接装在电动机上，中、大型通风机通过联轴器或皮带轮与电动机连接。离心式通风机一般为单侧进气，用单级叶轮；

流量大的可双侧进气，用两个背靠背的叶轮，又称为双吸离心式通风机。

叶轮是通风机的主要部件，其几何形状、尺寸、叶片数目和制造精度对性能有很大影响。叶轮经静平衡或动平衡校正才能保证通风机平稳地转动。按叶片出口方向的不同，叶轮分为前向、径向和后向三种形式。前向叶轮的叶片顶部向叶轮旋转方向倾斜；径向叶轮的叶片顶部是向径向的，又分直叶片和曲线形叶片；后向叶轮的叶片顶部向叶轮旋转的反向倾斜。

前向叶轮产生的压力最大，在流量和转数一定时，所需叶轮直径最小，但效率一般较低；后向叶轮相反，所产生的压力最小，所需叶轮直径最大，而效率一般较高；径向叶轮介于两者之间。叶片的型线以直叶片最简单，机翼型叶片最复杂。

为了使叶片表面有合适的速度分布，一般采用曲线形叶片，如等厚度圆弧叶片。叶轮通常都有盖盘，以增加叶轮的强度和减少叶片与机壳间的气体泄漏。叶片与盖盘的连接采用焊接或铆接。焊接叶轮的重量较轻，流道光滑。低、中压小型离心通风机的叶轮也有采用铝合金铸造的。

轴流式通风机工作时，动力机驱动叶轮在圆筒形机壳内旋转，气体从集流器进入，通过叶轮获得能量，提高压力和速度，然后沿轴向排出。轴流通风机的布置形式有立式、卧式和倾斜式三种，小型的叶轮直径只有100mm左右，大型的可达20m以上。

小型低压轴流通风机由叶轮、机壳和集流器等部件组成，通常安装在建筑物的墙壁或天花板上；大型高压轴流通风机由集流器、叶轮、流线体、机壳、扩散筒和传动部件组成。叶片均匀布置在轮毂上，数目一般为2～24个，叶片越多，风压越高；叶片安装角一般为10°～45°，安装角越大，风量和风压越大。轴流式通风机的主要零件大都用钢板焊接或铆接而成。

斜流通风机又称混流通风机，在这类通风机中，气体以与轴线成某一角度的方向进入叶轮，在叶道中获得能量，并沿倾斜方向流出。通风机的叶轮和机壳的形状为圆锥形。这种通风机兼有离心式和轴流式的特点，流量范围和效率均介于两者之间。

横流通风机是具有前向多翼叶轮的小型高压离心通风机。气体从转子外缘的一侧进入叶轮，然后穿过叶轮内部从另一侧排出，气体在叶轮内两次受到叶片的力的作用。在相同性能的条件下，其尺寸小、转速低。

与其他类型低速通风机相比，横流通风机具有较高的效率。它的轴向宽度可任意选择，而不影响气体的流动状态，气体在整个转子宽度上仍保持流动均匀。它的出口截面窄而长，适宜于安装在各种扁平形的设备中用来冷却或通风。

通风机的性能参数主要有流量、压强、功率、效率和转速。另外，噪声和振动的大小也是通风机的主要技术指标。流量也称风量，以单位时间内流经通风机的气体体积表示；压强也称风压，是指气体在通风机内压强升高值，有静压、动压和全压之分；功率是指通风机的输入功率，即轴功率。通风机有效功率与轴功率之比称为效率。

未来的通风机技术将进一步提高气动效率、装置效率和使用效率，降低电能消耗。用动叶可调的轴流通风机代替大型离心通风机已经成为现实；降低通风机噪声，提高排烟、排尘通风机叶轮和机壳的耐磨性，实现变转速调节和自动化调节是通风机技术进步的方向。

二、实训任务

（一）明确任务。理解知识目标、能力目标、素质目标和实训设计。

（二）技能实训。在教师指导下，按照操作规程使用与维护设备。

（三）知识学习。讲授或自学本设备相关理论知识。

（四）实训总结。提炼设备操作要点，或者撰写相似设备操作规程。

（五）理论拓展。查看参考书籍、文献，归纳和总结。

可以因地适时选择与通风机类似的某种型号的输送设备，通过文献检索，对该设备的技术背景、分类、前沿、热点进行归纳和总结，列出市场上该设备的优缺点、创新点、操作步骤、环保安全、使用要求等方面的要点。

针对该设备，开展近两年的文献检索研究，按照上述思路展开归纳与对比，根据具体设备的技术指标，完成使用评估实训任务，制定出该设备的使用要求和要点，提交设备使用记录和评估报告。

【课后任务】

1.查询新型输送设备。

2.请列举药用气动输送设备。

第三章
传热设备的使用与维护

换热设备是进行各种热量交换的设备，通常称作热交换器或简称换热器。在制药生产中，许多过程都与热量传递有关。例如，生产药品过程中的磺化、硝化、卤化、缩合等许多化学反应，均需要在适宜的温度下，才能按所希望的反应方向进行，并减少或避免不良的副反应；在反应器的夹套或蛇管中，通入蒸汽或冷水，进行热量的输入或导出；对原料进行提纯或反应后产物进行分离、精制的各种操作，如蒸发、结晶、干燥、蒸馏、冷冻等，也都离不开热量的输入或导出；此外，生产中的加热炉、设备和各种管路，通常使用绝热材料包裹，来防止热量的损失或输入，也都属于热量传递问题。

由于使用条件的不同，换热设备有多种形式与结构。如根据换热目的不同，换热设备可分为加热器、冷却器、冷凝器和再沸器。若按冷、热流体传热方法的不同可分为直接接触式换热器（又称混合换热器，冷热流体在器内直接接触传热）、间壁式换热器（冷热流体被换热器器壁隔开传热）和蓄热式换热器（热流体和冷流体交替进入同一换热器进行传热，制药上应用极少）。

制药工业生产中最常用的换热设备是间壁式换热器，按换热面的形状不同，可分为管式换热器（换热面为管状的）和板式换热器（换热面为板状的）。一般板式换热器单位体积的传热面积及传热系数比管式换热器大得多，故又被称作高效换热器。国内常用的换热器已基本标准化、系列化，故可根据工艺要求，初步估算所需的传热面积，然后按有关标准进行选型、核算。

第一节　传热原理

换热器是工业生产过程中用来交换热量的设备，热量由高温处传向低温处，温度差是传热的根本原因，根据机理的不同，传热可分为三种基本方式：热传导、热对流和热辐射。传热可依靠其中的一种或几种方式进行。

热传导又称导热，是由于物质的分子、原子或电子的运动，使热量从物体高温处向低温处传递的过程。任何物体，不论其内部有无质点的相对运动，只要存在温度差，就必然发生热传导。在气体中，热传导是由不规则的分子热运动引起的；在大部分液体和不良导体的固体中，热传导是由分子或晶格的振动传递动量来实现的；在金属固体中，热传导主要依靠自由电子的迁移来实现。因此，良好的导电体也是良好的导热体。热传导不能在真空中进行。

热对流是指流体中质点发生宏观位移而引起的热量传递。热对流仅发生在流体中。由于引起流体质点宏观位移的原因不同，对流又分强制对流和自然对流。由于外力（泵、风机、搅拌器、磁、电等干扰作用）而引起的质点相对位移或运动，称为强制对流；由于流体内部各部分温度的不同而产生密度差，使流体质点发生相对运动，称为自然对流。在流体发生强制对流时，往往伴随着自然对流，但强制对流的强度比自然对流的强度大得多。

在化工传热过程中，往往并非以单纯的对流方式传热，而是流体流过固体壁面时发生的对流和传导联合作用的传热，即热量由流体传到固体壁面（或反之）的过程，通常将其称之为对流传热或给热。

因热的原因物体发出辐射能的过程，称为热辐射。它是一种通过电磁波传递能量的方式。具体地说，物体将热能转变成辐射能，以电磁波的形式在空中进行传送，当遇到另一个能吸收辐射能的物体时，即被其部分或全部吸收并转变为热能。辐射传热就是不同物体间相互辐射和吸收能量的总结果。可见，辐射传热不仅是能量的传递，同时还伴有能量形式的转换。热辐射不需要任何媒介，换言之，可以在真空中传播。这是热辐射不同于其他传热方式的另一特点。应予指出，只有物体温度较高时，辐射传热才能成为主要的传热方式。

实际上，传热过程往往不是以某种传热方式单独出现，而是两种或三种传热方式的组合。例如生产中普遍使用的间壁式换热器中的传热，主要是以热对流和热传导相结合的方式进行的。

以列管式换热器为例，它又称为管壳式换热器，主要由壳体、管束、管板、折流挡板和封头等组成。一种流体在管内流动，其行程称为管程；另一种流体在管外流动，其行程称为壳程。管束的壁面即为传热面。

换热器的总传热速率方程：

$$Q=KA\Delta t_m \tag{3-1}$$

式中，Q 为换热器的热负荷，W；K 为换热器的总传热系数，W/(m^2·K)；Δt_m 为换热器中热、冷流体的对数平均温度差，K 或℃；A 为换热器的传热面积，即冷、热流体换热时接触到的金属壁面面积。

板式换热器的换热壁内外表面积相同，而列管或套管换热器中内、外表面积不同，分别记为 A_i、A_o；还有平均表面积 $A_m=\dfrac{A_o-A_i}{\ln\left(\dfrac{A_o}{A_i}\right)}$，工程中往往使用 A_o，因为此值便于准确测量。

热负荷是生产上要求换热器单位时间传递的热量，是换热器的生产任务，用于保证换热器完成传热任务；传热速率是换热器单位时间能够传递的热量，是换热器的生产能力，主要由换热器自身的性能决定；换热器的传热速率大于或等于热负荷。

第二节 传热设备

一、换热器

1. 换热器简介

制药生产中的热量交换通常发生在两流体之间，参与换热的流体称为载热体。在换热过程中，温度较高放出热量的流体称为热载热体，简称热流体；温度较低吸收热量的流体称为冷载热体，简称冷流体。同时，根据换热目的的不同，载热体又有其他的名称。若换热的目的是将冷流体加热，此时热流体称为加热剂，常见的加热剂为水蒸气（一般称为加热蒸汽）；若换热的目的是将热流体冷却（或冷凝），此时冷流体称为冷却剂（或冷凝剂），常见的冷却剂为冷却水、冷冻盐水和空气。

根据换热器作用原理的不同，通常可分为如下几种形式：间壁式、直接接触式、蓄热式、中间载热体式。

（1）间壁式换热器　又称表面式换热器或间接式换热器。在此类换热器中，需要进行热量交换的两流体被固体壁面分开，互不接触，热量由热流体通过壁面传给冷流体。该类换热器的特点是两流体间只进行换热而不进行物质交换。生产中通常要求两流体进行换热时不能有丝毫混合，因此，间壁式换热器应用广泛、形式多样，各种管式和板式结构的换热器均属此类。

（2）直接接触式换热器　又称混合式换热器。在此类换热器中，两流体直接接触，相互混合进行换热。该类型换热器结构简单，传热效率高，适用于两流体允许混合的场合。常见的这类换热器有凉水塔、洗涤塔、喷射冷凝器等。

（3）蓄热式换热器　又称回流式换热器或蓄热器。这种换热器是借助于热容量较大的固体蓄热体，将热量由热流体传给冷流体。热、冷流体交替进入换热器，热流体将热量储存在蓄热体中，然后由冷流体取走，从而达到换热的目的。此类换热器结构简单，可耐高温，常用于高温气体热量的回收或冷却。其缺点是设备体积庞大，且不能完全避免两流体的混合。

（4）中间载热体式换热器　又称热媒式换热器。循环的载热体（热媒）将两个间壁式换热器连接起来，载热体在高温流体换热器中吸收热量后，带至低温流体换热器传给冷流体。此类换热器多用于核工业、冷冻技术及余热利用中，热管式换热器即属此类。

套管式换热器-动画

2. 换热器类型

常见的换热器有以下几种类型。

（1）套管式换热器　套管式换热器（图 3-1）是由两种大小不同的标准管连接或焊接而成的同心圆套筒，冷热流体被隔开通过壁面进行热量传递和交换。根据换热要求，可将几段套筒连接起来组成换热器。

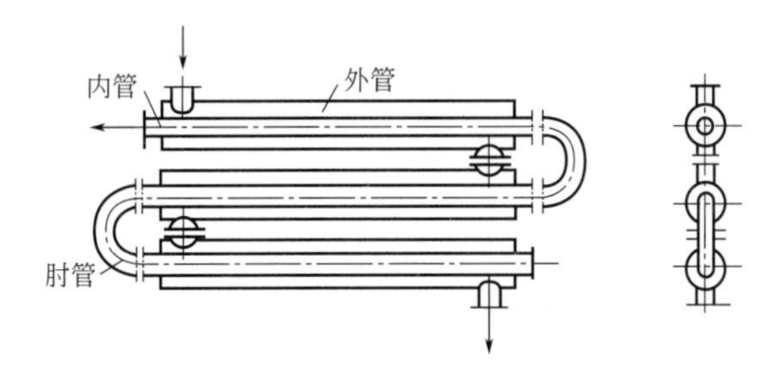

图 3-1　套管式换热器

（2）夹套式换热器　夹套式换热器（图 3-2）主要用于反应器的加热或冷却。夹套安装在容器外部，通常用钢或铸铁制成，可以焊在器壁上或者用螺钉固定在反应器的法兰盘或者器盖上。在用蒸汽进行加热时，蒸汽由上部连接管进入夹壁，冷凝水由下部连接管流出。在进行冷却时，则冷却水由下部进入，由上部流出。

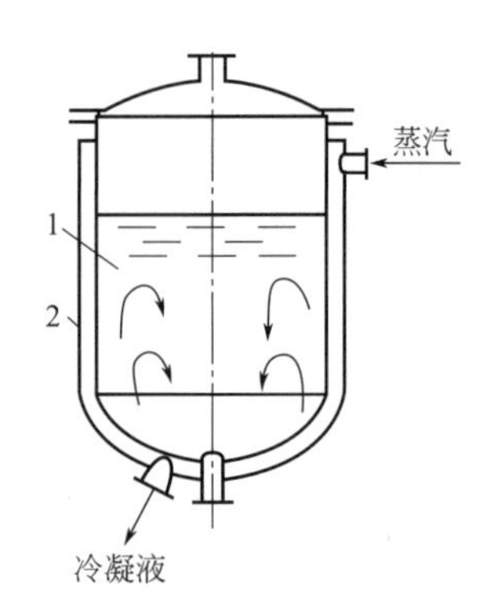

图 3-2 夹套式换热器
1—被换热介质；2—夹套

（3）板式换热器　主要由一组长方形的薄金属板平行排列、夹紧组装于支架上而构成。两相邻板片的边缘衬有垫片，压紧后可达到密封的目的，且可用垫片的厚度调节两板间流体通道的大小。每块板的四个角上，各开一个圆孔，其中有两个圆孔和板面上的流道相通，另外两个圆孔则不相通，它们的位置在相邻板上是错开的，以分别形成两流体的通道。冷、热流体交替地在板片两侧流过，通过金属板片进行换热。

（4）翅片式换热器　其构造特点是在管子表面上有径向或轴向翅片。管外装置翅片，既可扩大传热面积，又可增加流体的湍动，从而提高换热器的传热效果。

（5）板翅式换热器　板翅式换热器的结构形式很多，但其基本结构元件相同，即在两块平行的薄金属板（平隔板）间，夹入波纹状的金属翅片，两边以侧条密封，组成一个单元体。将各单元体进行不同的叠积和适当的排列，再用钎焊给予固定，即可得到常用的逆、并流和错流的板翅式换热器。板翅式换热器的主要优点有：总传热系数高，传热效果好；结构紧凑、轻巧牢固；适应性强、操作范围广。缺点有：设备流道小，易堵塞，压力降大；清洗和检修很困难。隔板和翅片由薄铝片制成，故要求介质对金属铝不产生腐蚀。

（6）列管式换热器　列管式换热器是目前化工生产中应用最广泛的传热设备，与前述的各种换热器相比，其主要优点是单位体积所具有的传热面积较大以及传热效果较好，此外，还有结构简单、制造的材料范围广、操作弹性也较大等，因此在高温、高压和大型装置上多采用列管式换热器。根据所采取的温差补偿措施，列管式换热器可分为固定管板式、浮头式、U形管式等。

列管式换热器-动画

固定管板式换热器（图 3-3）即两端管板和壳体连接成一体，因此它具有结构简单和造价低廉的优点。但是由于壳程不易检修和清洗，因此壳程流体应是较洁净且不易结垢的物料。当两流体的温度差较大时，应考虑热补偿。具有补偿圈（或称膨胀节）的固定板式换热器，即在外壳的适当部位焊上一个补偿圈，当外壳和管束膨胀不同时，补偿圈发生弹性变形（拉伸或压缩），以适应外壳和管束不同的热膨胀程度。这种热补偿方法简单，但不宜用于两流体温度差太大（大于 70℃）和壳程流体压强过高（高于 600kPa）的场合。

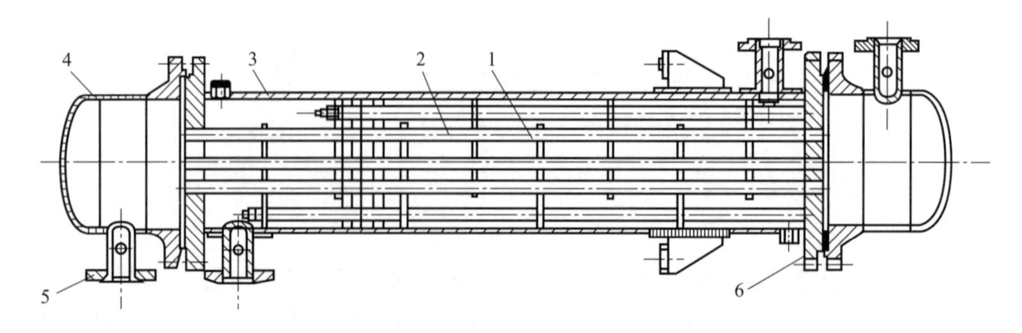

图 3-3 固定管板式换热器
1—折流挡板；2—管束；3—壳体；4—封头；5—接管；6—管板

浮头式换热器（图 3-4）两端管板之一不与外壳固定连接，该端称为浮头。当管子受热（或受冷）时，管束连同浮头可以自由伸缩，而与外壳的膨胀无关。浮头式换热器不但可以补偿热膨胀，而且由于固定端的管板是以法兰与壳体相连接的，因此管束可从壳体中抽出，便于清洗和检修。故浮头式换热器应用较为普遍。但该种换热器结构较复杂，金属耗量较多，造价也较高。

浮头式换热器-动画

U 形管式换热器（图 3-5）内管子弯成 U 形，管子的两端固定在同一管板上，因此每根管子可以自由伸缩，而与其他管子及壳体无关。这种形式的换热器结构较简单，重量轻，适用于高温和高压的场合。其主要缺点是管内清洗比较困难，因此管内流体必须洁净；且因管子需一定的弯曲半径，故管板的利用率较差。

U 形管式换热器-动画

列管式换热器的优点是单位体积设备所能提供的传热面积大，传热效果好，结构坚固，可选用的结构材料范围宽，操作弹性大，大型装置中普遍采用。为提高壳程流体流速，往往在壳体内安装一定数目与管束相互垂直的折流挡板。折流挡板不仅可防止流体短路、增加流体流速，还迫使流体按规定路径多次错流通过管束，使湍动程度大为增加。

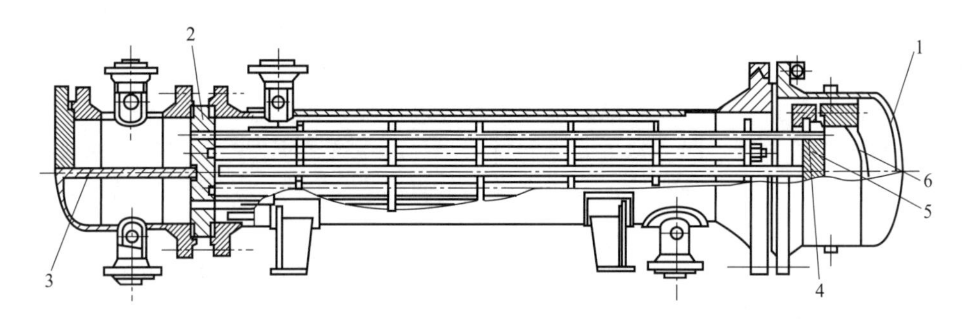

图 3-4　浮头式换热器

1—壳盖；2—固定管板；3—隔板；4—浮头法兰；5—浮动管板；6—浮头盖

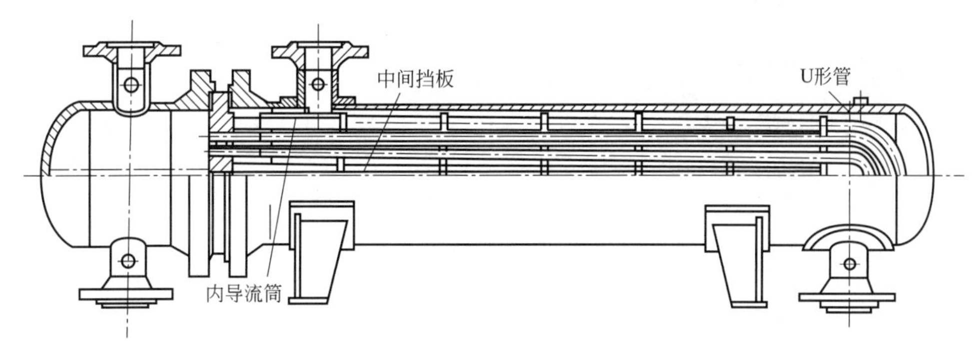

图 3-5　U 形管式换热器

（7）高效换热器　近些年出现的新型高效内缠绕式换热器，如图 3-6 所示，有双板、直管等系列。这类换热器传热系数高，结构非常紧凑，体积小，通常用不锈钢制造，使用寿命长。

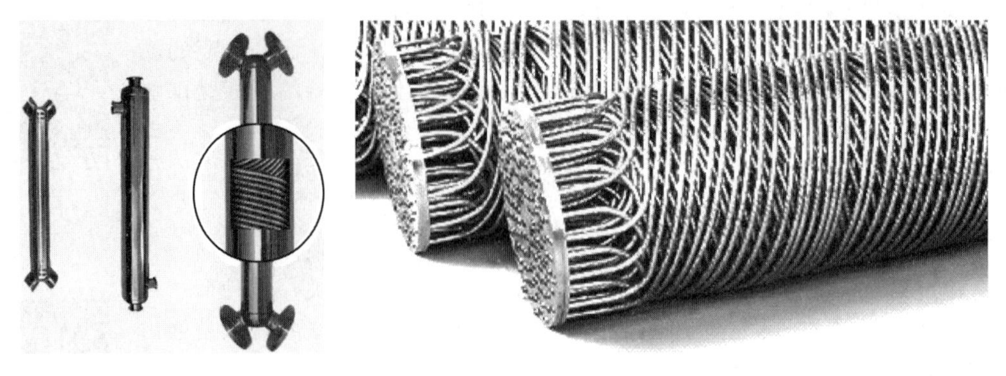

图 3-6　新型高效内缠绕式换热器

二、其他传热设备

1. 冷冻机

冷冻机是指用压缩机改变冷媒气体的压力变化来达到低温制冷的机械设备，可分为活塞式、螺杆式、离心式等几种不同形式。冷冻机是压缩制冷设备中最重要的组成部分之一。

冷冻机有水冷式和风冷式两种。水冷式制冷效果较好，但需要冷却水；风冷式灵活方便，无需冷却水。冷冻机的工作介质即为制冷系统中担负着传递热量任务的制冷剂，常用的制冷剂有氟利昂、氨、氯甲烷等。

单级制冷循环是指制冷剂在制冷系统内相继经过压缩、冷凝、节流、蒸发四个过程，便完成了单级制冷机的循环，即达到了制冷的目的。制冷系统由蒸发器、单级压缩机、油分离器、冷凝器、储氨器、氨液分离器、节流阀及其他附属设备等组成，相互间通过管子连接成一个封闭系统。一般蒸发温度在－50～－25℃时，应采用双级压缩机进行制冷，其制冷系统由蒸发器、双级压缩机、油分离器、冷凝器、中间冷却器、储氨器、氨液分离器、节流阀及其他附属设备等组成，相互间通过管子连接成一个封闭系统。

工业冷水机组系统的运作是通过三个相互联系的系统——制冷剂循环系统、水循环系统、电器自控系统，如图 3-7 所示。

图 3-7　螺杆式冷冻机

冷冻机制冷剂循环系统中蒸发器中的液态制冷剂吸收水中的热量并开始蒸发，最终制冷剂与水之间形成一定的温度差，液态制冷剂亦完全蒸发变为气态，后被压缩机吸入并压缩（压力和温度增加），气态制冷剂通过冷凝器（风冷/水冷）吸收热量，凝结成液体。通过膨胀阀（或毛细管）节流后变成低温低压制冷剂进入蒸发器，完成制冷剂循环过程。

水循环系统中水泵负责将水从水箱抽出泵到用户需冷却的设备，冷冻水将热量带走后温度升高，再回到冷冻水箱中。

冷冻机电器自控系统包括电源部分和自动控制部分。电源部分是通过接触器，对压缩机、风扇、水泵等供应电源。自动控制部分包括温控器、压力保护、延时器、继电器、过载保护等，相互组合达到根据水温自动启停、保护等功能。

2. 冷却塔

工业生产或制冷工艺过程中产生的废热，一般要用冷却水来导走。冷却塔的作用是将挟带废热的冷却水在塔内与空气进行热交换，使废热传输给空气并散入大气中。按通风方式分，有自然通风冷却塔、机械通风冷却塔、混合通风冷却塔；按热水和空气的接触方式分，有湿式冷却塔、干式冷却塔、干湿式冷却塔；按热水和空气的流动方向分，有逆流式冷却塔、横流（交流）式冷却塔、混流式冷却塔；按用途分，有一般空调用冷却塔、工业用冷却塔、高温型冷却塔；按噪声级别分，有普通型冷却塔、低噪型冷却塔、超低噪型冷却塔、超静音型冷却塔；其他如喷流式冷却塔、无风机冷却塔、双曲线冷却塔等。

冷却塔是用水作为循环冷却剂，从系统中吸收热量排放至大气中，以降低水温的装置，是利用水与空气流动接触后进行冷热交换产生蒸汽，蒸汽挥发带走热量达到蒸发散热、对流传热和辐射传热等的原理来散去工业上或制冷空调中产生的余热来降低水温的蒸发散热装置，以保证系统的正常运行，装置一般为桶状，故名为冷却塔，如图 3-8 所示。

图 3-8　冷却塔

用于冷却系统的压缩机，是将低压气体提升为高压气体的一种从动的流体机械，是制冷系统的心脏。它从吸气管吸入低温低压的制冷剂气体，通过电机运转带动活塞对其进行压缩后，向排气管排出高温高压的制冷剂气体，为制冷循环提供动力，从而实现压缩、冷凝（放热）、膨胀、蒸发（吸热）的制冷循环。压缩机分为活塞压缩机、螺杆压缩机、离心压缩机、直线压缩机等。活塞压缩机一般由壳体、电动机、缸体、活塞、控制设备（启动器和热保护器）及冷却系统组成。冷却方式有油冷、风冷和自然冷却三种。直线压缩机没有轴，没有缸体、密封和散热结构，是采用磁悬浮原理和螺旋环流体力学结构，对气体进行压缩，为制冷提供动力。

第三节　传热设备的使用与维护

下面以板式换热器为例介绍传热设备的使用与维护。

一、板式换热器的安装操作

（一）板式换热器的结构及工作原理

板式换热器具有传热效率高、结构紧凑、操作灵活及维修、清洗方便等特点，在各行业中得到了广泛应用。板式换热器由传热板片、密封垫片、框架和夹紧螺栓等组成，如图 3-9 所示。密封垫片采用粘接、点粘或挂接的方式固定于板片上，通过夹紧螺栓，将安装在固定

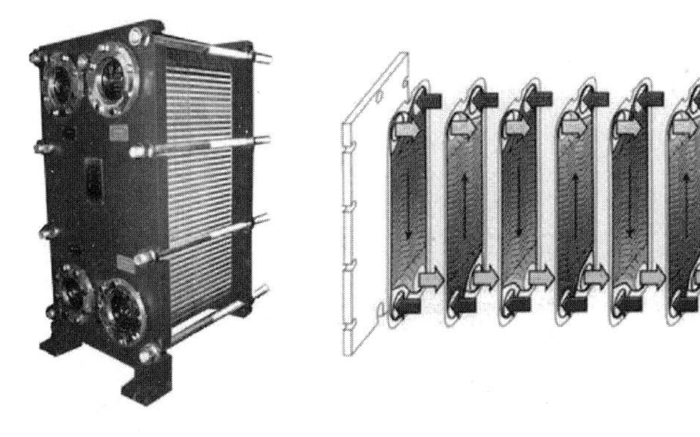

图 3-9　板式换热器

压紧板和活动压紧板中间的若干张板片和密封垫片夹紧，相邻板片间就形成了流体通道，两种冷热不同的流体分别在同一板片两侧的通道中流过，高温流体通过板片将热量传递给低温流体，从而实现了换热的目的。

（二）安装

① 设备开箱后，应按装箱单逐项核对，发现问题立即与销售厂家联系，以便及时解决。

② 安装起吊时，要注意标牌上所标质量，选用合适的起吊用具。

③ 设备布置应保证周围留有 1m 的活动空间，以便进行维修清洗。

④ 设备安装前应将进出口管道清洗干净，防止砂石、油污、焊渣等杂物进入设备，以免造成堵塞和损伤板片。

⑤ 冷热介质管路应设置流量调节装置。

⑥ 冷热介质进出口管路，应安装压力及温度检测仪表。

⑦ 冷热介质进出口均应设置截止阀。

⑧ 联结管路中应设置带有阀门的旁通管路，以便在进行管路系统清洗时，防止管路中铁锈、泥沙等杂质进入循环系统，对设备造成损害。

⑨ 管路系统中应设有排气阀。开车后应排净设备中的空气，防止空气停留在设备中，影响传热效果。

⑩ 冷热介质入口处应装有过滤器，防止设备堵塞。

⑪ 用户必须按介质指示牌连接管路。

⑫ 当介质为蒸汽时，入口前应设置能自动关闭的电动温控阀，以防意外停电时，换热器产生过热。

⑬ 为防止冷介质在被加热过程中膨胀超压，应在管路系统中设置自动泄压装置。

（三）板式换热器的操作

1. 开车前准备

① 开机运行前，检查各夹紧螺栓有无松动，如有松动应均匀拧紧，拧紧时保证压紧板平行。

② 使用前按 1.25 倍的工作压力进行水压试验，保压 20min 无泄漏。第一次使用必须测压，以后可以间隔测压。

③ 在管路系统中应该设置放气阀，用以排尽设备中的空气，避免空气停在设备中，影响传热。

④ 冷热介质按规定方向进入，不可任意更改接管方向，否则影响传热。

⑤ 使用前应对换热器进行严格清洗消毒，清洗时可用热水进行，以除去设备中的油污和杂物。

2. 启动

① 打开冷流体侧管路上的放气阀。

② 按照所属泵的操作规范启动泵。

③ 缓慢开启阀门，由小到大控制流量。

④ 放尽空气后关闭放气阀。按同样的步骤，启动热流体侧的管路系统。

3. 设备转运

① 打开设备接管处的各介质出口阀门，在流量、压力均低于正常操作的情况下，先缓慢地注入低温侧流体，然后再缓缓注入高温流体，观察设备有无异常，调整各进出口阀门，

使流量、压力均满足工艺要求，达到正常工作状态。

② 换热器运行时，为防止一侧超压，换热器冷热介质的进口阀应同时打开，或者先缓慢地注入低压侧流体，然后再缓缓注入高压流体。

③ 冷热介质如含有大颗粒泥沙或其他杂物应先进行过滤，防止用污水进行水压试验和运转使用，以防影响寿命。

④ 为保证正常的温度或压降，对流速的调整都应缓慢进行，避免对系统产生冲击。

⑤ 温度的某些变化，热负荷的变化或污垢的产生都会给换热器的运行带来影响。要使换热器运行正常就应当避免任何冲击。

⑥ 开车后，通常不需要对板式换热器进行连续监视，但需要对流体的供给压强大小、流体的温度、板片组的密封是否发生泄漏进行定期检查。

4. 停车

换热器停止运行，即关停泵的操作，需注意以下事项。

① 停车运行时应缓慢切断高压侧流体，再切断低压流体。

② 停车运行时应缓慢切断高温侧流体，再切断低温流体。

③ 应该缓慢地关闭控制泵流速的阀门。

④ 阀门关闭后，停止泵运行。

⑤ 按同样的程序进行另一侧的操作。

⑥ 残留水对金属材料是有腐蚀作用的，根据所用介质情况，进行清洗或干燥。

⑦ 换热器停止运行时间较长时，应降压放空。

⑧ 对于一般板式换热器，设备操作允许最大使用压力为0.4～2MPa，允许最大使用温度为120～160℃。

二、板式换热器的维护保养

（一）清洗

① 对于双支撑框架式换热器，可在生产线上拆装。直接均匀松开夹紧螺栓，将活动压紧板移向支架，使板片展开一定间隙，然后进行清洗，也可从生产线上拆下来，均匀地松开夹紧螺栓解体进行清洗。

② 对于活动板落地式换热器，可从生产线上拆下来，均匀地松开夹紧螺栓解体进行清洗。

③ 一般情况下定期清洗可以不拆解，用水以与介质反方向冲洗，可冲出杂物，对于难清洗的也可以用无腐蚀的化学清洗剂清洗。

④ 长时间未清洗的，沉积物结垢很多用水清洗不了，须定期拆洗，可以用棕刷洗刷板面污垢，也可以用无腐蚀的清洗剂洗刷。

⑤ 洗刷板片时应注意：a. 采用机械清洗法时，严禁采用钢丝、铜丝等金属刷子刷洗板片，以免损坏板片和密封垫片，降低耐腐蚀和密封性能，应采用毛刷或纤维刷小心清洗。b. 采用化学在线清洗时，清洗溶液流速应控制在0.8～1.2m/s之间。对于不同的污垢应采用不同的化学清洗液，除采用稀释纯碱溶液外，对于水垢可用5%的硝酸溶液。在纯碱生产中生成的垢，可用5%的盐酸溶液。但不得使用对板片产生腐蚀的化学清洗剂。

（二）保养

① 设备长期不用时，应排净设备内的介质，防止某些介质积存凝固影响设备再次正常

运行，应预先松开夹紧螺栓，使两压紧板间的尺寸符合规范，使用时按规定尺寸夹紧。

② 冬季停止运行，环境温度低于0℃时，必须及时排净设备内的介质，或采取防冻措施，以免影响和损坏设备。

③ 如有配带的密封垫片时，应存放在阴暗、干燥、避光的环境中，其环境温度应不超过40℃；不应与酸、碱、油类及有机溶剂接触，避免重压。

（三）特别提醒

① 如对清洗过程不能准确掌握时，请与销售厂家联系，由销售单位提供清洗方案。

② 清洗液的选用应考虑到其他相关元件的耐腐蚀性能。

③ 对于污垢层比较坚硬又较厚的情况，可先用化学清洗法软化垢层，再用机械清洗法去除垢层，以保持板片表面清洁干净。

④ 板片洗刷后应用清水进行冲洗，用洁净的棉纱布擦拭干净。

⑤ 板式换热器的垫片在使用时如果发生渗漏、断裂、老化等现象，要及时更换。更换时切勿强行拆装，以免损坏板片。更换应按以下顺序进行。a. 拆下废旧垫片。注意拆卸时，不得使垫片槽内有划痕。b. 用丙酮、丁酮或其他酮类溶剂，清除垫片槽内的渗胶。c. 用干净的布或棉纱擦净垫片槽和垫片。d. 将黏结剂均匀地涂在垫片槽内。e. 把干净的新垫片贴在板上。f. 贴好垫片的板片要放在平坦、阴凉、通风的地方自然干燥4h后才可安装使用。g. 重新装配时，应按随机配带的流程图进行组装，并检查板片排列是否正确。装配时应按拆开的逆过程进行。

【思考题】

1. 载人航天器的返回舱途经大气层时会摩擦生热，如何保持舱内恒温呢？
2. 流体中主要传热方式是对流，有没有热传导这种方式？

实训任务　使用管壳式换热器

能力目标： 能够熟练查询该设备的相关资讯，运用现代职业岗位的相关技能，归纳和总结出设备的使用要点和安全措施，制定出使用制度和使用规范，包括使用记录表、使用要点、安全事项、使用规范等。

知识目标： 了解该设备的相关基础知识，掌握该设备使用要点和使用方法，掌握该设备的分类、特点、安全、操作、维修、保养等知识，以及对设备资讯的对比、分析、归纳、总结的方法与要点。

实训设计： 公司合成车间制剂小组接到工作任务，要求及时维护、排除故障、完成保养和换热任务；按照车间组织构成，分为若干班组（项目组），选出组长，由组长协调组员进行设备评估任务的开展和工作，完成项目要求，提交使用报告，以公司绩效考核方式进行考评。

一、管壳式换热器的维护

对于管壳式换热器，要按周期维护；每年清洗换热器列管，要求无结垢。每个月检查管束与管板的胀接是否腐蚀；检查挡板与管束接触是否紧密，壳侧流体有无短路现象，挡板与管束接触应紧密，壳侧流体无短路现象；检查换热管内外结垢现象，应无严重结垢现象；检查水室与管板封闭是否严密、有无泄漏，管束是否有穿孔或破裂，水室与管板应封闭严密、无泄漏，管束无穿孔或破裂；检查温度和压力指示表是否完好。

1. 运行正常，效能良好

设备性能满足正常生产的需要，达到设计能力 90%以上；管束等内件无泄漏，无严重结垢和振动。

2. 各部构件无损，质量符合要求

各零部件的材质应符合设计要求，安装配合应符合相关规程的规定；壳体管束的冲蚀、腐蚀在允许范围内，同一管程内被堵塞管数不超过总数的 10%，隔板无严重扭曲变形。

3. 主体整洁，零部件齐全完好

主体整洁，保温、油漆完整美观，基础、支座完整牢固，各部螺栓齐全、牢固，符合抗震要求；壳体及各部阀门、法兰等无渗漏现象；压力表、温度计、安全阀等附件应定期校验，确保准确可靠。

4. 技术资料准确齐全

设备档案要符合公司设备管理制度的要求；属于压力容器的设备应取得压力容器使用许可证；应有设备结构图及易损配件图。见表 3-1、表 3-2。

表 3-1　管壳式换热器维护内容一览表

序号	维护周期	维护内容	维护标准	备注
1	每个月	检查管束与管板的胀接应无腐蚀	无腐蚀	
		检查挡板与管束接触是否紧密，壳侧流体有无短路现象	挡板与管束接触应紧密，壳侧流体无短路现象	
		检查换热管内外结垢现象	应无严重结垢现象	
		检查水室与管板封闭是否严密、有无泄漏，管束是否有穿孔或破裂	水室与管板封闭严密、无泄漏，管束无穿孔或破裂	
		检查温度和压力指示表	完好	
2	每年	清洗换热器列管	无结垢现象	

表 3-2　管壳式换热器常见故障、原因及处理方法一览表

序号	故障	原因	处理方法
1	进出口压差大	换热器列管结垢严重	清洗换热器列管
2	低压侧压力上升较快，甚至超压	列管泄漏	解体检修或堵管
3	换热管振动	提压或加负荷较快	降低负荷

二、实训任务

在明确本次设备操作使用的学习目标后，学生小组通过自学和研讨，提出设备使用操作“步骤”；经过教师修改认可后进行操作，教师全程指导并且评价；学生完成操作后继续学习相关设备知识，撰写包括安全、维护、巡检等内容的规范的操作规程，按照 GMP 规范确认和记录。

也可按照明确任务、技能实训、知识学习、实训总结、理论拓展的五步项目实训教学法开展实训教学任务（参看第二章实训任务）。

可以因地适时选择换热器、冷却塔的某种型号的输送设备，通过文献检索，对该设备的技术背景、分类、前沿、热点进行归纳和总结，列出市场上该设备的优缺点、创新点、操作步骤、环保安全、使用要求等方面的要点。

针对该设备，开展近两年的文献检索研究，按照上述思路展开归纳与对比，根据具体设备的技术指标，完成使用评估实训任务，制定出该设备的使用要求和要点，提交设备使用记录和评估报告。

【课后任务】

1. 查询新型换热设备。
2. 请列举冷却和冷冻设备。

第四章 反应设备的使用与维护

反应设备是实现反应过程的设备，是发生化学反应的容器，通过对容器的结构设计与参数配置，实现工艺要求的加热、蒸发、冷却及低高速的混配和反应功能。反应设备广泛应用于石油、化工、橡胶、农药、染料、医药、食品等行业，是用来完成硫化、硝化、氢化、烃化、聚合、缩合等工艺过程的压力容器，例如反应器、反应锅、分解锅、聚合釜等，材质一般有碳锰钢、不锈钢、锆、镍基合金及其他复合材料。反应设备的应用始于古代，制造陶器的窑炉就是一种原始的反应器。近代工业中的反应器形式多样，例如冶金工业中的高炉和转炉，生物工程中的发酵罐以及各种燃烧器，都是不同形式的反应器。

第一节　药用反应设备

药用反应器包括化学反应釜、发酵罐等，随着科技的迅猛发展，还出现了新型反应器和生物反应器。

一、反应釜

广义上，反应釜是有物理或化学反应的不锈钢容器，根据不同的工艺条件需求进行容器的结构设计与参数配置，设计条件、过程、检验及制造、验收需依据相关技术标准，以实现工艺要求的混配反应功能。压力容器必须遵循 GB 150 钢制压力容器的标准，常压容器必须遵循 NB/T 47003.1—2009 钢制焊接常压容器的标准。随着反应过程中压力要求的不同对容器的设计要求也不尽相同。生产必须严格按照相应的标准加工、检测并试运行。

反应釜是综合反应容器，应根据反应条件对反应釜结构功能和附件进行规范设计，要求从开始的进料到反应，再到出料均能够以较高的自动化程度完成；根据反应步骤，对反应过程中的温度、压力、力学控制（搅拌、鼓风等）、反应物/产物浓度等重要参数能够进行严格的调控。其结构一般由釜体、传动装置、搅拌装置、加热装置、冷却装置、密封装置组成。相应配套的辅助设备有分馏柱、冷凝器、分水器、收集罐、过滤器等。一般来说，反应釜用来完成水解、中和、结晶、蒸馏、蒸发、储存、氢化、烃化、聚合、缩合、加热混配、恒温反应等工艺过程。

（一）反应釜的常见类型

反应釜按制造结构可分为开式平盖反应釜、开式对焊法兰反应釜和闭式反应釜三大类；按材质及用途可分为不锈钢反应釜、搪玻璃反应釜等。每一种反应釜都有其适用范围和优缺点，常用的有以下几种。

1. 不锈钢反应釜

反应釜可采用不锈钢材料制造。搅拌器有锚式、框式、桨式、涡轮式、刮板式、组合式，转动机构可采用摆线针轮减速机、无级变速减速机或变频调速等，可满足各种物料的特殊反应要求。密封装置可采用机械密封、填料密封等密封结构。加热、冷却可采用夹套、半管、盘管、米勒板等结构，加热方式有蒸汽、电加热、导热油，以满足耐酸、耐高温、耐磨损、抗腐蚀等不同工作环境的工艺需要，也可根据用户工艺要求进行设计、制造。

不锈钢反应釜广泛应用于石油、化工、橡胶、农药、染料、医药、食品，是用来完成硫化、氢化、烃化、聚合、缩合等工艺过程的压力容器，例如反应器、反应釜、分解锅、聚合釜等。

2. 搪玻璃反应釜

搪玻璃反应釜是将含高二氧化硅的玻璃，衬在钢制容器的内表面，经高温灼烧而牢固地密着于金属表面上成为复合材料制品。因此搪玻璃反应釜具有玻璃的稳定性和金属强度的双重优点，是一种优良的耐腐蚀设备。搪玻璃反应釜随着制造商不同，技术规范也有所区别，一般来说，其对各种有机酸、无机酸、有机溶剂均有较好的抗蚀性，对碱性溶液抗蚀性较酸性溶液差，搪玻璃设备加热和冷却时，应缓慢进行，具有良好的绝缘性。

3. 磁力搅拌反应釜

磁力搅拌反应釜采用静密封结构，搅拌器与电机传动间采用磁力耦合器连接，由于其无接触的传递力矩，以静密封取代动密封，能彻底解决以前机械密封与填料密封无法解决的泄漏问题，使整个介质各搅拌部件完全处于绝对密封的状态中进行工作，因此，更适合用于各种易燃易爆、剧毒、贵重介质及其他渗透力极强的化学介质的反应，是石油、化工、有机合成、高分子材料聚合、食品等工艺中进行硫化、氟化、氢化、氧化等反应最理想的无泄漏反应设备。

4. 不饱和聚酯树脂全套设备

不饱和聚酯树脂设备由立式冷凝器、卧式冷凝器、反应釜、储水器、分馏柱五部分组成，是生产不饱和聚酯树脂、酚醛树脂、环氧树脂、ABS 树脂、油漆的关键设备。根据反应釜的密封形式不同可分为填料密封、机械密封和磁力密封。

5. 种子罐、发酵罐

发酵设备是用于微生物生长的一种反应设备。在发酵种子罐内，各种微生物在适当的环境中生长、新陈代谢和形成发酵产物。因此，该设备广泛用于制药、食品等行业。

（二）反应釜的基本特点

反应釜所用的材料、搅拌装置、加热方法、轴封结构、容积大小、温度、压力等各有不同，种类繁多。但在结构上，常见反应釜除了有反应釜体外，还有传动装置、搅拌和加热（或冷却）装置等，可改善传热条件，使反应温度控制得比较均匀，并不强化传质过程。

反应釜操作压力较高；釜内的压力是化学反应产生或由温度升高而形成，压力波动较大，有时操作不稳定，突然的压力升高可能超过正常压力的几倍，因此，大部分反应釜属于受压容器。

反应釜操作温度较高，通常化学反应需要在一定的温度条件下才能进行，所以反应釜既承受压力又承受温度。获得高温的方法通常有以下几种。

（1）水加热　要求温度不高时可采用水加热，其加热系统有敞开式和密闭式两种。一般由循环泵、水槽、管道及控制阀门的调节器所组成。

蒸汽加热-动画

（2）蒸汽加热　加热温度在100℃以下时，可用1atm[1]以下的蒸汽来加热；100～180℃范围内，用饱和蒸汽；当温度更高时，可采用高压过热蒸汽。

（3）其他介质加热　如果工艺要求必须在高温下操作或欲避免采用高压的加热系统时，可用其他介质来代替水和蒸汽，如矿物油（275～300℃）、联苯醚混合剂（沸点258℃）、熔盐（140～540℃）、液态铅（熔点327℃）等。

（4）电加热　将电阻丝缠绕在反应釜筒体的绝缘层上，或安装在离反应釜若干距离的特设绝缘体上，因此，在电阻丝与反应釜体之间形成了不大的空间间隙。（1）（2）（3）三种方法获得高温均需在釜体上增设夹套，由于温度变化的幅度大，使釜的夹套及壳体承受温度变化而产生温差应力。采用电加热时，设备较轻便简单，温度较易调节，而且不用泵、炉子、烟囱等设施，开动也非常简单，危险性不高，成本费用较低，但操作费用较其他加热方法高，热效率在85%以下，因此适用于加热温度在400℃以下和电能价格较低的地方。

在反应釜中通常要进行化学反应，为保证反应能均匀且较快地进行，提高效率，通常在反应釜中装有相应的搅拌装置，于是便带来了传动轴的动密封及防止泄漏的问题。

反应釜多属间隙操作，有时为保证产品质量，每批出料后都需进行清洗；釜顶装有快开人孔及手孔，便于取样、测体积、观察反应情况和进入设备内部检修。

（三）反应釜的结构

带搅拌的夹套反应釜是化学、医药及食品等工业中常用的典型反应设备之一。它是一种在一定压力和温度下，借助搅拌器将一定容积的两种（或多种）液体以及液体与固体或气体物料混匀，促进其反应的设备。

一台带搅拌的夹套反应釜主要由搅拌容器、搅拌装置、传动装置、轴封装置、支座、人孔、工艺接管和一些附件组成，见图4-1。

反应釜结构-视频

夹套反应釜分罐体和夹套两部分，主要由封头和筒体组成，多为中、低压压力容器；搅拌装置由搅拌器和搅拌轴组成，其形式通常由工艺而定；传动装置是为带动搅拌装置设置的，主要由电动机、减速器、联轴器和传动轴等组成；轴封装置为动密封，一般采用机械密封或填料密封；它们与支座、人孔、工艺接管等附件一起，构成完整的夹套反应釜。

1. 釜体部分

① 釜体部分由圆筒和上、下封头组成，提供物料化学反应的空间，其容积由生产能力和产品的化学反应要求决定。

② 中、低压筒体通常采用不锈钢板卷焊，也可采用碳钢或铸钢制造，为防止物料腐蚀，可在碳钢或铸钢内表面衬耐蚀材料。

③ 釜体壳能同时承受内部介质压力和夹套压力，必须分别按内、外压单独作用时的情况考虑，分别计算其强度和稳定性。

④ 对于承受较大外压的薄壁筒体，在筒体外表面应设置加强圈。

---

[1] 1atm=101325Pa，后同。

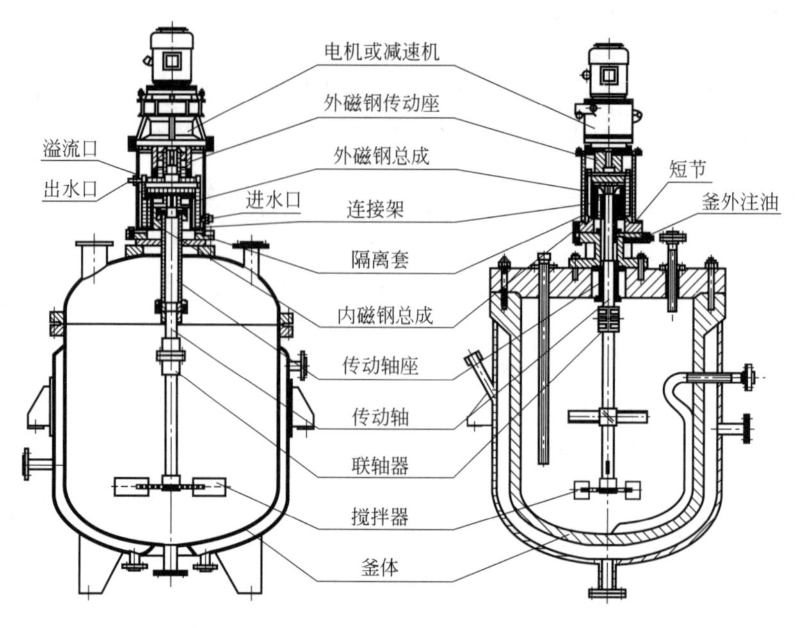

图 4-1 反应釜结构

2. 传热装置

为及时送入化学反应所需热量或传出化学反应放出的热量，在釜体外部或内部可设置传热装置，使温度控制在需要的范围之内。常用的传热装置是在釜体外部设置夹套或在釜体内部设置蛇管。

3. 搅拌装置

由搅拌轴和搅拌器组成，可使物料混合均匀、良好接触，加速化学反应的进行。搅拌过程中，物料的湍动程度增大，反应物分子之间、反应物分子与容器器壁之间的接触不断更新，既强化了传质和传热，又有利于化学反应的进行。搅拌器采用推进式搅拌器。

4. 传动装置

主要由电机、减速器、联轴器和传动轴等组成。

5. 轴封装置

为维持设备内的压力或阻止釜内介质泄漏，在搅拌轴伸出封料口处必须进行密封（动密封）。轴封装置通常有填料密封和机械密封。通常在常压或低压条件下采用填料密封，一般使用压力小于 0.2MPa；在一般中等压力或抽真空情况会采用机械密封，一般压力为负压或 0.4MPa；在高压或介质挥发性高的情况下会采用磁力密封，一般压力超过 1.4MPa 以上。除了磁力密封采用水降温外，其他密封形式在超过 120℃以上会增加冷却水套。

6. 其他附件

包括支座、人孔、工艺接管等。

（四）加料方式

对有两种以上原料的连续反应器，物料流向可采用并流或逆流。对几个反应器组成级联的设备，还可采用错流加料，即一种原料依次通过各个反应器，另一种原料分别加入各反应器。除流向外，还有原料从反应器的一端（或两端）加入和分段加入之分。分段加入指一种原料由一端加入，另一种原料分成几段从反应器的不同位置加入，错流也可看成一种分段加料方式。采用何种加料方式，须根据反应过程的特征决定。

（五）换热方式

多数反应有明显的热效应。为使反应在适宜的温度条件下进行，往往需对反应物系进行换热。换热方式有间接换热和直接换热。间接换热指反应物料和载热体通过间壁进行换热，直接换热指反应物料和载热体直接接触进行换热。对放热反应，可以用反应产物携带的反应热来加热反应原料，使之达到所需的反应温度，这种反应器称为自热式反应器。

按反应过程中的换热状况，反应器可分为以下几类。

（1）等温反应器　反应物系温度处处相等的一种理想反应器。反应热效应极小，或反应物料和载热体间充分换热，或反应器内热量反馈极大（如剧烈搅拌的釜式反应器）的反应器，这样可近似看做等温反应器。

（2）绝热反应器　反应区与环境无热量交换的一种理想反应器。反应区内无换热装置的大型工业反应器，与外界换热可忽略时，可近似看做绝热反应器。

（3）非等温非绝热反应器　与外界有热量交换，反应器内也有热反馈，但达不到等温条件的反应器，如列管式固定床反应器。

换热可在反应区进行，如通过夹套进行换热的搅拌釜；也可在反应区间进行，如级间换热的多级反应器。

（六）操作条件

主要指反应器的操作温度和操作压力。温度是影响反应过程的敏感因素，必须选择适宜的操作温度或温度序列，使反应过程在优化条件下进行。例如对可逆放热反应应采用先高后低的温度序列以兼顾反应速率和平衡转化率。

反应器温度压力控制-动画

反应器可在常压、加压或负压（真空）下操作。加压操作的反应器主要用于有气体参与的反应过程，提高操作压力有利于加速气相反应，对于总摩尔数减小的气相可逆反应，则可提高平衡转化率，如合成氨、合成甲醇等。提高操作压力还可增加气体在液体中的溶解度，故许多气液相反应过程、气液固相反应过程采用加压操作，以提高反应速率，如对二甲苯氧化等。

（七）安装使用

① 应安装在坚固、平整的工作台上，工作台高度根据使用情况决定，设备与工作台四周应留有一定的空间（≥360cm），以便安装与后期维修。

② 安装时要求传动轴与地水平面垂直，不垂直度（倾斜度）不得大于设备总高度的1/1000。

③ 设备本身各工艺接管上的自备件、安全阀，必须按反应釜的要求配备。

④ 安装完毕检查各连接部件及传动部位是否牢固可靠，各连接管道、管口、密封件及整机做气密试验，应无跑、冒、滴、漏现象。

⑤ 开机前减速机注入46号机械油，打开电机防护罩用手转动风叶检查有无卡怠现象，搅拌桨有无刮壁现象，清理釜内污物，方可开机。空车运转30min无不正常噪声、振动，方可正式投料生产。注意要定期更换减速机油。

（八）反应釜选型

对于特定的反应过程，反应器的选型需综合考虑技术、经济及安全等诸方面的因素。

反应过程的基本特征决定了适宜的反应器形式。例如气固相反应过程大致是用固定床反应器、流化床反应器或移动床反应器。但是适宜的选型则需考虑反应的热效应、对反应转化率和选择率的要求、催化剂物理化学性质和失活等多种因素，甚至需要对不同的反应器分别作出概念设计，进行技术的和经济的分析以后才能确定。

(九) 反应釜的发展趋势

① 大容积化，这是增加产量、减少批量生产之间的质量误差、降低产品成本的有效途径和发展趋势。染料生产用反应釜国内多为 6000L 以下，其他行业有的达 $30m^3$；国外在染料行业有 20000～40000L，而其他行业可达 $120m^3$。

② 反应釜的搅拌器，已由单一搅拌器发展到用双搅拌器或外加泵强制循环。反应釜发展趋势除了装有搅拌器外，尚使釜体沿水平线旋转，从而提高反应速率。

③ 以生产自动化和连续化代替笨重的间隙手工操作，如采用程序控制，既可保证稳定生产，提高产品质量，增加收益，减轻体力劳动，又可消除对环境的污染。

④ 合理地利用热能，选择最佳的工艺操作条件，加强保温措施，提高传热效率，使热损失降至最低限度，余热或反应后产生的热能充分地综合利用。热管技术的应用，将是今后反应釜的发展趋势。

二、发酵设备

发酵的操作过程包括气液接触、浓度的在线检测、混合、传热、泡沫控制以及营养物或控制 pH 值用的试剂的加入。发酵工业通常使用的是间歇发酵罐，其附有大量的管路。需注意的是，要避免使用铜或青铜装置，因为铜对许多生物都有很大的毒性。例如，在青霉素发酵中，当送料管路中用上一个青铜阀时，产率就要下降 50%以上。另外，对尺寸较大的发酵罐，必须使用冷却蛇管（盘管）或者外部热交换器（加底搅拌），因为夹套的传热面积对于在一定时间内将料液从消毒温度冷却到操作温度是不够的。对需要强烈混合来满足通气要求，并排除因迅速呼吸和生长而产生的代谢热的发酵来说，只用夹套也是达不到传热要求的。

工业上使用的发酵罐容积通常为 $10～200m^3$，一种用于生产单细胞蛋白质的气升式发酵罐体积可达 $1500m^3$，用于乙醇生产的发酵罐体积达 $1900m^3$。

发酵罐设计应满足如下要求。

① 结构可靠。在发酵罐正常工作及灭菌过程中，有一定的蒸汽压力和温度，因此发酵罐应具有相适应的强度。同时，为了避免杂菌和噬菌体的污染，罐体内壁应光滑，尽量减少死角，接管与罐体的焊接部位同样应保持光滑。其次，阀件也应保持清洁，阀件和配管部分应能进行蒸汽杀菌。发酵罐的内部附件应尽量简单，以利于彻底灭菌。

② 有良好的气液接触和液固混合性能，以便能有效地进行物质传递及空气溶入。

③ 在保证发酵要求的前提下，尽量减少机械搅拌和通气所消耗的动力。

④ 有良好的传热性能，以适应发酵在最适宜温度和灭菌操作条件下进行。

⑤ 减少泡沫的产生，设置有效的消泡沫装置，以提高发酵罐的装料系数。

⑥ 附有必要和可靠的检测及控制仪表。

发酵罐按照搅拌和通气的能量输入方式，又可分为机械搅拌式、自吸式和气升式和塔式等。

(一) 机械搅拌式发酵罐

机械搅拌式发酵设备和技术在整个制药、生物产品的开发过程中起着特别重要的作用。

在众多类型的发酵设备中，兼具通气又带机械搅拌的标准式发酵罐用途最为普遍，广泛用于抗生素、氨基酸、柠檬酸等各个领域。标准式发酵罐设计的技术关键在于搅拌技术复杂的气液两相流动问题上。机械搅拌式发酵罐不仅能为制药企业节省可观的投资，还可大大节省能耗等运行费用，同时提高产品产量与收率。

发酵罐结构-动画

在许多过程中，气液接触是十分重要的，气体需要与液体进行充分且有效的接触以提供足够的质量传递或热量传递能力。比如有的氯化和磺化反应是快反应，这需要搅拌器能提供很高的传质强度；有的反应需要吸收难以溶解的氧气，这又需要搅拌器能提供很高的分散能力。

早期研究认为，气液分散是气体直接被搅拌器剪切成细小的气泡而形成的。但近年的研究表明，气液分散是受气穴控制的。当气速过大或搅拌转速过低时，整个搅拌器被气穴包裹，气体穿过搅拌器直接上升到液面，发生气泛。

气液接触过程的参数主要有以下几种：气相和液相需要的停留时间分布、允许压力降、相对质量流率、是否逆流接触、局部混合能力、是否需要补充或移出热量、腐蚀条件、泡沫行为与相分离、反应时需要的流型、反应与传质的关系、层流和过渡区的流变行为等。这些因素又大都与搅拌器关系密切。

搅拌槽内的气体分散大致有以下几个状态：气泛状态（大部分气体未分散，气泡沿搅拌轴直接上升到液面），载气状态（气体基本得到分散，分布器以下分布不良），完全分散状态。

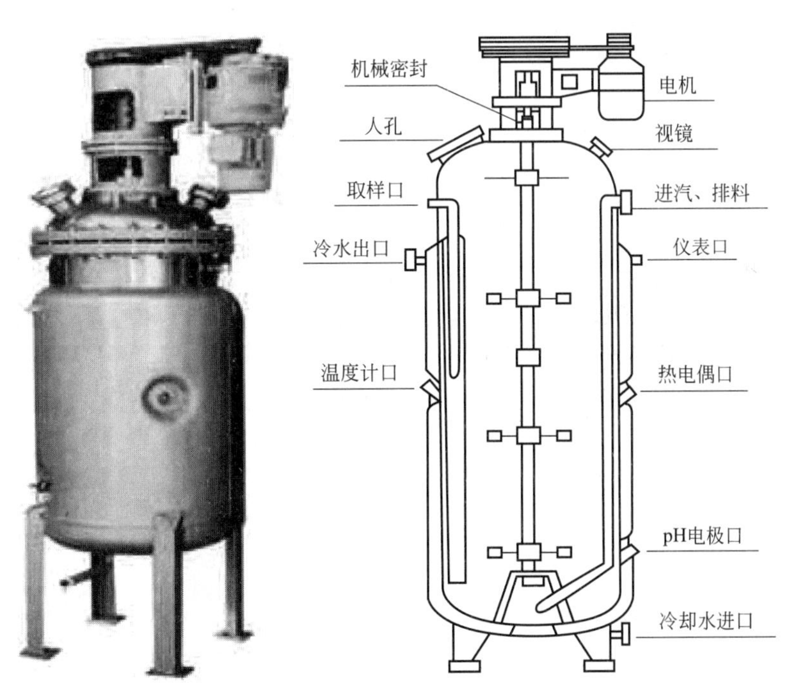

图 4-2　机械搅拌式发酵罐

机械搅拌式发酵罐（图 4-2）其基本结构是在高径比为 2～4 的罐体的顶或底部安上向罐内延伸的搅拌轴，轴上装上 2～4 个搅拌桨（常用的搅拌桨是带有圆盘和 6 个矩形与扭成法向分布叶片的称为 Rushton 涡轮的桨，桨叶外径约为罐径的 1/3）。罐底装有无菌空气的分布器（也有用单孔管的）。由于机械搅拌的作用可使进入罐内的空气很好地获得破碎和分布，以增加罐内气液接触面积而有利于氧的传递和发酵液的混合。这种发酵罐因使用较为广泛，故也被称为标准式发酵罐。

无论哪一种发酵罐，都是由罐体及搅拌装置、传热装置、通气装置、传动机构等各主要部件组成。

(1) 罐体　通用式发酵罐是一种既具有机械搅拌又具有压缩空气通气装置的发酵罐，如图 4-3 所示。罐体由圆筒形筒身和上下两个椭圆形封头组成，实际生产中，应考虑罐中培养液因通气搅拌引起液面上升和产生泡沫，通常装料系数取 0.7～0.8。

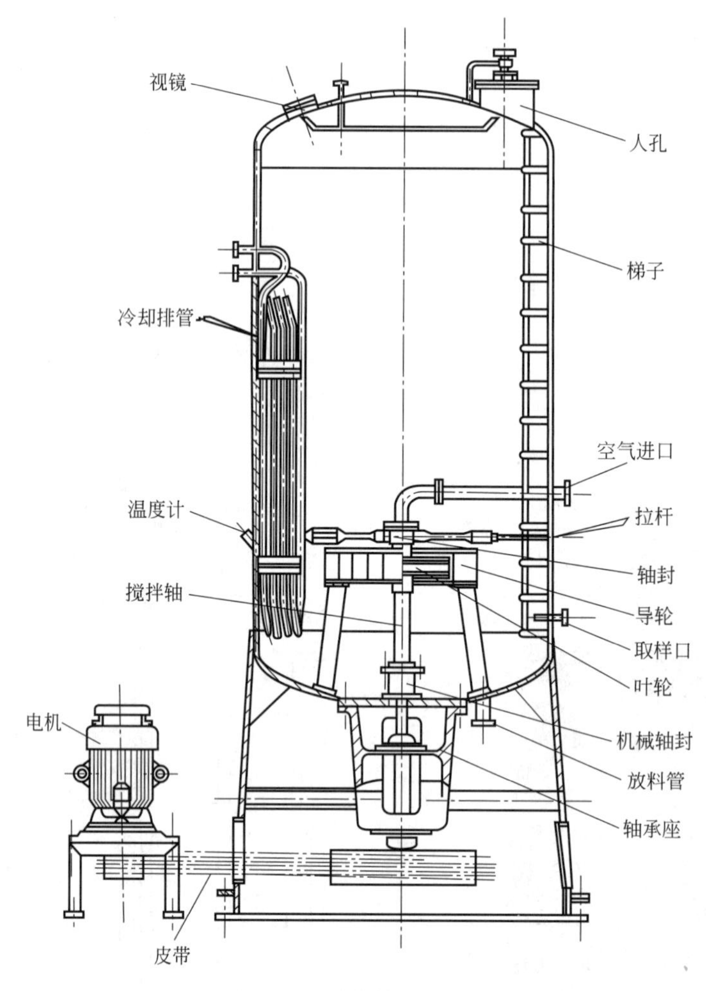

图 4-3　机械搅拌式发酵罐

对于筒身与封头的连接，当罐体直径大于 1m 时，用焊接连接，并在上封头开设人孔；较小直径的罐体，上封头与筒身可用设备法兰连接。

罐体根据工艺要求，设置有冷却水、给排气、取样、放料、接种、消泡剂、酸、碱等工艺接管与视镜、仪表等接口。发酵罐的支撑结构根据生产系统的总体布置选用。

罐体材料以不锈钢钢板或复合不锈钢板为好，以保证罐内培养液清洁和壁面光滑，也可用压力容器用钢制作。罐体的强度应能承受灭菌蒸汽的压力和温度。

(2) 搅拌装置　设置机械搅拌的作用是为了有利于液体本身的混合及气液和液固之间的混合，以及改善传质和传热过程，特别是有助于氧的溶解。

发酵罐中广泛采用圆盘涡轮式搅拌器。搅拌器结构与机械搅拌反应器中所用搅拌器结构基本相同。由于发酵罐的高径比值较高，培养液有较大的深度，因此空气在培养液中停留时间较长。为了提高混合效果，通常在一根搅拌轴上配置 2 个或 3 个搅拌器，个别的也有 4 个搅拌器。

(3) 通气装置　通气装置是指将无菌空气导入罐内的装置。简单的通气装置是一根单孔管，单孔管的出口位于最下面搅拌器的正下方，开口向下，以免培养液中固体物质在开口处堆积和罐底固体物质沉积。

(4) 传热装置　发酵过程中发酵液产生的净热量称为发酵热，发酵热随发酵时间而改变，发酵最旺盛时，发酵热量最大。为维持一定的最适宜培养温度，须用冷却水导出部分热量。发酵罐的传热装置有夹套和蛇管两种。

(5) 机械消沫装置　发酵过程中，由于发酵液中含有大量蛋白质等发泡物质，在强烈的通气搅拌下将产生大量泡沫。严重时，大量的泡沫会导致发酵液外溢和造成染菌。消除发酵液泡沫，除了采用加入消泡剂之外，在泡沫量较小和泡沫的机械强度较差时，还可以采用机械消沫装置来破碎泡沫。

简单的消沫装置为耙式消泡桨，如图 4-4 所示，消泡桨安装于搅拌轴上，并与轴同转，齿面略高于液面，消泡桨直径为罐径的 0.8～0.9。这样，当少量泡沫上升时，如果泡沫的机械强度较小，耙齿即可把泡沫打碎或被涡轮抛出撞击到罐壁而破碎。涡轮消沫器直接装于搅拌轴上，但往往由于搅拌轴转速太低效果不佳。对于下伸轴发酵罐，在罐顶安装封闭式涡轮消沫器，如图 4-5 所示，在涡轮轴高速旋转下可达到较好的机械消沫效果。此类消沫器直径约为罐径的 0.5，叶端线速度为 12～18m/s。此外，置于发酵罐顶部外面的消沫器，一般都利用离心力将泡沫粉碎，液体则返回罐内。

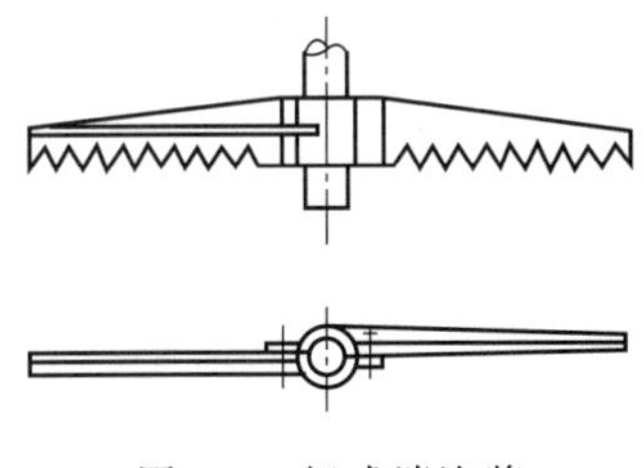

图 4-4　耙式消泡桨

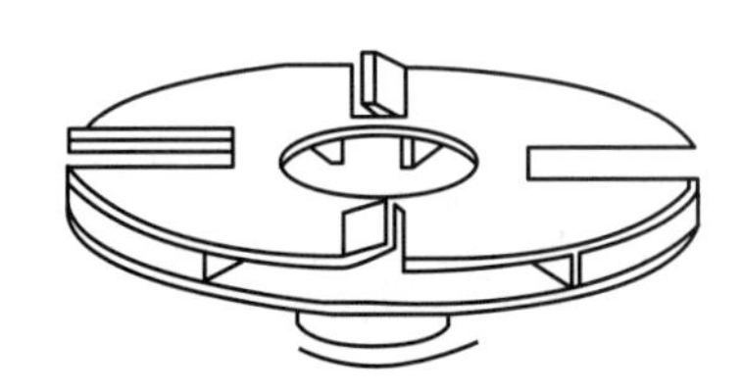

图 4-5　封闭式涡轮消沫器

(二) 自吸式发酵罐

自吸式发酵罐是一种不需空气压缩机，而在机械搅拌过程中自吸入空气的生物反应器。这种反应器最初应用于醋酸发酵，如今已在抗生素、维生素、有机酸、酶制剂、酵母等行业得到广泛应用。自吸式发酵罐有多种形式，如具有叶轮和导轮的自吸式发酵罐、喷射自吸式发酵罐（图 4-6）、文丘里管发酵罐等。其共同特点是利用特殊转子或喷射器或文丘里管所形成的负压，将空气从外界吸入。

带有中央吸气口搅拌器的自吸式发酵罐，其搅拌器由三棱空心叶轮与固定导轮组成，叶轮直径为罐体直径的 1/3，叶轮上下各有一块三棱形平板，在旋转方向的前侧夹有叶片。当叶轮旋转时，叶片与三棱平板内空间的液体被抛出而形成局部真空，于是罐外空气通过搅拌器中心的吸入管而被吸入罐内，并与高速流动的液体密切接触形成细小的气泡分散于液体中，气液混合流体通过导轮流到发酵液主体中。

自吸式发酵罐罐体的结构大致上与通用式发酵罐相同，主要区别在于搅拌器的形状和结

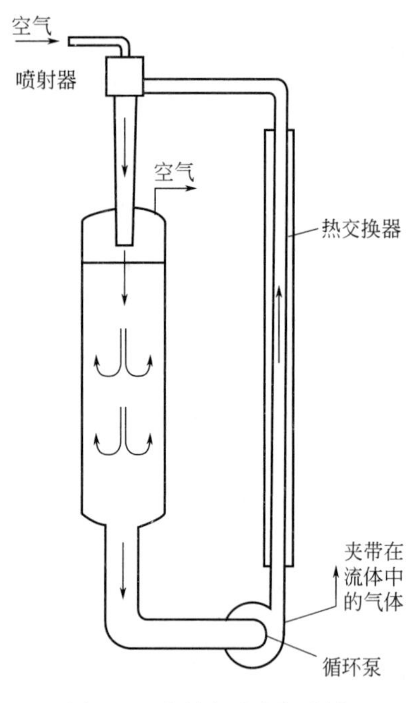

图 4-6 喷射自吸式发酵罐

构不同。自吸式发酵罐使用的是带中央吸气口的搅拌器，搅拌器由从罐底向上伸入的主轴带动，叶轮旋转时叶片不断排开周围的液体使其背部形成真空，于是将罐外空气通过搅拌器中心的吸气管吸入罐内，吸入的空气与发酵液充分混合后在叶轮末端排出，并立即通过导轮向罐壁分散，经挡板折流涌向液面，均匀分布。空气吸入管通常用一端面轴封与叶轮连接，确保不漏气。

由于空气靠发酵液高速流动形成的真空自行吸入，气液接触良好，气泡分散较细，从而提高了氧在发酵液中的溶解速率。在相同空气流量的条件下，溶氧系数比通用式发酵罐高。可是由于自吸式发酵罐的吸入压头和排出压头均较低，习惯用的空气过滤器因阻力较大已不适用，需采用其他结构形式的高效率、低阻力的空气除菌装置。另外，自吸式发酵罐的搅拌转速较通用式高，所以其消耗的功率比通用式大，但实际上由于节约了空气压缩机所消耗的大量动力，对于大风量的发酵，总的动力消耗还是减少的。

自吸式发酵罐有如下优点。

① 利用机械搅拌的抽吸作用，将空气自吸入罐内，达到既通气又搅拌的目的，可节约空气净化系统中的空气压缩机、冷却器、油水分离器、空气储罐等一整套设备，减少厂房占地面积。

② 可减少工厂发酵设备投资 30%左右。

③ 搅拌转速虽然较通用式发酵罐为高，功率消耗较大，但节约了空压机动力消耗，使发酵总动力消耗仍比通用式低。

但自吸式发酵罐又有如下缺点。

① 自吸式发酵罐的吸程（吸入压头）一般不高，即使吸风量很小时，其最高吸程也只为 900mm H_2O[1] 左右；当吸风量为总吸风量的 3/5 时，吸程已降至 320mm H_2O 左右。因此要在吸风口设置空气过滤器很困难，必须采用高效率、低阻力的空气除菌装置，故多用于无菌要求较低的醋酸和酵母的发酵生产中。

② 大型自吸式发酵罐的搅拌吸气叶轮的线速度可达到 30m/s，转子周围形成强烈的剪切区域，不适用于某些丝状菌等对剪切作用敏感的微生物。

③ 自吸式发酵罐进罐空气处于负压，因而增加了染菌机会，且这类罐搅拌转速甚高，有可能使菌丝被搅拌器切断，影响菌体的正常生长，所以，在抗生素发酵上较少使用。

（三）气升式发酵罐

气升式发酵罐（图 4-7）是利用空气喷嘴喷出 250～300m/s 高速的空气，空气以气泡形式分散于液体中，使平均密度下降；在不通气的一侧，因液体密度较大，与通气侧的液体产生密度差，从而形成发酵罐内液体的环流。

气升式发酵罐中，罐内培养液中的溶解氧由于菌体的代谢而逐渐减少，当其通过环流管时，由于气液接触而被重新溶氧。为使环流管内气泡进一步破碎分散，增加氧的传递速率，

---

[1] 1mm H_2O=9.80665Pa，后同。

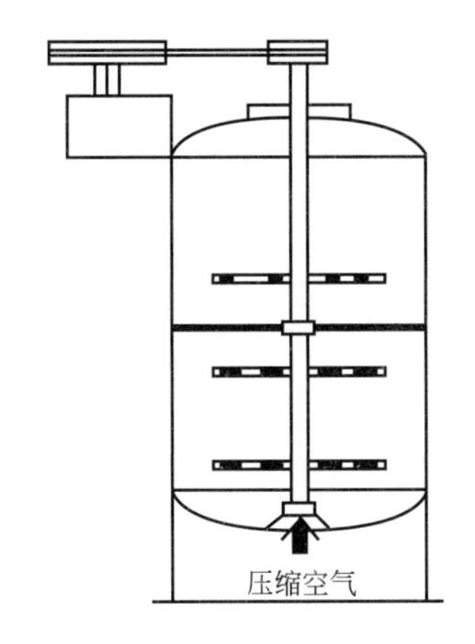

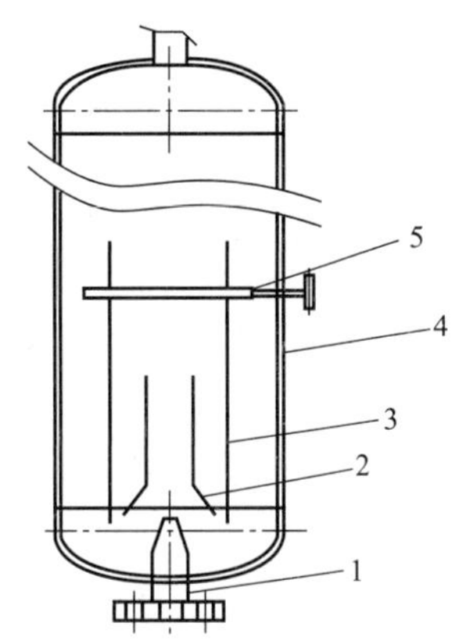

1—空气喷嘴；2—气升桶；3—导流桶；
4—发酵罐；5—二次补气环管

图 4-7 气升式发酵罐

近年来在环流管内安装静态混合元件，取得了较好效果。气升式发酵罐中环流管高度一般高于 4m，罐内液面不高于环流管出口 1.5m，且不低于环流管出口。

气升式发酵罐的优点是能耗低、液体中的剪切作用小、结构简单。在同样的能耗下，其氧传递能力比机械搅拌发酵罐要高得多，因此，在大规模生产单细胞蛋白时备受重视。现已有直径 7～13m、容量达 1500m^3 的大型气升式发酵罐，用于生产单细胞蛋白，年产量达 7 万吨。但是气升式发酵罐不适于高黏度或含大量固体的培养液。

气升式发酵罐有多种类型，常见的有气升环流式、鼓泡式、空气喷射式等，生物工业已经大量应用的气升式发酵罐有气升内环流发酵罐、气液双喷射气升环流发酵罐、设有多层分布板的塔式气升发酵罐。而鼓泡罐则是最原始的通气发酵罐，当然鼓泡式反应器内没有设置导流筒，故未控制液体的主体定向流动。现以气升环流式发酵罐为例说明其工作原理。

气升环流式发酵罐在发酵罐内没有搅拌器，其中央有一个导流筒，将发酵醪液分为上升区（导流筒内）和下降区（导流筒外），在上升区的下部安装了空气喷嘴，或环形空气分布管，空气分布管的下方有许多喷孔。加压的无菌空气通过喷嘴或喷孔喷射进发酵液中，从空气喷嘴喷入的气速可达 250～300m/s，无菌空气高速喷入上升管，通过气液混合物的湍流作用而使空气泡分割细碎，与导流筒内的发酵液密切接触，供给发酵液溶解氧。由于导流筒内形成的气液混合物密度降低，加上压缩空气的喷流动能，因此使导流筒内的液体向上运动；到达反应器上部液面后，一部分气生泡破碎，二氧化碳排出到反应器上部空间，而排出部分气体的发酵液从导流筒上边向导流筒外流动，导流筒外的发酵液因气含率小，密度增大，发酵液则下降，再次进入上升管，形成循环流动，实现混合与溶氧传质。

由于气升环流式发酵罐内没有搅拌器，并且有定向循环流动，故具有如下优点。

(1) 反应溶液分布均匀　气液固三相的均匀混合与溶液成分的混合分散良好是生物反应器的普遍要求，因其流动、混合与停留时间分布均受到影响。对许多间歇或连续加料的通气发酵，基质和溶氧尽可能均匀分散，以保证其基质在发酵罐内各处的浓度都落在 0.1%～1%范围内，溶解氧为 10%～30%。这对需氧生物细胞的生长和产物生成有利。此外，还需避免发酵罐液面生成稳定的泡沫层，以免生物细胞积聚于上而受损害甚至死亡。还有培养基成分尤其是有淀粉类易沉降的颗粒物料，更应能悬浮分散。气升环流式发酵罐能很好地满足这些要求。

(2) 较高的溶氧速率和溶氧效率　气升环流式发酵罐有较高的气含率和比气液接触界面，因而有高传质速率和溶氧效率，体积溶氧效率通常比机械搅拌罐高，溶氧功耗相对低。

(3) 剪切力小，对生物细胞损伤小　由于气升环流式发酵罐没有机械搅拌叶轮，故对细胞的剪切损伤可减至最低，尤其适合植物细胞及组织的培养。

(4) 传热良好　好氧发酵均产生大量的发酵热，如酵母培养旺盛期发酵热高达 3.0～4.0×10^5 kJ/($m^3\cdot h$)，而传热温差则只有几度（℃），尤其夏季，若使用非冷冻水，则只有3～10℃，故需很大的换热面积与传热系数。气升环流式发酵罐液体综合循环速率高，同时便于在外循环管路上加装换热器，可保证除去发酵热以控制适宜的发酵温度。

(5) 结构简单，易于加工制造　气升环流式发酵罐罐内无机械搅拌器，故不需安装结构复杂的搅拌系统，密封也容易保证，所以加工制造方便，设备投资低。同时大型和超大型发酵反应器放大设计制造也已实现，如国外有压力循环发酵罐体积达 3000m^3，更大的反应器如鼓泡塔式反应器，体积高达 13000m^3，目前用于生化废水处理。

(6) 操作和维修方便　因气升环流式发酵罐无机械搅拌系统，所以结构较简单，能耗低，操作方便，特别是不易发生机械搅拌轴封容易出现的渗漏染菌问题。

另外因无机械搅拌热产生，所以发酵总热量较低，便于换热冷却系统的装设。

此外，气升环流式发酵罐的设计技术已成熟，易于放大设计和模拟。

(四) 塔式发酵罐

塔式发酵罐是利用通入培养液中的空气泡的上升，从而带动液体运动，产生混合效果，并供给微生物生长繁殖所需要的氧。

塔式发酵罐的高度与直径比约为 7，罐内装有若干块筛板，压缩空气由罐底导入，经过筛板逐渐上升。气泡在上升过程中，带动发酵液同时上升，上升后的发酵液又通过筛板上带有液封作用的降液管下降，从而形成循环。塔式发酵罐如果培养液浓度适宜、操作得当，则在不增加空气流量的情况下，基本上可达到通用式发酵罐的发酵水平。塔式发酵罐由于省去了机械搅拌装置，造价仅为通用式发酵罐的 1/3 左右；而且，不会因轴封引起杂菌污染；结构简单，维修方便，操作费用相应较低。

三、新型化学反应器

新型化学反应器的研究开发是时代的需要。通常要求反应釜的技术指标先进，即转化效率高、处理量大、能耗低、使用方便、操作稳定、容易调节、易于清理和检修，同时结构简单、节省材料、造价低廉、制造安装方便。目前，新型化学反应器的研究归纳起来主要在以下几个方面。

(一) 通过改造传统反应器开发新型反应器

为了满足新的工艺要求或进一步改善反应器的技术指标，对传统反应器进行技术改造。如降低反应器的压降，提高相间的传质、传热速率，改善反应器的温度分布、速度分布或停留时间分布等。典型的实例有串式化学反应器和下行式循环流化床反应器。

1. 串式化学反应器

固定床反应器是化学工业最为常用的反应器形式之一，然而，对于许多气-固反应过程，压降的大小可能成为操作成本的决定性因素，改造传统的固定床反应器，开发通量大、压降小的新型固定床反应器势在必行。

新近出现的串式化学反应器正是这样一种新型的固定床反应器，与传统固定床反应器的区别主要在于催化剂的装填方式不同，催化剂颗粒是用金属丝连成长串，再以均匀分布方式或串束分布方式布置在反应器内，串的方向通常与物料流向平行。与传统固定床反应器相比，压降大大降低，由于催化剂串的轻轻摇晃，粉尘不易在床层积累，从而可避免局部过热现象的发生。根据不同的工艺要求，床层空隙率可由10%任意变化到100%，因此适用于各种不同的工艺过程。串式化学反应器的催化剂生产成本比传统固定床反应器大5%～10%。

2. 下行式循环流化床反应器

流化床反应器具有催化剂颗粒小、内扩散阻力小、催化剂容易再生等优点，长期以来被广泛采用。但传统流化床反应器由于大量的气体以气泡形式通过床层，两相不能有效地接触，从而大大降低了反应器的转化效率。为了改善流化质量，提高气-固两相的接触效率，有研究者提出了气-固并流下行快速循环流态化这种无气泡的气-固接触技术，其流化方式催化剂颗粒顺重力场运动，床内气速、催化剂颗粒速度及颗粒浓度的径向分布均匀，从而有效地改善了固体颗粒的停留时间分布，特别适用于催化剂极易失活、极易结焦的反应过程。

（二）耦合式多功能反应器

将传统的单元反应过程耦合在同一设备内，使反应器具有多种功能，是开发新型反应器的又一有效手段，如反应精馏、反应萃取、膜反应器、色谱反应器等。此外，还可以将反应与吸收、吸附、传热等过程耦合起来。

1. 反应与膜分离的耦合

将化学反应与膜分离耦合起来同时进行的一种反应设备即膜反应器，它是近年来出现的一种新型多功能反应器。按催化剂颗粒的流动特性又可分为固定床膜反应器和流化床膜反应器。固定床膜反应器，按反应与分离结合的形式又可分为两类：一类是反应与分离分开进行，膜只是起着分离产物或分配反应物的作用；另一类是催化剂与膜结合为一体，反应与分离均在膜上进行，这种膜称为活性膜。流化床膜反应器兼有流化床反应器和膜分离技术的优点，催化剂床层均匀，传质、传热速率快，同时又能打破化学平衡的限制，特别适用于催化剂快速失活且受化学平衡限制的可逆反应。

膜反应器所用的膜可分为聚合物膜和无机膜。聚合物膜只能承受相对缓和的反应条件，而各种无机膜如金属膜、固体电解质膜等能承受较高温度和较高压力。目前，此反应器在生物技术中应用较广，但是与膜通量相匹配的反应器空速只有传统反应器的1/10～1/5，膜反应器的生产能力远小于传统反应器，因此研制高通量、高选择性的廉价膜，将是膜反应器能否工业化的关键。

2. 反应与色谱分离的耦合

将化学反应与色谱分离耦合起来就可以构成所谓的色谱反应器。色谱反应器的床层材料可以是催化剂与色谱固定相的混合物，也可以是兼有催化性能和吸附性能的树脂。由于反应物与产物在吸附剂上的吸附能力不同，在反应的同时，反应产物不断被分离出来，因而不仅可以得到高纯度的产品，而且可以打破化学平衡的限制，使得具有较小平衡转化率的反应也能获得较高的转化率。色谱反应器根据反应器形式和操作方式不同，可以分为固定床色谱反应器、移动床色谱反应器和模拟移动床色谱反应器。

3. 反应与吸附、吸收的耦合

新型气-固-固滴流床反应器中，以合成气为例，自下而上流过由大颗粒催化剂构成的床层，而能够有选择性地吸附产物甲醇的固体细粉，自上而下与反应物料呈逆流流过催化剂床层。由于产物不断被吸附剂吸附，因而反应速率不会受到逆反应的抑制，反应的转化率可以大大提高，甚至达到100%；有研究者选用惰性液相溶剂，使之有选择性地吸收生成的产物，可以明显地提高产物的收率，但反应速率与传统气相法相比有所降低。

4. 反应与传热的耦合

有研究者验证了在固定床反应器中利用惰性细粉移热的可能性。惰性细粉由反应器的顶部加入，进入由大颗粒催化剂构成的床层，与床层换热后，具有较高温度的惰性细粉离开反应器，经降温后返回反应器顶部。这种细粉循环的操作方式可大大提高传热的效果。

（三）利用新的辅助手段开发新型反应器

利用新的辅助手段开发新型反应器，是开发新型化学反应器的又一重要手段，如声场、电场、磁场、离心力场等可显著改善某些化学反应器的性能。

1. 声纳化学反应器

超声波作为一种有效且没有污染的活化手段已被广泛应用于制药工程的各个领域。由于超声波能够大大加快反应的速度，声场虽然不能将颗粒聚集体分裂成单一的颗粒，却可以将其分裂成较小的聚集体，从而可以大大改善流化的质量，因而被广泛用于有机合成和有机金属化学领域。

2. 等离子体反应器

典型的等离子体反应器主要由等离子体产生区、反应区和淬冷区三部分组成。反应物首先在等离子产生区被迅速加热到反应温度，然后进入反应区进行反应，反应产物在淬冷区经冷却后离开反应区。等离子体反应器应用于石油化工中将天然气直接合成芳烃，在制药工业中前景广阔。

（四）开发特殊形式的化学反应器

特殊的工艺要求往往需要采用特殊形式的反应器，例如可用于固体物料快速热处理的旋转圆锥反应器。该反应器的主体部分为上大下小的圆锥形。反应物料在旋转圆锥的底部引入，在离心力的作用下，沿反应器内壁螺旋式上升并离开反应器。目前，研究者在新型化学反应器方面付出了辛勤的劳动，开发出了许多具有独特性能的新型反应器，尽管多数新型反应器尚处于实验阶段，但前景十分广阔。

四、现代生物反应器

现代生物技术借助于各种生物系统可利用碳水化合物来规模生产现代社会所需的化学品和能源。这些生物系统包括酶、微生物、动物细胞、植物细胞和动植物组织。而生物系统进行物质转化的生化反应是在生物反应器这个相对封闭的小生境中进行的。生物反应器为生物系统的生化反应提供了可控的环境条件以促使生物过程高效进行，例如温度、pH、溶氧、混合、剪切、补料等。另外，生物反应器系统供氧与混合效率、操作稳定性和可靠性与生物制造过程节能降耗密切相关，对生物产品生产成本产生很大影响。因而生物反应器设计、放大和操作优化技术及其产业化生产在生物产业发展中起着重要作用。

传统反应器一般包括悬浮培养系统反应器和固定化培养系统反应器。前者主要包括搅拌式反应器、气升式反应器；后者主要包括膜反应器、填充床反应器。随着全球对生物技术包括生物基产品需求的快速增长和生物技术相关学科发展，生物反应器出现了一些新的发展趋势，主要表现为高通量、微型化生物反应器应用于生物过程工艺快速开发和优化；工业规模生物反应器朝着大型化、自动化方向发展，并且计算流体力学技术被应用于反应器设计与放大，增强了对于生物反应器供氧、混合与剪切性能的可预期性；对于生物加工过程高密度高产率要求，使得包含新型空气分布系统与搅拌系统有机组合的生物反应器得到了广泛的应用，极大地提高了能源使用效率；多种先进传感技术被运用于生物过程的在线测定，提高了对生物过程生理代谢状态认识的准确性和即时性；而针对具体培养对象的特殊性，出现了一些专门反应器，如光生物反应器、动物细胞一次性反应器、酶反应器等，这些新型生物反应器也正逐步实现工业规模应用。

生物反应器可简单分为大型生物反应器、微型生物反应器、动物细胞及组织工程反应器、酶反应器等。

1. 大型生物反应器

在工业实际生产过程中，对传统搅拌罐反应器进行了改良，发酵罐底部搅拌桨直径加大后，生产罐基本解决了发酵前期液面处气柱的产生及逃液问题，发酵后期供氧基本满足需要，生产变得稳定，实现了放大目标。

近年来发酵工业快速发展使发酵工程设备趋向大型化、高效化和自动化，高效节能的大型生物反应器装置的应用是降低生产成本不可或缺的关键技术。随着反应器规模的增加，针对大型搅拌反应器内进行的好氧发酵过程，一般底层配备分散气体的较大直径径流桨以提高供氧，而上层多采用轴流搅拌，增加气体的混合时间并促进整体的混合，同时降低搅拌功耗。

2. 微型生物反应器

微型生物反应器指的是容积在数百毫升以下的小型生物反应器以及容积在 100mL 以下的微型反应器。微型生物反应器往往可同时进行几个甚至几十个平行的培养过程，因而具有一定高通量特性。目前已经有效应用于菌种筛选过程中的菌种特性鉴别、微生物和动物细胞培养基及培养工艺快速优化，成为目前生物反应器的重要发展趋势之一。微型生物反应器的概念主要可以分为两类：一是自上而下，将传统的生物反应器缩小，并且集成和阵列化，以提供较多的过程信息和通量；二是自下而上，在传统的高通量装置（如摇瓶、微孔板）上配置过程检测的装置（如溶氧、pH 检测），以提供一定的过程信息。典型的微型生物反应器包括微流反应器、孔板式反应器、摇瓶式反应器、搅拌式反应器等，其工作容积分别为微升级、毫升级、十数毫升、数十到数百毫升。微型生物反应器系统主要包括检测、培养和控制等组成部分。

3. 动物细胞及组织工程反应器

生物反应器设备的发展要适应生物医药产品研发和生产的需求，比如更短的工业化开发周期、生产的生物安全性、工业化生产的成本控制等。这使得生物反应器的发展除传统搅拌式动物细胞生物反应器外，根据用途不同而产生更多分支，其中包含更多个性化生物反应器。其中，一次性生物反应器种类非常多，包括膜生物反应器、波浪式袋生物反应器、搅拌式袋生物反应器、气体驱动袋生物反应器和摇动式袋生物反应器等。一次性生物反应器的体积从 10mL～$2m^3$ 不等，主要用于筛选试验、治疗抗原的生产（重组蛋白、抗体、次级代谢产物等）和病毒的生产（兽用和人用疫苗）。组织工程 3D 反应器是一种旋转式生物反应器，不但可以提供理想的供氧条件、较低的剪应力和振荡，而且还可以模拟微重力环境，在骨组织工程的研究中已经得到了广泛的应用。

4. 酶反应器

酶反应器作为生物催化的反应装置，依据生物催化转化反应的特性而设计，操作的稳定性和连续化是实现工业生物催化的关键；生物催化产品的分离、提取、纯化是产品生产的重要环节，据不完全统计，产品的后处理成本通常占到生产总成本的 80%左右。充分利用产品的性质，将反应过程与产品分离过程耦合，开发反应-分离耦合酶反应器，通过高性能不对称膜的截留、隔离作用，结合蒸馏、结晶、电渗析、渗透蒸发、色谱等产物分离提取的单元操作，可以以较低的成本实现产品的原位分离。这样的酶反应器不仅可以简化产品的分离，而且可以很好地实现生产的连续化，是酶反应器设计的重要趋势。

第二节 反应釜的操作、维护与保养

一、反应釜的安全操作

1. 操作条件

① 最高使用压力：罐内 0.20MPa，夹层内 0.60MPa 或按设备铭牌规定使用。

② 最大操作温度为 180℃。

③ 充填系数允许静止液体 90%，搅拌液体 75%。

④ 严禁使用含氟离子介质，不宜使用含强碱（pH>10）、热磷酸（>180℃）的介质。

2. 开车前准备

① 检查减速机内油量是否充足，若油位不足应加润滑油，在各润滑部位加润滑油。

② 清除罐内及周围一切障碍物。

③ 检查法兰、接盘、人孔等是否完好，坚固卡子数量是否够数，是否都已紧固。

④ 检查压力表、安全阀、温度计等是否齐全、灵敏、可靠。

⑤ 确保减速机、机座轴承、釜用机封油盒内不缺油。

⑥ 确认传动部分完好后，点动电机，检查搅拌轴是否按顺时针方向旋转，严禁反转。

⑦ 用氮气（压缩空气）试漏，检查釜上进出口阀门是否内漏，相关动、静密封点是否有漏点，并用直接放空阀泄压，看压力能否很快泄完。

3. 开车

① 按工艺操作规程进料，合上电源，启动电动机。

② 运转时应使设备免受震动，反应釜在运行中要严格执行工艺操作规程，严禁超温、超压、超负荷运行；凡出现超温、超压、超负荷等异常情况，立即按工艺规定采取相应处理措施。禁止锅内有超过规定的液位反应。

③ 使用夹套时，请缓慢升温加压，先通入 0.1MPa 蒸汽，保持 10min，再徐徐升到工作压力，但不得超过使用压力范围。

④ 严格按工艺规定的物料配比加（投）料，并均衡控制加料和升温速度，防止因配比错误或加（投）料过快，引起釜内剧烈反应，出现超温、超压、超负荷等异常情况，而引发设备安全事故。

⑤ 注意检查法兰、接盘、人孔及填料的密封情况，及时消除跑、冒、滴、漏。

⑥ 设备升温或降温时，操作动作一定要平稳，以避免温差应力和压力应力突然叠加，使设备产生变形或受损。

⑦ 严格执行交接班管理制度，把设备运行与完好情况列入交接班内容，杜绝因交接班不清而出现异常情况和设备事故。

4. 停车

① 按工艺操作规程处理完反应釜物料后停止搅拌。

② 检查、清洗或吹扫相关管线与设备。

③ 关掉电源，关闭有关阀门，搞好卫生，冬季停车或长期停用时，应将罐内及夹套的

水放掉。

④ 按工艺操作规程确认合格后准备下一循环的操作。

5. 注意事项

① 加料时，应严格避免金属及坚硬物料掉入罐内，以免损坏设备。

② 使用中应避免罐体外壳与酸接触，以免因铁胎腐蚀而使搪瓷剥落，如有酸液接触后，用水冲净。

③ 设备带压时，严禁打开人孔、接盘等。

④ 甩料时如罐底堵塞，不许用金属工具铲打，只能用木制或塑料工具轻轻通开，如发现有搪瓷碎屑，应查找原因，采取措施后，方能使用。

⑤ 停用时，人孔等应盖好，不准敞口放置，防止异物掉入罐内。

⑥ 经常保持罐体整洁和油漆完好，保持基础完好，各部连接应齐全，满扣、整齐、紧固。

二、反应釜的维护保养

化工行业大量使用的反应釜，由于介质的腐蚀性、反应条件忽冷忽热、运输、使用、人为因素等问题，总会出现这样那样的搪瓷层损坏，造成不必要的生产停止，如大面积脱落，建议只能返厂重新搪瓷。搪瓷釜价格较高，微小损坏时没有必要整台设备更新，这就需要选用合适的修补法马上进行修补，否则，就会使反应釜被釜里溶剂腐蚀，搪瓷面的损坏会迅速扩大，并由此造成停产、安全事故及环境污染等不可预计的损失。

1. 维护保养规范

① 高压釜应放置在室内。在装备多台高压釜时，应分开放置。每间操作室均应有直接通向室外或通道的出口，应保证设备地点通风良好。

② 在装釜盖时，应防止釜体釜盖之间密封面相互磕碰。将釜盖按固定位置小心地放在釜体上，拧紧主螺母时，必须按对角对称地分多次逐步拧紧。用力要均匀，不允许釜盖向一边倾斜，以达到良好的密封效果。

③ 正反螺母连接处，只准旋动正反螺母，两圆弧密封面不得相对旋动，所有螺母纹连接件有装配时，应涂润滑油。

④ 针型阀系线密封，仅需轻轻转动阀针，压紧密封面，即可达到良好的密封效果。

⑤ 用手盘动釜上的回转体，检查运转是否灵活。

⑥ 控制器应平放于操作台上，其工作环境温度为10～40℃，相对湿度小于85%，周围介质中不含有导电尘埃及腐蚀性气体。

⑦ 检查面板和后板上的可动部件和固定接点是否正常，抽开上盖，检查接插件接触是否松动，是否有因运输和保管不善而造成的损坏或锈蚀。

⑧ 控制器应可靠接地。

⑨ 连接好所有导线，包括电源线、控制器与釜间的电炉线、电机线及温度传感器和测速器导线。

⑩ 将面板上“电源”空气总开关合上，数显表应有显示。

⑪ 在数显表上设定好各种参数（如上限报警温度、工作温度等），然后按下“加热”开关，电炉接通，同时“加热”开关上的指示灯亮。调节“调压”旋钮，即可调节电炉加热功率。

⑫ 按下“搅拌”开关，搅拌电机通电，同时“搅拌”开关上的指示灯亮，缓慢旋动“调速”旋钮，使电机缓慢转动，观察电机是否为正转，无误时，停机挂上皮带，再重新

启动。

⑬ 操作结束后，可自然冷却、通水冷却或置于支架上空冷。待降温后，再放出釜内带压气体，使压力降至常压（压力表显示零），再将主螺母对称均等旋松，再卸下主螺母，然后小心地取下釜盖，置于支架上。

⑭ 每次操作完毕，应清除釜体、釜盖上残留物。主密封口应经常清洗，并保持干净，不允许用硬物或表面粗糙物进行擦拭。

2. 日常检查与维护

比如搪瓷反应釜，日常检查和维护步骤如下。

① 配制机械密封的反应罐，当工作温度超过 70℃；置填料密封的反应罐，工作温度超过 100℃时，均应有水冷却器并通水冷却，以免密封元件受损。

② 听减速机和电机声音是否正常，摸减速机、电机、机座轴承等各部位的开车温度情况：一般温度≤40℃，最高温度≤60℃。

③ 经常检查减速机有无漏油现象，轴封是否完好，看油泵是否上油，检查减速箱内油位和油质变化情况，釜用机封油盒内是否缺油，必要时补加或更新相应的机油。

④ 检查安全阀、防爆膜、压力表、温度计等安全装置是否准确灵敏好用，安全阀、压力表是否已校验，并铅封完好，压力表的红线是否画正确，防爆膜是否内漏。

⑤ 经常倾听反应釜内有无异常的振动和响声。

⑥ 保持搅拌轴清洁见光，对圆螺母连接的轴，检查搅拌轴转动方向是否按顺时针方向旋转，严禁反转。

⑦ 定期进锅内检查搅拌、蛇管等锅内附件情况，并紧固松动螺栓，必要时更换有关零部件。

⑧ 检查反应釜所有进出口阀是否完好可用，若有问题必须及时处理。

⑨ 检查反应釜的法兰和机座等有无螺栓松动，安全护罩是否完好可靠。

⑩ 检查反应釜本体有无裂纹、变形、鼓包、穿孔、腐蚀、泄漏等现象，保温、油漆等是不是完整，有无脱落、烧焦情况。

⑪ 做好设备卫生，保证无油污、设备见本色。

第三节　发酵设备的操作、维护与保养

一、发酵罐的安全操作

（一）运行前的准备

1. 罐内检查

① 检查调正并拧紧拉杆。

② 检查搅拌轴各部位定位轴承（底轴承、中轴承、上轴承）是否正常。

③ 检查各部位紧固螺栓是否拧紧。

④ 检查联轴节是否紧固，有无移位、变形。

⑤ 清除罐内异物。

2. 罐外检查

① 检查控制柜各元器件是否正常，三相电压是否均衡，电压一般应在 370～400V 范

围内。

② 检查各种测量、显示仪器仪表（溶氧仪、pH 仪、温度仪、流量计、压力表等）是否正常并校正。

③ 检查系统上各个阀门、接头、机架、电机等螺栓是否拧紧；甲醇、氨水补给系统是否正常。

④ 检查过滤器是否清洁正常。

⑤ 关闭系统各个进出阀门，开启压缩空气保持罐压在 0.15MPa，检查发酵罐、过滤器、管路、阀门、机械密封、人孔的密封性能是否良好，有无泄漏。

⑥ 开启水冷却系统，检查水压是否足够，管路无泄漏。

⑦ 打开蒸汽管路疏水装置旁通阀排尽积水后关闭；缓慢开启蒸汽阀至 1/4 时，观察后蒸汽管路中的疏水阀工作是否正常，正常后再逐步开大，避免管路因“水锤”现象裂振动破裂事故。

⑧ 合闸接通控制电源，启动搅拌运行 1～2min 看其运行是否平稳，有无异响。

（二）空消操作

（1）通无菌空气，调压力至 0.02MPa；开排污阀，同时开底阀排水后关闭。

（2）检查与罐体接触的各阀门开关情况，开搅拌器（100r/min），通蒸汽入夹套预热罐温至 80℃后，关搅拌，再关入夹套蒸汽后，开始通蒸汽入发酵罐，按以下顺序进行。

① 开进过滤器蒸汽（先开过滤器排污阀），再开进入罐底管道和旁通管。逐步调大进气量。

② 开取样蒸汽阀，打开取样后调大蒸汽量。

③ 开底阀蒸汽阀，开底阀后调大蒸汽量。

工艺要求：系统设置压力为 0.11～0.12MPa；温度为 121℃；时间为 30min。

注意事项：按上述顺序蒸汽入罐，操作时关注罐压，通过蒸汽总阀和罐顶排气阀调整压力。

（3）空消完毕后，按以下顺序关闭蒸汽进入阀。

① 开底阀排污阀，关底阀后再关蒸汽阀，然后关小排污阀。

② 开取样排污阀，关取样阀后关蒸汽阀，再关排污。

③ 关进过滤器管路蒸汽的同时开空气，即关蒸汽阀的同时开无菌空气阀，维持压力至 0.05～0.1MPa。

（4）关蒸汽总阀，当罐降温至 80℃可开夹套冷却罐。

（三）实消操作

① 接上述操作，当罐温降至 28℃后开底阀排污冷凝水。

② 按发酵需要加入培养基。完毕后关好进料口。

③ 系统设置：自动执行；转速 50～100r/min（90℃时停止转动）；灭菌时间 30min；灭菌温度 121℃；压力 0.11MPa。

④ 通入无菌空气以助搅拌（0.05MPa）。

⑤ 先关冷凝水，通入蒸汽进夹套预热罐温至 80℃，关夹套蒸汽和无菌空气。

⑥ 进气灭菌操作，灭菌完毕后操作和空消时第（2）、第（3）步骤相同。

⑦ 调整罐压至 0.05～0.08MPa 进行保压，罐温降至 28℃时开始接种培养。

（四）运行及管理

① 启动搅拌运行，按工艺规程进行接种与培养。

② 经常观察电机电流表显示的电流是否正常。60t 发酵罐电流＜170A；30t 发酵罐电流＜110A；6t 发酵罐电流＜21A；500L 发酵罐电流＜4A。

③ 经常观察电机、搅拌轴承温升情况，温升不超过 65℃（手可接触 3s）；运行平稳无异响。

④ 经常观察各仪器仪表、流量计、发酵罐温度显示正常。

⑤ 保持罐压在 0.03～0.05MPa。

⑥ 根据工艺规程，发现异常及时、准确地进行调整。

（五）停机出料

① 发酵结束后，冷却降温，按下停止按钮（红色）停止搅拌，截断电源开关。

② 出料采用压力输送时，控制罐压＜0.1MPa。

③ 出料完成后，取出溶氧、pH 电极，进行清洗保养。

④ 及时、彻底清洗发酵罐及其配套设施。

（六）安全注意事项与维护保养

① 经常打扫设备及其环境卫生，保持设备及环境整洁。

② 严禁将水泼洒到电器设备、仪器仪表上。

③ 过滤器滤芯、空气分布器要经常检查、清洗或更换。

④ 出料完成后，要及时清洗。防止发酵液干结在发酵罐、阀门、管道壁上。

⑤ 溶氧仪、pH 仪探头、仪表应按规定进行保养存放；压力表、安全阀、温度计应定期进行校检或换新。

⑥ 发酵罐、滤芯等清洗后应吹干；人孔拧紧螺栓不用时应松开以防密封永久变形。

⑦ 阀门阀杆、法兰盘密封应经常检查、拧紧或更换，保持干净与密封良好。

二、发酵罐系统设备的维护保养

1. 电极的维护保养

电极安装注意事项：小心地将电极插入安装孔或护套内，用手旋紧（一般情况下不使用工具）；溶氧电极在旋紧锁紧螺帽时，电极主体不得跟转，否则可能导致电极膜片脱落；导线安装时导线不得跟转，只许旋动压帽。发酵完成并进行灭菌处理后，应及时将电极从发酵罐上取下并用超纯水洗净，然后用滤纸将水吸干。pH 电极应置于 3mol/L KCl 溶液中储存；溶氧电极盖上保护帽后干放在溶氧电极专业泡沫盒中，溶氧电极每隔 3 个月要更换一次电解液。

2. 蒸汽发生器的维护保养

每天第一次运行前必须将蒸汽阀门打开，然后打开排污阀门直至炉内的水及污物完全排尽。检查水箱以保证水箱内无杂物，否则将损坏水泵或卡死止回阀。关闭排污阀，蒸汽阀门仍开启。启动蒸发器的电源开关，此时发出缺水报警，水泵运转对蒸发器补水，直至炉内水位高于低水位时停止报警，达到高水位时水泵停止补水。蒸发器进入正常工作状态时可关闭蒸汽阀门，蒸发器开始缓慢升压，当蒸汽压力升至 0.7MPa，加热自动停止。蒸发器每天至少排污一次，每天工作完毕后当压力降至 0.05MPa 时进行排污，排污时应注意安全，防止烫伤。电控箱、水泵电机等部位应避免受潮进水，以防烧毁。

3. 发酵罐体的维护保养

（1）搅拌器的维护　每次开罐盖后应检查并旋紧安装在搅拌轴上各部件中的止动螺钉。

上磁钢位置的调整：上磁钢距罐底间距正常值为1～1.5mm，间距过小上磁钢的底面会触及罐体，这时会引起搅拌轴不能转动或搅拌轴有跳动并伴有较大的噪声现象出现；间距过大，这时会引起上下磁钢间的磁力减小，当发酵液黏稠时有可能搅拌器停转并伴有较大的噪声。轴承的调换：经过1～2年的使用后，轴承噪声明显增大或搅拌轴明显摆动须更换轴承。卸去轴承底端盖、卸去轴头螺钉及轴承压盖、卸去轴承底下端盖、移去轴承座下端轴承处的卡簧，由上向下取出搅拌轴，取出轴承并更换，再一次安装。

（2）过滤滤芯的更换　由于空气含有大量尘埃，经过一定时间，滤芯上的微孔会渐渐地堵塞，这样一方面引起空气的流量严重不足和空气压降增大；另一方面可能引起染菌，此时就需要更换。闲置时应将滤芯从空气过滤器中取出，并排尽过滤器中的冷凝水。

（3）电磁阀的维护　电磁阀用于发酵罐的冷却，电磁阀的阀芯卡死、阀芯密封圈失效及电磁线圈的损坏都可引起电磁阀的失效。故障判断：在保证循环泵运转及循环管路通畅情况下，温度只降不升最大的原因是电磁阀泄漏或阀芯卡死，另外原因可能是电加热器烧坏。按注水开关，注水开关指示灯亮而电磁阀上端面无磁性，无冷却水排出，为线圈坏；注水开关指示灯不亮，为控制箱内保险丝烧坏。关电磁阀，排水口有冷却水漏出，为阀芯密封失效或杂物卡住阀芯。

（4）球阀的维护　由于球阀内的密封件是由两个半球状四氟乙烯制作成的，长时间使用后，密封件与阀芯之间可能会泄漏，旋松阀两端的卡套接头螺帽，然后旋紧阀两端的圆柱状接头即可（正常情况下，转动阀柄应有一定的阻力）。

（5）卡套接头的泄漏　旋紧接头上的压帽即可。

（6）空气软管的更换　为防止连接于空气流量计两端的软管意外爆裂，建议每两年更换一次软管。

（7）其他　发酵完成并进行灭菌处理后应及时清洗，安装过程中应确保空气分布器复位，及时更换补料孔垫圈，如底阀漏水还应更换底阀垫圈。

【思考题】

1.反应器的增大可以提高生产率，但是反应器的缩小可以提高控制精度，请问：反应器可以缩小到哪种程度呢？

2.发酵罐预反应器结构上有哪些区别呢？

实训任务　使用反应设备

能力目标： 能够熟练查询该设备的相关资讯，运用现代职业岗位的相关技能，归纳和总结出设备的使用要点和安全措施，制定出使用制度和使用规范，包括使用记录表、使用要点、安全事项、使用规范等。

知识目标： 了解该设备的相关基础知识，掌握该设备使用要点和使用方法，掌握该设备的分类、特点、安全、操作、维修、保养等知识，以及对设备资讯的对比、分析、归纳、总结的方法与要点。

实训设计： 公司合成车间合成小组接到工作任务，要求及时维护、保养，完成合成或者发酵任务；按照车间组织构成，分为若干班组（项目组），选出组长，由组长协调组员进行设备评估任务的开展和工作，完成项目要求，提交使用报告，以公司绩效考核方式进行考评。

一、反应釜的使用

反应釜是一种反应设备，在操作时一定要规范，否则会因很多原因造成损坏，导致生产被迫停止。反应釜的操作要注意以下方面。

首先，一定要严格地按照规章制度去操作反应釜。

其次，在操作前，应仔细检查有无异状，在正常运行中，不得打开上盖和触及板上之接线端子，以免触电；严禁带压操作；用氮气试压的过程中，仔细观察压力表的变化，达到试压压力，立即关闭氮气阀门开关；升温速度不宜太快，加压亦应缓慢进行，尤其是搅拌速率，只允许缓慢升速。

最后，反应釜体加热到较高温度时，不要和反应釜体接触，以免烫伤；实验完毕应该先降温。不得速冷，以防过大的温差压力造成损坏。同时要及时拔掉电源。

应熟练掌握反应釜常见故障的产生原因及处理方法，例如超温超压的故障原因及处理方法如下。

① 仪表失灵，控制不严格。对应处理方法：检查、修复自控系统，严格执行操作规程。

② 误操作；原料配比不当；产生剧烈反应。对应处理方法：根据操作法，采取紧急放压，按规定定量定时投料，严防误操作。

③ 因传热或搅拌性能不佳，产生副反应。对应处理方法：增加传热面积或清除结垢，改善传热效果修复搅拌器，提高搅拌效率。

④ 进气阀失灵，进气压力过大、压力高。对应处理方法：关总汽阀，断汽修理阀门。

二、实训任务

按照明确任务、技能实训、知识学习、实训总结、理论拓展的五步项目实训教学法开展实训教学任务（参看第二章实训任务）。

可以因地适时选择反应釜、发酵罐的某种型号的设备，通过文献检索，对该设备的技术背景、分类、前沿、热点进行归纳和总结，列出市场上该设备的优缺点、创新点、操作步骤、环保安全、使用要求等方面的要点。

针对该设备，开展近两年的文献检索研究，按照上述思路展开归纳与对比，根据具体设备的技术指标，完成使用评估实训任务，制定出该设备的使用要求和要点，提交设备使用记录和评估报告。

【课后任务】

1. 查询新型反应设备。
2. 请列举发酵设备。

第五章 分离设备的使用与维护

依靠机械作用力，对固-液、液-液、气-液、气-固等非均相混合物进行分离的设备均称为机械分离设备。在制药生产中，常会产生含有大量尘灰或雾沫的气体及产品悬浮在液体内的悬浮液，为了回收有用物料、获得产品、净化气体，都必须进行非均相的分离操作。如从母液中分离固体的成品或半成品，药物经气流干燥后的产品或半成品都是分离操作。另外，非均相系的分离在环境保护、“三废”处理方面也具有重要意义。常用的非均相分离方法主要有以下三种。

（1）过滤法　使非均相物料通过过滤介质，将颗粒截留在过滤介质上而得到分离。

（2）沉降法　颗粒在重力场或离心力场内，借自身的重力或离心力使之分离。

（3）离心分离　利用离心力的作用，使悬浮液中微粒分离。

按分离的推动力不同，机械分离设备可分为加压过滤、真空过滤、离心过滤、离心沉降、重力沉降、旋流分离等。其中，利用离心沉降或离心过滤操作的机械统称为离心机；利用重力沉降或旋流器操作的设备统称为沉降器；真空过滤和加压过滤设备称为过滤机械。固液分离在制药工业生产上是一类经常使用且非常重要的单元操作。在原料药、制药乃至辅料的生产中，固液分离技术的效能都将直接影响产品的质量、收率、成本及劳动生产率，甚至还关系到生产人员的劳动安全与企业的环境保护。常压过滤效率低，仅适用于易分离的物料，加压和真空过滤机在制药工业中被广泛采用。例如抗生素生产中发酵液过滤一般多采用板框压滤机、转鼓真空过滤机和真空过滤机，也有采用立式螺旋卸料离心机等。在原料药的生产上，大部分产品是结晶体，结晶体先通过三足式离心过滤机脱水，然后干燥，最后获得最终产品。

第一节　过滤与膜分离设备

一、过滤设备

过滤是以某种多孔物质为介质来处理悬浮液以达到固、液分离的一种操作过程，即在外力的作用下，悬浮液中的液体通过固体颗粒层（即滤渣层）及多孔介质的孔道而固体颗粒被截留下来形成滤渣层，从而实现固、液分离。因此，过滤操作本质上是流体通过固体颗粒层的流动，而这个固体颗粒层（滤渣层）的厚度随着过滤的进行而不断增加，故在恒压过滤操作中，过滤速率不断降低。过滤速率 U 定义为单位时间单位过滤面积内通过过滤介质的滤液量。影响过滤速率的主要因素除过滤推动力（压强差）Δp、滤饼厚度 L 外，还有滤饼和悬浮液的性质、悬浮液温度、过滤介质的阻力等。

按过滤方式的不同，可分为深层过滤与饼层过滤。过滤介质的作用是使滤液通过，截留固体颗粒并支撑滤饼，因此要求其具有多孔性、耐腐蚀性及足够的机械强度。工业常用的过滤介质有织物介质、多孔性固体介质及堆积的粒状介质等。滤饼可分为可压缩滤饼和不可压缩滤饼两种，对于不可压缩滤饼，为了减少过滤阻力可加入一些助滤剂。助滤剂是能形成多孔饼层的刚性颗粒，具有良好的物理、化学性质；使用的方法多用预涂法和渗滤法。

常见的化工过滤设备有板框压滤机、叶滤机、真空转鼓压滤机、离心分离机等。

（一）板框压滤机和厢式压滤机

1. 板框压滤机

板框压滤机是由多块滤板与滤框交替重叠排列组成，也可竖直排列成立式结构，见图 5-1。滤板和滤框有矩形的、方形的或圆形的，可用金属、塑料或木材等材料制成。滤板的表面上设有排液沟槽和支撑滤布用的凸起。滤框的外形与滤板相似，但中间部位是空的。在板与框加工平整的表面之间夹有滤布，两块滤布与滤框之间构成滤室。在滤板及滤框的边角处相应位置开有通孔，用以形成供料、洗涤水、滤液及压缩空气等的通道。在滤框的内侧向有孔与供料通道相连；在滤板的内侧向有孔与滤液通道相连。压紧机构根据操作压力与滤板尺寸提供滤室密封的压紧力。压紧机构的结构形式影响压滤机的价格和可靠性。通常框内尺寸小于 450mm×450mm 的采用手动压紧，框内尺寸大于 800mm×800mm 的采用液压压紧，上述尺寸范围之间的可以采用手动压紧、自动压紧或液压压紧。

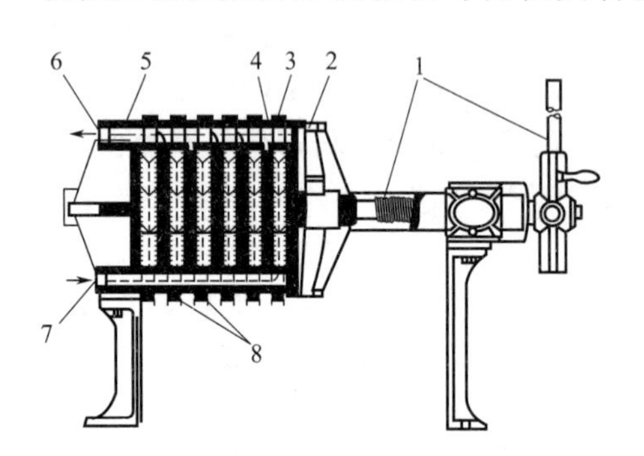

图 5-1　板框压滤机

1—压紧装置；2—可动头；3—滤框；4—滤板；5—固定头；6—滤液出口；7—滤浆进口；8—滤布

板框压滤机的操作是间歇的，每个操作循环由过滤、洗涤、卸渣、整理和组装四个阶段组成。用泵将滤浆压入机内，从小孔道进入框内。滤液穿过滤布到达板侧，经板面沟槽流集下方，经排液孔口排出，固体物则积存于框内形成滤饼，直到整个框的空间都填满为止。滤饼的洗涤液沿着与滤液相同的通道通过滤饼，进行洗涤。洗涤阶段结束后，松开板框，进入泄渣、整理阶段。

板框压滤机-动画

2. 厢式压滤机

厢式压滤机与板框压滤机相似，但是只有滤板，没有滤框。每块滤板均有凸起的周边，代替滤框作用，故滤板表面呈凹形。两块滤板的凸缘相对合构成滤室。厢式压滤机滤板的中央大多开有圆孔，作为料浆供料通孔。滤液仍从各滤板边角处开孔引出。厢式压滤机与板框压滤机相比，其机件少，单位过滤面积的造价可降低 15%左右；由于密封面减少，密封更可靠。但是滤布安装与清洗麻烦，滤布容易折损，操作成本较高。相比之下，大多用于大处理量的生产中。

（二）叶滤机

加压叶滤机主要用于悬浮液中固体含量较少（≤1%）和需要液相而废弃固相的场合，如用于制药的分离过程等。与其他形式的加压过滤机相比，具有以下特点。

① 滤叶等部件均采用不锈钢制造，在制药、啤酒、饮料等行业，对机械设备卫生条件要求较高的生产过程中应用广泛。

② 槽体容易实现保温或加热，可用于要求在较高温度下进行过滤操作的场合。

③ 密封性较好，操作比较安全，适用于易挥发液体的过滤。

④ 滤布的损耗量低，对于要求滤液澄清度高的过滤，一般采用预敷层过滤，这是加压叶滤机常用的一种工艺。

加压叶滤机-动画

按我国行业标准规定，加压叶滤机的基本形式有 4 种，如图 5-2 所示。

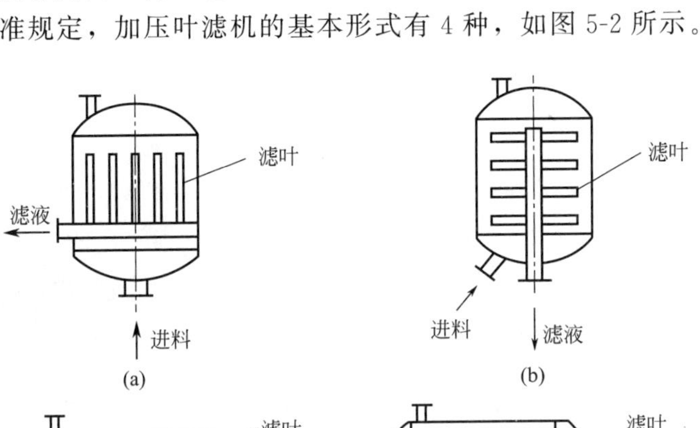

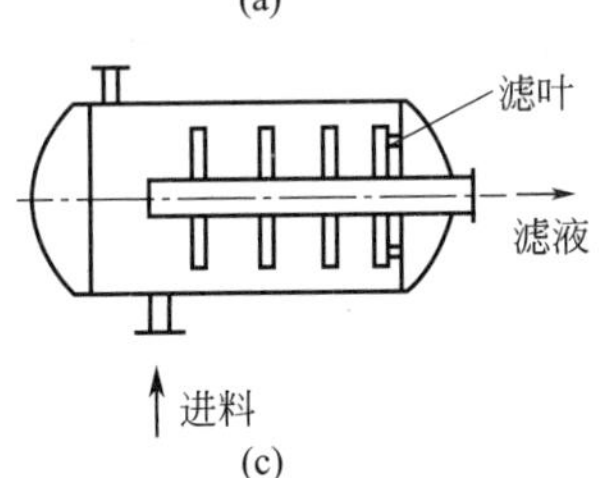

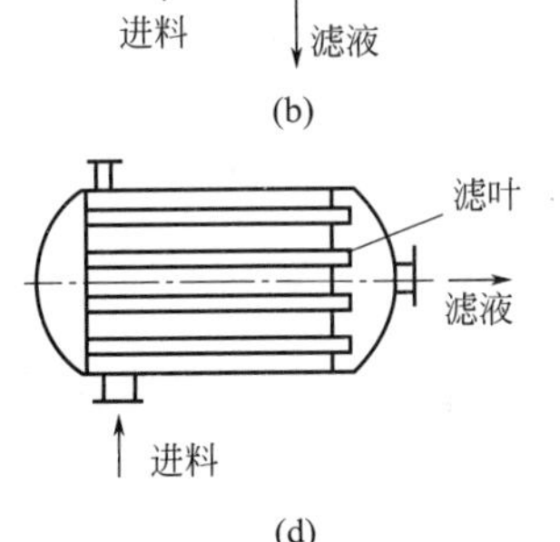

图 5-2　加压叶滤机

1. 立式垂直滤叶加压叶滤机

该机滤叶通常为矩形，在下封头处与水平放置的集液管相连并密封，滤液由集液管引出机外。可在滤槽的上封头内装喷淋系统，用以卸除滤饼。此外，集液管上可设置振动机构，以机械振动卸除滤饼；也有将集液管设在顶部，滤叶悬吊在集液管下方，利用空气反吹除渣。有时在排渣口附近还可专门设置清洗水管，以利卸渣。

2. 立式水平滤叶加压叶滤机

该机适用于小规模、间歇性生产。立式滤槽与滤叶组间的间隙极小，密集组装的滤叶中心孔相叠而成集液管，过滤结束时滤槽中几乎没有残液，拆机方可卸饼。

叶滤机亦是间歇操作设备。滤浆由泵压入，在压力差的作用下，滤液穿过滤布进入滤叶内部，再从排出管引出，滤饼沉积在滤液外部表面。过滤完毕后，机壳内改充洗涤液，洗液沿着与滤液相同的通道通过滤饼，进行洗涤。滤饼可用振动器使其脱落，或用压缩空气吹下，排出。

操作时，先检查管路，保证阀门处于关闭状态；然后启动离心泵，开启进料阀门，开启叶滤机溢流口阀门，叶滤机被物料充满后，关闭溢流口阀门，开启过滤机至浓浆槽的阀门，不断进料进行预涂层过程，数次之后开启取样阀，检查滤液是否合格，如果合格关闭取样阀门，关闭叶滤机至浓浆槽的阀门，开启滤液出口阀门，开始过滤，过滤压力较大后（大于0.3MPa）关闭离心泵，停止进料。关闭进料、出料阀门，开启压缩机，调节出口压力，开启压缩空气进口阀门，让部分气流通过滤饼，这样能维持滤饼不易脱落，开启料液进口管路至滤液出口管路中的阀门，将过滤机内的料液全部排出。

操作结束后，开启机壳，清洗机体，做好个人防护，防静电，避免发生接触伤害。

真空转鼓压滤机-动画

（三）真空转鼓压滤机

真空转鼓压滤机是一种连续操作的真空过滤设备，如图5-3所示。它的主要部件为一水平转筒，安装在真空转轴上，其长度与直径之比为0.5～2，滤布蒙在筒外壁上，浸没在滤浆中的过滤面积占全部面积的30%～40%。筒壁按周边平分为若干段，各段均有导管通至轴心处，但各段在筒内并不相通。中空转轴的一段有分配头，与从筒壁各段引来的连通管相接。通过分配头，圆筒旋转时其壁面的每一段，可以依次与处于真空下的滤液罐或鼓风机（正压下）相通。每旋转一周，对任何一部分表面来说，都顺次经历过滤、洗涤、吹干、吹松、卸渣等阶段。因此，每旋转一周，对任何一部分表面来说，都经历了一个操作循环。

图5-3　真空转鼓压滤机

运转前检查储液槽、转鼓、滤布、洗涤槽内及其他部位不应有无关的杂物，电动机接线正确，转鼓转动方向与标示相同。

启动转鼓传动电动机（由低到高直至所需的转速），检查空运转情况，无异常现象后开启离心泵，开启离心泵出口阀，开启进料阀门，关闭排污阀门，调解流量均匀地注入物料，调节供料速度，将液面维持到溢流口有悬浮液流出为准。开启水环真空泵，调节真空度的高低，使其保持在最佳水平，真空度一般保持在0.02～0.04MPa（注意：真空度不能超过0.05MPa）。开启空压机，调节压力，开启滤液出口阀门，开启压缩空气进口阀门，进行过滤实验，转鼓每旋转一周，转筒表面的每一部分，都顺次经历过滤、洗涤、吸干、吹散、卸渣等阶段。实验结束后，关闭离心泵，关闭电机，开启排污阀门，将剩余料液排到溢流水槽内，溢流水槽液位较高时，开启溢流水槽至滤液槽的阀门，将水槽内的水抽入滤液罐。用自来水清洗滤布及过滤机。

（四）离心分离机

离心分离机是一种人工卸料的间歇式离心机。料液加入转鼓后，滤液穿过转鼓于机座下部排出，滤渣沉积于转鼓内壁。待一批料液过滤完毕，或转鼓内的滤渣量达到设备允许值时，可停止加料，继续运转一段时间，使滤饼压干或沥干滤液。

运转前首先检查各零部件安装是否正确，紧固件不得松动，机壳、转鼓内无异物，用手盘动转鼓，转动应灵活，制动装置灵活可靠，瞬时启动电动机，转鼓转动无异常，注意转鼓旋转方向应与标牌上箭头指示方向一致。先启动离心分离机，在离心机正常运转后，再开启离心泵，打开离心泵出口至离心分离机的阀门，调节流量（控制在500L/h），加料量不能超过装料限重，加料速度一定不能过快不然会导致过滤液体从转鼓中溢出进入外壳内壁，不但不能过滤液体，而且会产生漏液现象。边加料边过滤，过滤时间视加料速度而定，过滤完后，停离心泵，关闭进口阀门，离心分离机继续转动，甩干一段时间。离心机停止转动后，开启自来水进水阀门，开启洗涤水进口阀，控制好进水量，进行滤饼洗涤，洗涤结束，关闭进水阀，继续甩干一段时间，关掉离心分离机，关闭洗涤水出口阀门，停止转动后开启机壳，清洗滤布，待下次使用。

在离心机运转后加料发生严重振动时，可考虑瞬时启动离心机后立即切断电源，在转鼓转速较低的情况下加料，既要防止剧烈振动引发事故，也要严防杂物混入，严禁不停车清理。

二、膜分离设备

膜分离设备-图片

膜分离技术是20世纪60年代以后发展起来的高新技术，目前已成为一种重要的分离手段。与传统的分离方法相比，膜分离具有很多特点。

（一）膜分离概述

膜分离技术在医药生物工程领域中的应用主要包括医用纯水及注射用水的制备，用于大输液的生产试制；在生化制药方面的应用，包括中药注射剂及口服液的制备，中药有效成分提取，血液透析及腹水的超滤，培养基的除菌等。膜分离有如下特点。

① 膜分离通常是一个高效的分离过程。例如，在按物质颗粒大小分离的领域，以重力为基础的分离技术最小极限是微米，而膜分离却可以做到将分子量为几千甚至几百的物质进行分离（相应的颗粒大小为纳米）。

② 膜分离过程的能耗（功耗）通常比较低。大多数膜分离过程都不发生相的变化。对比之下，蒸发、蒸馏、萃取、吸收、吸附等分离过程，都伴随着从液相或吸附相至气相的变化，而相变化的潜热是很大的。另外，很多膜分离过程通常是在室温附近的温度下进行的，被分离物料加热或冷却的消耗很小。

③ 多数膜分离过程的工作温度在室温附近，特别适用于对热敏感物质的处理。膜分离在食品加工、医药工业、生物技术等领域有其独特的适用性。例如，在抗生素的生产中，一般用减压蒸馏法除水，很难完全避免设备的局部过热现象，在局部过热地区抗生素受热后被破坏，产生有毒物质，它是引起抗生素针剂副作用的重要原因。用膜分离去水，可以在室温甚至更低的温度下进行，确保不发生局部过热现象，大大提高了药品使用的安全性。

④ 膜分离设备本身没有运动的部件，工作温度又在室温附近，所以很少需要维护，可靠度很高。它的操作十分简便，而且从开动到得到产品的时间很短，可以在频繁的启、停下工作。

⑤ 膜分离过程的规模和处理能力可在很大范围内变化，而它的效率、设备单价、运行费用等都变化不大。

⑥ 膜分离由于分离效率高，通常设备的体积比较小，占地较少。膜分离技术在制药领域中的应用已经非常广泛，如在原料药生产、制药工艺和原材料的回收利用等方面，可根据不同应用范围，采用膜电解、电渗析、透析、微滤、超滤或反渗透技术，达到分离的目的。

各种膜分离装置主要由膜器件、泵、过滤器、阀、仪表及管路等构成。其中膜器件是一种将膜以某种形式组装在一个基本单元设备内，然后在外界驱动力作用下实现对混合物中各组分分离的器件，它又被称为膜组件或简称膜分离器。在膜分离的工业装置中，根据生产规模的需要，一般可设置数个至数千个膜器件。除选择适用的膜外，膜器件的类型选择、设计和制作的好坏、将直接影响到过程最终的分离效果。

膜器件通常是由膜元件和外壳（容器）组成。在一个膜器件中，有的只装一个元件，但也有装多个元件的。工业上常用的膜器件形式主要有：板框式、圆管式、螺旋卷式、中空纤维式和毛细管式5种类型。

一种性能良好的膜器件应达到以下要求：①对膜能提供足够的机械支撑并可使高压原料液（气）和低压透过液（气）严格分开；②在能耗最小的条件下，使原料液（气）在膜面上的流动状态均匀合理，以减少浓差极化；③具有尽可能高的装填密度（即单位体积的膜器件中填充较多的有效膜面积）并使膜的安装和更换方便；④装置牢固、安全可靠、价格低廉和容易维护。

膜器件的基本要素主要包括：膜、膜的支撑体或连接物，与膜器件中流体分布有关的流道、膜的密封，外壳或外套以及外接口等。膜是构成膜器件、膜分离系统乃至膜分离过程的核心要素。膜的分离性质主要用选择性和透过性来描述。选择性是指不同物质在两相中的浓度变化比。透过性是指单位推动力下，物质在单位时间内透过单位面积膜的量。好的膜必须具备高选择性、大透量、高强度、在分离器中可有较高的填充率、能长时间在分离条件下稳定操作（如耐温、耐化学性）等条件。膜分离过程的实质是小分子物质透过膜，而大分子物质或固体粒子被阻挡。因此，膜必须是半透膜。膜分离的推动力可以是多种多样的，一般有浓度差、压力差、电位差等。

膜可以是均相的，也可以是非均相的。常见的有下列几种或其组合形式：无孔固体、多孔固体、多孔固体中充满流体（液体或气体）、液体。膜的材料可以是天然的，也可以是合成的；可以是无机的，也可以是有机的。常用的制膜材料主要有纤维素、聚砜、聚酰胺、聚酰亚胺、聚酯、聚烯烃、含硅聚合物和甲壳素类等有机物和金属、陶瓷等无机物。

（二）板框式膜器件

板框式膜器件主要是由许多板和框依次堆积组装在一起而得名，其外观很像普通的板框式压滤机。所不同的是后者用的过滤介质为帆布、棉饼等，而前者用的是膜。

板框式膜器件是以传统的板框式压滤机为原型最早设计开发出来的，主要用于液体分离过程。它是以隔板、膜、支撑板、膜的顺序，多层交替重叠压紧，组装在一起制成的，见图5-4。隔板表面上有许多沟槽，可用作原料液和未透过液的流动通道；支撑板上有许多孔，可用作透过液的流动通道。当原料液进入系统后，沿沟槽流动，一部分将从膜的一面渗透到膜的另一面，并经支撑板上的小孔流向其边缘上的导流管排出。

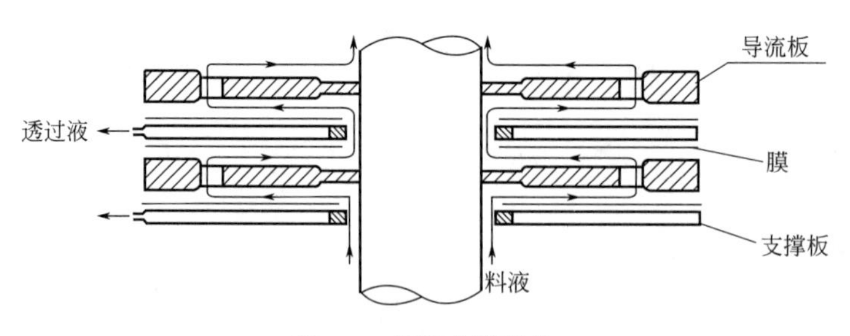

图5-4　板框式膜组件

如图5-5所示，滤膜复合在刚性多孔支撑板上，支撑板材料为不锈钢多孔筛板、微孔玻璃纤维压板或带沟槽的模压酚醛板。料液从膜面上流过时，水及小分子溶质透过膜，透过液从支撑板的下部孔道中汇集排出。为了减少浓差极化，滤板的表面为凸凹形，以形成浓液流的湍动。浓缩液则从另一孔道流出收集。

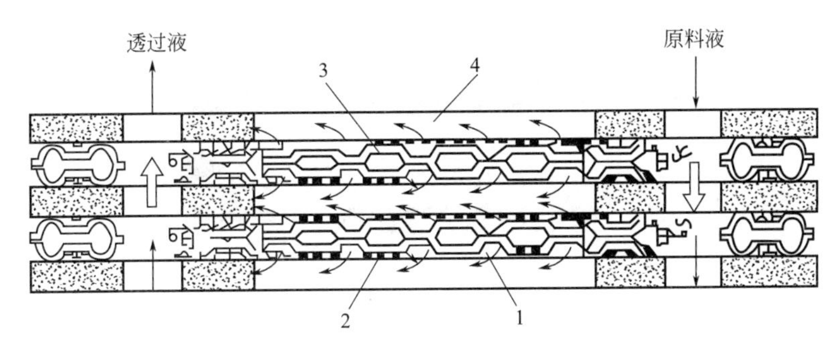

图 5-5　板框式膜器件

1—透过液；2—湍流促进器；3—刚性多孔支持板；4—膜

板框式膜器件组装比较简单。与圆管式、螺旋卷式和中空纤维式等相比，板框式膜组件的最大特点是制造组装比较简单，装置的体积比较紧凑，当处理量增大时，可以简单地通过增加膜的层数来实现；板框式膜器件操作比较方便；板框式膜器件对膜的机械强度要求较高；需要密封的边界较长，对各种零部件的加工精度要求较高，从而增加了成本。另外，板框式膜器件的流程比较短，加上原液流道的截面积较大，因此，单程的回收率比较低，需增加循环次数和泵的能耗。不过，由于这种膜器件的阻力损失较小，故可进行多段操作来提高回收率。

板框式膜器件主要应用于超滤（UF）、微滤（MF）、反渗透（RO）、渗透气化（PV）和电渗析（ED）。

板框式膜器件可以分为如下三种类型。

(1) 系紧螺栓式板框式膜器件　系紧螺栓式板框式膜器件是先由圆形承压板、多孔支撑板和膜经黏结密封构成滤板，再将一定数量的滤板多层堆积起来，并放入 O 形密封圈，最后用上、下封头以系紧螺栓固定组成。原料液由上封头进口流经滤板的分配孔，在诸多滤板的膜面上逐层流动，最后从下封头的出口流出。与此同时，透过膜的透过液在流经多孔支撑板后，分别于承压板的侧面管口处流出。

(2) 耐压容器式板框式膜器件　耐压容器式板框式膜器件主要是由多层滤板堆积组装后，放入一个耐压容器中而成。原料液从容器的一端进入，分离后的透过液和渗余液则由容器的另一端排出。容器内的大量滤板是根据设计要求串、并联相结合构成，其板数是从进口到出口依次递减，目的是保持原料液的线速度变化不大，以减轻浓差极化现象。

(3) 折叠式膜器件　对于大量液体的过滤，可采用一种折叠型筒式过滤装置，又称百叶裙式，其特点是单位体积中的膜面积大，因而过滤效率高；把一张膜按一定的尺寸和规格折叠起来，装入圆筒中制成的过滤器叫做单层折叠型筒式过滤膜器件。为增加单位体积中膜的面积，提高过滤效率和质量，根据分离流体的需要，可以把多张膜分别用衬材间隔起来，一起折叠成百褶型，装入圆筒中，这样制成的过滤器叫做多层折叠型筒式过滤膜器件。

(三) 圆管式膜器件

所谓圆管式膜器件是指在圆筒状支撑体的内侧或外侧刮制上半透膜而得的圆管形分离膜，其支撑体的构造或半透膜的刮制方法随处理原料液的输入方式及透过液的导出方式而异。

图 5-6 所示为圆管式膜器件结构，膜刮制在多孔支撑管的内侧，用泵输送料液进管内，

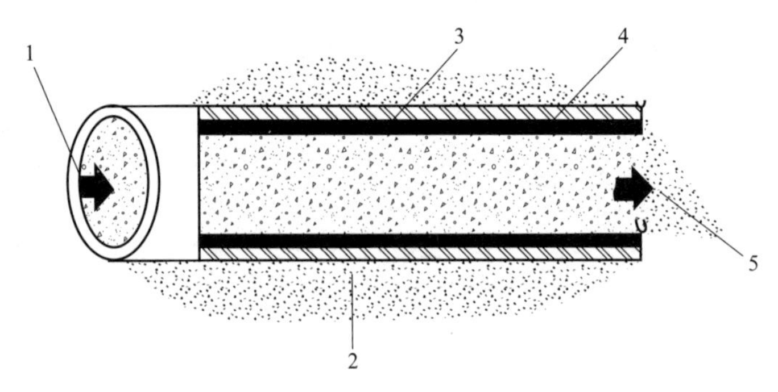

图 5-6　圆管式膜器件

1—原料液；2—渗过液；3—膜；4—刚性支撑管；5—渗余液

渗透液经半透膜后，通过多孔支撑管排出，浓缩物从管子的另一端排出，完成分离过程。如果用于支撑管的材料不能使滤液被渗透通过，则需在支撑管和膜之间安装一层很薄的多孔状纤维网，帮助滤液向支撑管上的孔眼横向传递，同时对膜还提供了必要的支撑作用。

其特点主要是流动状态好、容易清洗、设备和操作费用较高、能耗较高、膜装填密度较低。圆管式膜器件主要应用于超滤（UF）、微滤（MF）和单级反渗透（RO）。

管式膜器件的形式较多，按其连接方式一般可分为单管式和管束式；按其作用方式又可分为内压型和外压型。

（1）内压型单管式　内压型单管式膜器件中膜管是被裹以尼龙布、滤纸一类的支撑材料并被镶入耐压管内。膜管的末端被做成喇叭口形，然后以橡皮垫圈密封。原料液由管式组件的一端流入，于另一端流出。透过液透过膜后，于支撑体中汇集，再由耐压管上的细孔中流出。具体使用时是把许多这种管式组件以并联或串联的形式组装成一个大的膜组件。在多孔性耐压管内壁上直接喷注成膜，再把许多耐压膜管装配成相连的管束，然后把管束装置在一个大的收集管内，构成管束式膜。

（2）外压型圆管式　与内压型圆管式相反，分离膜是被刮制在管的外表面上。水的透过方向是由管外向管内。外压型圆管式装置早期因流动状态不好，单位体积的透水流量小，且需耐高压容器，采用者不多。后来改用了小直径细管和某些新工艺，提高了膜的装填密度，增大了单位体积的透水流量，且膜的装拆更换较易，膜更能耐高压和抗较大的压力变化，因而，该种形式有了发展。

（四）螺旋卷式膜器件

螺旋卷式（简称卷式）膜器件的结构是由中间为多孔支撑材料、两边是膜的“多层结构”装配组成的，如图 5-7 所示。其中三个边沿被密封而黏结成膜袋状，另一个开放的边沿与一根多孔中心透过液收集管连接，在膜袋外部的原料液侧再垫一层网眼型间隔材料（隔网），也就是把膜、多孔支撑体、膜、原料液侧隔网依次叠合。绕中心透过液收集管紧密地卷在一起，形成一个膜卷（或称膜元件）。再装进圆柱形压力容器里，构成一个螺旋卷式膜组件。原料从一端进入组件，沿轴向流动，在驱动力作用下，易透过物沿径向渗透通过膜至中心管导出，另一端则为渗余物。

其主要特点是结构紧凑，制作工艺相对简单，安装、操作比较方便，适合在低流速、低压下操作，高压操作难度较大。在实际使用中，可将几个（多达 6 个）膜卷的中心管密封串联起来再装入压力容器内，形成串联式卷式膜组件单元，也可将若干个膜组件并联使用。有一叶型、多叶型两种类型。

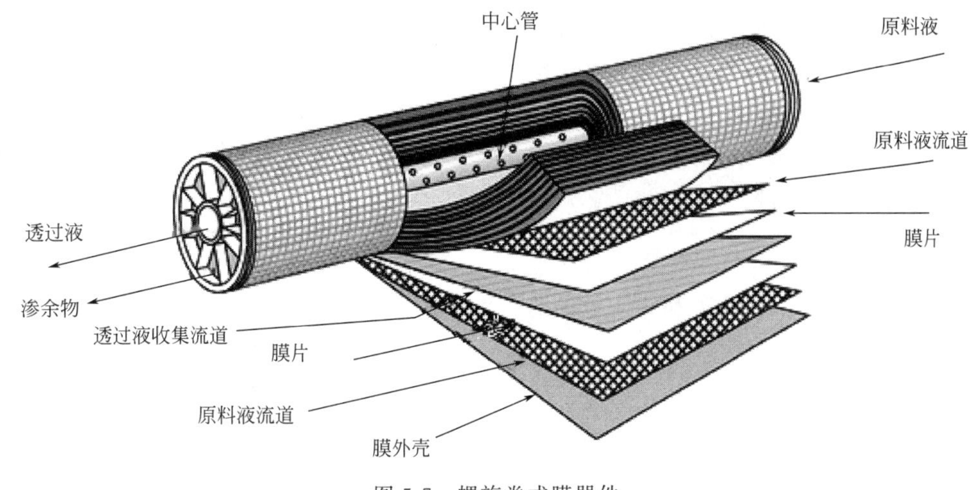

图 5-7　螺旋卷式膜器件

(五) 中空纤维式和毛细管式膜器件

中空纤维膜和毛细管可分别制成中空纤维式和毛细管式膜器件，从广义的概念上讲是管式膜分离器的一种，但它们的膜不需要支撑物，是自身支撑的膜分离器。将大量的中空纤维膜或毛细管膜两端用黏合剂粘在一起，装入金属壳体内，做相应的密封，即制成膜器件。中空纤维式膜器件主要应用于气体分离（GP）和反渗透（RO）。

中空纤维式膜器件的组装是把大量（有时是几十万根或更多）的中空纤维膜，弯成U形或做成管壳式换热器直管束那样的中空纤维束而装入圆筒形耐压容器内（见图5-8）。纤维束的开口端用环氧树脂浇铸成管板。纤维束的中心轴部安装一根原料液分布管，使原料液径向均匀流过纤维束。纤维束的外部包以网布使纤维束固定并促进原料液的湍流状态。透过物透过纤维的管壁后，沿纤维的中空内腔，经管板放出；被浓缩了的渗余物在大外壳内汇聚，流入浓缩液收集管后排出。

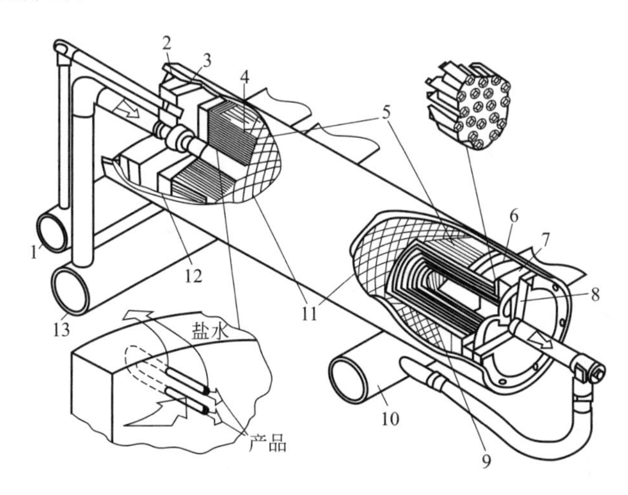

图 5-8　中空纤维式膜器件示意图

1—浓缩液收集管；2,6—O形圈；3—盖板；4—进料管；5—中空纤维；7—多孔支撑板；8—盖板（产品端）；9—树脂管板；10—渗透液收集管；11—网筛；12—树脂封关；13—料液总管高压原料液在中空纤维的外部流动有如下好处：首先纤维壁承受外压力的能力要比承受内压的能力大；其次，原料液在纤维的外部流动时，如果一旦纤维强度不够，只能被压瘪，直至中空内腔被堵死，但不会破裂，这就防止了透过液被原料液污染。反过来，若把原料液引入这样细的纤维内腔，则很难避免这种因破裂造成的污染。而且一旦发生这种现象，清洗将十分困难。不过，随着膜质量的提高和某些分离过程的需要（如为了防止浓差极化），也可采用使原料流体走中空纤维内腔（即内压型）的方式。

（六）电渗析器

电渗析是利用离子交换膜和直流电场的作用，从水溶液和其他不带电组分中分离带电离子组分的一种电化学分离过程。

电渗析器主要是由阴阳离子交换膜、隔板、电极框和上下压紧板等部分组成，而且都为平板式结构，通常是按一张阴膜、隔板甲、一张阳膜和隔板乙的顺序依次交替排列，组成一个膜对，膜对是组成膜堆的基本单元。在膜和隔板框上开有若干个孔，当膜和隔板多层重叠排列在一起时，这些孔便构成了进出浓、淡液流的管状流道，其中浓液流道只与浓缩室相通；淡液流道只与淡化室（脱盐室）相通，这样分离后的浓、淡液自成系统，相互不会混流，见图 5-9。

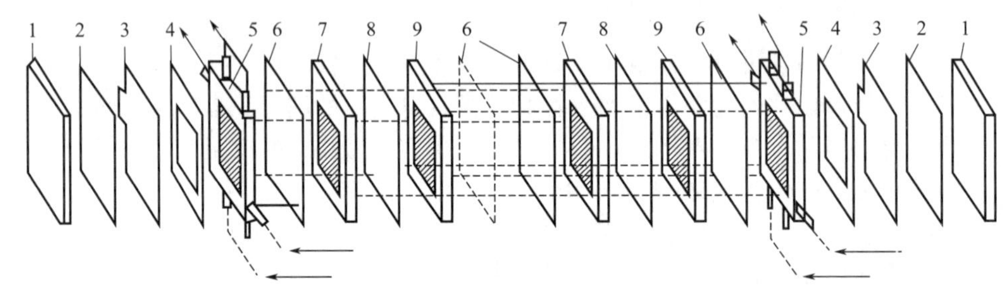

图 5-9　电渗析器基本结构

1—压紧板；2—垫板；3—电极；4—垫圈；5—极水隔板；
6—阳膜；7—淡水隔板；8—阴膜；9—浓水隔板

电渗析器的主要部件包括电极、膜堆和预紧件三部分，其中，膜堆是电渗析器的主体，它由若干个膜对组成，每个膜对又主要由隔板和阴、阳离子交换膜组成。

离子交换膜是电渗析器的主要部件，国内生产的有异相膜和均相膜两种：异相膜由离子交换树脂粉与成膜的惰性材料聚乙烯醇黏合制成；均相膜是将离子交换树脂的母体与成膜材料经化学结合而成的共聚体，其组成均匀，电渗析效率较高，但机械强度不高，弹性差，易碎裂和污染。

隔板是电渗析器中隔开膜和膜之间的支撑骨架，以及作流水通道之用，构成淡化室与浓缩室，以提高电渗析的效率。一般由聚氯乙烯塑料板制成，可分为有网板和无网板。电极是导入直流电源进行电渗析脱盐之用，其质量好坏影响电渗析的效果，一般阳极以铂丝较好，亦可选用石墨或银等。阴极通常为不锈钢。

第二节　干燥设备

干燥是利用热能除去固体物料中湿分（水分或其他液体）的单元操作。在化工、食品、制药、纺织、采矿、农产品加工过程中，常常需要将湿固体物料中的湿分除去，以便于运输、储藏或达到生产规定的要求。物料的干燥可分为机械去湿法、物理去湿法。干燥方法有传导干燥、对流干燥、辐射干燥、介电加热干燥等。热能以传导的方式传给湿物料称作传导干燥；热能以对流方式由热气体传给与其直接接触的湿物料称作对流干燥；热能以电磁波的形式由辐射器发射的称作辐射干燥；由高频电场的交变作用使物料加热而达到干燥的目的叫介电加热干燥。

工业上广泛应用的是对流干燥，过程中传热与传质相伴进行，干燥介质既是载热体又是载湿体。工业中常用的干燥器有厢式干燥器、转筒干燥器、气流干燥器、喷雾干燥器等。

厢式干燥器-动画

一、厢式干燥器

厢式干燥器是一种间歇式的干燥器，可以同时干燥多种不同的物料，一般为常压操作，也有在真空下操作的，其主要由外壁为砖胚或包以绝热材料的钢板结构的厢形干燥室和放在小车支架上的物料盘组成，见图 5-10。

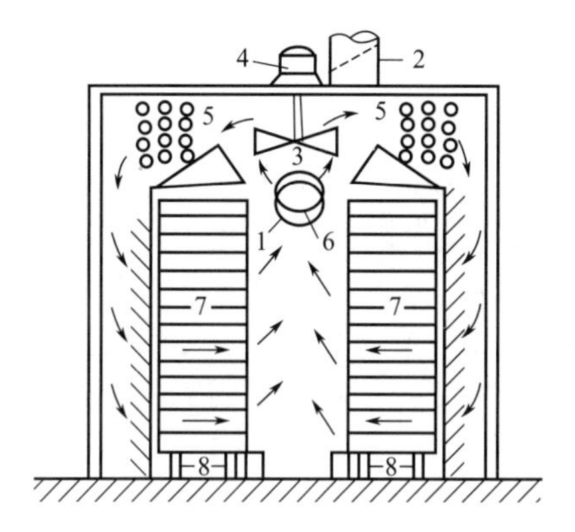

图 5-10　厢式干燥器

1—空气入口；2—空气出口；3—风扇；4—电动机；5—加热器；6—挡板；7—盘架；8—移动轮

操作时，将需要干燥的湿物料堆放在物料盘中，将小车一起推入厢内。新鲜空气由入口进入干燥器与废气混合后进入风机，通过风机后的混合气一部分由废气出口排出干燥器，大部分经加热器加热后沿挡板均匀地掠过各层盘内物料表面，将其热量传递给湿物料，并带走湿物料所汽化的水气，增湿降温后的废气循环进入风机。湿物料经干燥达到质量要求后，打开厢门，取出干燥的产品。这种设备一般生产强度小，但构造简单，设备投资少，而洞道干燥器是厢式干燥器的自然发展。带式干燥器为一长方形干燥器，内有透气的传送带，物料置于带上，热气体穿过物料层，物料与气体形成复杂的错流。

二、转筒干燥器

转筒干燥器-动画

转筒干燥器的主体是一个略呈倾斜的旋转圆筒，见图 5-11。物料从较高一端进入干燥器，热空气可以与物料呈逆流或并流。物料在圆筒中一方面被安装在内壁的抄板升举起来，在升举到一定高度后又抛洒下来与空气密切接触；另一方面由于圆筒是倾斜的，物料逐渐由进口端运动至出口端。如果被干燥的物料含水量较大，允许快速干燥，干燥后的物料又不耐高温，且吸湿性很小，可以采

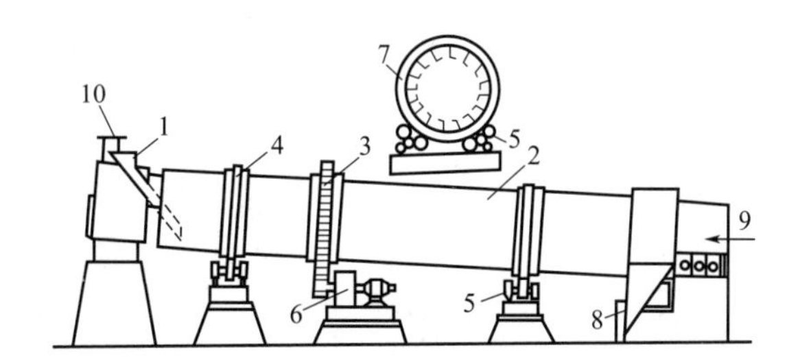

图 5-11　转筒干燥器

1—湿物料出口；2—转筒；3—腰齿轮；4—滚圈；5—托轮；6—变速箱；7—抄板；8—干物料出口；9—热空气进口；10—废气出口

用并流操作。当处理不允许快速干燥而产品能耐高温的物料时，宜采用逆流干燥。

转筒干燥器的优点是生产能力大，操作稳定可靠，流体阻力小；缺点是结构复杂，传动部分需要经常维修，生产强度低（与气流和流化干燥比较）。

三、气流干燥器

气流干燥器-动画

气流干燥器的主体是气流干燥管，湿物料由管的底部加入，高速的热气体也由底部进入，物料受到气流的冲击，以粉粒状分散于气流之中呈悬浮状态，被气流输送而向上运动，并在输送过程中进行干燥，见图 5-12。

气流干燥器的优点是生产强度高、热能利用好、干燥时间短、设备简单、操作方便；缺点是流体阻力大、物料对器壁的磨损较大、细粉物料收尘比较困难。

流化床干燥器中，粒子运动激烈，气固相接触良好，因而传质速率高。床层内温度均匀便于准确控制，不致发生局部过热。流化干燥器结构简单、紧凑、容易连续化，所以应用比较广泛。

四、喷雾干燥器

喷雾干燥器是一种处理液状物料的干燥方法，它将物料喷成细雾，分散在热气流中，使水分蒸发而得粉状产品。优点是能处理多种液态物料，由料液直接得到粉粒产品；干燥面积极大；干燥过程进行很快；干燥成品质量好。缺点是干燥设备庞大，容积汽化强度小，热效率较低，介质及能量的消耗也较大。喷雾干燥器一般有三种类型：压力式、离心式、气流式。

喷雾干燥器是用喷雾器将含水量在 70%以上的溶液、悬浮液、浆状液或熔融液等喷成直径为 10～60μm 的雾滴，分散于热空气气流之中，使水分迅速汽化，进而达到干燥目的。

图 5-13 是一种喷雾干燥器。操作时，高压溶液从喷嘴中呈雾状喷出，由于喷嘴能随十字管转动，故雾滴能均匀地分布于热空气中。热空气从干燥器上端进入，废气从干燥器下端送出，通过袋滤器回收其中带出的物料，再排入大气。

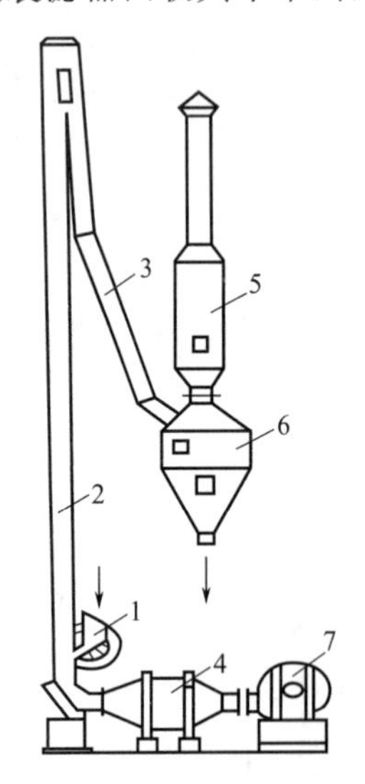

图 5-12　气流干燥器

1—加料器；2—直立管；3—物料下降管；4—空气预热器；5—过滤器；6—旋风分离器；7—风机

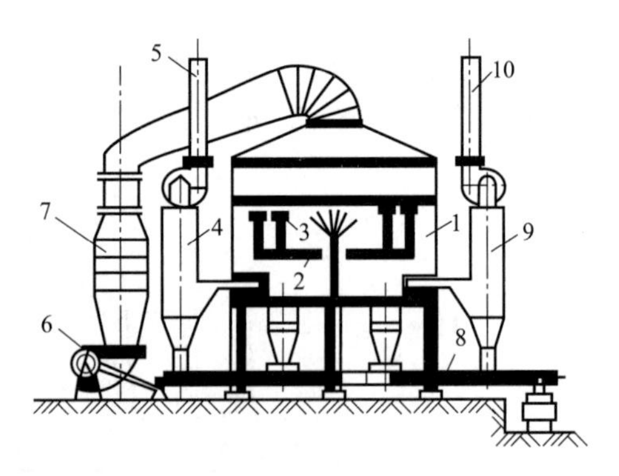

图 5-13　喷雾干燥器

1—干燥室；2—旋转十字管；3—喷嘴；4,9—袋滤器；5,10—废气排出管；6—送风机；7—空气预热；8—螺旋卸料器喷雾干燥器的干燥过程进行很快，一般只需3～30s；可以从料液直接得到粉末产品，能避免干燥操作中的粉末飞扬，改善了劳动条件；适用于热敏性物料；操作稳定，容易实现连续化和自动化操作。缺点是设备庞大，能量消耗大，热效率低。常用于洗涤粉、乳粉、染料、抗生素的干燥。

第三节　分离设备的操作、维护与保养

管式离心机由挠性主轴、管状转鼓、上下轴承、机座、制动装置及收集器等主要部件组成，如图5-14所示。

一、管式离心机

（一）检查准备

① 加注润滑油。

② 检查传动销与橡胶缓冲器接触情况。

③ 检查螺套是否将液盘及液盘盖紧压机身上。

（二）操作方法

1. 操作步骤

① 根据工艺要求，选择合适的药液进料嘴。

② 打开电源开关，启动离心机，检查电机是否有异常噪声，转鼓是否有异常摆动，否则立即停机处理后再开机。

③ 电机起动后，待转鼓达到转速（2min）后，打开进入阀离心。

④ 离心结束后，停机关闭电源，进行清场。

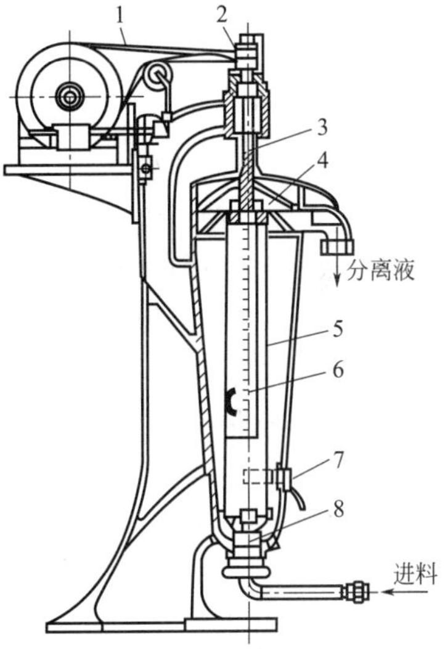

图5-14　管式离心机

1—平皮带；2—皮带轮；3—主轴；4—液体收集器；5—转鼓；6—三叶板；7—制动器；8—转鼓下轴承

2. 异常情况处理

离心机在运行过程中，若停电或设备出现故障应关闭电源，清洗离心机转鼓，待正常后，重新投入使用。

3. 注意事项

① 若离心机使用时间较长，应2h加一次润滑油。

② 分离药液的温度不得大于115℃。

（三）维修保养

① 离心机在工作时应定时（2h）旋动机身下端的加油螺旋，对进液轴承进行润滑。

② 经常检查各轴承、传送带的磨损情况，磨损后及时更换。

③ 离心机处于休息状态时，将护帽拧在转鼓上端，将锁紧套与液盘锁紧即可。

④ 及时检查浮动轴套磨损情况，不要等转鼓振动很大才更换轴套。

⑤ 中修周期为6个月；大修周期为1年。

（四）注意事项

① 不要对离心机上任何部件施用管扳手。
② 不要将零部件从一个转鼓上换到另一个转鼓上。
③ 断电后，不准用手抱转刹车，更不准在大皮带轮上施力刹车。

二、干燥机

（一）检查准备

① 检查电器系统是否完好。
② 检查蒸汽管路系统的阀门、管件是否堵塞或漏气。
③ 连通电源运转，检查设备有无异物，如有故障及时排除。
④ 填写并挂上运行状态卡。

（二）操作方法

① 打开电源，开启旋转传送电机开关，使机器运转。
② 打开蒸汽阀门使蒸汽进入散热器中。
③ 开启操作柜上风机开关，经散热后的热风鼓入翻板底部。
④ 待机器空转至里面温度上升至设定温度时，将待干燥物料连续均匀放入进料槽。
⑤ 调节翻板行走速度，以所干燥物料达到要求为宜。
⑥ 开启抽湿风机，使机内湿风排到外面。
⑦ 物料干燥完毕，关掉蒸汽阀门，依次关闭风机、抽湿风机、传送电机开关。
⑧ 清理设备内外部，清理翻板。

（三）维修保养

① 经常检查各连接螺钉、螺栓的紧固情况，各链条的松紧，并调整。
② 经常检查风机、变速器及各传动轴承的升温情况，不得超过规定值，并加足润滑部位的润滑油。
③ 经常检查各传动件、易损件的工作情况，并及时修复或更换。
④ 干燥机应半年保养一次。

（四）注意事项

① 设备温度应根据药材情况而定。
② 使用时如发现不正常的噪声、振动现象，应立即停机检查。
③ 加料时要连续均匀。

三、压滤洗涤干燥机（三合一）

压滤洗涤干燥机（三合一）如图 5-15 所示，其操作步骤如下。

（一）投料前检查

① 液压泵站油箱和齿轮油箱油位是否正常。
② 关闭所有阀门，打开氮气阀，待罐内压力升至 0.3MPa 时，关闭进氮气阀，检查罐

图 5-15 压滤洗涤干燥机

底和罐体之间，以及出料阀、取样阀、机械密封等处是否泄漏，如泄漏，卸压后，进行紧固再试压。

③ 检查各阀门是否处于工艺操作状态，零压开关处于常压状态。

④ 检查搅拌桨是否处于罐上位。

（二）进料

① 打开进料阀进料，同时下降搅拌桨低速搅拌，使物料均匀分布。

② 当物料到达工艺规定位置时，停止进料，关闭进料口阀门。

（三）压滤

① 提升搅拌桨在罐体上位停止。

② 打开滤液出口阀，同时关闭平衡球阀。

③ 逐步加压，压力应≤0.3MPa。

④ 发现滤饼漏气时，下降搅拌桨进行低速表面平料。

（四）清洗

① 打开清洗阀，清洗液通过旋转喷球进入罐内。

② 缓慢下降搅拌桨以适当转速进行搅拌。

③ 清洗完后，提升搅拌桨到高位停止，重复进行过滤操作。

（五）干燥

① 打开热媒回、热媒进阀门，引入热媒进罐体夹套，搅拌桨、捕集器、过滤板进行加热。

② 打开平衡球阀，保证烧结板上下压力平衡，打开真空阀门，进行干燥。

③ 干燥适当时间后，缓慢下降搅拌桨进行低速搅拌，待物料呈粉状逐渐加速，使物料

加速蒸发干燥。

④ 干燥一定时间后，稍微打开氮气阀，平压为0atm（表）后取样检测，直至合格。

（六）出料

① 平压为0atm（表）后，关闭热媒进、热媒回阀，打开夹套冷媒阀，进行冷却降温至出料温度。

② 缓慢下降搅拌桨，以足够搅拌转速搅碎滤饼。

③ 提前10min打开百级层流罩对出料口进行洁净保护。

④ 打开出料阀，开动搅拌桨低速搅拌出料。

（七）维护保养

1. 机械密封保养

① 每周各加油点加注一次润滑油脂。

② 机械密封每年拆卸保养一次。

2. 减速机保养

① 减速机润滑油选择中极压工业齿轮油，加油时油面高度在静止不运转时应控制在油标中线附近，不得超过油标能显示的高度，最低不得低于油标显示高度的1/3。

② 新减速机第一次使用10～15天后更换润滑油，并将内部油污冲洗干净。以后正常情况下，每天24h工作的3个月换一次油，每天工作10h以下不超过6个月换油一次。

③ 减速机在开始运转前或停机后再启动前，应先启动油泵充分润滑齿轮和轴承后方可进行工作，油泵供油不正常，切不可开动减速机。

④ 平时工作过程中发现油温显著升高并超过100℃，油的质量变坏以及产生不正常的噪声或渗、漏油等现象，应停机检查原因，排除故障后再用。

⑤ 经常检查油泵，保证油泵供油正常，如有问题及时检修。

⑥ 减速机应经常保持清洁，外表面不得堆积灰尘及污物。

⑦ 若减速机长期放置不用，应封存妥善保管，做到防水、防潮、防锈。

3. 液压泵站保养

（1）日常检查

① 开机运行前检查油位是否在上下限中间。

② 开机运行时检查压力是否正常，噪声是否正常，液压系统是否泄漏。

（2）定期检查

① 每月紧固管接头。

② 每3个月更换空气过滤器。

③ 每6个月更换油过滤器，更换液压油，并将液压箱、液压元件清洗干净，将液压罐内、管道内“旧油”置换出来。

④ 半年及半年以上存放应更换液压油及清洗液压元件。

【思考题】

1. 简要说明过滤动力和原理。
2. 列举几种干燥设备，并阐述其维护要点和原因。

实训任务　使用过滤、洗涤、干燥（三合一）机

能力目标： 能够熟练查询该设备的相关资讯，运用现代职业岗位的相关技能，归纳和总结出设备的使用要点和安全措施，制定出使用制度和使用规范，包括使用记录表、使用要点、安全事项、使用规范等。

知识目标： 了解该设备的相关基础知识，掌握该设备使用要点和使用方法，掌握该设备的分类、特点、安全、操作、维修、保养等知识，以及对设备资讯的对比、分析、归纳、总结的方法与要点。

实训设计： 公司合成车间制剂小组接到工作任务，要求及时维护、排除故障、完成保养和分离任务；按照车间组织构成，分为若干班组（项目组），选出组长，由组长协调组员进行设备评估任务的开展和工作，完成项目要求，提交使用报告，以公司绩效考核方式进行考评。

一、分离设备使用注意事项

使用和维护板框式压滤机时，应注意停止使用时，清洗干净，转动机构保持整洁，避免滤渣堵塞滤孔，对电器做防潮保护，局部泄漏或滤液浑浊时更换滤布，压紧程度不够时清除障碍物。板框式压滤机是加压过滤，操作时应注意防静电，压滤机应有良好的接地装置。注意防泄漏，避免液体泄漏，尤其是有危险性的液体，以免造成腐蚀及火灾等事故。

对于真空转鼓过滤机，滤饼厚度达不到要求时，增加进料量；真空度过低时，须检修真空泵和管路。清除滤槽内沉淀和杂物，备用过滤机定时转动一次。操作时应注意防静电，抽滤开始时，速率要慢，经过一段时间后，再慢慢提高速率。真空过滤机还应有良好的接地装置。还需防止滤液蒸气进入真空系统，因为抽滤时，滤液在真空下可能会大量蒸发，被抽进真空泵，会影响其运转，进而引发事故。因此，在真空泵前应设置蒸气冷凝回收装置。

常用的是三足离心机，操作时应防止剧烈振动。离心机过滤操作中，当负荷不均匀时会发生剧烈振动，造成轴承磨损、转鼓撞击外壳引发事故。注意离心机无盖时，工具和其他杂物容易落入其中，并可能以高速飞出，造成人员伤害。在不停车或未停稳情况下进行器壁清理，工具会脱手飞出，致人受伤。对可燃物料仍然要注意防静电和防泄漏，以免造成人身伤害。

三合一机中进行悬浮液的固液分离、过滤、洗涤和干燥，全程一体化，可在密闭可搅拌的容器内先后完成搅拌、洗涤、过滤、脱液、干燥、排料等工艺过程。这种装置用于小批量、多品种、高质量药品的生产，可取代过滤干燥多台设备。过滤时，在加压或真空状态下实现固液分离，过滤后滤饼平整，固液分离效果好；洗涤时，在容器内侧装有万向清洗球，使清洗液均匀分布于容器内，可进行物料清洗及容器清洗，通过升降搅拌桨叶的搅拌将滤饼和清洗液混合，使浆状悬浊液滤饼充分洗涤；干燥时，滤饼被搅拌桨叶逐层刮松，加热装置对滤饼均匀加热，负压下采用热气体加热湿物料，蒸发加速，容易干燥；卸料时，通过搅拌叶推动物料从缸壁侧面出料口自动出料。三合一机具有简化工艺、防止交叉污染、物料互换方便、提高生产效率以及机电一体化的特点，可采用 PLC 控制技术，实现过滤、干燥全过程的自动化操作。

二、实训任务

按照明确任务、技能实训、知识学习、实训总结、理论拓展的五步项目实训教学法开

展实训教学任务（参看第二章实训任务）。

可以因地适时选择过滤、干燥的某种型号的分离设备，通过文献检索，对该设备的技术背景、分类、前沿、热点进行归纳和总结，列出市场上该设备的优缺点、创新点、操作步骤、环保安全、使用要求等方面的要点。

针对该设备，开展近两年的文献检索研究，按照上述思路展开归纳与对比，根据具体设备的技术指标，完成使用评估实训任务，制定出该设备的使用要求和要点，提交设备使用记录和评估报告。

【课后任务】

1.查询新型干燥设备。

2.请列举药用过滤设备。

第六章 提纯设备的使用与维护

第一节 提纯设备

提纯是指将混合物中的杂质分离出来的操作方法，在制药工业中具有重要作用。其中蒸馏是利用液体混合物中各组分的沸点或者挥发度的不同，通过不断部分冷凝和部分汽化，达到分离提纯混合物中某个组分的目的。按操作压强分为常压、加压、减压蒸馏；按混合物中组分分为双组分蒸馏、多组分蒸馏；按操作方式分为间歇蒸馏、连续蒸馏；按方式分为简单蒸馏、平衡蒸馏、精馏、特殊蒸馏，其中特殊蒸馏可以包括膜蒸馏、萃取蒸馏、水蒸气蒸馏、分子蒸馏等，通常在板式塔和填料塔内进行。

萃取（溶剂萃取、液液萃取、抽提）是利用系统中组分在溶剂中有不同的溶解度来分离混合物的单元操作，是利用物质在两种互不相溶（或微溶）的溶剂中溶解度或分配系数的不同，使溶质物质从一种溶剂内转移到另外一种溶剂中的方法。萃取设备可按结构分为混合澄清器、萃取塔和离心萃取机。

结晶是指固体溶质从（过）饱和溶液中析出的过程，使得杂质全部或大部分仍留在溶液中，从而达到提纯的目的。用于结晶操作的设备是结晶器，其类型很多，按溶液获得过饱和状态的方法可分为蒸发结晶器和冷却结晶器；按流动方式可分为母液循环结晶器和晶浆（即母液和晶体的混合物）循环结晶器；按操作方式可分为连续结晶器和间歇结晶器。

蒸发是在液体表面发生的汽化过程，溶液的蒸发过程是指通过加热或者降压使溶液中一部分溶剂汽化，以提高溶液中非挥发性组分的浓度的过程（浓缩）。根据被冷却介质的种类不同，使用冷却液体为冷却介质的蒸发器有卧式蒸发器、立管式蒸发器和螺旋管式蒸发器等，使用冷却空气为冷却介质的蒸发器有冷却排管和冷风机。

一、蒸馏设备

蒸馏操作是工业生产中应用最为广泛的一种单元操作，实际生产中的蒸馏操作过程可根据溶液性质、生产目的与要求而采用不同的方法。当物质比较容易分离或分离要求不高时，可采用简单蒸馏或闪蒸，较难分离的物质可采用精馏，很难分离的物质或用普通精馏方法不能分离的则可采用特殊精馏。其中应用最为广泛的是精馏。

精馏操作一般在塔设备内完成。图 6-1 即为连续精馏分离乙醇水溶液的生产流程。稀乙醇水溶液（料液）由塔中部加入，液体在塔内处于沸腾状态，产生的蒸气沿塔上升，从塔顶引出后进入冷凝器冷凝，冷凝液一部分作为塔顶产品（又称馏出液），一部分回流至塔内作液相回流，液相沿塔下降至塔底引出，进入再沸器（加热釜）被间接加热沸腾汽化，所产生的蒸气由再沸器引入塔内气相回流，沿塔上升，没汽化的液相作为塔底产品（又称为残液）。由此可知，塔内所进行的精馏过程可视为一股上升的气流与一股下降液流在塔内逆流流动，直接接触，上升气流的多次部分冷凝与下降液体的多次部分汽化，在塔中形成了温度梯度和浓度梯度，易挥发组分在塔顶浓度较高，难挥发组分在塔釜浓度较高，进行了热量、质量的传递，达到了混合液体中易挥发组分和难挥发组分一定程度上的分离。

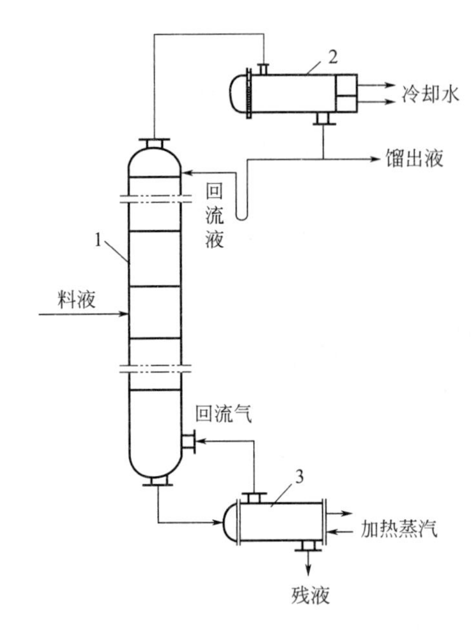

图 6-1　乙醇水溶液连续精馏流程
1—精馏塔；2—冷凝器；3—再沸器

蒸馏操作是利用液体混合物中各组分挥发性的差异而将其分离的。任何液体均具有挥发成为蒸气的能力。液体的这种特性称为挥发性。不同液体在相同条件下的挥发性不同，同一液体在不同条件下的挥发性也不相同。

常压下，纯乙醇的沸点为 78℃，纯水的沸点为 100℃，由于乙醇的挥发性能比水强（乙醇的沸点比水低），故乙醇较水易于从液相中汽化出来。若将乙醇水溶液加热使之部分汽化，气相中乙醇的浓度将高于液相中乙醇的浓度。若将上述所得的蒸气冷凝，即可得到乙醇浓度较原来为高的冷凝液，从而使乙醇和水得到初步的分离。通常沸点低的组分称为易挥发组分，用 A 表示；沸点高的组分称为难挥发组分，用 B 表示。

在图 6-1 所示的流程中，上升气流与下降液流在塔内直接接触，易挥发组分由液相转移到气相，而难挥发组分由气相转移到液相，这样，塔内上升气流中乙醇浓度越来越高，而下降的液流中水的浓度也越来越高。只要塔有足够的高度，塔顶引出的蒸气中主要含乙醇，而再沸器引出的溶液则基本是水，这就是精馏。

精馏操作所处理的溶液如果仅由两个组分组成，则称为双组分（或二元）精馏。如果溶液中含两个以上的组分，则称为多组分（或多元）精馏。工业生产中也根据操作压的大小将精馏分为常压、加压和真空精馏三种。按操作流程的特征则可分为间歇精馏和连续精馏。

（一）板式精馏塔

塔设备是实现分离操作的气液传质设备，广泛地应用于化工、石油化工等工业生产中。按结构可分为板式塔和填料塔两大类，都能用于蒸馏操作和吸收操作。在工业生产中，当处理量大时多采用板式塔，而当处理量小时多采用填料塔。对于一个具体的工艺过程，选用何种塔型为宜，需根据两类塔型各自的特点和工艺本身的要求而定。

精馏塔-动画

板式塔为逐级接触式的气液传质设备。以筛板塔为例的结构简图如图 6-2 所示。

在一个圆筒形的壳体内装有若干层按一定间距放置的水平塔板，塔板上开有很多筛孔，每层塔板靠壁处设有降液管。操作时，液体靠重力作用由上层塔板经降液管流至下层塔板，并横向流过塔板至另一降液管逐板下流，最后由塔底流出，塔板上的出口溢流堰能使板面上维持一定厚度的流动液层。气体从塔底送到最下层板的下面，靠压强差推动，逐板由下向上穿过筛孔及板上液层而流向塔顶，气体通过每层板上液层时，形成气泡与液沫，泡沫层为两相接触提供足够大的相际接触面，有利于相间传质。气液两相在板式塔内进行逐板接触，两相的组成沿塔高呈阶梯式变化。

板式塔的空塔速度较高，因而生产能力较大，塔板效率稳定，造价低，检修、清理方便，为工业上所广泛采用。

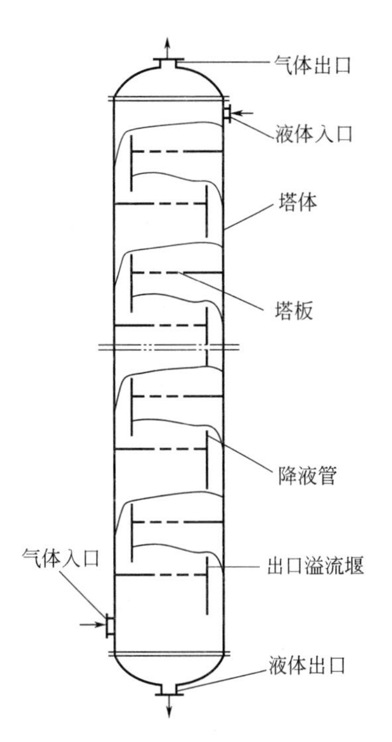

图 6-2　板式塔结构简图

(二) 塔板类型

按照塔内气液流动的方式，可将塔板分为错流塔板和逆流塔板两类。图 6-2 所示的筛板塔为错流塔板类型之一。塔内气液两相成错流流动，即液体横向流过塔板，而气体垂直穿过液层，但对整个塔来说，两相基本上成逆流流动。错流塔板降液管的设置方式及堰高可以控制板上液体流径与液层厚度，以期获得较高的效率。但是降液管占去一部分塔板面积，影响塔的生产能力；而且，液体横过塔板时要克服各种阻力，因而使板上液层出现位差，此位差称为液面落差。液面落差大时，能引起板上气体分布不均，降低分离效率。错流塔板广泛用于蒸馏、吸收等传质操作中。

逆流塔板亦称穿流板，板间不设降液管，气液两相同时由板上孔道逆向穿流而过。栅板、淋降筛板等都属于逆流塔板。这种塔板结构虽简单，板面利用率也高，但需要较高的气速才能维持板上液层，操作范围较小，分离效率也低，工业上应用较少。

1. 泡罩塔板

泡罩塔是应用最早的气液传质设备之一，长期以来，在工业生产实践中积累了丰富的经验，并对泡罩塔板的性能作了较充分的研究。

泡罩塔板结构如图 6-3 所示。每层塔板上开有若干个孔，孔上焊有短管作为上升气体的

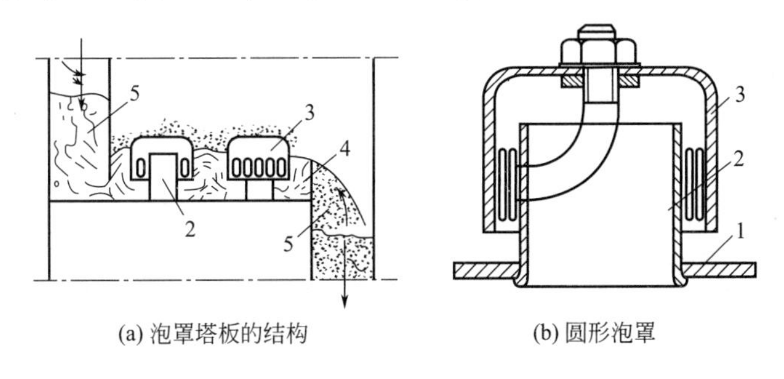

(a) 泡罩塔板的结构　　(b) 圆形泡罩

图 6-3　泡罩塔板

1—塔板；2—升气管；3—泡罩；4—溢流堰；5—降液管

通道，称为升气管。升气管上覆以泡罩，泡罩下部周边开有许多齿缝。泡罩在塔板上作等边三角形排列。

操作时，液体横向流过塔板，靠溢流堰保持塔板上有一定厚度的流动液层，齿缝浸没于液层之中而形成液封。上升气体通过齿缝进入液层时，被分散成许多细小的气泡或流股，在板上形成了鼓泡层和泡沫层，为气液两相提供了大量的传质界面。

泡罩塔的优点是：因升气管高出液层，不易发生漏液现象，有较好的操作弹性，即当气液有较大的波动时，仍能维持几乎恒定的板效率；塔板不易堵塞，适于处理各种物料。缺点是：塔板结构复杂，金属耗量大，造价高；板上液层厚，气体流经曲折，塔板压降大，雾沫夹带现象较严重，限制了气速的提高，致使生产能力及板效率均较低。

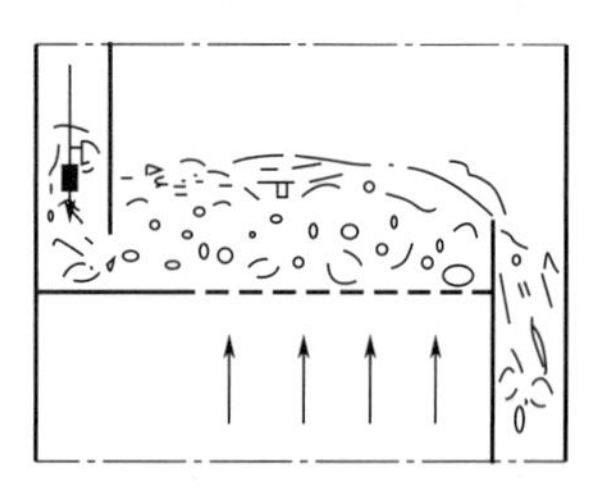

图 6-4　筛孔塔板

2. 筛板

筛板塔结构如图 6-4 所示。塔板上开有许多均匀分布的筛孔，孔径一般为 3～8mm，筛孔在塔板上作正三角形排列。塔板上设有溢流堰，使板上能维持一定厚度的液层。操作时，上升气流通过筛孔分散成细小的流股，在板上液层中鼓泡而出，气液间密切接触而进行传质。

筛板塔的优点是结构简单，造价低廉，气体压降小，板上液面落差也较小，生产能力及板效率均较泡罩塔高。主要缺点是操作弹性小，易泄漏，筛孔小时容易堵塞，近年来采用大孔径（直径 10～25mm）筛孔，可避免堵塞，而且由于气速的提高，生产能力增大。

3. 浮阀塔板

浮阀塔板是在塔板上开有若干大孔（标准孔径 39mm），每个孔上装有一个可以上下浮动的阀片。浮阀的形式很多，目前国内已采用的浮阀有五种，但最常见的浮阀形式为 F-1 型和 V-4 型。F-1 型浮阀（国外称为 V-1 型）如图 6-5(a) 所示。

阀片本身有三条“腿”，插入阀孔后将各腿底脚板转 90°角，用以限制操作时阀片在板上升起的最大高度（8.5mm）；阀片周边又冲出三块略向下弯的定距片，当气速很低时，靠这三个定距片使阀片与塔板呈点接触而坐落在阀孔上，阀片与塔板间始终保持 2.5mm 的开度供气体均匀地流过，避免了阀片启闭不均匀的脉动现象。阀片与塔板的点接触也可防止停工后阀片与塔面黏结。操作时，上升气流经过阀片与塔板间的间隙而与板上横流的液体接触，浮阀开度随气体负荷而变。当气量很小时，气体仍能通过静止开度的缝隙而鼓泡。F-1 型浮阀的结构简单，制造方便，节省材料，性能良好，广泛用于化工及炼油生产中，现已列入部颁标准内。F-1 型浮阀又分轻阀和重阀两种，阀的质量直接影响塔内气体的压强降，轻阀压强降虽小，但操作稳定性较差，低气速时易漏液。因此，一般情况下都采用重阀，只在处理量大并且要求压强降很低的系统（如减压塔）中，才用轻阀。

V-4 型浮阀如图 6-5(b) 所示。其特点是阀孔冲成向下弯曲的文丘里形，以减少气体通过塔板时的压强降。阀片除脚部相应加长外，其余结构尺寸与 F-1 型轻阀无异。V-4 型阀适用于减压系统。T 型浮阀如图 6-5(c) 所示。拱形阀片的活动范围由固定于塔板上的支架来限制。其性能与 F-1 型浮阀相近，但结构较复杂，适于处理含颗粒或易聚合的物料。

浮阀塔具有下列优点。

① 生产能力大，由于浮阀塔板具有较大的开孔率，故其生产能力大。

② 操作弹性大，由于阀片可以自由升降以适应气量的变化，因此操作弹性大。

③ 塔板效率高，因上升气体以水平方向吹入液层，故气液接触时间较长而雾沫夹带量较小，板效率较高。

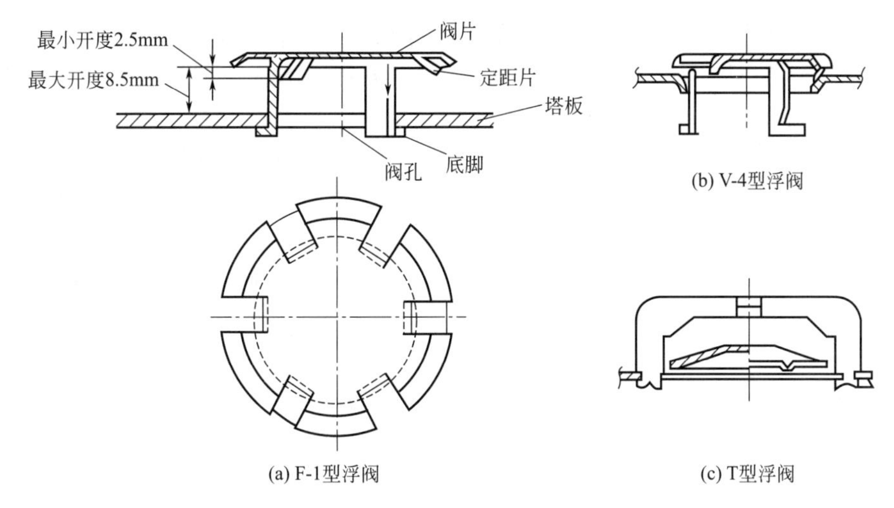

图 6-5　几种浮阀形式

④ 气体压强降及液面落差较小，因为气液流过浮阀塔板时所遇到的阻力较小，故气体的压强降及板上的液面落差都小。

⑤ 塔的造价低，因构造简单，易于制造。

浮阀塔不宜处理易结焦或黏度大的系统，但对于黏度稍大及有一般聚合现象的系统，浮阀塔也能正常操作。

4. 喷射型塔板

上述泡罩、筛板及浮阀塔板都属于气体为分散型的塔板，在这类塔板上，气体分散于板上流动液层中，在鼓泡或泡沫状态下进行气液接触。为防止严重的雾沫夹带，操作气速不可能很高，故生产能力的进一步提高受到限制。近年发展起来的喷射型塔板克服了这个弱点。在喷射型塔板上，气体喷出的方向与液体流动的方向一致，因此可以充分利用气体的动能来促进两相间的接触。气体不再通过较深的液层而鼓泡，因而塔板压强降降低，雾沫夹带量减小，不仅提高了传质效果，而且可采用较大的气速，从而提高了生产能力。

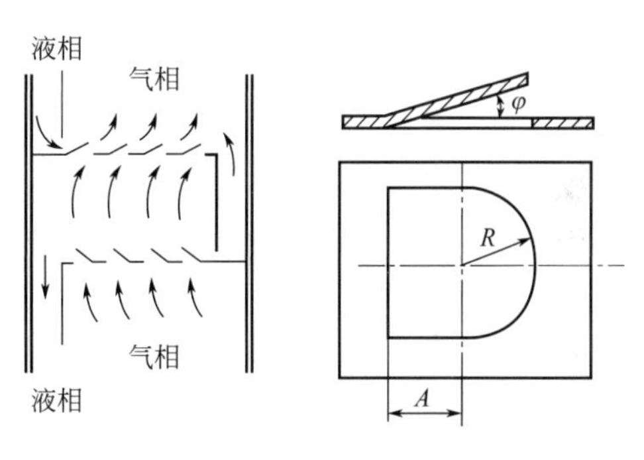

图 6-6　舌形塔板示意图

（1）舌形塔板　舌形塔板是喷射型塔板的一种，其结构如图 6-6 所示。塔板上冲出许多舌形孔，舌片与板面成一定角度，向塔板的溢流出口侧张开。图中标示出舌形孔的典型尺寸，即 $\varphi=20°$，$R=25\text{mm}$，$A=25\text{mm}$。舌孔按正三角形排列，塔板的液流出口侧不设溢流堰，只保留降液管，降液管截面积要比一般塔板设计得大些。

上升气液穿过舌孔后，以较高的速度（20～30m/s）沿舌片的张角向斜上方喷出。从上层塔板降液管流出的液体，流过每排舌孔时，即被喷出的气流强烈扰动而形成泡沫体，并有部分液滴被斜向喷射到液层上方，喷射的液流冲至降液管上方的塔壁后流入降液管中。

舌形塔板的开孔率较大，可采用较高的空塔气速，故生产能力大。气体通过舌孔斜向喷出时，有一个推动液体流动的水平分力，使液面落差减小，又因雾沫夹带量减小，板上无返混现象，从而强化了两相间的传质，能获得较高的塔板效率。板上液层较薄，塔板压强降小。

由于舌形塔板的气流截面积是固定的，故舌形塔板对负荷波动的适应能力差，操作弹性小。此外，被气体喷射的液流在通过降液管时，会夹带气泡到下层塔板，气相夹带现象严重，使板效率明显下降。

（2）浮动喷射塔板　这种塔板由一系列平行的浮动板组成，浮动板支撑在支架的三角槽内，可在一定角度内转动。为防止相邻两板的黏结，浮动板的前缘制成向下弯曲形，有时也将前缘做成锯齿形，结构如图 6-7 所示。

由上层塔板降液管流下来的液体，在百叶窗式的浮动板上面流过，上升气流则沿浮阀塔板间的缝隙喷出，喷出方向与液流方向一致。

浮动喷射塔允许较高的气流喷射速度，故生产能力大；由于浮动板的张开程度能随上升气体的流量而变化，使气流的喷出速度保持高的适宜值，因而操作弹性大；此外，还有压强降小、液面落差小等优点。缺点是有漏液及“吹干”现象，影响传质效果，使板效率降低。塔板结构较复杂。

（3）浮舌塔板　浮舌塔板的结构如图 6-8 所示。仅将固定舌形板的舌片改成浮动舌片。其特点为：操作弹性大，负荷变动范围甚至可超过浮阀塔；压强降小，特别适宜于减压蒸馏；结构简单，制造方便；效率也较高，介于浮阀塔板与固定舌形塔板之间。

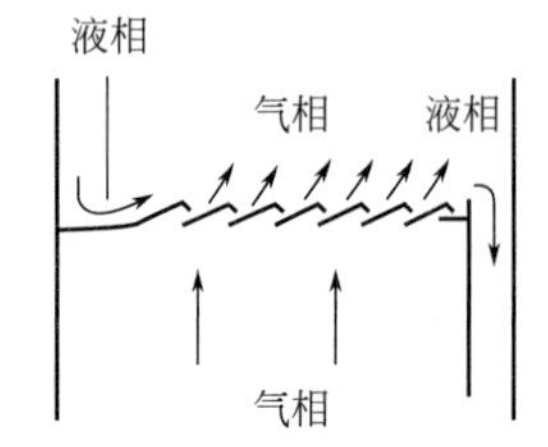

图 6-7　浮动喷射塔板示意图

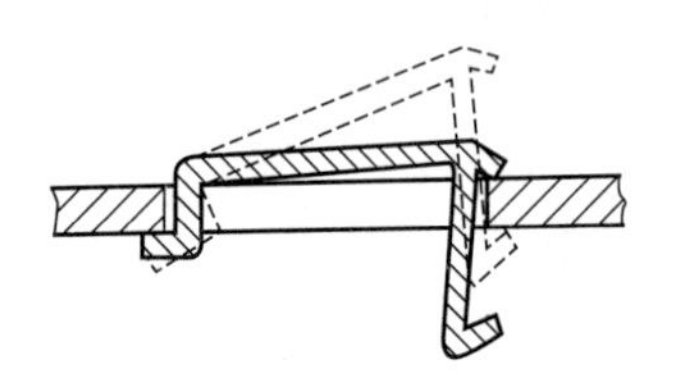

图 6-8　浮舌塔板示意图

（三）塔板的作用

用于工业生产的精馏装置称为精馏塔，塔内装有塔板或填料。由塔板逐板下降的回流液体与由塔底逐板上升的蒸气在塔板上接触，同时进行部分汽化和部分冷凝，即在每一块塔板上同时进行传热与传质作用，如果气、液两相在同一块塔板上接触良好并有足够长的时间，气液两相可达到平衡。

在精馏塔内自下而上上升的蒸气，每经一块塔板与板上液层接触一次，就部分冷凝一次，蒸气中易挥发组分必然增加，上升蒸气中易挥发组分的含量逐板增大。而从塔顶下降的回流液体，在每块塔板上与上升的蒸气接触一次就部分汽化一次，下降的回流液中易挥发组分含量逐板减少。

由此可见，全塔各板中，易挥发组分在气相中的浓度自下而上逐板增加，在液相中浓度自上而下逐板减少；温度自下而上逐板降低。在塔板数足够的情况下，蒸气经过自下而上多次增浓，最后从塔顶引出的蒸气冷凝后，可得到几乎纯净的易挥发组分。

（四）精馏段与提馏段的作用

通常，将原料液进入的那层板称为加料板，加料板以上的塔段称为精馏段，加料板以下的塔段（包括加料板）称为提馏段。

分析精馏塔内的气液接触和分布情况，可知精馏段的作用是自下而上逐步增浓气相中的易挥发组分，即浓缩轻组分，以提高塔顶产品中易挥发组分的浓度；提馏段的作用是自上而下逐步提浓液相中的难挥发组分，即浓缩重组分，以提高塔釜产品中难挥发组分的浓度。

（五）回流的作用

从精馏塔引出蒸气的冷凝液，一部分作为塔顶产品，另一部分则回流塔顶第一块塔板称为回流液，回流液量与塔顶馏出产品量的比值称为回流比。

在精馏操作中，每块塔板上升蒸气中易挥发组分的量由下而上逐板增加，这个逐板增加的易挥发组分的量是从塔板上溶液部分汽化而来，如不加以补充，则塔板上液体的组成和数量就会减少，导致精馏操作无法进行下去。回流的作用就是补充塔板上下降液体，使得每块塔板上均有下降的饱和液体和上升的饱和蒸气，各板所需回流液（饱和液体）分别可从上一板的降液管引入。由此可见，回流的引入是维持精馏操作连续稳定的必要条件。

（六）塔釜的作用

为了使精馏操作连续稳定地进行，还必须不断地向上一块塔板供应有一定含量的蒸气，逐板上升，作为各板上液相部分汽化的加热蒸气。最简便的方法是在精馏塔塔底设置一个加热釜称为再沸器，用水蒸气间接加热从最下一块塔板回流下来的液体，并使之部分汽化，产生的蒸气回流至塔底，这部分回流至塔底的气体称回流气。

由精馏操作分析可知，为实现精馏分离操作，除了具有足够数量的塔板外，还必须从塔顶引入下降液流（即回流液）和从塔底产生上升蒸气流（即回流气），以建立气液两相体系。因此，塔底蒸气回流和塔顶液体回流是精馏操作过程连续进行的必要条件。回流是精馏与普通蒸馏的本质区别。

（七）精馏操作流程

根据精馏原理可知，仅有精馏塔是不能完成精馏操作的，必须同时有塔底再沸器和塔顶冷凝器，有时还要配有原料液预热器、回流液泵等附属设备，才能实现整个过程。再沸器的作用是提供一定量的上升蒸气流，冷凝器的作用是提供塔顶液相产品及保证有适宜的液相回流，从而使精馏能连续稳定地进行。

典型的连续精馏流程如图 6-9 所示。由图可见，原料经预热器加热到指定温度后，送入精馏塔的进料板，在进料板上与自塔上部下降的回流液体汇合后，逐板溢流，最后流入塔底再沸器中。在每层板上，回流液体与上升蒸气互相接触，进行热和质的传递过程。操作时，塔底液体流入再沸器进行加热，部分汽化产生的蒸气回流至塔底，依次通过各层塔板，没汽化的液体作为塔底产品（釜残液）。塔顶蒸气进入冷凝器中被全部冷凝，并将部分冷凝液用泵送回塔顶作为回流液体，其余部分经进一步冷却后被送出作为塔顶产品（馏出液）。

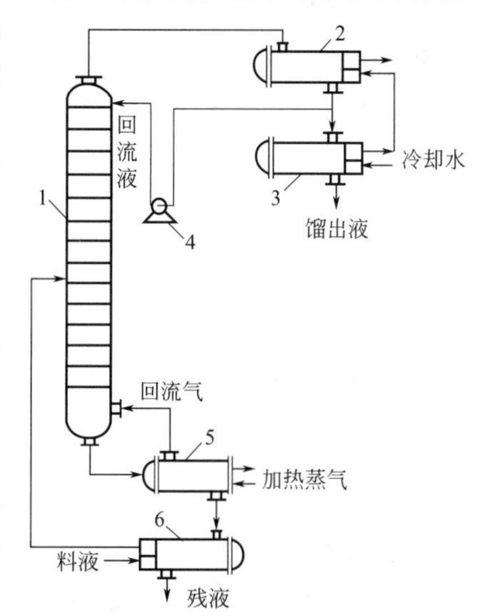

图 6-9 连续精馏操作流程

1—精馏塔；2—全凝器；3—冷却器；4—回流液泵；5—再沸器；6—原料预热器

二、萃取设备

对于液体混合物的分离，除可采用蒸馏的方法外，还可采用萃取的方法，即在液体混合物（原料液）中加入一个与其基本不相混溶的液体作为溶剂，造成第二相，利用原料液中各组分在两个液相中的溶解度不同而使原料液混合物得以分离，工艺如图 6-10 所示。液-液萃取，亦称溶剂萃取，简称萃取或抽提。选用的溶剂称为萃取剂，以 S 表示；原料液中易溶于 S 的组分，称为溶质，以 A 表示；难溶于 S 的组分称为原溶剂（或稀释剂），以 B 表示。如果萃取过程中，萃取剂与原料液中的有关组分不发生化学反应，则称之为物理萃取，反之则称之为化学萃取。

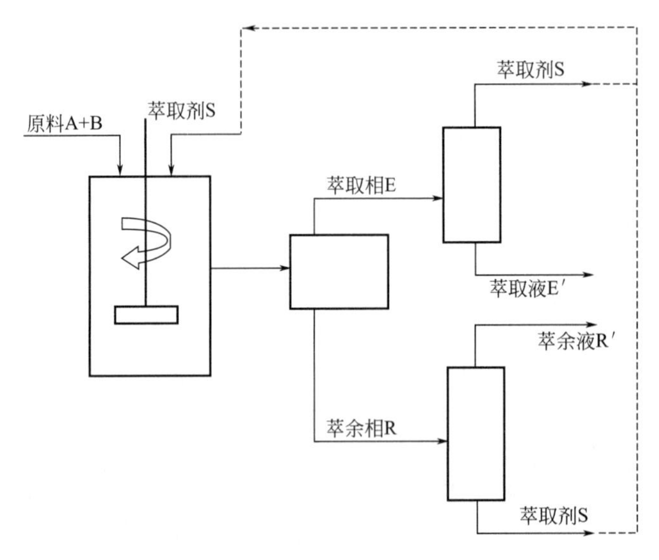

图 6-10　常用萃取流程图

萃取操作的基本过程是将一定量萃取剂加入原料液中，然后加以搅拌使原料液与萃取剂充分混合，溶质通过相界面由原料液向萃取剂中扩散，所以萃取操作与精馏、吸收等过程一样，也属于两相间的传质过程。搅拌停止后，两液相因密度不同而分层：一层以溶剂 S 为主，并溶有较多的溶质，称为萃取相，以 E 表示；另一层以原溶剂（稀释剂）B 为主，且含有未被萃取完的溶质，称为萃余相，以 R 表示。若溶剂 S 和 B 为部分互溶，则萃取相中还含有少量的 B，萃余相中亦含有少量的 S。由上可知，萃取操作并未有得到纯净的组分，而是新的混合液——萃取相 E 和萃余相 R。为了得到产品 A，并回收溶剂以供循环使用，尚需对这两相分别进行分离。通常采用蒸馏或蒸发的方法，有时也可采用结晶等其他方法。脱除溶剂后的萃取相和萃余相分别称为萃取液和萃余液，以 E′和 R′表示。对于一种液体混合物，究竟是采用蒸馏还是萃取加以分离，主要取决于技术上的可行性和经济上的合理性。

如原料液中各组分间的沸点非常接近，也即组分间的相对挥发度接近于 1，若采用蒸馏方法很不经济；料液在蒸馏时形成恒沸物，用普通蒸馏方法不能达到所需的纯度时可采用萃取方法。

原料液中需分离的组分含量很低且为难挥发组分，若采用蒸馏方法需将大量稀释剂汽化，能耗较大，或原料液中需分离的组分是热敏性物质，蒸馏时易于分解、聚合或发生其他变化，采用萃取是有利的。

另外，选择合适的萃取剂是保证萃取操作能够正常进行且经济合理的关键。萃取剂的选择主要考虑选择性、互溶度、经济性等因素。

萃取剂的选择性是指萃取剂 S 对原料液中两个组分溶解能力的差异。若 S 对溶质 A 的溶解能力比对原溶剂 B 的溶解能力大得多，即萃取相中 y_A 比 y_B 大得多，萃余相中 x_B 比

x_A 大得多，那么这种萃取剂的选择性就好。

萃取剂的选择性可用选择性系数 β 表示，其定义式为：

$$\beta=\frac{k_A}{k_B}=\frac{y_A/x_A}{y_B/x_B} \tag{6-1}$$

由 β 的定义可知，选择性系数 β 为组分 A、B 的分配系数之比，其物理意义颇似蒸馏中的相对挥发度。若 $\beta>1$，说明组分 A 在萃取相中的相对含量比萃余相中的高，即组分 A、B 得到了一定程度的分离，显然 k_A 值越大，k_B 值越小，选择性系数 β 就越大，组分 A、B 的分离也就越容易，相应的萃取剂的选择性也就越高；若 $\beta=1$，则由式（6-1）可知萃取相和萃余相在脱除溶剂 S 后将具有相同的组成，并且等于原料液的组成，说明 A、B 两组分不能用此萃取剂分离，换言之所选择的萃取剂是不适宜的。萃取剂的选择性越高，则完成一定的分离任务所需的萃取剂用量也就越少，相应的用于回收溶剂操作的能耗也就越低。

由式（6-1）可知，当组分 B、S 完全不互溶时，则选择性系数趋于无穷大，显然这是最理想的情况。

萃取剂回收的难易直接影响萃取操作的费用，从而在很大程度上决定萃取过程的经济性。因此，要求萃取剂 S 与原料液中的组分的相对挥发度要大，不应形成恒沸物，并且最好是组成低的组分为易挥发组分。若被萃取的溶质不挥发或挥发度很低时，则要求 S 的汽化热要小，以节省能耗。

为使两相在萃取器中能较快分层，要求萃取剂与被分离混合物有较大的密度差，特别是对没有外加能量的设备，较大的密度差可加速分层，提高设备的生产能力。两液相间的界面张力对萃取操作具有重要影响。萃取物系的界面张力较大时，分散相液滴易聚结，有利于分层，但界面张力过大，则液体不易分散，难以使两相充分混合，反而使萃取效果降低；界面张力过小，虽然液体容易分散，但易产生乳化现象，使两相较难分离，因之，界面张力要适中。常用物系的界面张力数值可从有关文献查取。溶剂的黏度对分离效果也有重要影响。溶剂的黏度低，有利于两相的混合与分层，也有利于流动与传质，故当萃取剂的黏度较大时，往往加入其他溶剂以降低其黏度。此外，选择萃取剂时，还应考虑其他因素，如萃取剂应具有化学稳定性和热稳定性，对设备的腐蚀性要小，来源充分，价格较低廉，不易燃易爆等。

通常，很难找到能同时满足上述所有要求的萃取剂，这就需要根据实际情况加以权衡，以保证满足主要要求。

液液萃取设备必须使两相间具有很大的接触面积；分散两相必须进行相对流动以实现两相逆流和液滴聚合与两相分层。

按照两液相的接触方式，液液萃取设备可分为逐级接触式和连续接触式；按照构造特点和形状，分为组件式和塔式；按照是否输入机械能分为重力流动设备、输入机械能量的萃取塔等。

常见的萃取设备如混合-澄清槽、喷洒塔、搅拌填料塔、转盘塔、离心萃取机等。

混合-澄清槽的优点是级效率高于 75%，易设计、操作可靠；易实现多级操作；不需高厂房和复杂辅助设备。缺点是搅拌功率大，级与级要用泵输送液体，动力消耗大；占地面积大，设备内的存液大，使溶剂及有关的投资大。

喷洒塔的优点是结构简单、投资少、易于维护；缺点是两相接触面积和传质系数都不大，轴向返混严重，传质效率低。

搅拌填料塔的填料使液滴表面更新，抑制连续相在塔内回流减少返混。传质效率比喷洒塔高，常用填料是空隙率达 98%的丝网填料，结构简单，造价低廉，操作方便，适合处理有腐蚀性的液体，优于转盘塔。

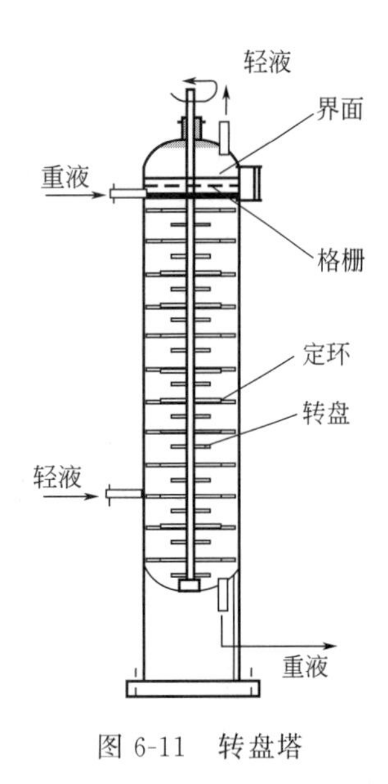

图 6-11　转盘塔

转盘塔的主要结构参数：塔径与转盘直径之比为 1.5～2.5，塔径与固定环开孔直径之比为 1.3～1.6，塔径与盘间距之比为 2～8；转盘塔的传质效率较高，通量大，操作弹性大，在石油化工中有较广泛的应用。当变速电机起动后，圆盘高速旋转，并带动两相一起转动，因而在液体中产生剪应力。剪应力使连续相产生涡流，处于湍动状态，使分散相破裂，形成许多大小不等的液滴，从而增大了传质系数及接触界面。固定环的存在，在一定程度上抑制了轴向混合，因此转盘塔萃取效率高，结构见图 6-11。

最近开发的高效转盘萃取塔，其在传统转盘萃取塔的基础上，在转盘上增加蜗轮叶片、在固定环上增设多个垂直挡板，将萃取区分成多个混合区和澄清区。混合区由定子分隔成许多小室，在每个小室有装置在同一转轴上的转盘型混合搅拌器。澄清区也由许多小室组成，用环形水平挡板分开。它具有传统转盘萃取塔原有分散作用，同时又有分开的澄清区，这样可以反复进行凝聚再分散，以减少了轴向的混合。

离心萃取机适用于萃取两液体密度差很小，或界面张力甚小易乳化，或黏度很大的物系，见图 6-12。优点：结构紧凑，提高空间利用率；持液量小、机内存留时间短，适用于处理贵重、易变质的物料；传质效率高。缺点：结构复杂，造价高，维修费和能耗大。

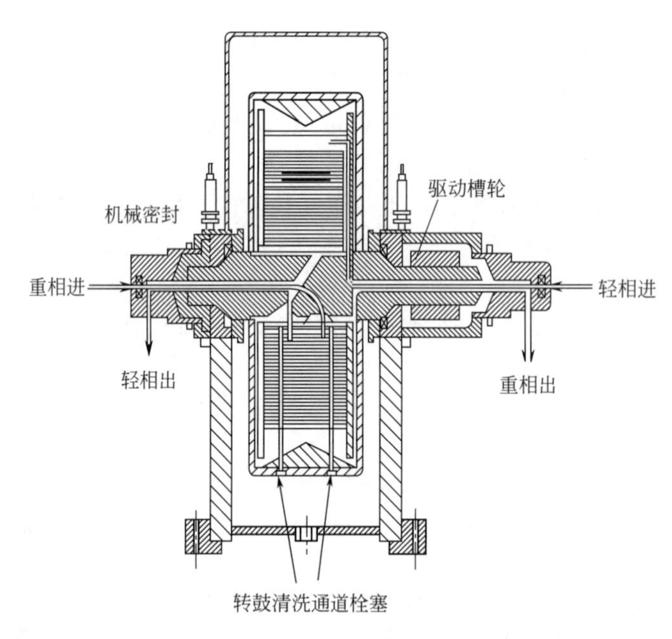

图 6-12　离心萃取器

选用萃取设备，首先考虑所需的平衡级数，当理论级数≤3，各种萃取设备都满足；理论级数≤10，选用筛板塔；理论级数在 10～20，选用转盘塔、脉冲塔和往复筛板塔等输入机械能量的设备。

如果是中小生产能力，选用填料塔、脉冲塔；对于大处理量，选用转盘塔、筛盘塔、往复筛板塔、离心萃取机、混合-澄清槽。界面张力大、黏度大时，输入机械能以改善传质性能；界面张力小、易乳化及密度差小难于分层的物系，选用离心萃取机。

对于强腐蚀性的物系，选用填料塔、脉冲填料塔；如果是放射性元素的提取，可用脉冲塔和混合-澄清槽。

液体在设备内的存留时间短，如抗生素生产，选用离心萃取机；萃取时间长，使用混合-澄清槽。

三、结晶设备

结晶是溶质从溶液中成晶体状态的析出过程，是制药工业所有固体药物精制所不可少的操作。结晶能使产品高度纯净，颗粒整齐，晶莹美观，便于包装、储存和使用。各种物质在不同溶剂和不同温度下，有不同的溶解度和晶格。利用不同的结晶条件，使物质从原溶液中结晶出来，经过几次重结晶，可使物质达到要求的纯度。溶质从溶液中结晶出来要经历两个步骤：首先要生成微小的晶粒作为结晶的核心，这些核心称为晶核；然后长大成为晶体。产生晶核的过程称为成核过程。晶核长大的过程称为晶体成长过程。溶液达到过饱和浓度是结晶的必要条件，因而结晶首先要制成过饱和溶液，然后把过饱和状态破坏，使结晶析出。按改变溶液浓度方式不同，结晶方法大致可分为三类。

（1）蒸发结晶法　用蒸发溶剂使浓缩液进入过饱和区起晶（自然起晶或晶种起晶），并不断蒸发，以维持溶液在一定的过饱和度下使晶体成长析出，结晶与蒸发同时进行，用于溶解度随温度变化较小物质的结晶。

（2）冷却结晶法　先将溶液升温浓缩，蒸发部分溶剂，再用降温方法，使溶液进入过饱和区，并不断降温，以维持溶液的一定过饱和度，使晶体成长析出。常用于温度对溶解度影响比较大的物质的结晶。

（3）加入第三种物质改变溶质溶解度结晶法　此法不是用冷却或蒸发的方法造成溶液的过饱和，而采用加入某种物质以降低溶质在溶剂中的溶解度的方法以产生饱和。如等电点结晶时，在溶液中加入酸、碱调节溶液中的 pH 值，使溶质的溶解度降低析出结晶；在碳酸钠盐水中，加入 NaCl，以降低 $Na_2CO_3 \cdot 10H_2O$ 的溶解度而提高其结晶产品；也可使用液体稀释剂，如在溶液里加入醇类和酮类，使盐类析出，这种结晶设备的形式与冷却结晶的设备比较相似，要求比较激烈的搅拌，同时要选用耐腐蚀的材料以防酸碱腐蚀。

结晶设备可改变溶液浓度的方法分为浓缩结晶、冷却结晶和其他结晶。

浓缩结晶设备是采用蒸发溶剂，使浓缩溶液进入过饱和区起晶（自然起晶或晶种起晶），并不断蒸发，以维持溶液在一定的过饱和度进行育晶。结晶过程与蒸发过程同时进行，故一般称为煮晶设备。

冷却结晶设备是采用降温来使溶液进入过饱和区结晶（自然起晶或晶种起晶），并不断降温，以维持溶液一定的过饱和浓度进行育晶，常用于温度对溶解度影响比较大的物质的结晶。结晶前先将溶液升温浓缩。等电点结晶设备的形式与冷却结晶设备较相似，区别在于等电点结晶时溶液比较稀薄；要使晶种悬浮，搅拌要求比较激烈；同时要选用耐腐蚀材料，以防加酸调整 pH 值的腐蚀作用；传热面多采用冷却排管。

结晶设备-图片

通常结晶设备应有搅拌装置，使结晶颗粒保持悬浮于溶液中，并同溶液有一个相对运动，促进晶粒外部沉积膜的增厚速度，提高溶质质点的扩散速率，加速晶体长大。搅拌速率和搅拌器的形式应选择得当，若速率太快，则会因刺激剧烈而自然起晶，也可能使已长大了的晶体破碎，功率消耗也增大；太慢则晶核会沉积。故搅拌器的形式与速率要视溶液的性质和晶体大小而定。一般趋向于采用较大直径的搅拌桨叶，较低的转动速率。

（一）冷却搅拌结晶器

冷却搅拌结晶器比较简单，对于产量较小、结晶周期较短的多采用立式结晶箱。对于产量较大，周期比较长的，多采用卧式结晶箱。设备应具有冷却装置和搅拌装置，如设置冷却排管或冷却夹套，使过饱和液结晶的颗粒大小比较均匀。

1. 立式结晶器

立式结晶器为一具有平盖和圆锥形底的筒形锅，锅内装有水夹套或蛇管。操作时先将热溶液尽快地冷却到过饱和状态，然后放慢冷却速率，以防止进入不稳区；同时加入晶种（也可不加，但自发成核较难控制）。一旦结晶开始，溶液温度由于结晶热的放出而有上升的趋势。此时应调整冷却速率，使温度依一定速率缓慢降低，待大部分溶质在晶种表面上成长以后，可增加冷却速率以达到最终温度。对于在空气中易氧化物质的结晶可采用密闭式结晶锅，并将惰性或还原性气体通入槽内空间，例如氢醌的结晶，可通入二氧化硫气体以防止产品变黑。

2. 卧式结晶器

卧式结晶器是一种应用广泛、生产能力较大的结晶器。其结构为一敞式或闭式固定长槽，底为半圆形。敞式结晶槽有额外的空气冷却作用。槽外具有水夹套，槽内装有长螺距低速螺带搅拌器。

操作时，热的浓溶液从槽的一端连续加入，冷却水在夹套内与溶液作逆流流动。为了控制晶体的粒度，有时需要在某些段间通入额外的冷却水。若操作调节得当，在距加料口不远处，就会开始形成晶核，这些晶核随着溶液在结晶器中前进而均匀地成长。螺带搅拌器除了起搅拌及输送晶体的作用外，其重要的功能是防止晶粒聚集在冷却面上，故可获得中等大小粒度相当均匀的晶体，很少形成晶簇，因而杂质含量少。如果螺带搅拌器与槽底间的间隙太小，则会发生刮片作用而引起晶粒的磨损，产生大量不希望的细晶。因此，螺带搅拌器与槽底间的间隙应在 13～25mm 范围内。

这种结晶器节省地面和材料，可以连续进料和出料，生产能力大，体力劳动少，适用于葡萄糖、谷氨酸钠等卫生条件较高、产量较大物质的结晶。

（二）真空煮晶锅

对于结晶速率比较快，容易自然起晶，且要求结晶晶体较大的产品，多采用真空煮晶锅进行煮晶。它的优点是，可以控制溶液的蒸发速率和进料速率，以维持溶液一定的过饱和度进行育晶，同时采用连续加入未饱和的溶液来补充溶质的量，使晶体长大。

介稳区指的是溶解度与超溶解度之间的区域。超溶解度定义为某一温度下，物质在一定溶剂组成下能自发成核时的浓度。溶解度曲线与超溶解度曲线将溶液浓度-温度相图分割为三个区域，分别为稳定区、介稳区和不稳区。

要使结晶速率快，就要保持溶液较高的过饱和浓度，在维持较高的过饱和度育晶时，稍有不慎，即会自然起晶而增加细小的新晶核，这会导致最终产品晶体较小，晶粒大小不均匀，形状不一。产生新晶核时溶液出现白色浑浊，这时可通入蒸汽冷凝水，使溶液降到不饱和浓度而把新晶核溶解。随着水分的蒸发，溶液很快又进入介稳区，重新在晶核上长大结晶，这样煮出的结晶产品形状一致，大小均匀。煮晶锅的结构比较简单，是一个带搅拌的夹套加热真空蒸发罐，整个设备可分为加热蒸发室、加热夹套、气液分离器、搅拌器等部分。煮晶锅凡与产品有接触的部分均应采用不锈钢制成，以保证产品质量。

煮晶锅上部顶盖多采用锥形，上接气液分离器，以分离二次蒸气所带走的雾沫，一般采用锥形除泡帽与惯性分离器结合使用。

（三）真空结晶器

真空结晶器的操作原理是，把热溶液送入密封而且绝热的容器中，在器内维持较高的真空度，使溶液的沸点低于进液温度，于是此热溶液闪蒸，直到绝热降温到与器内压强相对应的饱和温度为止。因此，这类结晶器既有冷却降温作用，又有浓缩作用。溶剂蒸发所消耗的汽化潜热由溶液降温释放出的显热及溶质的结晶热所平衡。在这类结晶器里，溶液受冷却而无需与冷却面接触，溶液被蒸发而不需设置换热面，避免了器内产生大量晶垢的缺点。

其中一种具有中央循环管和挡板的连续式真空结晶器，结晶器罐内设有循环管，下部有缓慢运转的螺旋桨式搅拌器。料液由循环管底部送入，晶浆向上经过循环管而到达溶液表面，缓慢而均匀地进行沸腾。循环管外设有折流圈，所以罐内沉降区与结晶生长区被隔开。罐下部有结晶分级腿。结晶生长区由于螺旋桨的搅拌，使浑浊液的浓度均匀。在此流动区内，能产生一定数量的晶核，且使晶粒生长。充分长大了的结晶粒子便流向下部淘析腿。由于母液从下往上流动，小颗粒被淘洗，只有合乎要求的粒子落入腿内。而上升至沉降区的带细小颗粒的母液，由上方溢流口排至罐外，然后经循环泵送至加热器补充蒸发所必需的热量，同时微晶溶解，再与母液一起进入罐内。这种装置可得到大而均匀的晶体。

（四）其他工业结晶器

1. 导流筒结晶机（DTB 型蒸发结晶器）

如图 6-13 所示，导流筒结晶机是一种高效结晶设备，物料温度可控，其独特的结构和工作原理决定了它具有传热效率高、配置简单、操作控制方便、操作环境好等特点。

设备主体为根据流体计算后设计的外筒体和导流筒，配套专用螺旋桨实现了高效内循环，而几乎不出现二次晶核，根据冷却结晶体的生长速率和晶体大小，设计降温速率、搅拌桨转速等指标，各指标动态可调易实现系统自控制，以适应的结晶要求。

导流筒内外壁抛光，减小物料在内壁结疤现象；导流筒本身有高的换热面，也可另设冷却器；晶浆过饱和度均匀，粒度分布良好，实现了高效率；相对能耗低；下部安装出料阀可实现连续生产；转速低，变频调控，适用性强，运行可靠，故障少。操作要点：结晶取出速率，晶种加入速率，pH 值调整，搅拌速率。

下部接有淘析柱，器内设有导流筒和筒形挡板，操作时热饱和料液连续加到循环管下部，与循环管内夹带有小晶体的母液混合后泵送至加热器。加热后的溶液在导流筒底部附近流入结晶器，并由缓慢转动的螺旋桨沿导流筒送至液面。溶液在液面蒸发冷却，达过饱和状态，其中部分溶质在悬浮的颗粒表面沉积，使晶体长大。

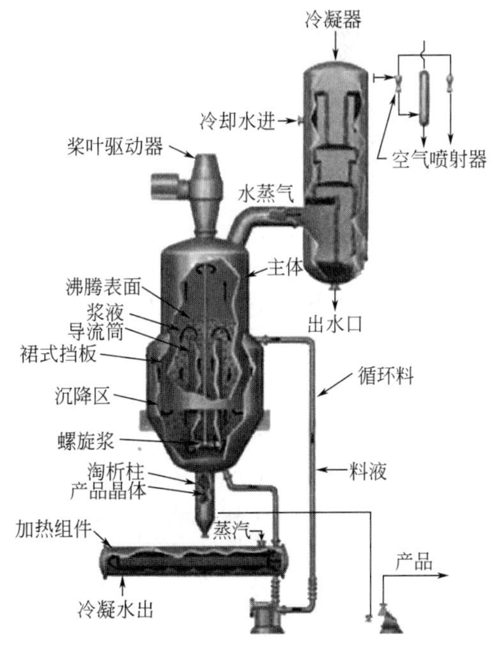

图 6-13　导流筒结晶机

在环形挡板外围还有一个沉降区。在沉降区内大颗粒沉降，而小颗粒则随母液入循环管并受热溶解。晶体于结晶器底部入淘析柱。为使结晶产品的粒度尽量均匀，将沉降区来的部分母液加到淘析柱底部，利用水力分级的作用，使小颗粒随液流返回结晶器，而结晶产品从淘析柱下部卸出。

2. OSLO 流化床型冷却结晶器

主要特点是：过饱和液产生的区域与晶体生长区域分别在结晶器的不同位置，晶体在循环母液中流化悬浮，为晶体生长提供了较好的条件，能够生产出粒度较大且均匀的晶体。

工艺过程：它在循环管路上增设列管式冷却器，母液单程通过列管向上方流动，高浓度料液在循环泵前加入，与循环母液混合后一起经过冷却器冷却而产生过饱和，之后进入结晶器中流化悬浮，生产出粒度较大且均匀的晶体。产品（晶体）悬浮液由结晶器锥底引出，如图 6-14 所示。

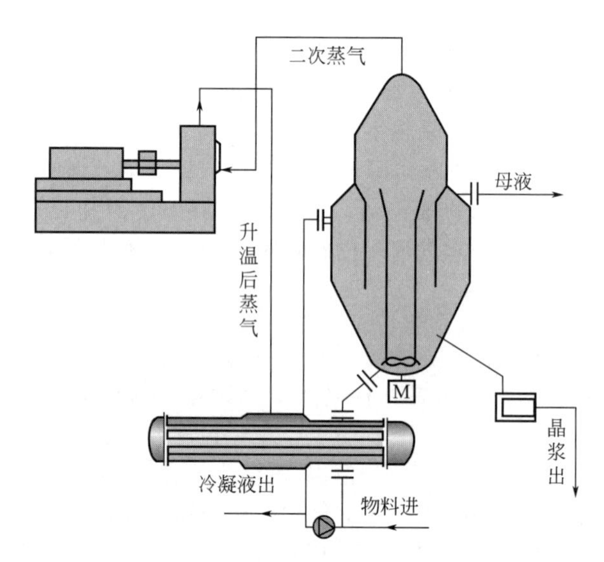

图 6-14　流化床型冷却结晶器

控制系统采用 PLC 控制器，有系统信息上传接口。要求能够自动监测控制结晶温度、晶体粒度，轴流泵采用变频控制，进、出料作业能够自动控制。

OSLO 结晶机分为蒸发式 OSLO 结晶机和冷却式 OSLO 结晶机两大类。蒸发式 OSLO 结晶机是由外部加热器对循环料液加热进入真空闪蒸室蒸发达到过饱和，再通过垂直管道进入悬浮床使晶体得以成长，由于 OSLO 结晶器的特殊结构，体积较大的颗粒首先接触过饱和的溶液优先生长，然后是体积较小的溶液。冷却式 OSLO 结晶机冷却器是由外部冷却器对饱和料液冷却达到过饱和，再通过垂直管道进入悬浮床使晶体得以成长，由于 OSLO 结晶器的特殊结构，体积较大的颗粒首先接触过饱和的溶液优先生长。因此 OSLO 结晶机生产出的晶体具有体积大、颗粒均匀、生产能力大，且能连续操作、劳动强度低等优点。

OSLO 冷却式结晶器的过饱和产生设备是一个冷却换热器，溶液通过换热器的管程，而且管程为双程式的。冷却介质通过壳程。须指出的是壳程冷却介质的循环方式。在管程通过的溶液过饱和度设计限是靠主循环泵的流量所控制，新鲜的冷却介质需要有合适的配合流量。

该设备采用分级清液循环，控制循环泵抽吸基本不含晶体的清溶液，输送到冷却器去进行降温，通过降温使循环母液中的过饱和度增加。下部的结晶生长器主要是使过饱和溶液经中央降液管直伸入生长器的底部，再徐徐穿过流态化的晶床层，从而消失过饱和现象，晶体也就逐渐长大。按照粒度晶粒大小自动地从下至上分级排列，而晶浆浓度也是从下到上逐步下降，上升到循环泵入口附近已变成清液。分级的操作法使底部的晶粒与上部未生长到产品粒度的晶粒互相分开，取出管是插在底部，因此产品取出来的都是均匀的球状大粒结晶，这是它的最大优点。

但是循环泵的输送量在整个结晶器内是一定的，这就造成结晶器内晶粒的流态化的终端速度和晶浆浓度（也就是空隙率的大小）的限制，这样必然带来两个缺点：第一个是过饱和度较大，但是安全的过饱和介稳区域一般都是很狭窄的，而且生产上往往不允许越过介稳区的上限，一般都在介稳区中部或偏上一点。所以生产能力的弹性很小。第二个缺点是由于上述现象的存在，造成同一直径的设备比晶浆循环操作的生产能力要低很多。

3. 转鼓结晶机

转鼓结片是一个冷却结晶过程，料盘中熔融料液与冷却的转鼓接触，在转鼓表面形成料膜，通过料膜与转鼓间的换热，使料膜冷却、结晶，结晶的物料被刮刀刮下，成为片状产品。转鼓干燥是通过转动的转鼓，以热传导的方式，将附在转鼓外壁的液相物料或带状物料进行加热干燥的一种连续操作设备；可处理的典型物料常常是有机或无机化工产品。该设备结构紧凑，占地面积小；转鼓精度高，产品均匀度好，常常采用多组刮刀，调节灵活，半管夹套式料盘，安全可靠；设有侧刮刀，避免转鼓侧鼓积料。

4. 表面连续结晶器（套管结晶机）

刮壁表面连续结晶器是一个冷却结晶过程，高黏度料液与冷却内管壁接触，在表面形成冷却结晶的料膜，旋转的刮刀叶片不断刮除管壁上妨碍传热的结晶料膜层，并且不断向前推料将结晶带出。可根据具体产量情况确定冷却面积，选择设备机组。设备优点是结晶温度范围广，适合高固含量或高黏度的油脂类物料的结晶，且设备连续操作，可简单控制各项指标；该设备占地面积小，处理量大，可替代大型真空结晶器，且没有复杂的附属设备如冷凝器、真空系统等。

四、蒸发设备

蒸发是将溶液加热到沸腾，使其中部分溶剂汽化并被除去，从而提高溶液的浓度或使溶液浓缩到饱和而析出溶质的操作。它是分离挥发性溶剂和不挥发性溶质的一种重要单元操作，其目的是使溶液浓缩或回收溶剂。制药生产中广泛采用蒸发操作使溶液浓缩，以便进行结晶或制成浸膏，获得产品。尤其是在制剂与中草药提取中更为常用。在化学药物合成时，一般反应多在稀溶液中进行，其中间体及产品就溶解于该溶液中，为了使结晶析出，也要进行蒸发。由于制药工业所生产的产品通常为具有生物活性的物质，或对温度较为敏感的物质，这是蒸发浓缩操作在制药工业中应用时要特别注重的问题。

蒸发浓缩是将稀溶液中的部分溶剂汽化并不断排除，使溶液浓度增加。为了强化蒸发过程，工业上应用的蒸发设备通常是在沸腾状态下进行的，因为沸腾状态下传热系数高、传热速度快，并且根据物料特性及工艺要求采取相应的强化传热措施，以提高蒸发浓缩的经济性。

无论是哪种类型的蒸发器都必须满足以下基本要求：①充足的加热热源，以维持溶液的沸腾和补充溶剂汽化所带走的热量；②保证溶剂蒸气，即二次蒸气的迅速排除；③一定的热交换面积，以保证传热量。制药工业中大部分中间产物和最终产物是受热后会发生化学或物理变化的热敏性物质。热敏性物质受热后所产生的变化与温度的高低、受热时间长短相关。温度较低时，变化缓慢，受热时间短，变化也很小。制药工业中常采用低温蒸发，或在相对较高的温度条件下，瞬时蒸发来满足热敏性物料对蒸发浓缩过程的特殊要求，保证产品质量。蒸发可以在常压或减压状态下进行，在减压状态下进行的常称为真空蒸发。在制药工业中通常采用真空蒸发，这是因为真空蒸发具有以下优点：①在加热蒸气压力相同情况下，真空蒸发时溶液沸点低，传热温度差增大，可相应减小蒸发器传热面积；②可蒸发热敏性物料；③为二次蒸气的利用创造了条件，可采用双效或多效蒸发，提高热能利用率；④操作温度低，热损失较小。

（一）管式薄膜蒸发器

这类蒸发器的特点是液体沿加热管壁成膜而进行蒸发；按液体的流动方向可分为升膜式、降膜式、升降膜式等。

1. 升膜式蒸发器

升膜式蒸发器是指在蒸发器中形成的液膜与蒸发的二次蒸气气流方向相同，由下而上并流上升。设备的基本结构如图 6-15 所示。物料从加热器下部的进料管进入，在加热管内被加热蒸发拉成液膜，浓缩液在二次蒸气带动下一起上升，从加热器上端沿气液分离器筒体的切线方向进入分离器，浓缩液从分离器底部排出，二次蒸气进入冷凝器。对浓缩倍数要求高的工艺条件，如果物料对加热时间相对较长无不良后果，可将从排料口放出的浓缩液部分回流至进料管，以增加浓缩倍数。由于在蒸发器中物料受热时间很短，对热敏性物料的影响相对较小，故此种蒸发器对于发泡性强、黏度较小的热敏性物料较为适用。但不适用于黏度较大，受热后易产生积垢或浓缩时有晶体析出的物料。升膜式蒸发器正常操作的关键是让液体物料在加热管壁上形成连续不断的液膜。

升膜式蒸发器-动画

溶液在加热管中产生爬膜的必要条件是要有足够的传热温差和传热强度，使蒸发的二次蒸量和蒸气速度达到足以带动溶液成膜上升的程度。温度差对蒸发器的传热系数影响较大。如温差小，物料在管内仅被加热，液体内部对流循环差，传热系数小。当温差增大，管壁上液体开始沸腾，当温差达到一定程度时，管子的大部分长度几乎被气液混合物所充满，二次蒸气如将溶液拉成薄膜，沿管壁迅速向上运动。由于沸腾传热系数与液体流速成正比，随着升膜速度的增加，传热系数不断增大。再者，由于管内不是充满液体，而是气液混合物，因液体静压强所引起的沸点升高所产生的温差损失几乎完全可以避免，增加了传热温度差，传热强度增加。但是，若传热温差过大或蒸发强度过高，传热表面产生蒸气量大于蒸气离开加热面的量，则蒸气就会在加热表面积聚形成大气泡，甚至覆盖加热面，使液体不能浸润管壁，这时传热系数迅速下降，同时形成“干壁”现象，导致蒸发器非正常运行。

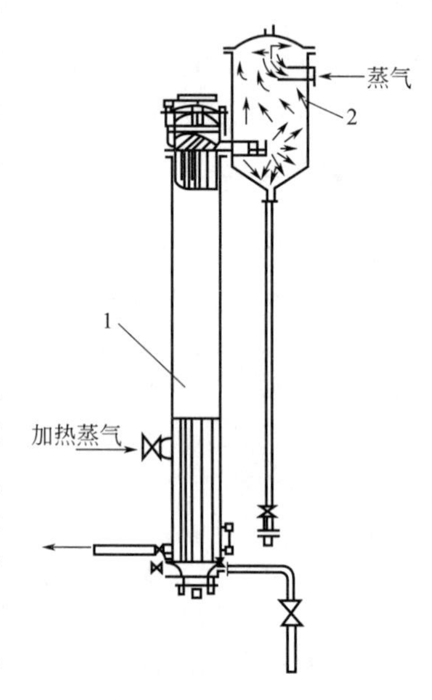

图 6-15　升膜式蒸发器

1—加热室；2—气液分离器

升膜式蒸发器具有传热效率高，物料受热时间短的特点。为保证设备的正常操作，应维持在爬膜状态的温度差，并且控制一定的蒸发浓缩倍数。保持真空度稳定。

2. 降膜式蒸发器

降膜式蒸发器的结构与升膜式蒸发器大致相同。区别是在上管板的上方装有液体分布板或分配头。蒸发器的料液由顶部进入，通过分布板或分配头均匀进入每根换热管，并沿管壁呈膜状流下，液体的运动是靠本身的重力和二次蒸气运动的拖带力的作用，其下降的速度比较快，因此成膜的二次蒸气流速可以较小，对黏度较高的液体也较易成膜。加热管长径比 $L/D=100\sim250$。在蒸发器中，料液从上至下即可完成浓缩。若一次达不到浓缩指标，可用泵将料液循环进行蒸发。当传热温差不大时，汽化不是在加热管的内表面，而是在强烈扰动的膜表面出现，因此不易结垢。产生的蒸气与液膜并流向下。由于汽化的表面很大，蒸气中的液沫夹带量较少。为防止结垢，要求全部加热表面都要均匀湿润，料液分布器必须有良好性能、不易堵塞。

降膜蒸发器消除了由静压引起的有效传热温差损失问题，蒸发器的压降也很小，在低温差下有较高的传热速度，宜用于多效蒸发系统。蒸发器操作的关键在于料液的分配是否均匀，料液膜是否均匀连续。为使料液能均匀进入每根管并形成连续均匀液膜，最好是在每根换热管的上端设置一个分配头的结构，若采用分布板分配，其分布孔的距离最好与管子间距相同，呈等距布置方式，使分布孔与管子中心位置错开，避免料液落在孔中自由落下，达不到成膜的目的，同时要求每根换热管的上端口处在同一水平位置上。降膜蒸发器可用于浓度和黏度大的溶液。由于液体在蒸发器中停留时间较升膜式蒸发器为短，故更适宜热敏性溶液的蒸发。

3. 升降膜式蒸发器

升膜与降膜式蒸发器各有优缺点，而升降膜式蒸发器可以互补不足。升降膜式蒸发器是在一个加热器内安装两组加热管，一组作升膜式，另一组作降膜式。物料溶液先进入升膜加热管，沸腾蒸发后，气液混合物上升至顶部，然后转入另一半加热管，再进行降膜蒸发，浓缩液从下部进入气液分离器，分离后，二次蒸气从分离器上部排入冷凝器，浓缩液从分离器下部出料。升降膜式蒸发器具有如下特点。

① 符合物料的要求，初进入蒸发器，物料浓度较低，物料蒸发内阻较小，蒸发速度较快，容易达到升膜的要求。物料经初步浓缩，浓度较大，但溶液在降膜式蒸发中受重力作用还能沿管壁均匀分布形成膜状。

② 经升膜蒸发后的气液混合物，进入降膜蒸发，有利于降膜的液体均匀分布，同时也加速物料的湍流和搅动，以进一步提高降膜蒸发的传热系数。

③ 用升膜来控制降膜的进料分配，有利于操作控制。

④ 将两个浓缩过程串联，可以提高产品的浓缩比，减低设备高度。

（二）刮板式蒸发器

刮板式蒸发器是通过旋转的刮板使液料形成液膜的蒸发设备，它是由转动轴、物料分配盘、刮板、轴承、轴封、蒸发室和夹套加热室等部分构成。液料从进料管以稳定的流量进入随轴旋转的分配盘中，在离心力的作用下，通过盘壁小孔被抛向器壁，受重力作用沿器壁下流，同时被旋转的刮板刮成薄膜，薄膜在加热区受热，蒸发浓缩，同时受重力作用下流，瞬间另一块刮板将浓缩液料翻动下推，并更新薄膜，这样物料不断形成新液膜蒸发浓缩，直至液料离开加热室流到蒸发器底部，完成浓缩过程。浓缩过程所产生的二次蒸气可与浓缩液并流进入气液分离器排除，或以逆流形式向上到蒸发器顶部，由旋转的带孔叶板把二次蒸气所夹带的液沫甩向加热面，除沫后的二次蒸气从蒸发器顶部排出。这种蒸发器由于采用刮板成膜、翻膜，且物料薄膜不断被搅动，更新加热表面和蒸发表面，故传热系数较高。此设备适用于浓缩高黏度物料或含有悬浮颗粒的液料，而不致出现结焦、结垢等现象。在蒸发期间由于液层很薄，故因液层而引起的沸点上升可以忽略。液料在加热区停留时间很短，一般只有几秒至几十秒，随蒸发器的高度和刮板导向角、转速等因素而变化。刮板式蒸发器的结构比较简单，但因具有转动装置，且要求真空，故设备加工精度要求较高。蒸发室（夹套加热室）是一个夹套圆筒，加热夹套设计可根据工艺要求与加工条件而定。当浓缩比较大时，加热蒸发室长度较大，可造成分段加热区，采用不同的加热温度来蒸发不同的液料，以保证产品质量。但加热区过长，则加工精度和安装准确度难以达到设备要求。

圆筒的直径一般不宜过大，虽然直径加大可相应地加大传热面积，但同时加大了转动轴传递的力矩，大大增加了功率消耗。为了节省动力消耗，一般刮板蒸发器都造成长筒形。但直径过小，既减少了加热面积，同时又使蒸发空间不足，而造成蒸气流速过大，雾沫夹带增加，特别是对泡沫较多的物料影响更大，故一般选择直径以 300～500mm 为宜。

（三）离心式薄膜蒸发器

这种设备是利用旋转的离心盘所产生的离心力对溶液的周边分布作用而形成薄膜。杯形的离心转鼓，内部叠放着几组梯形离心碟，每组离心碟由两片不同锥形的、上下底都是空的碟片和套环组成，两碟片上底在弯角处紧贴密封，下底分别固定在套环的上端和中部，构成一个三角形的碟片间隙，它起加热夹套的作用，加热蒸气由套环的小孔从转鼓通入，冷凝水受离心力的作用，从小孔甩出流到转鼓底部。离心碟组相隔的空间是蒸发空间，其上大下小，并能从套环的孔道垂直连通，作为液料的通道，各离心碟组套环叠合面用 O 形密封圈密封，上加压紧环将碟组压紧。压紧环上焊有挡板，它与离心碟片构成环形液槽。运转时稀物料从进料管进入，由各个喷嘴分别向各碟片组下表面即下碟片的外表面喷出，均匀分布于碟片锥顶的表面，液体受离心力的作用向周边运动扩散形成液膜，液膜在碟片表面，即受热蒸发浓缩，浓缩液到碟片周边就沿套环的垂直通道上升到环形液槽，由吸料管抽出到浓缩液储罐，并由螺杆泵抽送到下一工序。从碟片表面蒸发出的二次蒸气通过碟片中部大孔上升，汇集进入冷凝器。加热蒸气由旋转的空心轴通入，并由小通道进入碟片组间隙加热室，冷凝水受离心力作用迅速离开冷凝表面，从小通道甩出落到转鼓的最低位置，而从固定的中心管排出。

这种蒸发器在离心力场的作用下具有很高传热系数，在加热蒸气冷凝成溶液后，即受离心力的作用，甩到非加热表面的上碟片，并沿碟片排出，以保持加热表面很高的冷凝给热系数，受热面上物料在离心力场的作用下，液流湍动剧烈，同时蒸气气泡能迅速被挤压分离，故有很高的传热系数。

制药工业中的含盐废水一般采用蒸发结晶方式处理。有研究者总结了多效蒸发过程中的顺流、逆流、平流加料方式特点，在多效蒸发过程中常见的设备有升膜/降膜蒸发器，强制循环蒸发器，OSLO 型蒸发器、DTB 型结晶器、FC 型结晶器等。随着清洁生产要求的不断提高，蒸发结晶技术也不断升级创新以提高治污能力，多种结晶技术并用分离高纯度工业盐，达到变废为宝的效果。

第二节　蒸馏与萃取设备的操作、维护与保养

一、精馏塔

对于乙醇回收，药厂常常采用精馏措施；设计蒸气压力≤0.09MPa；设计蒸发能力 300～600kg/h；实际蒸气压力≤0.09MPa，实际蒸发能力 300～500kg/h。

（一）检查准备

① 检查各阀门、管路、设备、电器、仪表等是否处于良好状态。
② 填写并挂上运行状态卡。

（二）操作

① 按照泵的操作特点，盘车，开启加料泵，料加到塔釜规定液位处，按照加料泵的操

作规范关停加料泵。

② 打开蒸汽阀门，开始加热；产生蒸气后开启回流阀，打开冷凝水阀冷凝塔顶气相，建立全回流，形成温度分布。

③ 取样分析馏分乙醇含量，调节回流阀门，至乙醇含量合格后，开启出料阀输送乙醇至乙醇储罐。

④ 根据塔釜乙醇量情况，及时补充低浓度乙醇，加料后调节回流阀。

⑤ 当塔釜中乙醇含量≤5%时，停止蒸馏，开排污阀排放残液。

⑥ 蒸馏结束，关闭蒸汽阀门、冷却水阀门。

⑦ 按清洁规程清洁设备。

（三）维修保养

① 本装置中的蒸馏塔，塔内物料十分清洁，无污染，可多年一般性检查其密封，只有在填料蒸馏效果明显降低进行大修时，需将全塔拆卸，填料取出从新填充更换损坏的填料和法兰片，并进行全塔气密性试验。

② 每年大修时应将加热室内的污垢仔细清洗干净，并将蒸发室内壁用毛刷刷洗。

③ 每年大修时，应采用化学清洗剂对冷凝器和冷却器内的管外壁进行清洗除垢。

④ 大修时，应对仪器、仪表进行检查和校正，以使处于良好状态。

⑤ 大修时对法兰、阀门、管件等仔细检查，损坏和失效者及时更换。

⑥ 大修时应对装置中所有保温层进行检查，损坏和失效者应及时更换。

（四）注意事项

① 蒸气压力≤0.09MPa；

② 加料后注意打开排空阀排空，维持常压不变。

二、萃取罐

对于中药材中的有效成分，常采用多功能提取罐来提取，该设备设计参数中，设备内压力0.095MPa，夹套内压力0.3MPa，设备内温116℃；而实际操作中，设备内压力≤0.02MPa，夹套内压力≤0.25MPa，设备内温≤105℃。操作及维修保养规程如下。

（一）检查准备

① 检查投料门、排渣门是否正常，是否顺利到位。

② 检查设备各机件、仪表是否完整无损、动作灵敏，各气路是否畅通。

③ 检查排渣门是否有漏液现象。

④ 填写并挂上运行状态卡。

（二）操作

① 打开压缩空气阀，按排渣门关门按钮，关闭排渣门，然后按排渣门锁紧按钮，锁紧排渣门，关掉压缩空气阀。

② 用饮用水冲洗罐内壁、底盖，放掉。

③ 按工艺要求加药材和饮用水，浸泡。

④ 打开通冷凝器循环水，打开蒸汽阀门，升温加热，升温速度先快后慢，待温度升到所需温度时，调节蒸汽阀门，保持微沸至工艺要求时间，不断观察罐中动态，防止爆沸

冲料。

⑤ 当提取挥发油时，二次蒸气通过冷凝、冷却后，油水进入油水分离器，轻油在分离器上部排出。

⑥ 加热结束后，关闭蒸汽阀门，开启放料阀，放液。

⑦ 放液后，按工艺要求进行第二次、第三次提取。

⑧ 提取结束后，将出渣车开至使用罐下面，打开压缩空气阀，按排渣门脱钩按钮、按出渣门按钮，开门放药渣。

⑨ 用饮用水清洁提取罐及其管道。

（三）维护保养

① 经常检查安全阀、压力表、疏水阀、温度表，应确保设备安全运行。

② 压缩空气，过滤后才能使用。

③ 各汽缸的进出口应接有足够长的调节软管，保证汽缸动作灵活。

④ 定期检查各管路、焊缝、密封面等连接部位。

⑤ 大修周期为一年，大修时所有传动部位滚动轴承需更换，或添加黄油。

（四）注意事项

① 按清洁规程，清洁设备及其管道、附件，确保设备清洁。

② 在操作中，罐内蒸气压力≤0.02MPa，夹层蒸汽压力≤0.25MPa，蒸汽压力≤0.25MPa。

③ 在设备正常操作时或设备内残余压力尚未泄放完之前严禁开启投料门及排渣门。

④ 工作时，非岗位人员不准进入平台下封闭室。

【思考题】

1. 简要说明精馏、萃取的区别。
2. 列举几种新型萃取设备，并阐述其维护要点和原因。

第三节　结晶与蒸发设备的操作、维护与保养

一、结晶器

间歇结晶器的操作中，要严格地控制溶液的过饱和度和搅拌条件，使结晶过程中不产生初级成核和二次成核，靠调节加入晶核的数量来控制产品的粒度；对于等温操作的蒸发结晶器，结晶前加入一定数量的晶种，根据物系特征，优选过饱和度，使结晶有最大成长速率而又不至于产生初级成核和二次成核，实现优质高产；在冷却结晶过程中，要严格控制冷却速率，使整个操作周期内系统都在恒定的过饱和度下操作。

连续结晶器的操作中，除采用维持结晶速率稳定和床内分级操作外，还常常采用结晶消除、粒度分级排料、清母液溢流等；结晶消除是在连续操作中，每一粒晶体是由一粒晶核生长而成，在一定的晶浆体积中，晶核生成量越少，产品晶体就长得越大。因此要把过量产生的晶核除掉，办法是根据淘析原理，建立一个澄清区，循环溢流进入结晶消除系统。产品粒

度分级是使结晶器中所排出的产品先流过一个分级排料器，然后排出系统，分级排料器可以是淘析腿、旋液分离器或湿筛。清母液溢流是增加结晶器内晶浆密度的主要手段，与结晶消除相结合，从澄清区溢流而出的母液分为两个部分：一部分进入排除系统；另一部分进入结晶消除系统，经溶解消晶后又回到结晶系统中。

下面以转鼓式结晶器为例，对结晶器的操作、维护与保养进行阐述。

转鼓式结晶器采用电动机直连驱动，卧式转动机组，由转鼓装置、刮刀及调节装置、减速机、电动机、下料斗、料盘及加热器、机架等组成。转鼓规格：ϕ1.5m×2m，转鼓转速4～13r/min（可调），切片面积9.42m^2，生产能力2000～2500kg/h等。

（一）开车操作

① 开车前检查必须按检查内容进行。对润滑系统进行检查，检查减速机的油量、油质是否符合要求；检查十字滑块和旋转接头是否有良好的润滑。检查是否有漏水漏气的部位；各处螺栓是否有松动；刮刀是否有移位松动；检查各处是否有影响转动的结晶物料。

② 缓慢开启蒸汽阀门，预热管道和料盘。

③ 料盘和管道达到温度后，作好开车准备，开冷却水阀门。

④ 启动电机，观察设备运转是否正常。

⑤ 确认设备运转正常后，开物料阀门，向料盘供料。

⑥ 从前观察口观察刮料效果，若不合适时请维修工调节刀片对转鼓的压力。

（二）运行操作

① 从后侧门观察料盘内液面高度，调节进料阀门使液面控制在合适高度。

② 每小时打开前面观察口两次，检查刮料效果，发现不正常情况即按停车顺序停车，并立即维修处理。

③ 经常观察水压表和出水量大小，注意水压是否正常（正常水压不低于0.2MPa）。若发现水压低和出水量小等不正常情况应停止进料，按停车顺序停车。

④ 经常观察温度表，调节蒸汽阀门，使料盘温度控制在85～90℃。

（三）正常停车操作

① 关闭进料阀门。

② 待转鼓上没有料时，打开槽底放料阀门。

③ 关闭保温蒸汽阀门。

④ 关停电机。

（四）检修周期和检修内容

1. 检修周期

检修类别	小修	中修	大修
检修周期	3个月	12个月	24个月

2. 检修内容

（1）小修

① 检查、紧固各部连接螺栓，调整刮刀。

② 检查减速机、十字滑块润滑系统，更换润滑油（脂）。

③ 清洗、检查循环水、蒸汽系统。

④ 检查机壳接地线有无松动，检查防爆电器是否可靠。

（2）中修

① 包括小修内容。

② 更换刮刀。

③ 检查护罩、压板有无变形，并进行修复。

④ 检查调整减速机、电机、十字滑块联轴器的间隙。

（3）大修

① 包括中修内容。

② 解体检查各部零件的磨损、腐蚀、破损程度，检查或更换各部零件。

③ 检修更换轴承、更换旋转接头。

④ 调整减速机位置。

⑤ 检修电机。

（五）检修方法和质量标准

1. 更换刀片

本机刮刀片属易损件。正面刮刀一般在生产1千～2千吨产品后需要更换一次。侧面刮刀一般在5千吨产量后更换一次。更换刮刀时，松开两个压板螺栓，取下压板和旧刀片，然后换上新刀片，将压板装上拧紧螺栓即可。需要注意的是在更换新刀片前为防止刀片装斜，需要用铲刀铲尽刀架上妨碍新刀片安装的物料，特别要注意铲干净。将新刀片装到刀架上时还要注意刀背应紧贴刀架台肩，不能留有缝隙。

2. 更换旋转接头

首先从转鼓的传动端，拆下装在轴头上的法兰，然后将旋转接头上的水管拆下。用管钳拆下旋转接头上的异径管接头，拆下暴露出来的防松螺钉，拆下旋转接头上的防转销，用扳手固定传动端轴孔中的方头螺栓，此时用手逆时针方向转动旋转接头外壳，使内管与连接处丝扣全部脱开，脱开后从轴头上拆下旋转接头部件。装旋转接头时注意：①内管上有缺口记号，缺口应朝上。②顺时针转动旋转接头外壳，感觉扭力变大时，再逆时针退回1～2转。操作过程中应托住旋转接头，防止压弯内管。

（六）维护及常见故障处理

1. 系统润滑

① 检查减速机的油量、油质是否符合要求（新减速机运转三天后必须更换一次润滑油，以后每季换一次），润滑油为46号机械油。

② 检查滚动轴承座是否有足够的润滑脂（每周向油杯加润滑脂一次，每半年清洁滚动轴内腔一次），润滑脂为通用钙基脂。

③ 每周向十字滑块联轴器滴机油一次。

④ 每周向旋转接头油杯加润滑脂一次。

2. 常见故障处理

（1）喷淋器清洗　冷却水清洁度不够时，往往会降低效果，表现为冷却水压力升高流量减小，此时说明喷淋器内有固体物阻塞。

清洗的方法：拆下旋转接头处的异径管接头，用钢刷从旋转接头的内管伸入管内，在进入管内 1m 时开始将钢刷毛朝上方搅动至 2.5m 为止，而后用 12mm 细管伸进内管冲刷，当用蒸汽冲刷时，每次通气时间不能超过半分钟。

(2) 减速器位置调整　当遇传动系统有噪声或减速电机温升不正常时，首先应检查减速器润滑情况和减速器的位置，减速器的位置必须满足联轴器的技术要求，通过移动减速器底脚，实现十字滑块联轴器的十字盘端面间隙 2～3mm，十字盘端面平行度允差 0.5mm，轴的同心度允差小于 1mm。

(3) 刀片与转鼓间隙的调整　松开装在刀片调节螺栓上的保险螺母。用中号起子顺时针转动调节螺栓，感觉已经转动费劲时即可。

(七) 安全措施及注意事项

① 在转鼓机运行的情况下，袋式除尘风机必须同时运行。

② 现场操作和检修作业中，必须按规定穿戴劳保用品。

③ 现场操作和检修作业中使用具有防爆功能的工器具；检修作业中，严格办理安全作业票证。

④ 经常对安全装置进行检查。检查机壳接地线有无松脱；检查各防爆电器是否可靠。

⑤ 冬季为防止冻裂转鼓，当设备停用时应在转鼓端使用不锈钢螺栓，放尽鼓内积水。

二、蒸发器

随着工业技术的迅猛发展，蒸发设备亦不断地改进和创新，种类繁多，结构各异。其分类方法也有不同，按使用目的分类，可分为浓缩用蒸发器和海水淡化蒸发器等；按操作分类，可分为单效、多效、二次蒸气压缩式和多级闪发式、多效多级闪发式等；按流程分类，可分为间歇式、连续式或单流型、自然循环型、强制循环型；按加热部分的结构分类，可分为管式和非管式；按沸腾区分类，可分为管内沸腾和管外沸腾等。

以薄膜蒸发器为例，其安全操作步骤如下。

(一) 开车前准备

① 产品出厂前已进行过水压试验和试运转，符合要求。

② 启动电机，检查搅拌是否符合要求的旋转方向，俯视图顺时针转，不得反转。

③ 在机械密封处测定轴的径向摆动和轴向串动量是否符合要求。并检查机械密封上端并帽是否旋紧，并帽应处于旋紧状态。

④ 检查减速机油位情况，油位应在正常液面之内。

a. 检测欲浓缩的物料浓度。

b. 检查供气压力，并打开冷凝水排水阀，排除系统内的冷凝水。

c. 检查可拆型连接（法兰、螺栓、活节）密封是否完好。

d. 检查各阀门开关的正确位置。

e. 检查各效物料泵机械密封的冷却水供给是否正常。

(二) 正常开车

① 先开启循环冷却水泵，使水力喷射冷凝器处于运行状态。打开浓缩液容器抽真空阀。

② 打开进料阀，从高位槽中依靠真空度把料液抽进设备中。

③ 接通电源，启动旋转薄膜蒸发器的电机，观察电机转动方向是否正确。

④ 缓慢打开蒸汽阀，让蒸汽进入夹套，从旁通阀排除夹套内不凝性气体后，再接通疏水器。调节蒸汽压力在0.15MPa左右。

⑤ 从底部视镜观察出料情况，严禁在设备内部充满液体情况下运转。

⑥ 系统稳定5～10min后，取样分析浓缩液浓度，调节进料阀开启量大小使浓缩液达到预定需要的浓度。

⑦ 当浓缩液容器液面将满时，按步骤切换至另一个容器。

⑧ 如果用户条件许可，提高蒸发器的高度，可以不用两个浓缩液容器，或者用自动调速泵直接把浓缩液抽出。

（三）正常停车

① 先关蒸汽阀。

② 关闭进料阀。

③ 待蒸发器中料液放净后，关闭出料阀。

④ 向蒸发器中加进60℃左右的冲洗水，把设备冲洗干净。

⑤ 停电机。

⑥ 停循环水泵，停喷射泵，打开真空破坏阀，使系统处于常压状态。

（四）紧急停车

1. 下列情况要紧急停车

① 突然停电或突然跳闸。

② 蒸汽减压阀失灵，压力超过规定压力。

③ 进料突然断料。

④ 机械有异常撞击声。

2. 紧急停车顺序

① 立即关闭蒸汽阀和进料阀。

② 切断本系统所有电源及关闭电机。

③ 其余按正常步骤停车。

（五）安全及注意事项

① 严禁在无料液或者满料液情况下开动电机搅拌。

② 严禁反向运转。

③ 严禁在运转过程中触摸转动部件。

④ 注意用电安全，不用湿手按动电钮。

（六）维护保养

① 减速机润滑油为40号专用机油，其加油量应在指示高度内。油量过多会引起搅拌而发热，油量过少偏心体轴泵油膜破坏而发热导致温度升高。刚开始使用时在1个月内更换两次润滑油，以后润滑油3～4个月更换一次。

② 打开低封头后，拧开转子U形槽底部螺栓，每四个月检查、更换刮板。

③ 每2个月打开底轴承，检查底轴承磨损情况，必要时更换底轴承。

④ 根据物料性质应定期用温水或溶剂浸泡、清洗内筒体。

⑤ 每个月向机械密封腔加密封液一次，密封液为20号机械油。

【思考题】

1. 简要说明蒸发和结晶的区别。

2. 列举几种新型提纯设备，并阐述其维护要点和原因。

实训任务　使用提纯设备

能力目标： 能够熟练查询该设备的相关资讯，运用现代职业岗位的相关技能，归纳和总结出设备的使用要点和安全措施，制定出使用制度和使用规范，包括使用记录表、使用要点、安全事项、使用规范等。

知识目标： 了解该设备的相关基础知识，掌握该设备使用要点和使用方法，掌握该设备的分类、特点、安全、操作、维修、保养等知识，以及对设备资讯的对比、分析、归纳、总结的方法与要点。

实训设计： 公司合成车间制剂小组接到工作任务，要求及时维护、排除故障、完成保养和提纯任务；按照车间组织构成，分为若干班组（项目组），选出组长，由组长协调组员进行设备评估任务的开展和工作，完成项目要求，提交使用报告，以公司绩效考核方式进行考评。

一、提纯设备注意事项

蒸馏设备只适用于提纯组分间挥发度差异较大的混合液，对于混合液中各组分的沸点很接近或形成恒沸混合物的，用一般精馏方法不经济或不能分离，常采用萃取手段。对于混合液中含热敏性物质，受热易分解、聚合或发生其他化学变化；或混合液中需分离的组分浓度很低，采用精馏方法会有大量液体汽化，导致能耗太大，常常采用特殊蒸馏技术。

萃取过程本身并不能完全完成分离任务，而只是将难于分离的混合物转变成易于分离的混合物，要得到纯产品并回收溶剂，必须辅以精馏（或蒸发）等操作；一般在分析化学中对复杂样品，特别是含有微量或痕量有效成分样品的分析中，样品的预处理常用萃取法；近年来，主要的新萃取方法有超临界萃取、微波萃取、固相微萃取、双水相萃取、液膜萃取等。它们各自凭借其独特的优点，无论在研究领域，还是在实际生产中都发挥着不可替代的作用。

操作真空式结晶器时，必须使溶液沿循环管循环，以促进溶液的均匀混合，维持有利的结晶条件，同时控制晶核的数量和成长速度，以便获得所需尺寸的晶体。真空式结晶器中，通过控制适宜的真空度就可以获得较低的溶液沸点温度，故生产能力较大，生产操作情况容易控制。主要缺点是对设备的保温要求较高，蒸汽喷射泵和冷凝水的耗能和耗水量较大，而且需要较高的空间。

蒸发操作中，浓缩时进料量要适量，进料量高会造成各效分离器里面液位过高从而造成冷凝水里混入大量的料液；进料量少时容易造成物料焦化，蒸发管内结垢，造成蒸发量下降，甚至蒸发管堵住；还需注意热压泵的工作蒸汽压力要正常和保持稳定；另外，还要正常调节冷却水量，来稳定系统的真空度。

二、实训任务

按照明确任务、技能实训、知识学习、实训总结、理论拓展的五步项目实训教学法开展实训教学任务（参看第二章实训任务）。

可以因地适时选择蒸馏、萃取、结晶、蒸发的某种型号的提纯设备，通过文献检索，对该设备的技术背景、分类、前沿、热点进行归纳和总结，列出市场上该设备的优缺点、创新点、操作步骤、环保安全、使用要求等方面的要点。

针对该设备，开展近两年的文献检索研究，按照上述思路展开归纳与对比，根据具体设备的技术指标，完成使用评估实训任务，制定出该设备的使用要求和要点，提交设备使用记录和评估报告。

【课后任务】

1. 查询新型结晶设备。
2. 请列举药用膜蒸馏设备。

第七章 粉碎分级与混合设备的使用与维护

固体物料在外力的作用下，克服物料的内聚力，使大颗粒破碎成小颗粒的过程称为粉碎。粉碎操作是药物的原材料处理及后处理技术中的重要环节，粉碎技术直接关系到产品的质量和应用性能。产品颗粒尺寸的变化，将会影响药品的效果。

颗粒分级是将颗粒按粒径大小分成两种或两种以上颗粒群的操作过程，可分为机械筛分与流体分级两大类。机械筛分是借助具有一定孔眼或缝隙的筛面，使物料颗粒在筛面上运动，不同大小颗粒的物料在不同的筛孔（缝隙）处落下，完成物料颗粒的分级。

在固体粉末制药中，对于原料配制或产品标准化、均匀化，混合机都是不可缺少的装置，至于各种化学反应更离不开混合机。近年来，制药及其他精细化工工艺中，在处理多种多样粉体时，对混合精度的要求越来越高。混合是指两种或两种以上的固体粉料，在混合设备中相互分散而达到均一状态的操作，是片剂、冲剂、散剂、胶囊剂、丸剂等固体制剂生产中的一个基本单元操作。

第一节　粉碎分级设备

粉碎的目的是降低固体药物的粒径，增大表面积。增大与液体分散媒体的接触面，可以加快药物的溶出速率，提高药物利用率。原、辅料经粉碎后，大颗粒物料破裂成细粉状态，便于使几种不同的固体物料混合均匀，提高主药在颗粒中的分散均匀性，提高着色剂或其他辅料成分的分散性。

物料粉碎由破碎机和粉磨机来完成。固体物料的粉碎效果常以破碎比来表示。破碎比为粉碎前与粉碎后固体物料颗粒直径之比值，通常所说的破碎比系指平均破碎比，即粉碎前后物料颗粒直径的平均比值及粒度变化程度，并能近似地反映出机械的作业情况。为了简易地表示和比较各种粉碎机械的这一主要特征，也可用破碎机的最大进料口宽度与最大出料口宽度的比值作为该破碎机的破碎比，称之为公称破碎比。破碎机的平均破碎比一般都较公称破碎比低。

每一种粉碎机械所能达到的破碎比有一定的限度，破碎机的破碎比在 3～30 之间，粉磨机的破碎比可达 40～450 或更大。

破碎比和单位电耗（粉碎单位质量产品的能量消耗）是粉碎机械的基本技术经济指标。单位电耗用以判别粉碎机械的动力消耗是否经济，破碎比用来说明粉碎过程的特征及鉴定粉碎质量，两台粉碎机械的单位电耗即使相同，但破碎比不同，则这两台粉碎机械的经济效果还是不一样的。一般来说，粉碎比大的机械工作效率较高。因此要鉴定粉碎机械的工作效率，应同时考虑其单位电耗及破碎比的大小。

在实际生产应用中，要求破碎比往往比较大，而粉碎机的破碎比不能达到。例如要将粒径 400mm 的大块固体物料破碎至 0.4mm 以下的粒径，其总的破碎比为 1000，这一破碎过程不是一台破碎机或粉磨机能够完成的，而需要将此物料经过几次破碎和磨碎来达到最终粒度。

连续使用几台粉碎机的破碎过程称为多段破碎，破碎机串联的台数叫做破碎段数。这时原料尺寸与最终破碎产品尺寸之比为总破碎比，总破碎比等于各段破碎比的乘积。

1. 粉碎机理

固体物质分子间具有很高的凝聚力，当粉碎机械施于被粉碎物料的作用力等于或超过其凝聚力时，物料便被粉碎。破碎的施力种类有压缩、冲击、剪切、弯曲和摩擦等。一般来说，粗碎和中碎的施力种类以压缩和冲击力为主；对于超细粉碎过程除上述两种力外，主要应为摩擦力和剪切力。对脆性材料施以压缩力和冲击力为佳，而韧性材料以施加剪切力或快速冲击力为好。

2. 粉碎机分类

工业上使用的粉碎机种类很多，通常按施加的挤压、剪切、切断、冲击和研磨等破碎力进行分类；也可按粉碎机作用件的运动方式分为旋转、振动、搅拌、滚动式以及由流体引起的加速等；按操作方式分有干磨、湿磨、间歇和连续操作。实际应用时，常按破碎机、磨碎机和超细粉碎机三大类来分类。破碎机包括粗碎、中碎和细碎，粉碎后的颗粒达到数厘米至数毫米以下；磨碎机包括粗磨和细磨，粉碎后的颗粒度达到数百微米至数十微米以下；超细粉碎机能将 1mm 以下的颗粒粉碎至数微米以下。

3. 粉碎机械选用原则

（1）掌握物料性质和对粉碎的要求　包括粉碎物料的原始形状、大小、硬度、韧脆性、可磨性和磨蚀性等有关数据。同时对粉碎产品的粒度大小及分布，对粉碎机的生产速率、预期产量、能量消耗、磨损程度及占地面积等要求有全面的了解。

（2）合理设计和选择粉碎流程和粉碎机械　如采用粉碎级数、开式或闭式、干法或湿法等，根据要求对粉碎机械正确选型是完成粉碎操作的重要环节。例如处理磨蚀性很大的物料不宜采用高速冲击的磨机，以免采用昂贵的耐磨材料；而对于处理非磨蚀性的物料、粉碎粒径要求又不是特别细（如大于 0.1mm）时，就不必采用能耗较高的气流磨，而选用能耗较低的机械磨，若能再配置高效分级器，则不仅可避免过粉碎且可提高产量。

（3）周密的系统设计　一个完善的粉碎工序设计必须对整套工程进行系统考虑。除了粉碎机主体结构外，其他配套设施如给料装置及计量、分级装置、粉尘及产品收集、计量包装、消声措施等都必须充分注意。特别应指出的是，粉碎作业往往是工厂产生粉尘的污染源，如有可能，整个系统最好在微负压下操作。

一、粉碎设备

（一）锤式破碎机

锤式破碎机的主要工作部件为带有锤子（又称锤头）的转子。转子由主轴、圆盘、销轴和锤子组成。电动机带动转子在破碎腔内高速旋转。物料自上部给料口给入机内，受高速运动的锤子的打击、冲击、剪切、研磨作用而粉碎。在转子下部，设有筛板，粉碎物料中小于筛孔尺寸的粒级通过筛板排出，大于筛孔尺寸的粗粒级阻留在筛板上继续受到锤子的打击和研磨，最后通过筛板排出机外。

锤式破碎机类型很多，按结构特征可分类如下：按转子数目，分为单转子锤式破碎机和双转子锤式破碎机；按转子回转方向，分为可逆式（转子可朝两个方向旋转）和不可逆式；按锤子排数，分为单排式（锤子安装在同一回转平面上）和多排式（锤子分布在几个回转平面上）；按锤子在转子上的连接方式，分为固定锤式和活动锤式。固定锤式主要用于软质物料的细碎和粉磨。

锤子是破碎机的主要工作构件，又是主要磨损件，通常用高锰钢或其他合金钢等制造。由于锤子前端磨损较快，通常设计时考虑锤头磨损后应能够上下调头或前后调头，或头部采用堆焊耐磨金属的结构。

锤式破碎机的特点是破碎比大（10～50）、单位产品的能量消耗低、体积紧凑、构造简单并有很高的生产能力等。由于锤子在工作中遭到磨损，使间隙增大，故必须经常对筛条或研磨板进行调节，以保证破碎产品粒度不变。

锤式破碎机广泛用于破碎各种中硬度以下且磨蚀性弱的物料。锤式破碎机由于具有一定的混匀和自行清理作用，故能够破碎含有水分及油质的有机物。这种破碎机适用于药剂、染料、化妆品、糖、碳块等多种物料的粉碎。

（二）球磨机

球磨机是装有研磨介质的密闭圆筒，在传动装置带动下产生回转运动，物料在筒内受到研磨及冲击作用而粉碎。如图 7-1 所示，研磨介质在筒内的运动状态对磨碎效果有很大影响。球磨机种类较多，按操作状态，可分为干法球磨机或湿法球磨机，间隙球磨机或连续球磨机；按筒体长径比，分为短球磨机（$L/D<2$）、中长球磨机（$L/D\approx 3$）和长球磨机（又称为管磨机，$L/D>4$）；按磨仓内装入的研磨介质种类，分为球磨机（研磨介质为钢球或钢段）、棒磨机（具有 2～4 个仓，第 1 个仓研磨介质为圆柱形钢棒，其余各仓填装钢球或钢段）、砾石磨（研磨介质为砾石、卵石、瓷球等）；按卸料方式，可分为尾端卸料式球磨机和中央卸料式球磨机；按传动方式，可分为中央传动式球磨机和筒体大齿轮传动球磨机等。

球磨机-图片

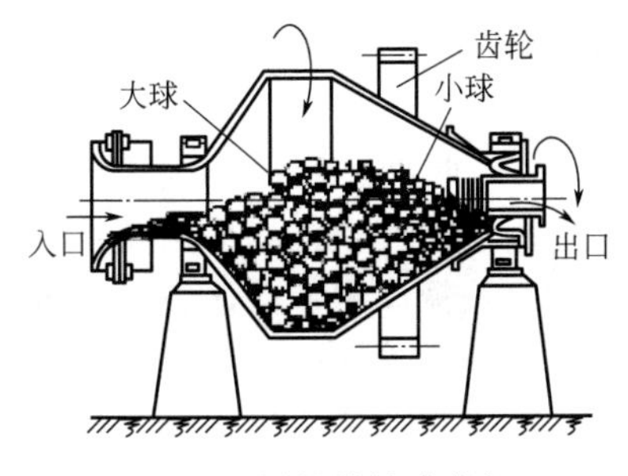

图 7-1　圆锥转筒球磨机

分仓式球磨机，它是由穿孔隔仓板将转筒分为两段或多段，将各种大小的研磨介质粗略地加以分开。在入口端装入的钢球直径较大，出口端装入的钢球直径相对较小。操作时，物料可以通过隔仓板，但钢球被隔仓板阻留。要求研磨介质开始以冲击作用为主，向磨尾方向逐渐过渡到以研磨作用为主，充分发挥研磨介质的粉磨作用。隔仓板的箅板孔决定了磨内物料的充填程度，也控制了物料在磨内流速。隔仓板对物料有筛析作用，可防止过大的颗粒进入冲击力较弱的区域，否则会造成粉碎不了的料块堆积起来，严重影响粉磨效果，或者未经磨细的物料出磨，造成产品粒度不合格。

球磨机是粉磨中应用广泛的细磨机械，其优点为：适应性强，生产能力大，能满足工业大生产需要；粉碎比大，粉碎物细度可根据需要进行调整；既可干法也可湿法作业，亦可将干燥和磨粉操作同时进行，对混合物的磨粉还有均化作用；系统封闭，可达到无菌要求；结构简单，运行可靠，易于维修。

缺点是：工作效率低、单位产量能耗大；机体笨重，噪声较大；转速一般为 15～30r/min，需配置昂贵的大型减速装置。

球磨机广泛应用于结晶性药物（朱砂、硫酸铜等）、易融化的树脂（松香等）、树胶（桃胶等）、非组织的脆性药物（儿茶等）等的粉磨。

由于封闭操作，球磨机可用于对具有刺激性的药物的粉碎，可防止粉尘飞扬；对具有较大吸湿性的浸膏（如大黄浸膏）可防止吸潮；对挥发性药物及其他细料药（如麝香、犀角等）也适用；对与铁易起反应的药物可用瓷制球磨机进行粉碎。

（三）振动磨

振动磨是一种利用振动原理来进行固体物料粉磨的设备，能有效地进行细磨和超细磨。振动磨是由槽形或圆筒形磨体及装在磨体上的激振器（偏心重体）、支撑弹簧和驱动电机等部件组成。驱动电机通过挠性联轴器带动激振器中的偏心重块旋转，从而产生周期性的激振力，使磨机筒体在支撑弹簧上产生高频振动，机体获得了近似于圆的椭圆形运动轨迹。随着磨机筒体的振动，筒体内的研磨介质可获得三种运动：强烈地抛射运动，可将大块物料迅速破碎；高速同向自转运动，对物料起研磨作用；慢速的公转运动，起均匀物料作用。磨机筒体振动时，研磨介质强烈地冲击和旋转，进入筒体的物料在研磨介质的冲击和研磨作用下被磨细，并随着料面的平衡逐渐向出料口运动，最后排出磨机筒体成为粉磨产品。

振动磨的研磨介质装填系数很高，磨体装有占容积 65%以上的研磨介质，最高可达 85%。研磨介质为钢球、钢棒、钢段、氧化铝球、瓷球或其他材料的球体，研磨介质的直径一般为 10～50mm，由于研磨介质充填系数高，因此振动磨研磨介质的总体表面积较其他类型同容积的球磨机高，其磨碎效率也相应较高。振动磨的振动频率在 1000～1500 次/min，其振幅为 3～20mm。

由于振动磨振动频率可达 500 次/min，虽然冲击次数在相同时间内要比球磨机高得多，但是振动磨内每个研磨介质的冲击力要比球磨机小得多，这是由于球磨机的钢球直径较大，球磨机筒体又作回转运动，自由抛落高度大，冲击力就大，而振动磨不作回转运动，其研磨介质冲击力就小，对细颗粒物料其能量利用率会更高。由于振动磨研磨介质的运动特性，其研磨粉碎作用较强，即由于钢球之间的搓研作用，使物料处于剪切应力状态，而脆性物料的抗剪切强度远小于抗压强度，所以脆性物料在研磨作用下极易破坏。在振动磨内钢球填充率可高达 85%，又加大了研磨作用，因此采用振动磨来进行固体物料的细磨和超细磨是非常有效的。

振动磨按其振动特点分为惯性式和偏旋式振动磨（见图 7-2）两种。惯性式振动磨是在主轴上装有不平衡物，当轴旋转时，由于不平衡所产生的惯性离心力使筒体发生振动；偏旋式振动磨是将筒体安装在偏心轴上，因偏心轴旋转而产生振动。按振动磨的筒体数目，可分为单筒式、多筒式振动磨；若按操作方式，振动磨又可分为间歇式和连续式振动磨。

1. 振动磨的结构

（1）单筒惯性式间歇操作振动磨　研磨介质装在筒体内部，主轴水平穿入筒体，两端由轴承座支撑并装有带不平衡重力的偏重飞轮，通过万向节、联轴器与电机连接。筒体通过支撑板依靠弹簧坐落在机座上。电机带动主轴旋转时，由于轴上的偏重飞轮产生离心力使筒体振动，强制筒内研磨介质高频振动。

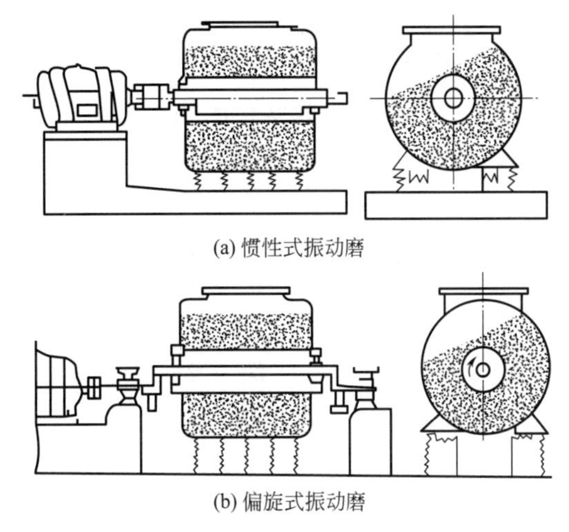
(a) 惯性式振动磨

(b) 偏旋式振动磨

图 7-2　振动磨结构示意图

（2）双筒连续式振动磨　双筒连续式振动磨由上下串联的筒体靠支撑板连接在主轴上。物料由加料管加入上筒体进行粗磨，被磨碎物料通过连接管送入下筒体，进一步研磨成合乎规格的细粉后，从出料管排出。为防止研磨介质与物料一起排出器外，排料管前端部装有带孔隔板。筒体的结构尺寸长径比一般取 6∶1；研磨介质的材料有钢球、氧化铝球、不锈钢球及钢棒等，根据原料性质及产品粒径选择其材料和形状。为提高研磨效率，尽量选用大直径的研磨介质。对于粗磨采用棒状，细磨时采用球形，直径愈小，研磨成品愈细。

2. 振动磨的应用

振动磨的特点：由于振动磨振动频率高，且采用直径小的研磨介质，具有较高的研磨介质装填系数，研磨效率高；研磨成品粒径细，平均粒径可达 2～3μm 以下，粒径均匀，可以得到较窄的粒度分布；可以实现研磨工序连续化，并且可以采用完全封闭式操作，改善操作环境，或充以惰性气体。可以用于易燃、易爆、易于氧化的固体物料的粉碎；粉碎温度易调节，磨筒外壁的夹套通入冷却水，通过调节冷却水的温度和流量控制粉碎温度，如需低温粉碎可通入特殊冷却液；外形尺寸比球磨机小，占地面积小，操作方便，维修管理容易。但振动磨运转时产生噪声大，需要采取隔音和消音等措施使之降低。

通过近年来的实际使用证明，振动磨设备投资少，加工制造容易，能有效地细磨各种固体物料，尤其在超细磨物料的粉磨工艺流程中，选择振动磨机能提高系统的粉磨效率，节省基建投资。

振动磨的应用范围是相当广泛的，除可用于脆性物料的粉碎外，对于任何纤维状、高韧性、高硬度或有一定含水率的物料均可粉碎。对花粉及其他孢子植物等要求打破细胞壁的物料，其破壁率高于 95%；适于粒径为 150～2000 目（5μm）的粉碎要求，使用特殊工艺时，可达 0.3μm；同时适于干法和湿法粉碎，湿法粉碎时可加入水、乙醇或其他液体。

（四）气流磨

气流磨又称为气流粉碎机、流能磨，它与其他超细粉碎设备不同，它的基本粉碎原理是利用高速弹性气流喷出时形成的强烈多相紊流场，使其中的固体颗粒在自撞中或与冲击板、器壁撞击中发生变形、破裂，而最终获得超粉碎。粉碎由气体完成，整个机器无活动部件，粉碎效率高，可以完成粒径在 5μm 以下的粉碎，并具有粒度分布窄、颗粒表面光滑、颗粒形状规整、纯度高、活性大、分散性好等特点。由于粉碎过程中压缩气体绝热膨胀产生降温效应，因而还适用于低熔点、热敏性物料的超细粉碎。

气流磨-动画

目前工业上应用的气流磨主要有以下几种类型：扁平式气流磨、循环管式气流磨、对喷式气流磨、流化床对射磨。

1. 扁平式气流磨

扁平式气流磨，其结构如图 7-3 所示。高压气体经入口 5 进入高压气体分配室 1 中。高压气体分配室 1 与粉碎分级室 2 之间，由若干个气流喷嘴 3 相连通。气体在自身高压作用下，强行通过喷嘴时，产生高达每秒几百米甚至上千米的气流速度。这种通过喷嘴产生的高速强劲气流称为喷气流。待粉碎物料经过文丘里喷射式加料器 4，进入粉碎分级室 2 的粉碎区时，在高速喷气流作用下发生粉碎。由于喷嘴与粉碎分级室 2 的相应半径成一锐角，所以气流夹带着被粉碎的颗粒作回转运动，把粉碎合格的颗粒推到粉碎分级室中心处，进入成品收集器 7，较粗的颗粒由于离心力强于流动曳力，将继续停留在粉碎区。收集器实际上是一个旋风分离器，与普通旋风分离器不同的是夹带颗粒的气流是由其上口进入。物料颗粒沿着成品收集器 7 的内壁，螺旋形地下降到成品料斗 8 中，而废气流，夹带着 5%～15%的细颗粒，经排出管 6 排出，作进一步捕集回收。

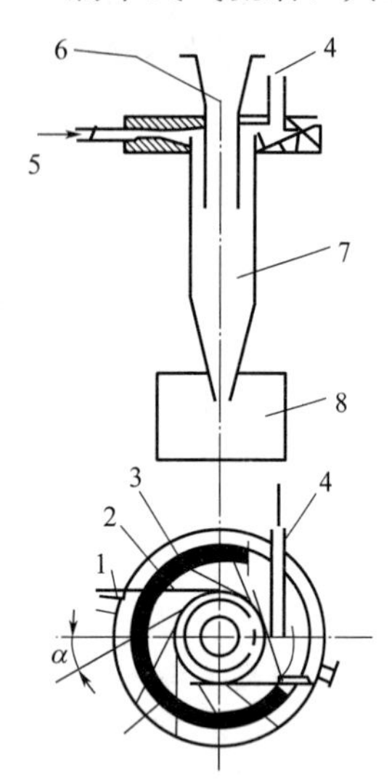

图 7-3 扁平式气流磨示意

1—高压气体分配室；2—粉碎分级室；3—气流喷嘴；4—喷射式加料器；5—高压气体入口；6—废气流排出管；7—成品收集器；8—成品料斗

研究结果表明，80%以上的颗粒是依靠颗粒的相互冲击碰撞粉碎的，只有不到 20%的颗粒是由于与粉碎室内壁的冲击和摩擦而粉碎的。

气流粉碎的喷气流不但是粉碎的动力，也是实现分级的动力。高速旋转的主旋流，形成强大的离心力场，能将已粉碎的物料颗粒，按其大小进行分级，不仅分级粒度很细，而且效率也很高，从而保证了产品具有狭窄的粒度分布。

典型的扁平式气流磨，其结构如图 7-4 所示。给料装置由图中的 7～11 构成。给入料斗 10 的物料，被加料喷嘴 11 喷射出来的气流引射到混合扩散管 8 中，在此处物料与气流混合并增压后，从进料管 7 进入粉碎室。为了防止在粉碎黏滞性强的物料时出现黏壁现象，在料斗 10 下部给料口处，安装振动器。

气流喷嘴 20 紧密地配合在粉碎室侧壁上相应的孔内。经入口 14 进入气流分配室 21 的气流，在自射压力作用下，通过喷嘴 20，高速喷入粉碎分级室。为防磨损，在粉碎室侧壁 1、上盖 12 和下盖 15 的内侧，分别衬有耐磨衬里 2、3、4。

粉碎分级室是气流磨的关键部位之一。用数个弓形夹紧装置 22，将上盖 12 和下盖 15 紧固在粉碎室侧壁 1 上，通过垫片 13，形成一个密闭空间 19（粉碎分级室）。使用弓形夹紧装置是为使上盖成为快开式的，有利于换料清理、消除堵塞和清除痕垢等操作。

成品收集器 17 和废气排出管 6 是分别用压板 18 和 5 连接在上盖和下盖上。

已粉碎的物料被分级主旋流运载到阻管 16 处，并越过 16 而轴向地进入成品收集器 17 中。从 17 出来的废气流，经中央废气排出管 6 排出。

扁平式气流磨工作系统除主机外，还有加料斗、螺旋给料机、旋风集料器和袋式滤尘器。当采用压缩空气作动力时，进入气流磨的压缩空气，需要经过净化、冷却、干燥处理，以保证粉碎产品的纯净。

2. 循环管式气流磨

（1）结构与工作原理　循环管式气流磨也称为跑道式气流粉碎机。该机由进料管、加料喷射器、混合室、文丘里管、粉碎喷嘴、粉碎腔、一次及二次分级腔、上升管、回料通道及出料口组成。其结构示意如图 7-5 所示。

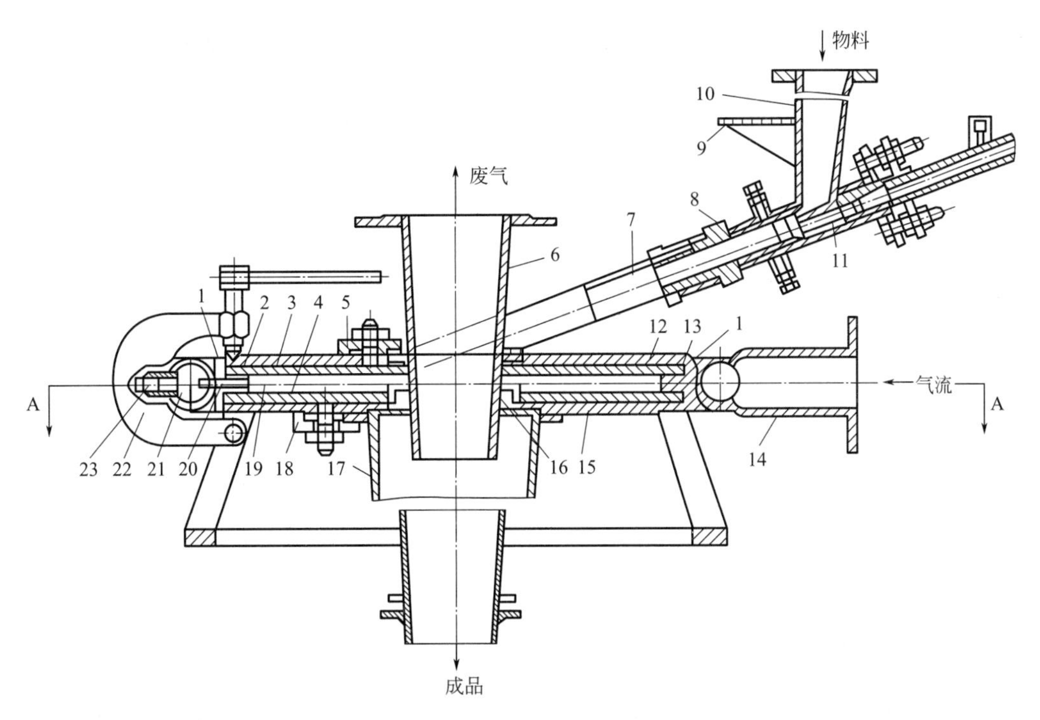

图 7-4　扁平式气流磨的结构

1—粉碎室侧壁（喷嘴圈）；2—侧壁衬里；3—上盖衬里；4—下盖衬里；5,18—压板；6—废气排出管；7—进料管；8—混合扩散管；9—振动器支架；10—料斗；11—加料喷嘴；12—上盖；13—垫片；14—气流入口；15—下盖；16—阻管；17—成品收集器；19—粉碎分级室；20—气流喷嘴；21—气流分配室；22—弓形夹紧装置；23—螺纹塞子

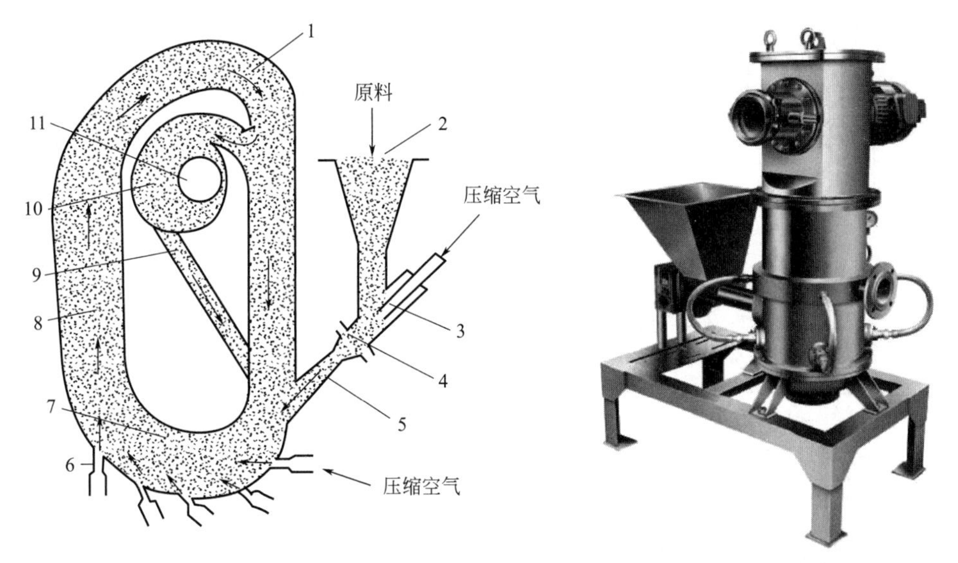

图 7-5　循环管式气流磨结构示意

1—一次分级腔；2—进料管；3—加料喷射器；4—混合室；5—文丘里管；6—粉碎喷嘴；7—粉碎腔；8—上升管；9—回料通道；10—二次分级腔；11—出料口

循环管式气流磨的粉碎在O形管路内进行。压缩空气通过加料喷射器产生的射流，使粉碎原料由进料口被吸入混合室，并经文丘里管射入O形环道下端的粉碎腔，在粉碎腔的外围有一系列喷嘴，喷嘴射流的流速很高，但各层断面射流的流速不相等，颗粒随各层射流运动，因而颗粒之间的流速也不等，从而互相产生研磨和碰撞作用而粉碎。射流可粗略分为外层、中层、内层。外层射流的路程最长，在该处颗粒产生碰撞和研磨的作用最强。由喷嘴射入的射流，也首先作用于外层颗粒，使其粉碎，粉碎的微粉随气流经上升管导入一次分级腔。粗粒子由于有较大离心力，经下降管（回料通道）返回粉碎腔循环粉碎，细粒子随气流进入二次分级腔，质量很小的微粉从分级旋流中分出，由中心出口进入捕集系统而成为产品。

（2）特点　通过两次分级，产品较细，粒度分布范围较窄；采用防磨内衬，提高气流磨的使用寿命，且适应较硬物料的粉碎；在同一气耗条件下，处理能力较扁平式气流磨大；压缩空气绝热膨胀产生降温效应，使粉碎在低温下进行，因此尤其适用于低熔点、热敏性物料的粉碎；生产流程在密闭的管路中进行，无粉尘飞扬；能实现连续生产和自动化操作，在粉碎过程中还起到混合和分散的效果。改变工艺条件和局部结构，能实现粉碎和干燥及粉碎和包覆、活化等组合过程。

3. 对喷式气流磨

对喷式气流磨的结构如图7-6所示。两束载粒气流（或蒸汽流）在粉碎室中心附近正面相撞，碰撞角为180°，颗粒在相互碰撞中实现自磨而粉碎。随后在气流带动下向上运动，并进入上部设置的旋流分级区中。细粒级物料通过分级器中心排出，进入与之相连的旋风分离器中进行捕集；粗粒级物料仍受较强离心力制约，沿分级器边缘向下运动，并进入垂直管路，与喷入的气流汇合，再次在磨腔中心与给料射流相撞，从而再次得到粉碎。如此周而复始，直至达到产品颗粒度为止。

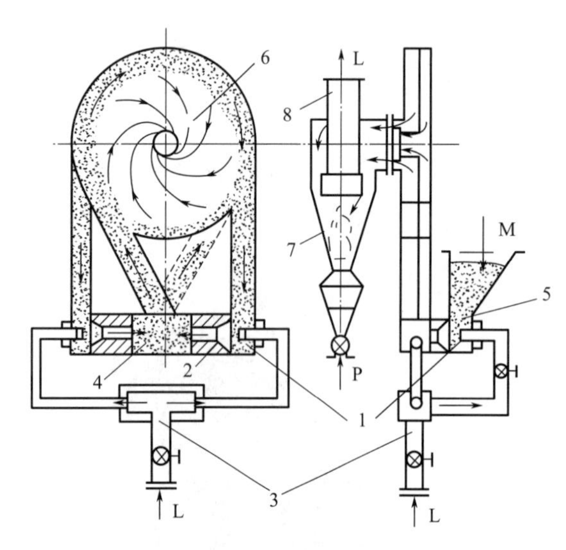

图7-6　对喷式气流磨结构示意

1—喷嘴；2—喷射泵；3—压缩空气；4—粉碎室；5—料仓；6—旋流分级区；7—旋风分离器；8—滤尘器；L—气流；M—物料；P—产品

对喷式气流磨可提高颗粒的碰撞概率和碰撞速率（单位时间内的新生成面积）。试验证明，粉碎速率比单气流喷射磨高出近百倍。

4. 流化床对射磨

流化床对射磨是利用多束超声速喷射流在粉碎室下部形成向心逆喷射流场，在压差作用下使器底物料流态化，被加速的物料在多喷嘴的交汇点处汇合，产生剧烈的冲击碰撞、摩擦而粉碎。其结构如图7-7所示。

料仓内的物料经由螺旋加料器进入磨腔，由喷嘴进入磨腔的三束气流使磨腔中的物料床流态化，形成三股高速的两相流体，并在磨腔中心点附近交汇，产生激烈的冲击碰撞、摩擦而粉碎，然后在对接中心上方形成一种喷射状的向上运动的多相流体柱，把粉碎后的颗粒送入位于上部的分级转子，细粒级从出口进入旋风分离器和过滤器捕集；粗粒级在重力作用下又返回料床中，再次进行粉碎。

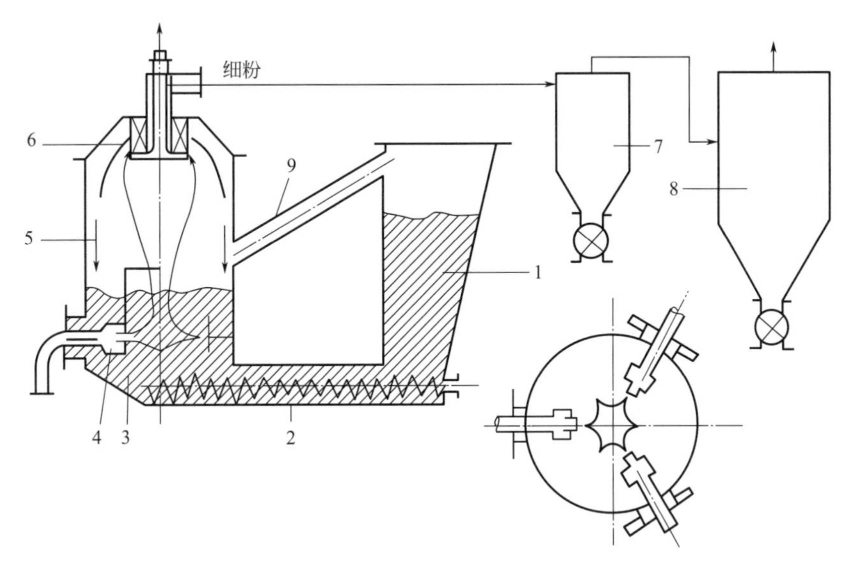

图 7-7　流化床对射磨结构示意

1—料仓；2—螺旋加料器；3—物料床；4—喷嘴；5—磨腔；
6—分级转子；7—旋风分离器；8—布袋收集器；9—压力平衡管

与机械式粉碎相比，气流粉碎有如下优点：粉碎强度大，产品粒度微细，可达数微米甚至亚微米，颗粒规整、表面光滑；颗粒在高速旋转中分级，产品粒度分布窄，单一颗粒成分多；产品纯度高，由于粉碎室内无转动部件，颗粒靠相互撞击而粉碎，物料对室壁磨损极微，室壁采用硬度极高的耐磨性衬里，可进一步防止产品污染；设备结构简单，易于清理，可获得极纯产品，还可进行无菌作业；可以粉碎磨料为硬质合金等莫氏硬度大于 9 度的坚硬物料；适用于粉碎热敏性及易燃易爆物料；可以在机内实现粉碎与干燥、粉碎与混合、粉碎与化学反应等联合作业；能量利用率高，气流磨可达 2%～10%，而普通球磨机仅为 0.6%。

尽管气流粉碎有上述许多优点，但也存在着一些缺点：辅助设备多、一次性投资大；影响运行的因素多，一旦工况调整不当，操作不稳定；粉碎成本较高；噪声较大；粉碎系统堵塞时会发生倒料现象，喷出大量粉尘，恶化操作环境。这些缺点正随着设备结构的改进，装置的大型化、自动化，逐步得到克服。

二、分级设备

机械筛分是借助具有一定孔眼或缝隙的筛面，使物料颗粒在筛面上运动，不同大小颗粒的物料在不同的筛孔（缝隙）处落下，完成物料颗粒的分级。从筛面孔眼掉下的物料称为筛下料。停留在筛面上的物料称为筛上物。机械筛分一般用于颗粒较粗的松散物料，可以用它筛分的物料颗粒范围一般在 0.05～100mm 之间。但若用它筛分 1mm 以下细粒，由于凝聚黏结现象而使得其筛分效率很低。

流体分级是将颗粒群分散在流体介质中，利用重力场或离心力场中，不同粒度颗粒的运动速率差或运动轨迹的不同而实现按粒度分级的操作。流体分级主要用于细颗粒粉体或超细粉体的分级。

机械筛分与流体分级的分级原理不同，机械筛分是利用颗粒几何尺寸不同进行分级，而流体分级的分级粒径是指颗粒的流体动力直径，见表 7-1。

表 7-1　机械筛分和流体分级的性质参数比较

分级方法	机械筛分	流体分级
分级粒径	几何尺寸粒径(筛分粒径)	流体动力直径
分级粒径控制方法	控制方法筛面的孔径	叶片角度、转子转速等
分级效率	优	良
最大处理能力	多数为 50t/h 以下	500t/h 以下
设备维修	需要维修,网孔堵时需更换筛网	维修工作量小
设备投资	小	大
动力消耗	小	大
适用的粉体范围	对黏性高的粉体处理困难	对黏性高的粉体也能进行分级

（一）流体分级

流体分级是根据固体颗粒在流体介质中沉降速率的不同而进行分离的过程。按所用的流体介质不同（常用为水或空气），可分为湿式分级（又称水力分级）与干式分级（又称风力分级或气流分级）两类，其基本原理均为一样。

（1）湿式分级　一般以水作为流体介质。由于水具有润湿作用，易于添加分散剂，使固体颗粒在水中呈良好的分散状态，有利于提高分级精度。但是，水的黏度大（约为空气的 50 倍）、密度大（约为空气的 1000 倍），造成颗粒在流体中做相对运动的阻力和浮力增大，使设备的处理能力减小。因此，颗粒密度小于或接近水的颗粒不能采用以水为流体介质的湿式分级，如需要获得干的粉体产品，还应增加过滤、干燥等后处理设备。

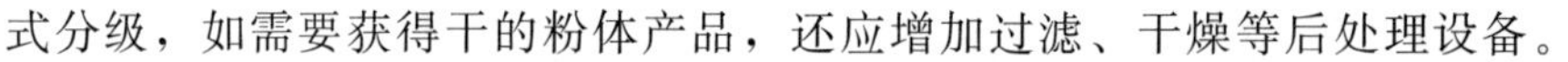

空气分级器-动画

（2）干式分级　通常用空气作为流体介质。干式分级设备的重要用途之一是和粉碎设备组成闭路循环系统后，可降低粉碎操作的能耗，获得粒度合格的细粉产品，提高设备的生产能力。一般干式分级设备分级粒径范围为数微米至数十微米，而且能直接获得干的粉体产品。

在制药工业中，常用的流体分级设备有涡轮分级机等。

（二）机械筛分

工业上一般要求把物料同时筛分成 2 个以上的等级。采用机械筛分需要有若干个筛孔不同的筛面依次排列进行加工。筛面排列方式有以下三种。

① 细孔筛面和粗孔筛面排列在同一平面上。排列次序是由细到粗。这种排列的优点是操作和更换筛面方便；各级筛下料从不同处卸出，运送方便。其缺点是粗颗粒要经过细筛面，既易磨坏细孔筛面，又常堵塞筛孔。

② 孔筛面垂直布置在不同平面上，上粗下细。这种排列的优点是占地面积小、细筛面不会被粗粒磨损、有利于提高筛分质量。其缺点是维修保养较困难。

③ 混合式，将上述两种排列组合，兼有二者的优点。

一般生产实际中，采用上粗下细的垂直排列方式较多。

制药工业所用的原料和辅料以及各工序的中间产品很多，需通过筛选进行分级以获得粒径较均匀的物料。物料的分级对药物制造及提高药品质量是一个重要的操作。

在制药工业中，通过筛分可以达到如下目的：①筛除粗粒或异物，如固体制剂的原辅料等；②筛除细粉或杂质，如中药材的筛选、去除碎屑及杂质等；③整粒，筛除粗粒及细粉以得到粒度较均一的产品，如冲剂等；④粉末分级，满足丸剂、散剂等制剂要求。

2015 年版《中华人民共和国药典》选用国家标准的 R40/3 系列筛作为药筛，其分等见表 7-2。

表 7-2 药筛分等

筛号	筛孔内径(平均值)/μm	目号/目	筛号	筛孔内径(平均值)/μm	目号/目
一号筛	2000±70	10	六号筛	150±6.6	100
二号筛	850±29	24	七号筛	125±5.8	120
三号筛	355±13	50	八号筛	90±4.6	150
四号筛	250±9.9	65	九号筛	75±4.1	200
五号筛	180±7.6	80			

最粗粉　指能全部通过一号筛，但混有能通过三号筛不超过 20%的粉末。

粗粉　指能全部通过二号筛，但混有能通过四号筛不超过 40%的粉末。

中粉　指能全部通过四号筛，但混有能通过五号筛不超过 60%的粉末。

细粉　指能全部通过五号筛，但混有能通过六号筛不少于 95%的粉末。

最细粉　指能全部通过六号筛，但混有能通过七号筛不少于 95%的粉末。

在制药工业中，常用的机械筛分设备有摇动筛、振动筛等。

1. 摇动筛

摇动筛是将筛网制成的筛面装在机架上并利用曲柄连杆机构使筛面作往复摇晃运动。摇动幅度为曲柄偏心距的 1 倍。按照筛面层数可分为单筛面摇动筛和双筛面摇动筛等几种。筛面上的物料由于筛的摇动而获得惯性力，克服与筛面间的摩擦力，产生与筛面的相对运动，并且逐渐向卸料端移动。工业上用的摇动筛有单箱式和双箱（共轴）式两类，单箱摇动筛构造比较简单，安装高度不大，检修方便。缺点是会将振动传给厂房建筑，所以其工作转速较低，一般只有 250r/min 左右。双箱摇动筛有两个筛箱，用吊杆平行悬挂在机架上，由一个偏心轴驱动，但相互错开 180°，故 2 个筛箱总是反方向运动，使惯性力得到平衡，因此，转速可提高到 400～600r/min。

摇动筛-图片

摇动筛的特点是：筛箱的振幅和运动轨迹由传动机构确定，不受偏心轴转速和筛上物料质量大小的影响，可以避免由于给料过多（或给料不均匀）而降低振幅和堵塞筛孔等现象。摇动筛属于慢速筛分机，其处理量和筛分效率都较低，此筛常用于小量生产，也适用于筛分毒性、刺激性或质轻的药粉，避免细粉飞扬。

2. 振动筛

振动筛是采用激振装置（电磁振动或机械振动）使筛箱带动筛面或直接带动筛面产生振动，促使物料在筛面上不断运动，防止筛孔堵塞，提高筛分效率。根据筛箱的运动轨迹不同，振动筛可以分为圆运动振动筛（单轴惯性振动筛）、直线运动振动筛（双轴惯性振动筛）和三维振动圆筛。

（1）圆运动振动筛

① 工作原理。这种振动筛是由单轴激振器回转时产生的惯性力迫使筛箱振动。筛箱的运动轨迹为圆形或椭圆形。圆运动振动筛的支撑方式有悬挂支撑与座式支撑两种。

按筛面运动方式，圆运动振动筛又分为普通圆运动振动筛和自定中心振动。

② 圆运动振动筛的应用。圆运动振动筛可用于各种筛分作业。由于筛面的圆形振动轨迹，使筛面上的物料不断地翻转和松散，因而圆运动振动筛有以下特点：

a. 细粒级有机会向料层下部移动，并通过筛孔排出；

b. 卡在筛孔中的物料可以跳出，防止筛孔堵塞；

c. 筛分效率较高；

d. 可以变化筛面倾角，从而改变物料沿筛面的运动速率，提高筛子的处理量；

e. 对于难筛物料可以使主轴反翻，从而使振动方向同物料运动方向相反，物料沿筛面运动速率降低（在筛面倾角与主轴转速相同的情况下），以提高筛分效率。

（2）直线运动振动筛　工作原理：直线运动振动筛（简称直线振动筛）利用双轴激振器实现直线运动，双轴激振器有两根主轴，每根主轴上都装有质量和偏心距相同的偏心块。两轴利用齿轮传动使其作等速反向运动，轴上两个偏心块相位相反，其轴向分力相互抵消，而法向分力合成为按正弦规律变化的激振力，使筛面及筛面上的物料受到垂直于两轴连线方向上的振动力，形成直线振动。

直线振动筛的筛面倾角通常在8°以下，筛面的振动角度一般为45°，筛面在激振器的作用下作直线往复运动。颗粒在筛面的振动下产生抛射与回落，从而使物料在筛面的振动过程中不断向前运动。物料的抛射与下落都对筛面有冲击，致使小于筛孔的颗粒被筛选分离。

（3）三维振动圆筛　三维振动圆筛采用圆形的筛面与筛框结构，并配有圆形顶盖与底盘，连接处采用橡胶圈密封，用抱箍固定，见图7-8。激振装置垂直安装在底盘中心，底盘的圆周上安装若干个支撑弹簧与底座相连。由于激振装置（偏心振动电机）的作用，筛框与筛面产生圆周方向的振动，同时因弹簧的作用引起上下振动，使物料在筛面上产生从中心向圆周方向的旋涡运动，并作向上抛射运动，可有效地防止筛孔堵塞，小于筛孔尺寸的颗粒落入下层筛面或底盘，筛分所得的不同粒径产品分别从筛框的出料口排出，如图7-9所示。

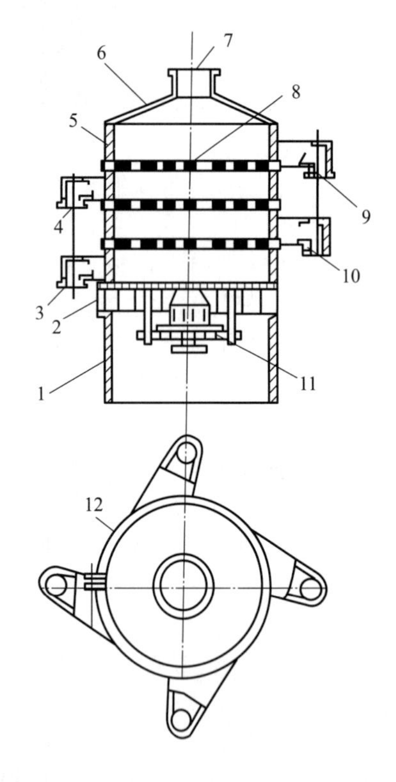

图7-8　三维振动圆筛

1—底座；2—支撑弹簧；3—排料口（4）；4—排料口（2）；5—筛筐；6—顶盖；7—进料口；8—筛面；9—排料口（1）；10—排料口（3）；11—偏心振动电机；12—抱箍

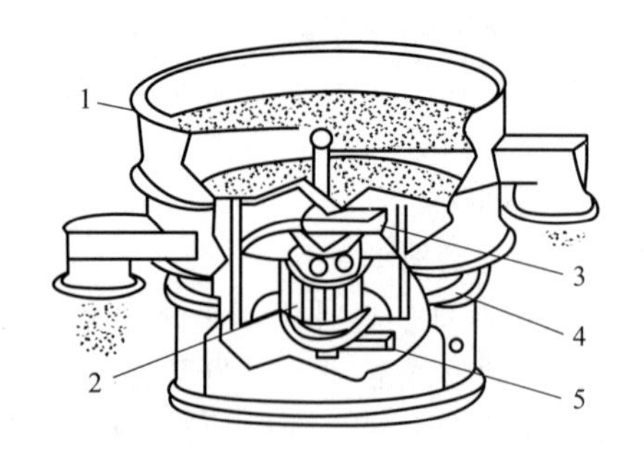

图7-9　旋振筛

1—筛网；2—电机；3—上部偏心块；4—弹管；5—下部偏心块

旋振筛的特点：

① 筛分效率高、筛分精度在95%以上，可筛分80～400目的粉粒体产品；

② 体积小、质量轻、安装简单、维修方便；

③ 出料口在360°圆周内位置任意可调，便于工艺布置；

④ 配用振动电机变频调速器，可在运行中无级调速，以随机调节振动参数，动态处理工艺过程，以满足接口的工艺需要；

⑤ 更换筛网方便，适合干、湿物料分级作业；

⑥ 全封闭结构，无粉尘污染；

⑦ 可安装多层筛面（最多为三层）；

⑧ 调节电机偏心转子的相位角，可改变物料在筛面上的运动轨迹，适合对难筛分物料的分级作业。

（三）回转叶轮动态分级机

动态分级是利用叶轮高速旋转带动气流作强制涡流型的高速旋转运动，进行颗粒的离心分级。动态分级的特点是：分级精度高，分级粒径调节方便，只要调节叶轮旋转速率就能改变分级机的分级粒径。回转叶轮动态分级机配上合适的粉体预分散设备可实现超细粉体分级。

MS型涡轮分级机也称为微细分级机，如图7-10所示。夹带粉体物料的主气流从进气管进入分级机，锥形涡轮被电机驱动而高速旋转，使气流形成高速旋转的强制涡。在离心力作用下，粗颗粒被甩向器壁并作旋转向下运动，当粗颗粒到达锥形筒体受到切向进入的二次气流旋转向上的反吹，使混入粗颗粒中的细颗粒再次返回分级区（强制涡区），再一次分级，细颗粒随气流经锥形涡轮的叶片之间的缝隙从顶部出口管排出。经二次气流反吹后的粗颗粒从底部粗粒排出口排出。

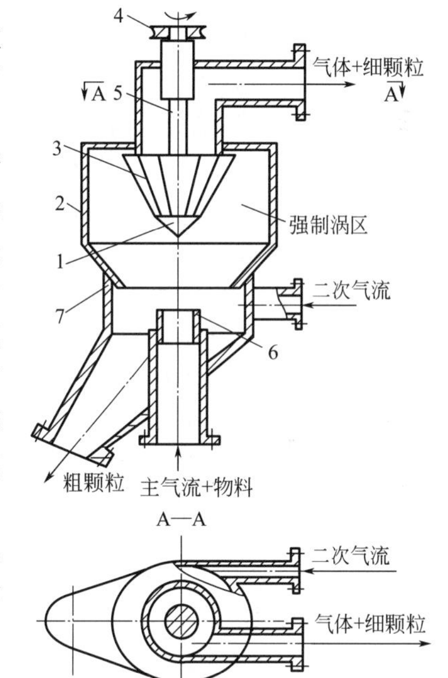

图7-10　MS型涡轮分级机

1—气体分布锥；2—圆筒体；3—锥形涡轮；4—皮带轮；5—旋转轴；6—可调圆管；7—锥形筒体

通过调节叶轮转数、主气流与二次气流的流量比、叶轮叶片数以及可调圆管的位置等可以调节MS型涡轮分级机的分级粒径。

这种分级机的主要特点如下。

① 分级范围广，产品细度可在3～150μm之间任意选择。粒子形状从纤维状、薄片状、近似球状到块状、管状等物质均可进行分级。

② 分级精度高，由于分级叶轮旋转形成的稳定的离心力场，分级后的细粒级产品中不含粗颗粒。

③ 结构简单，维修、操作、调节容易。

④ 可以与高速机械冲击式磨机、球磨机、振动磨等细磨与超细磨设备配套，构成闭路粉碎工艺系统。

三、均化设备

制备乳状液或悬浮液的操作称为均化。均化操作在制药工业上应用广泛。例如混悬型液体药剂、乳浊型液体药剂、乳浊型注射剂、软膏剂等的制造皆属于均化操作。

均化、搅拌、粉碎这三个操作既互相联系，又有一定区别。均化操作时伴随有粒径的减小，表现出粉碎、混合操作的特征。但均化所要求的混合程度和粉碎粒度（粒径在0.1～10μm或0.01～0.1μm）更高，是一般搅拌器和粉碎机所不能达到的。一般是先进行粉碎和搅拌，然后均化。

因为使用不同的油、乳化剂、相体积比例和产品的理化性质要求不同，有多种制备乳剂设备可供选择。研钵和乳钵可用于制备少量乳剂，但通常其产品粒径明显大于同机械设备制成的乳剂。特殊技术和设备在某种程度上可产生超级乳剂，如快速冷却等。目前制备乳剂的机械设备，不论其规格大小和细微差别如何，可分为四类：机械搅拌、均质机、胶体磨、超声波均质机。

（一）均质机

均质机主要用于互不相溶液体中的液-液和固-液混合。均质机有粉碎和混合双重功能，将一种液滴或固体颗粒粉碎成为极细微粒或小液滴分散在另一种液体之中，使混合液成为稳定的悬浮液。均质机在医药、食品、化妆品、涂料、染料等方面的应用也十分广泛。

目前在医药工业中，高压均质机用得最多。高压均质机由高压泵和均质头两大部分组成。

高压泵实为三柱塞泵，由进料腔、吸料阀门、排料阀门、柱塞等组成。工作时，当柱塞向右运动时，腔容积增大，压力降低，液体顶开吸料阀门进入泵腔，完成吸料过程。当柱塞向左运动时，腔容积逐渐减小，压力增加，关闭吸料阀门，打开排料阀门，将腔内液体排出，完成排料过程。

均质头是高压均质机的重要部件，通常均质头由壳体、均质阀、压力调节装置和密封装置等构成。一般的高压均质机上都是由两级均质阀串联而成。

均质阀是高压均质机上最重要的零件，最典型的均质阀由阀座、阀芯和冲击环组成。通过调节压力调节装置可以改变阀座与阀芯间缝隙大小。最常用的方式是采用手控压力调节装置。手控压力调节装置一般由手柄、弹簧、调节杆、锁紧螺母等零件组成。当柱塞泵泵出的液体压力一定时，旋转手柄可调节弹簧的预压力，控制缝隙大小，均质压力随缝隙值的变化而变化。

（二）胶体磨

胶体磨是利用高剪切作用对物料进行破碎细化。胶体磨定子和转子之间形成微小间隙并可调节。工作时，在转子的高速转动下，物料通过定子与转子之间的间隙，由于转子高速旋转，附于转子表面上的物料速度最大，而附于定子表面上的物料速度为零。其间产生很大的速度梯度，物料受其剪切力、摩擦力、撞击力和高频振动等复合力的作用而被粉碎、分散、研磨、细化和均质。

胶体磨-动画

胶体磨有卧式和立式两种结构形式，如图7-11和图7-12所示。胶体磨主要由进料斗、外壳、定子、转子、调节装置等组成。胶体磨可根据物料的性质、需要细化的程度和出料等因素进行调节。调节时，通过转动调节手柄由调整环带动定子轴向位移而使空隙改变。一般调节范围在0.005～1.5mm之间。

为避免无限度地调节而引起定子、转子相碰，在调整环下方设有限位螺钉，当调节环顶到螺钉时便不能再进行调节。

由于胶体磨转速很高，为达到理想的均质效果，物料一般要磨几次，这就需要有回流装

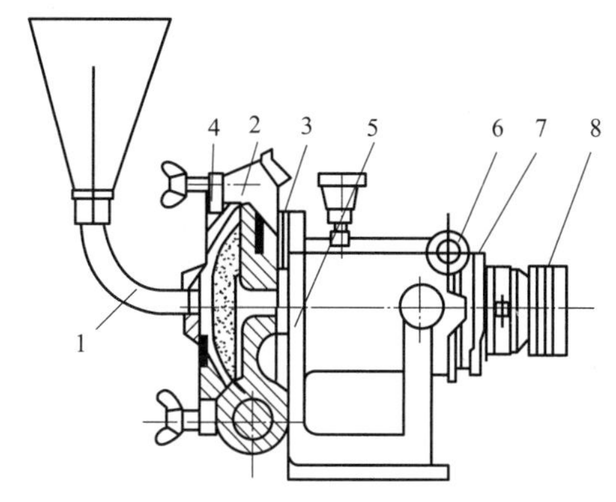

图 7-11　卧式胶体磨结构

1—进料口；2—转子；3—定子；4—工作面；5—卸料口；6—锁紧装置；7—调整环；8—皮带轮

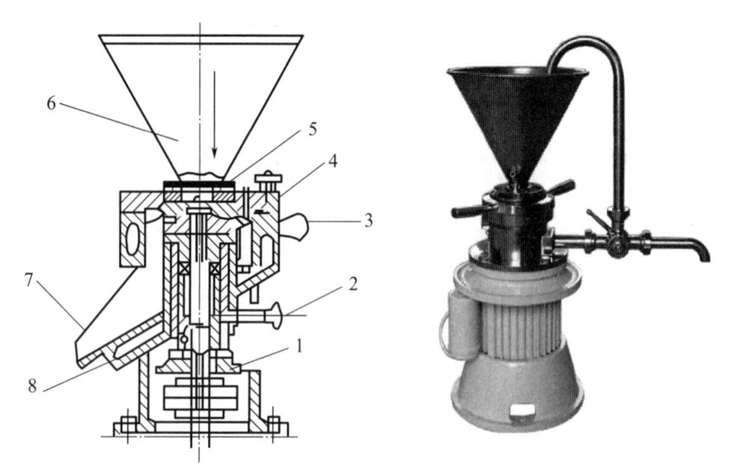

图 7-12　MCM 型立式胶体磨

1—调节手轮；2—锁紧螺钉；3—水出口；4—旋转盘和固定盘；5—混合器；6—给料；7—产品溜槽；8—水入口

置。胶体磨的回流装置利用进料管改成出料管，在管上安装一碟阀，在碟阀的稍前一段管上另接一条管通向进料口。当需要多次循环研磨时，关闭碟阀，物料则反复回流。当达到要求时，打开碟阀则可排料。

对于热敏性材料或黏稠物料的均质、研磨，往往需要把研磨中产生的热量及时排走，以控制其温升。对此可以在定子外围开设的冷却液孔中通水冷却。

（三）超声波均质机

超声波均质是利用声波和超声波，在遇到物体时会迅速地交替压缩和膨胀的原理实现的。物料在超声波的作用下，当处在膨胀的半个周期内，料液受到拉力呈气泡膨胀；当处在压缩的半个周期内，气泡则收缩，当压力变化幅度很大且压力低于低压时，被压缩的气泡会急剧崩溃，在料液中会出现“空穴”现象，这种现象又随着压力的变化和外压的不平衡而消失，在“空穴”消失的瞬时，液体周围引起非常大的压力和温度增高，起着非常复杂且强力的机械搅拌作用，以达到均质的目的。同时，在“空穴”产生有密度差的界面上，超声波亦会反射产生激烈的搅拌。根据这个原理，超声波均质机是通过将频率为 20～25kHz 的超声波发生器放入料液中或使用使料液具有高速流动特性的装置，利用超声波在料液中的搅拌作用使料液实现均质的。

超声波均质机按超声波发生器的形式分为机械式、磁控振荡式和压电晶体振荡式等。机械式超声波均质机主要由喷嘴和簧片组成，其发生器中簧片处于喷嘴的前方，它是一块边缘成楔形的金属片，被两个或两个以上的节点夹住。当料液在泵压下经喷嘴高速射到簧片上时，簧片便发生振动。这种超声波立即传给料液，使料液呈现激烈的搅拌状态，料液中的大粒子便碎裂，料液被均质化，均质后的料液即从出口排出。

磁控振荡式均质机，采用超声波发生器，其频率达几十千赫，使料液在强烈的搅拌作用下达到均质。

对于压电晶体振荡式均质机，采用钛酸钡或水晶振荡子作超声波发生器，使振荡频率达几十千赫以上，对料液进行强烈振荡而达到均质。

第二节　混合设备

混合是指两种或两种以上的固体粉料，在混合设备中相互分散而达到均一状态的操作，是片剂、冲剂、散剂、胶囊剂、丸剂等固体制剂生产中的一个基本单元操作。

在固体粉末制药中，对于原料配制或产品标准化、均匀化，混合机都是不可缺少的装置。至于各种化学反应更离不开混合机。近年来，制药及其他精细化工工艺中，在处理多种多样粉体时，对混合精度的要求越来越高。

在制药工业的药品生产中，如多酶片生产工艺：将白砂糖粉碎，用70％糖浆制成软材，烘干成粒后加入胰酶、淀粉酶，在混合机中均匀混合烘干成粒，加入空白颗粒再进混合机混合均匀。又如在生产中为了消除间歇生产产品批量之间的差异，将多批量的产品放在混合机中混合后，再行包装出厂，从而使产品的性能更趋一致。此外，为了改善某些产品的使用性能和综合效能，往往要在产品中加入不同的添加剂，或将几种不同的产品混合成一种性能更优越的产品。

混合机按其对粉体施加的动能，可以分为容器回转式、机械搅拌式、气流式以及这几种类型的组合形式；按操作方式可分为间歇式、连续式两种。

（1）容器回转式混合机　容器回转式混合机的典型代表有水平圆筒形、V形和双圆锥形，一般装料系数为30％～50％。这类混合机结构简单，混合速率慢，但最终混合度较高，混合机内部清扫容易。容器回转式混合机广泛应用于间歇操作，适用于那些物性差异小、流动性好的粉体间的混合，也适用于有磨损性的粉粒体的混合。对于具有黏附性、凝结性的粉体必须在机内设置强制搅拌叶或挡板，或加入钢球。此外可在容器外设夹套进行加热或冷却操作。

应当指出，对于含有水分、附着性强的粉体混合，容器回转式混合机是不适合的。另外，由于间歇操作，需要经常排料，一方面造成粉尘飞扬、污染环境、劳动卫生条件较差；另一方面也会在停车排料时产生混合产品偏析现象。在大型装置中，也存在着由于空间利用率低、混合时间长，产品的混合度较低的问题。有时，在这种机器内经常设置折流板和橡胶球等，以促进粉体间的充分接触，达到增大粉体混合速率的目的。容器回转式混合机虽然以间歇操作为主，但是只要将回转轴倾斜安装，也可以作为连续混合机使用。

还需要提及的是，这种机器不仅可以作为混合机使用，也可以作为粉体冷却、加热、粉碎混合、固气反应等设备使用。

（2）机械搅拌式混合机　机械搅拌式混合机的优点是，能处理附着性、凝集性强的粉体、湿润粉体和膏状物料，对于物性差别大的物系的混合也很适用。其装填率高、操作面积小、占用空间小、操作方便。由于可设计成密闭式和安设夹套，所以可在非常温常压下工作，也可以用于反应、制粒、干燥、涂层等复合操作中。它的缺点是，机器的维修和清除困难，故障发生率高，容器及搅拌机上会部分地固结粉体。另外，搅拌机在启动时，功率很大。

（3）气流式混合机　它是利用气流的上升流动或喷射作用，使粉体达到均匀混合的一种操作方法。对于流动性好、物性差异小的粉体间混合是很适用的。当间歇操作时，装填率可达70%左右，混合槽可兼作储槽。用作连续操作的气流混合机，主要由空气输送槽、空气输送管组成，作为整套装置还应包括空气压缩机、压力调节器、集尘器等，所以整体规模变得很大。

（4）组合式混合机　组合式混合机是前述几种混合机的有机结合。例如在回转式容器中设置机械搅拌以及折流板；在气流搅拌中加上机械搅拌。对于粉碎机而言，如果同时粉碎两种以上的物料，实际上也成为一种混合器。

一、三维运动混合机

三维运动混合机是一种新型的容器回转式混合机，如图7-13所示，广泛应用于制药、食品、化工、塑料等工业的物料混合。具有混合均匀度高、流动性好、容载率高等特点，对有湿度、柔软性和相对密度不同的颗粒、粉状物的混合均能达到最佳效果。

三维运动混合机-视频

三维运动混合机具有特殊的运动功能，即产生了独特的运动方式：转动、摇旋、平移、交叉、颠倒、翻滚多向混合运动。在混合作业时，因混合桶同时进行了自转和公转，使多角混合桶产生强烈的摇旋滚动作用，并受混合桶自身多角功能的牵动，增大物料倾斜角，加大滚动范围，消除了离心力的弊病，彻底保证物料自我流动和扩散作用，又使物料避免了密度偏析、分层、聚积及死角，使其达到物料混合要求。

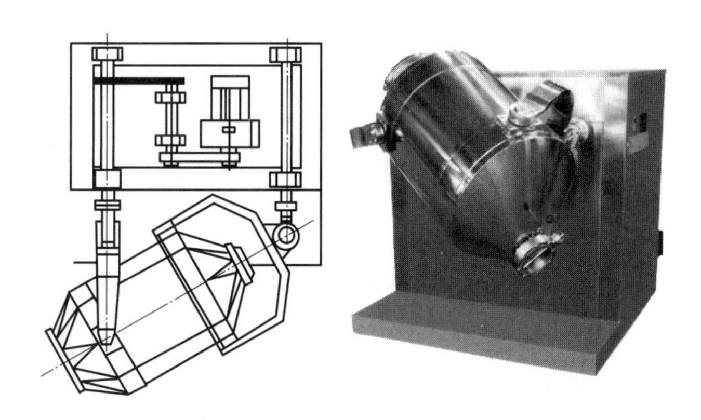

图7-13　三维运动混合机结构

二、槽形混合机

槽形混合机是一种以机械方法对混合物料产生剪切力而达到混合目的的设备。槽形混合机由搅拌轴、混合室、驱动装置和机架组成，其结构如图 7-14 所示，搅拌轴为螺带状。根据螺带的个数和旋转方向可将槽形混合机分为单螺带混合机和多螺带混合机。单螺带混合机螺带的旋转方向只有一个，双螺带混合机两根螺带的旋转方向是相反的。

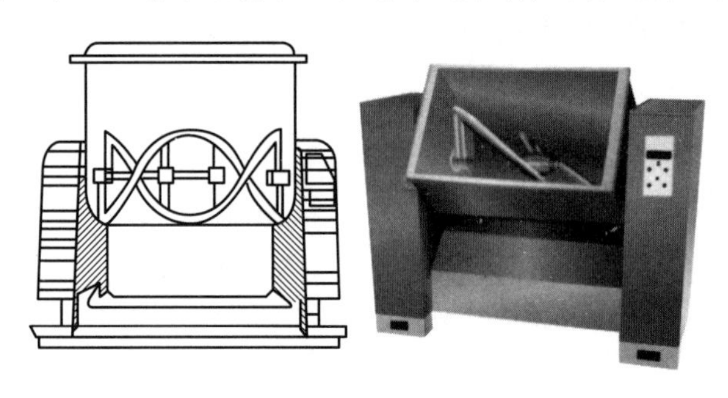

图 7-14　槽形混合机

槽形混合机工作时，螺带表面推力带动与其接触的物料沿螺旋方向移动。由于物料之间的相互摩擦作用，使得物料上下翻动，同时一部分物料也沿螺旋方向滑动，形成螺带推力面一侧部分物料发生螺旋状的轴向移动，而螺带上部与四周的物料又补充到拖曳面，于是发生了螺带中心处物料与四周物料的位置更换，从而达到混合目的。

槽形混合机结构简单，操作维修方便，因而得到广泛应用。但这类混合机的混合强度较小，所需混合时间较长。此外，当两种密度相差较大的物料相混时，密度大的物料易沉积于底部。因此这类混合机比较适合于密度相近物料的混合。

三、锥形混合机

锥形混合机是一种新型混合装置。对于大多数粉粒状物料，锥形混合机都能满足其混合要求。锥形混合机由锥体部分和传动部分组成。锥体内部装有一个或两个与锥体壁平行的提升螺旋。

混合过程主要由螺旋的自转和公转以不断改变物料的空间位置来完成。传动部分由电动机、变速装置、横臂传动件组成，使提升螺旋能平稳地调节自转和公转的转速。双螺旋锥形混合机内部结构简图如图 7-15 所示。双螺旋锥形混合机工作时，由于螺旋快速自转带动物料自下而上提升，形成两股对称的沿筒体壁上升的螺旋柱物料流，同时横臂带动螺旋公转，使螺旋柱体外的物料混入螺旋柱体物料内。整个锥体内的物料不断混掺错位，由锥体中心汇合向边流动，在短时间内达到均匀混合。与单螺旋锥形混合机相比，双螺旋锥形混合机由于有两根螺旋，进一步提高了混合效率。

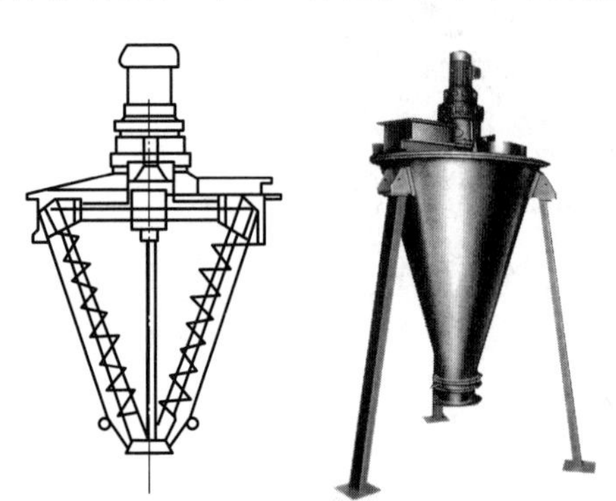

图 7-15　双螺旋锥形混合机内部结构简图

螺旋锥形混合机搅拌作用力中等，可用于对固体间或固体与液体间的混合。由于物料自上向下在锥体内不断翻滚，不同进料容积能够得到基本一致的混合效果。这类混合机进出料口一般分别固定在锥体的上方和底部。操作时锥体密闭，有利于生产流程安排和改善劳动环境。

四、自动提升料斗混合机

自动提升料斗混合机是 20 世纪 90 年代初国际上开发作为药品生产粉状物处理系统中的一个生产

设备。固体制剂从配料直到剂型（如片剂、胶囊剂等）成品加工，除在制粒干燥-整粒或制粒-干燥-整粒工序需经过真空输送或密闭垂直进出料外，其余的输送-混合-输送均在密闭的料斗中完成。料斗在流程中是配料容器、周转容器，混合机的料桶又是加料容器。料斗亦应用于成品颗粒和药片的周转，这一完整的系统基本上实现无尘化生产。

自动提升料斗混合机的料斗的形状有圆柱锥形和方柱锥形两种。当作为加料斗时可直接架置在成品加工机上或在成品加工机附设的提升装置上固定，作为成品加工机的加料斗。自动提升料斗混合机外形如图 7-16 所示。

图 7-16 自动提升料斗混合机外形

自动提升料斗混合机可以夹持大小不同容积的几种料斗，自动完成夹持、提升、混合、下降、松夹等全部动作。药厂只需配置一台自动提升料斗混合机及多个不同规格的料斗，就能满足大批量、多品种的混合要求。

自动提升料斗混合机由机架、回转体、驱动系统、夹持系统、提升系统、制动系统及计算机控制系统组成。

将料斗移放在回转体内，该机能自动将回转体提升至一定高度并自动将料斗夹紧，压力传感器得到夹紧信号后，驱动系统工作，按设定参数进行混合，达到设定时间后，回转体能自动停止于出料状态，同时制动系统工作，混合结束。然后提升系统工作，将回转体下降至地面并松开夹紧系统，移开料斗完成混合周期，并且自动打印该批混合的完整数据。

自动提升料斗混合机的最大结构特点是：回转体（料斗）的回转轴线与其几何对称轴线成一夹角，料斗中的物料除随回转体翻动外，亦同时做沿斗壁的切向运动，物料产生强烈的翻转和较高的切向运动，达到最佳的混合效果。

使用自动提升料斗混合机，配以提升翻转机、料斗提升加料机，便从制粒干燥（整粒）开始，经混合、暂存、提升加料至压片机（充填机）的整个工艺过程，药物都在同一料斗中，而不需要频繁转料、转移，从而有效地防止了交叉污染和药物粉尘，彻底解决了物料“分层”问题，优化了生产工艺。

第三节　粉碎分级与混合设备的使用与维护

一、粉碎设备

以 20-B 型粉碎机组实训设备为例，该设备由电机、粉碎室、动力轴、转动打板、挡板、风板、旋风分离器、除尘器、排风机、电控系统等组成。其工作原理是物料通过自动加料器输入粉碎机中，风板将原料均匀散布到粉碎室的周围，物料在打板与牙板之间被剪切和冲击，在机内形成激烈涡流将物料粉碎，粉碎后的物料在气流的作用下被吹到风选口内，经风板的作用，将粗粉和细粉分开，细粉被风送到集粉设备内收粉，粗粉被送回到粉碎室内重新粉碎，最后经过除尘器和排风机净化空气。该机无筛选板装置，具有粉碎效率高、一次出粉率高、粒度风选调节均匀、机组设计紧凑占地面积小、采用集中控制工人操作、维修清洁方便等特点。

（一）粉碎机组操作规范

1. 开机前的准备工作

① 检查机器所有紧固螺钉是否全部拧紧，特别是活动齿的固定螺母一定要拧紧。

② 根据工艺要求选择适当筛板安装好。

③ 用手转动主轴盘车应活动自如，无卡、滞现象。

④ 检查粉碎室是否清洁干燥，筛网位置是否正确。

⑤ 检查收粉布袋是否完好，粉碎机与除尘机管道连接是否密封。

⑥ 关闭粉碎室门，用手轮拧紧且锁紧。

2. 开机运行

① 先启动除尘机，确认工作正常。

② 按主机启动开关，待主机运转正常平稳后即可加料粉碎，每次向料斗加入物料时应缓慢均匀加入。

③ 停机时必须先停止加料，待 10min 后或不再出料后再停机。

（二）粉碎机安全操作注意事项

① 严禁主轴反转，如发现主轴不能转动时应立即停机。

② 粉碎室门务必要关好锁紧，以免发生事故。

③ 使用前必须确认活动齿的固定螺母紧合良好。

④ 机器必须可靠接地。

⑤ 超过莫氏硬度 5 度的物料将使粉碎机的维修周期缩短。

⑥ 物料严禁混有金属物。

⑦ 物料含水分不应超过 5%。

⑧ 在粉碎热敏性物料使用 20～30min 后应停机检查出料筛网孔是否堵塞，粉碎室内温度是否过高，并应停机冷却一段时间再开机。

⑨ 设备的密封胶垫如有损坏、漏粉时应及时更换，定期为机器加润滑油。

⑩ 每次使用完毕，必须关掉电源，方可进行清洁。

（三）粉碎设备维护

① 经常检查润滑油杯内的油量是否足够。

② 设备外表及内部应洁净，无污物聚集。

③ 检查齿盘的固定和转动齿是否磨损严重，如严重需调整安装使用另一侧，如两侧磨损严重需换齿；如果更换锤子，应将整套锤子一起进行更换，切不能只更换其中个别几个锤子。

④ 每季度一次检查电动机轴承，检查上下皮带轮是否在同一平面内，检查皮带的松紧程度以及磨损情况，如有必要及时调整更换。

（四）常见故障发生原因及排除方法

见表 7-3。

二、筛分设备

以旋振筛为例，该设备由机架、电动机、筛网、上部重锤、下部重锤、弹簧、出料口组成。其工作原理是由可调节的偏心重锤经电机驱动传送到主轴中心线，在不平衡状态下产生离心力，使物料强制改变在筛内形成轨道漩涡，使筛网及物料在水平、垂直、倾斜方向三元运动。对物料产生筛选作用。重锤调节器的振幅根据不同物料和筛网进行调节，也可由立式振动电机轴的上下两端装有失衡的偏心重锤产生激振。

表 7-3　粉碎设备常见故障发生原因及排除方法

常见故障	发生原因	排除方法
主轴转向相反	电源线相位连接不正确	检查并重新接线
操作中有胶臭味	皮带过松或损坏	调紧或更换皮带
钢齿、钢锤磨损严重	物料硬度过大或使用过久	更换钢锤或钢齿
粉碎时声音沉闷、卡死	加料过快或皮带松	加料速度不可过快，调紧或更换皮带
热敏性物料粉碎声音沉闷	物料遇热发生变化	用水冷式粉碎或间歇粉碎

本机可用于单层或多层分级使用，具有连续生产、自动分级筛选、封闭结构、无粉尘、整机结构紧凑、噪声低、产量高、能耗低、启动迅速、停车平稳、体积小、安装简单、操作维护方便、根据不同目数安装丝网且更换容易等特点。

（一）旋振筛操作规范

① 使用前检查整机各紧固螺栓是否有松动。然后开动机器，检查机器的空载启动性是否良好。

② 根据不同需要及物料的不同情况，选择适当筛网并检查筛网是否破损，若有破损应及时更换。

③ 锁紧筛网，依次装好橡皮垫圈、钢套圈、筛网、筛盖，上筛网时防止筛盖挤压手指；将盖用压杆压紧，禁止用钝器敲打压盖。

④ 当本机调试后，应进行空载运转试验，空运转时间不少于 2min 并符合如下要求：无异常声响，机器运转平稳，无异常振动。

⑤ 筛分操作。待运转正常后，方可开始加料，加料必须均匀，过筛时加料速度要适当，加得太快物料会随着颗粒溢出，加得太慢则影响产量。

⑥ 停机时必须先停止加料，待不再出料后再停机。

⑦ 过完筛后按设备上下顺序清理残留在筛中的粗颗粒和细粉。

（二）安全操作注意事项

① 定期检查所有外露螺栓、螺母，并拧紧。

② 发现异常声响或其他不良现象，应立即停机检查。

③ 机器必须可靠接地。

④ 设备的密封胶垫如有损坏、漏粉时应及时更换。

（三）设备维护

① 保证机器各部件完好可靠。

② 设备外表及内部应洁净，无污物聚集。

③ 各润滑油杯和油嘴应每班加润滑油和润滑脂。

④ 操作前检查筛网是否完好、是否变形，维修正常后方可生产。

（四）常见故障发生原因及排除方法

见表 7-4。

表 7-4　筛分常见故障发生原因及排除方法

常见故障	发生原因	排除方法
粉料粒度不均匀	筛网安装不密闭，有缝隙	检查并重新安装
设备不抖动	偏心失效、润滑失效或轴承失效	检查润滑，维修更换

三、混合设备

以三维运动混合机、槽形混合机为例来介绍混合设备的使用与维护。三维运动混合机主要由机座、传动系统、电器控制系统、多向运动机构、混合筒等系统构成。其主要工作原理是三维运动混合机装料的筒体在主动轴的带动下，做周而复始的平移、转动和翻滚等复合运动，促使物料沿着筒体做环向、径向和轴向的三向复合运动，从而实现多种物料的相互流动、扩散、积聚、掺杂，以达到混合的目的。该设备机身均由不锈钢制造，且内外壁抛光，无死角、无污染；工作效率高，混合物料可达最佳状态；各组分可有悬殊的质量比，混合时间仅为 6～10min；物料混合均匀性可达 99%以上；最佳装载容量为料筒的 80%，最大装载系数可达 0.9；低噪声，低能耗，寿命长，体积小，结构简单，便于操作与维护；混合同时可进行定时、定量喷液；适于不同密度和状态物料的混合。

槽形混合机主要由混合槽、搅拌桨、涡轮减速器、电机以及机座等结构组成。操作时主电机通过 V 带经减速器驱动蜗杆、涡轮转动，以低速带动“S”形搅拌桨旋转。槽内物料在搅拌桨的工作下被从两端推向中心，又由中心推向两端，物料在槽内上下翻滚。该机以对流混合为主，槽可绕水平轴翻转 105°，刮料时间短，装料量占总容积 80%，是常用的混合干燥物料的设备，也可用于湿物料，如团块的捏合与混合。

（一）三维运动混合机操作规范

1. 开机前的准备工作

① 开机时，空载起动电机，观察电机运转正常，停机开始工作。

② 观察料桶运动位置，使加料口处于理想的加料位置，松开加料口卡箍，取下平盖进行加料，加料量不得超过额定装量。

③ 加料完毕后，盖上平盖，上紧卡箍即可开机混合。

2. 开机运行

① 根据工艺要求，调整好时间继电器。

② 严格按规定的程序操作，开机进行混合。

③ 混合机到设定的时间会自动停机，若出料口位置不理想，可点动开机，将出料口调整到最佳位置，切断电源，方可开始出料操作。

④ 出料时打开出料阀即可出料。

⑤ 出料时应控制出料速度，以便控制粉尘及物料损失。

3. 操作注意事项及故障处理

① 必须严格按规定要点进行操作。

② 设备运转时，严禁进入混合桶运动区内。

③ 在混合桶运动区范围外应设隔离标志线，以免人员误入运动区。

④ 设备运转时，若出现异常振动和声音，应停机检查，并通知维修工。
⑤ 设备的密封胶垫如有损坏、漏粉时应及时更换。
⑥ 操作人员在操作期间不得离岗。

（二）槽形混合机操作规范

1. 开机前的准备工作

① 开机时，空载起动电机，观察电机运转正常，停机开始工作。
② 将称量好的原辅料装入原料容器，将黏合剂过滤后装入小车盛液桶内。
③ 加料完毕后，盖上盖。

2. 开机运行

操作过程中，必须调整好物料沸腾状态和黏合剂雾化状态，严格控制喷速、加浆量、制粒时间、成粒率、干燥温度和干燥时间，使制出颗粒符合规定指标。其他内容同三维运动混合机相关内容。

（三）注意事项及故障处理

① 定期检查所有外露螺栓、螺母，并拧紧。
② 检查机器润滑油是否充足、外观完好。
③ 操作时应盖好机盖，不得将手或工具伸入槽内或在机器上方传递物件。
其他内容同三维运动混合机相关内容。

（四）设备维护

① 保证机器各部件完好可靠。
② 设备外表及内部应洁净，无污物聚集。
③ 各润滑油杯和油嘴应每班加润滑油和润滑脂。
④ 常见故障有振动、转动不均匀，产生原因是减速器齿轮失效，可通过添加润滑油或换润滑油，以及更换齿轮或减速器来排除。

【思考题】

1. 为什么粉碎机要先开机运行一段时间后再投料进行粉碎？
2. 粉碎操作中有胶臭味的原因有哪些？解决方法有哪些？
3. 旋振筛的振动是如何产生的？
4. 为什么要在容器旋转型混合机运动区范围外设置隔离标志线？

实训任务　使用粉碎、筛分、混合设备

能力目标：能够熟练查询设备的相关资讯，运用现代职业岗位的相关技能，归纳和总结出设备的使用要点和安全措施，制定出使用制度和使用规范，包括使用记录表、使用要点、安全事项、使用规范等。

知识目标：了解该设备的相关基础知识，掌握该设备使用要点和使用方法，掌握该设备的分类、特点、安全、操作、维修、保养等知识，以及对设备资讯的对比、分析、归纳、总结的方法与要点。

实训设计：公司制剂车间制剂小组接到工作任务，要求及时维护、排除故障、完成保养和制剂任务；按照车间组织构成，分为若干班组（项目组），选出组长，由组长协调组员进行设备评估任务的开展和工作，完成项目要求，提交使用报告，以公司绩效考核方式进行考评。

一、粉碎操作注意事项

对于粉碎机，开机前先检查设备内应无异物，检查皮带松紧是否适度，用手转动主轴时，转动应灵活、轻松；按要求安装好筛网；检查旋风分离器的部件、管道是否完整；安装好旋风分离器的衬塑料袋的收集桶及布袋。

操作时先开旋风分离器的片机，后开粉碎机，转速正常后，方可加料粉碎；物料加入料斗后，调节料斗闸门开启至适度；工作结束后，及时关机。

日常维修保养中，保持机器润滑，定期检查料斗固定螺丝的可靠性，防止发生人身安全事故；物料粉碎前必须检查，不允许有铁屑、铁钉之类的杂物混入，以免打缺转刀及粉碎腔，发生意外事故。

除了开停车按照操作要求维护外，还需进行每周、每月、每半年和年度的定期维修保养，以保证设备处于良好的状态。

二、实训任务

按照明确任务、技能实训、知识学习、实训总结、理论拓展的五步项目实训教学法开展实训教学任务（参看第二章实训任务）。

可以因地适时选择粉碎、分级或者混合的某种型号的输送设备，通过文献检索，对该设备的技术背景、分类、前沿、热点进行归纳和总结，列出市场上该设备的优缺点、创新点、操作步骤、环保安全、使用要求等方面的要点。

针对该设备，开展近两年的文献检索研究，按照上述思路展开归纳与对比，根据具体设备的技术指标，完成使用评估实训任务，制定出该设备的使用要求和要点，提交设备使用记录和评估报告。

【课后任务】

1. 查询新型粉碎和混合设备。
2. 请列举药用混合设备。

第八章

制药用水设备的使用与维护

制药生产中使用各种水用于不同剂型药品作为溶剂、包装容器洗涤水等，这些水统称为工艺用水。我国GMP（2012年修订版）规定："工艺用水即药品生产工艺中使用的水，包括饮用水、纯化水、注射用水。"饮用水是制备纯化水的原料水，纯化水则是制备注射用水的原料水。纯化水为采用蒸馏法、离子交换法、反渗透法或其他适宜的方法制得供药用的水，不含任何附加剂。

（一）制药用水的相关规定

我国制药用水在GMP通则中有相关要求，规定制药用水应适合其用途，并符合《中华人民共和国药典》的质量标准及相关要求。制药用水至少应采用饮用水。

规定中水处理设备及其输送系统的设计、安装、运行和维护应确保制药用水达到设定的质量标准。水处理设备的运行不得超出其设计能力；纯化水、注射用水储罐和输送管道所用材料应无毒、耐腐蚀；储罐的通气口应安装不脱落纤维的疏水性除菌滤器；管道的设计和安装应避免死角、盲管。

要求纯化水、注射用水的制备、储存和分配应能防止微生物的滋生。纯化水可采用循环，注射用水可采用70℃以上保温循环；应对制药用水及原水的水质进行定期监测，并有相应的记录；应按照操作规程对纯化水、注射用水管道进行清洗消毒，并有相关记录。发现制药用水微生物污染达到警戒限度、纠偏限度时应按操作规程处理。

对于无菌药品，要求无菌原料药的精制、无菌药品的配置、直接接触药品的包装材料和器具等最终清洗，A/B级洁净区内的消毒剂和清洁剂的配置用水应符合注射用水的质量标准。规定必要时，应当定期监测制药用水细菌内毒素，保存监测结果及所采取的纠偏措施的相关记录。

对于原料药，非无菌原料药精制工艺用水应至少符合纯化水的质量标准。

对于中药制剂，中药材洗涤、浸润、提取用水的质量标准不得低于饮用水标准，无菌制剂的提取用水应当采用纯化水。

饮用水系指天然水经净化处理所得的水，其质量必须符合现行中华人民共和国国家标准《生活饮用水卫生标准》。应用范围包括药品包装材料粗洗用水、中药材和中药饮片的清洗、浸润、提取等用水。

《中华人民共和国药典》同时说明，饮用水可作为药材净制时的漂洗、制药用具的粗洗用水。除另有规定外，也可作为药材的提取溶剂。

纯化水系指饮用水经蒸馏法、离子交换法、反渗透法或其他适宜的方法制得的制药用水。不含任何添加剂，其质量应符合纯化水项下的规定。应用范围包括非无菌药品的配料，直接接触药品的设备、器具和包装材料最后一次洗涤用水，非无菌原料药精制工艺用水、制备注射用水的水源、直接接触非最终灭菌棉织品的包装材料粗洗用水等。

纯化水可作为配制普通药物制剂用的溶剂或试验用水；可作为中药注射剂、滴眼剂等灭菌制剂所用饮片的提取溶剂；口服、外用制剂配制用溶剂或稀释剂；非灭菌制剂用器具的精洗用水。也用作非灭菌制剂所用饮片的提取溶剂。

纯化水不得用于注射剂的配制与稀释。注意，为保证注射用水的质量，应减少原水中的细菌内毒素，监控蒸馏法制备注射用水的各生产环节，并防止微生物的污染。应定期清洗与消毒注射用水系统。注射用水的储存方式和静态储存期限应经过验证确保水质符合质量要求，例如可以在80℃以上保温或70℃以上保温循环或4℃以下的状态下存放。

灭菌注射用水系指纯化水经蒸馏所得的水，应符合细菌内毒素试验要求。注射用水必须在防止细菌内毒素产生的设计条件下生产、储藏及分装。注射用水按照注射剂生产工艺制备而得。不含任何添加剂。

要注意灭菌注射用水灌装规格应适应临床需要，避免大规格、多次使用造成的污染。应用范围包括用作注射用灭菌粉末的溶剂或注射剂的稀释剂、直接接触无菌药品的包装材料的最后一次精洗用水、无菌原料药精制工艺用水、直接接触无菌原料药的包装材料的最后洗涤用水、无菌制剂的配料用水等。注射用水还可作为配制注射剂、滴眼剂等的溶剂或稀释剂及容器的精洗。

（二）原水

1. 水的存在方式

自然界水的存在可分为地下水和地表水等形式，由于其存在方式的不同，因此含有的杂质也不尽相同，其中包括以下物质。

（1）悬浮物　颗粒在10^{-4}mm以上，主要是泥沙、黏土、动植物及其遗骸、微生物、有机物等。

（2）胶体　颗粒在10^{-5}～10^{-4}mm之间，主要是硅酸及铁、铝化合物以及一些高分子化合物等。

（3）溶解物　颗粒在10^{-6}mm以下，以分子或离子状态存在，溶解物包括盐类、气体和有机物等。

① 盐类（又称矿物质），均以电离状态存在于水中，主要的阳离子是Ca^{2+}、Mg^{2+}、Na^{+}、K^{+}，还有Fe^{2+}、Mn^{2+}等；主要的阴离子是HCO_3^-、Cl^-、SO_4^{2-}，还有CO_3^{2-}、NO_3^-、$HSiO_3^-$、PO_4^{3-}等。

② 气体，主要是氧气和二氧化碳。天然水中氧含量一般在5～10mg/L，污染严重的水中含氧量较低，深层地下水含氧量几乎为零。一般二氧化碳在地下水中含量较高，在地表水中含量较低。

③ 有机物，天然水中溶解的有机物主要为腐殖酸和富维酸，为大分子、有机酸群，其他还有有机碱、氨基酸、糖类等。

2. 各种水源的特性

不同的水源，水质特性也不尽相同。

（1）地下水　由于地下水流经地层时，地层土壤起了过滤作用，故悬浮物和胶体含量较少，水质清澈透明，其硬度、含盐量、含铁量等通常比地表水高。

（2）江河水　悬浮物和胶体含量较高，随季节波动，其硬度、含盐量较低，易受污染。

（3）湖泊与水库水　悬浮物较少，含盐量与河水相近。

第一节　制药用水生产技术与设备

生产纯化水的设备有电热式蒸馏水器、离子交换器、电渗析器、反渗透器及超滤器等。它们既可单独使用，也可联合应用。注射用水是指蒸馏水或去离子水再经蒸馏而制得，再蒸馏的目的是去除热原。注射用水主要采用重蒸馏法制备，所用设备有塔式蒸馏水器、气压式蒸馏水器、多效蒸馏水器等。此外，反渗透法也可用于制备注射用水。供制备注射用水的原水，《中华人民共和国药典》要求用一次蒸馏水或去离子水，即已经纯化过的水，主要生产工艺如图 8-1 所示。

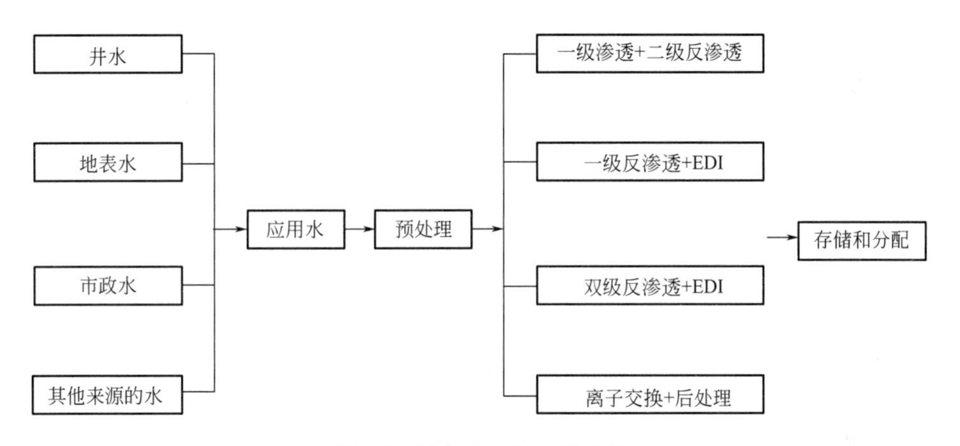

图 8-1　纯化水主要生产工艺

EDI—连续电除盐

一、水处理技术

1. 滤膜处理

（1）微滤　微滤是用于去除细微粒和微生物的膜工艺。孔径的大小通常是 0.04～0.45μm。

（2）超滤　超滤是一个以压力差为推动力的膜分离过程，其操作压力在 0.1～0.6MPa。超滤介于纳滤及微滤之间，它截留物质的分子量为 1000～200000，相应孔径大小为 0.002～0.200μm。

超滤的工作原理可以理解成与膜孔径大小相关的筛分过程。以膜两侧的压力差为驱动力，以超滤膜为过滤介质，在一定的压力下，当水流过膜表面时，只允许水、无机盐及小分子物质透过膜，而阻止水中的悬浮物、胶体、蛋白质和微生物等大分子通过，以达到溶液净化的目的。

（3）纳滤　纳滤是一种介于反渗透和超滤之间的压力驱动膜分离方法，纳滤膜的孔径在几个纳米左右。纳米膜有时被称为“软化膜”，能去除阴离子和阳离子，较大阴离子（如硫酸盐）要比较小阴离子（氯化物）更易于去除。

2. 渗透技术

反渗透也是一种膜分离技术，反渗透膜是用特殊材料和加工方法制成的、具有半透膜性能的薄膜。只能通过溶剂，而不能透过溶质的膜称为理想半透膜。反渗透膜能够在外界压力作用下使水溶液中的某些组分选择性透过，从而达到净化、脱盐或淡化的目的。反渗透是对含盐水施以外界推动力克服渗透压而使水分子通过膜的逆向渗透过程，它对水中无机盐类物质的去除率达97%以上，对 SiO_2 去除率达 99.5%，对胶体物质及大分子有机物等的去除率达 95%，这就为后续的离子交换除盐处理或连续电除盐（EDI）装置创造了良好的进水条件。还可避免由于有机物分解所形成的有机酸对汽轮机尾部的酸性腐蚀。以高分子分离膜为代表的膜分离技术作为一种新型的流体分离单元操作技术，几十年来取得了令人瞩目的巨大发展。由于反渗透技术对于水质含盐量的适应性特别强，因此，对于缺水、高含盐量及靠近海边的地方，更显示了反渗透的经济及环境优势。

反渗透技术最近几年在我国的水处理行业取得了飞速的发展，在电力、化工、制药、电子等行业得到了广泛的应用。特别是在电力行业，锅炉补给水、循环水及废水的回收、电厂的零排放等均采用反渗透系统。由于反渗透系统运行费用低、环境效益好，日益受到了人们的青睐。一级反渗透的出水水质还不能满足锅炉补给水的要求，因此目前国内大部分电厂仅把反渗透当作预脱盐，后面仍然采用离子交换技术或 EDI 技术。

反渗透系统承担了主要的脱盐任务。典型的反渗透系统包括反渗透给水泵、阻垢剂加药装置、还原剂加药装置、5μm 精密过滤器、一级高压泵、一级反渗透装置、CO_2 脱气装置或 NaOH 加药装置、二级高压泵、二级反渗透装置以及反渗透清洗装置等。

3. 离子交换技术

采用离子交换技术除去水中离子态杂质是目前应用最为普遍的方法。通过这种方法可以制得软化水、脱碱软化水、除盐水及超纯水，因此它在水处理领域中得到了广泛的应用。

离子交换是用一种称为离子交换剂的物质来进行的。离子交换剂遇到水溶液时，能够从水溶液中吸着某种（类）离子，而把本身所具有的另外一种相同电荷符号的离子等摩尔量地交换到水溶液中去；由于离子交换剂交换容量有限，当交换完毕后，需用带有本身离子的再生剂再生，以恢复其交换功能。

离子交换技术是随着离子交换树脂技术的发展而逐渐发展起来的。至今已有近 70 年的历史。从一级复床发展到两级，直至采用混床。采用离子交换可制得高质量的纯水。

离子交换系统目前普遍采用顺流再生固定床及逆流再生浮动床两种形式交换器，对于之前有反渗透预脱盐的离子交换，由于进水含盐量很小，因此采用逆流再生浮床可节省投资和减少占地。

离子交换系统包括阳离子和阴离子树脂及相关的容器、阀门、连接管道、仪表及再生装置等。

4. 连续电除盐（EDI）

EDI 是在电渗析技术基础上发展起来的，利用选择性膜和离子交换树脂组成填充床可以连续生产高纯水的技术，如图 8-2 所示。最常见的 EDI 设备由一系列模块并联组装而成。每个模块有一定的产水量，一般每小时几吨。由于 EDI 设备能连续运行，决定模块数量时就不需要考虑备用。最常见的模块为板框式，基本采用原有板框式普通电渗析器式样，再在其淡水室填充离子交换树脂及离子交换膜。EDI 作为电除离子技术通常都作为精脱盐用（一级除盐后的混床功能）。

EDI 系统中设备主要包括反渗透产水箱、EDI 给水泵、EDI 装置及相关的阀门、连接管道、仪表及控制系统等。

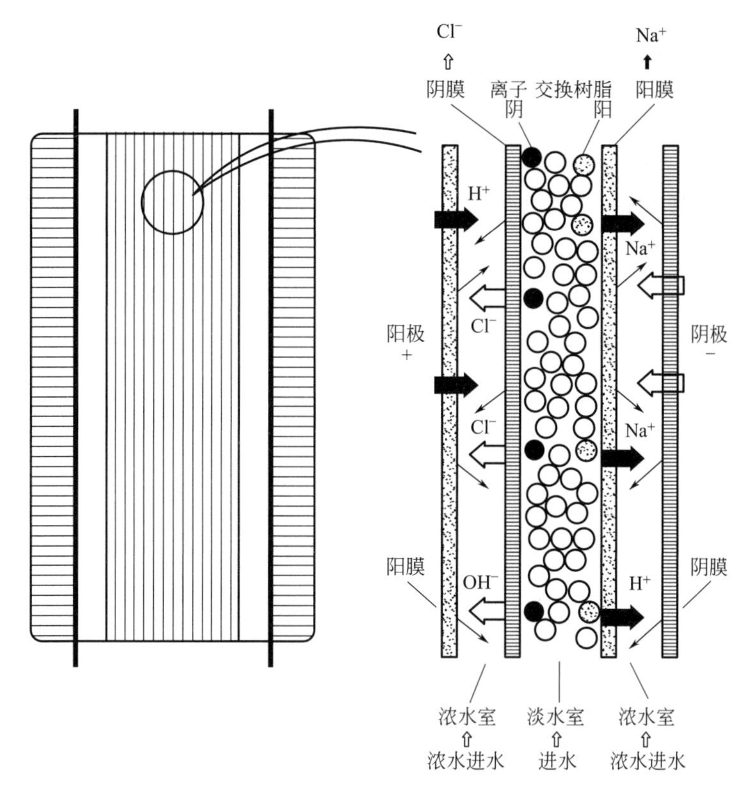

图 8-2　EDI 的工作原理示意图

二、水处理生产设备

（一）蒸馏水器

目前医药工业及医疗卫生等部门所用的蒸馏水，都是用不同形式的蒸馏水器制备的。把饮用水加热至沸腾使之汽化，再把蒸汽冷凝所得的液体，称为蒸馏水。水在汽化过程中，易挥发性物质汽化逸出，原来溶于水中的大多数杂质和热原都不挥发，仍留在残液中。因而饮用水经过蒸馏，可除去其中的不挥发性有机物质及无机物质，包括悬浮体、胶体、细菌、病毒及热原等杂质，从而得到纯净蒸馏水。

经过两次蒸馏的水，称为重蒸馏水。重蒸馏水中不含热原（能够引起恒温动物体温异常升高的致热物质，通常是磷脂多醇与蛋白质结合而成的复合物），可作为医用注射用水。医用注射用水的质量要求，在《中华人民共和国药典》中有严格的规定，如 pH 值、氯化物、硫酸盐、钙盐、铵盐、二氧化碳、易氧化物、不挥发性物质及重金属等，均应符合规定。另外，还必须通过热原检查。

蒸馏水器主要由蒸发锅、除沫装置和冷凝器三部分构成。各种类型蒸馏水器的结构应达到下述基本要求：①采用耐腐蚀材料制成，如不锈钢；②内部结构要求光滑，不得有死角，应能放尽内部的存水；③在二次蒸汽的通道上，装设除沫装置，以防止雾沫被二次蒸汽夹带进入成品水中，影响水质；④蒸发锅内部从水面到冷凝器的距离应适当，若距离过短，锅内水沸腾所产生的雾沫易被带入冷凝器中，影响成品水的质量；若距离过长，则导致二次蒸汽中途冷凝，形成回流现象；⑤必须配置排气装置，以除去水中所夹带的 CO_2、NH_3 等气体；⑥冷凝器应具有较大的冷凝面积，且易于拆洗。

蒸馏水器的加热方法，主要是水蒸气加热。在无汽源的情况下，可以采用电加热。

制备蒸馏水的设备称为蒸馏水器。常用的有单蒸馏水器和重蒸馏水器。重蒸馏水器中常用的有塔式蒸馏水器、气压式蒸馏水器和多效蒸馏水器等。

1. 电热式蒸馏水器

电热式蒸馏水器如图 8-3 所示，属小型蒸馏水器，多应用于无汽源的场合。蒸发锅内安装有若干个电加热器。电加热器必须浸入水中操作，否则电热器的管壁可能被烧坏。

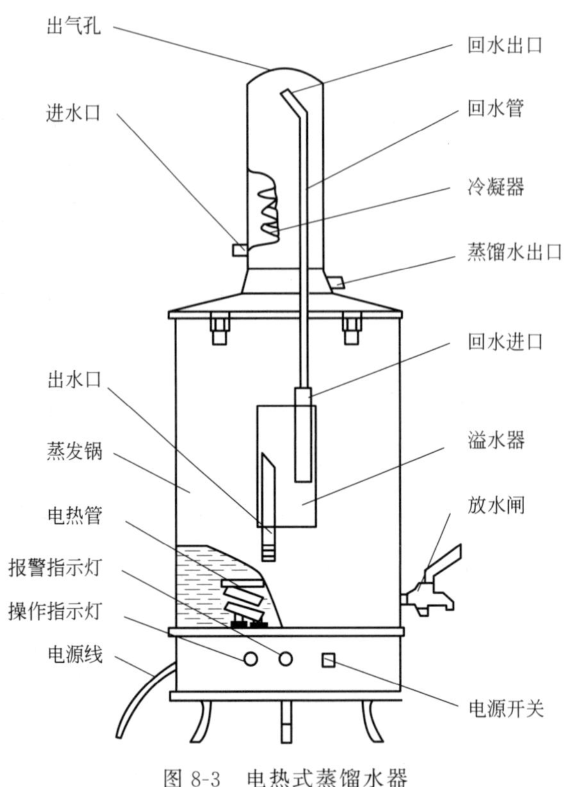

图 8-3　电热式蒸馏水器

电热式蒸馏水器的工作过程是：原料水首先经过冷凝器被预热，进入蒸发锅内再被电加热器加热，沸腾汽化，产生的蒸汽经隔沫装置除去其夹带的雾状液滴，然后进入冷凝器进行热交换，被冷凝为蒸馏水。

电热式蒸馏水器属单蒸馏水器。由于水只经过一次蒸馏，所以制备的蒸馏水达不到医用注射用水的质量要求，只能作为纯化水使用。

2. 塔式蒸馏水器

塔式蒸馏水器的生产能力较大，有 0.05～0.40m^3/h 等多种规格。塔式蒸馏水器是较早定型生产的一类老式蒸馏水器，国外已趋淘汰，而国内许多厂家或医院药房仍在应用，其结构如图 8-4 所示。

塔式蒸馏水器-动画

塔式蒸馏水器的操作方法是：首先在蒸发锅内加入适量的洁净水，然后开启加热蒸汽阀门。加热蒸汽首先经过汽水分离器（滤汽筒），将蒸汽中夹带的水滴、油滴和杂质除去，而后进入蒸发锅内的加热蛇管，使锅内的水沸腾汽化。加热蒸汽放出潜热后冷凝为冷凝水（回汽水），冷凝水进入废气排出器（也叫集气塔或补水器）内，将不凝性气体及二氧化碳、氨等排出，又流回蒸发锅中，以补充锅内蒸发的水分。过量的回汽水由溢流管排出，用溢流管控制锅内的水位。蒸发锅内所产生的二次蒸汽，通过隔沫装置（中性硬质玻璃环）及折流式除沫器后，进入U形管冷凝器被冷凝成蒸馏水，落在折流式除沫器上，然后由出口流至冷却器，经进一步冷却降温后排出，即为成品蒸馏水。

操作时，蒸发锅内的水量不宜过多，加热蒸汽的压力也不宜过大，以免雾滴窜入冷凝器内而影响蒸馏水的质量。

塔式蒸馏水器的补充水源系锅炉蒸汽经冷凝后的一次蒸馏水，再经蒸馏而得注射用水，偶有铵盐和热原未被除净的情况发生，加以蒸馏水器冷凝管系钢管镀锡或银，质量较差，一般使用半年后，金属离子脱落而造成注射用水被微量重金属元素污染，这说明塔式蒸馏水器生产的蒸馏水产品不能长期处于稳定状态，且塔式蒸馏水器需消耗大量能量和冷却水，体积偏大，从节能观点出发也是不经济的。

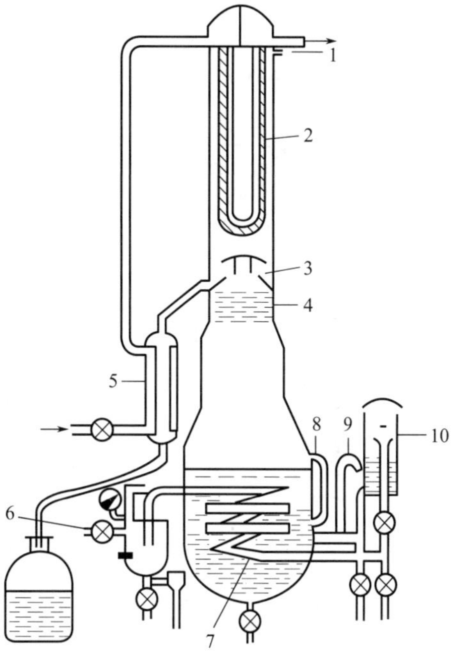

图 8-4 塔式蒸馏水器结构示意

1—排气孔；2—U形管第一冷凝器；3—收集器；4—隔沫装置；5—第二冷却器；6—汽水分离器；7—加热蛇管；8—水位管；9—溢流管；10—废气排出器

3. 气压式蒸馏水器

气压式蒸馏水器又称热压式蒸馏水器（见图8-5），主要由蒸发冷凝器及压气机所构成，另外还有附属设备换热器、泵等。

气压式蒸馏水器的工作原理是：将原水加热，使其沸腾汽化，产生二次蒸汽，把二次蒸汽压缩，其压力、温度同时升高，再使压缩的蒸汽冷凝，其冷凝液就是所制备的蒸馏水，蒸汽冷凝所放出的潜热作为加热原水的热源使用。

气压式蒸馏水器的工作过程是：将符合饮用标准的原水，以一定的压力经进水口流入，通过换热器预热后，用泵送入蒸发冷凝器的管内。管内水位由液位控制器进行调节。在蒸发冷凝器的下部，设有蒸汽加热蛇管和电加热器，作为辅助加热使用。将蒸发冷凝器管内的原水加热至沸腾汽化，纯化水经逆流的板式换热器E101（注射用水）及E102（浓水排放）加热至80℃。此后预热的水再进入气体冷凝器E103外壳层，温度进一步升高。E103同时作为汽水分离器，壳内蒸汽冷凝成水，返回静压柱，不凝气体则排放。

预热水通过机械水位调节器（蒸馏水机的液位控制器）进入蒸馏柱D100的蒸发段，由电加热或工业蒸汽加热。达到蒸发温度后产生纯蒸汽并上升，含细菌内毒素及杂质的水珠沉降，实现分离。D100中有一圆形罩，有助于汽水分离。纯蒸汽由容积式压缩机吸入，在主冷凝器的壳程内被压缩，使温度达到125～130℃。压缩蒸汽（冷凝器壳层）与沸水（冷凝器的管程）之间存在高的温差，使蒸汽完全冷凝并使沸水蒸发，蒸发热得到了充分利用。

冷凝的蒸汽即注射用水和不凝气体的混合物进入S100静压柱，S100的作用如同一个注射用水的收集器。

静压柱中的注射用水由泵P100增压，经E101输送至储罐或使用点。在经过E101后的注射用水管路上要配有切换阀门，如果检测到电导率不合格，阀门就会自动切换排掉不合格的水。

随着纯蒸汽的不断产生，D100中未蒸发的浓水会越来越多而导致电导率上升，所以浓

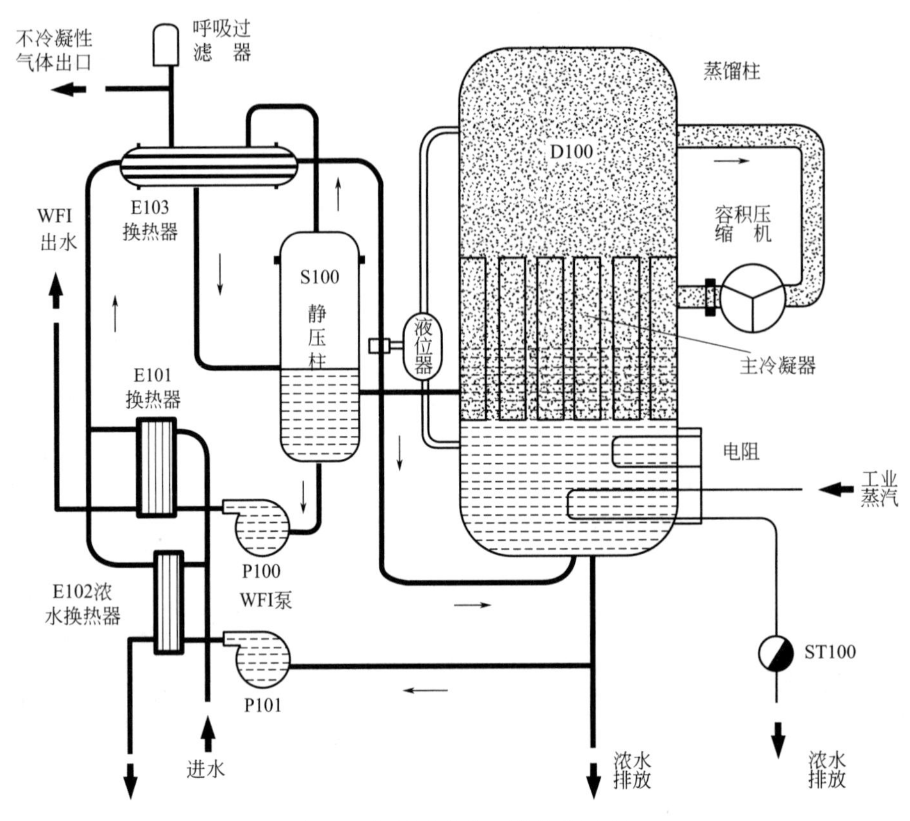

图 8-5　气压式蒸馏水器结构示意

水要定期排放。

气压式蒸馏水器的特点是：①在制备蒸馏水的整个生产过程中不需用冷却水；②热交换器具有回收蒸馏水中余热的作用，同时对原水进行预热；③二次蒸汽经过净化、压缩、冷凝等过程，在高温下停留约 45min 时间以保证蒸馏水无菌、无热原；④自动化程度高，自动型的气压式蒸馏水器，当机器运行正常后，即可实现自动控制；⑤产水量大，工业用气压式蒸馏水器的产水量为 $0.5m^3/h$ 以上，最高可达 $10m^3/h$；⑥气压式蒸馏水器有传动和易磨损部件，维修量大，而且调节系统复杂，启动慢，有噪声，占地大。

气压式蒸馏水器适合于供应蒸汽压力较低、工业用水比较短缺的厂家使用，虽然一次性投资较多，但蒸馏水生产成本较低，经济效益好。

4. 多效蒸馏水器

为了节约加热蒸汽，可利用多效蒸发原理制备蒸馏水。多效蒸馏水器是由多个蒸馏水器串接而成。各蒸馏水器可以垂直串接，也可水平串接。

图 8-6 所示为三效蒸馏水器垂直串接流程示意。该机为三效并流加料，由每一效所蒸发出的二次蒸汽经冷凝后成为蒸馏水。为了提高蒸馏水的质量，在每一效的二次蒸汽通道上均装有除沫装置，以除去二次蒸汽中所夹带的雾沫和液滴。

原水为去离子水，在冷凝器内经热交换预热后，分别进入各蒸发器。加热蒸汽从底部进入第一效的加热室，料水在 130℃下沸腾汽化。第一效产生的二次蒸汽进入第二效作为加热蒸汽用，使第二效中的料水在 120℃下沸腾汽化。同理，第二效的二次蒸汽作为第三效的加热蒸汽，使第三效中的料水在 110℃下沸腾汽化。从第三效上部出来的二次蒸汽，进入冷凝器后被冷凝成冷凝水，然后再与第二效、第三效加热蒸汽被冷凝后的冷凝水一起在冷凝器中

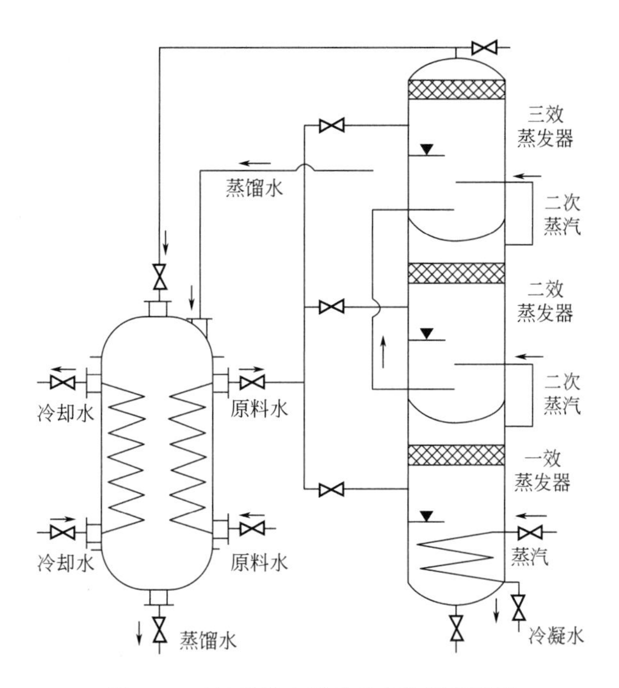

图 8-6　三效蒸馏水器垂直串接流程示意

冷却降温，便得到质量较高的蒸馏水。

多效蒸馏水器系正压操作，末效为常压操作。原水为去离子水，应由泵压入。多效蒸馏水器的性能，取决于加热蒸汽的压力和效数，压力愈大，蒸馏水的产量愈大；效数愈多，热能利用率愈高。从对出水质量控制、辅助装置、能源消耗、占地面积、维修能力等因素考虑，选用四效以上的多效蒸馏水器更为合理，如图 8-7 所示。

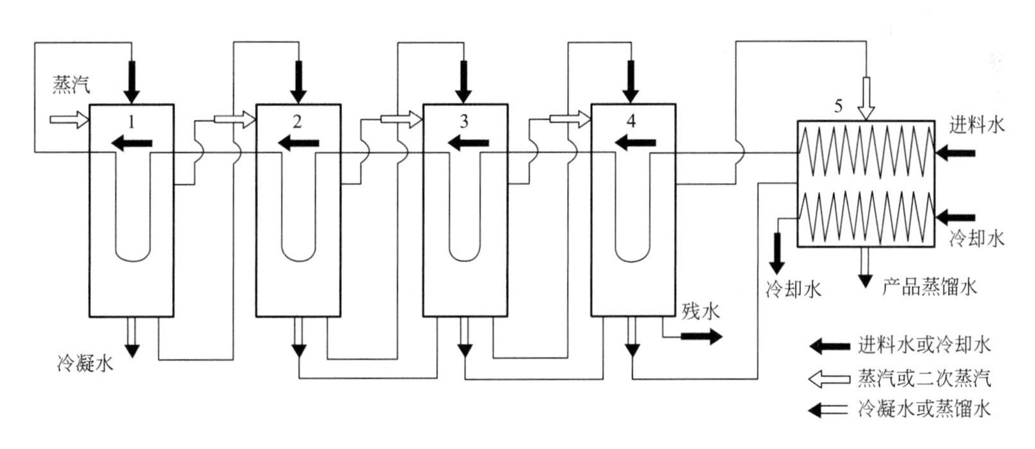

图 8-7　四效蒸馏水流程图

（二）离子交换器

离子交换是溶液同带有可交换离子（阳离子或阴离子）的不溶性固体物接触时，溶液中的阳离子或阴离子代替固体物中的相反离子的过程。凡具有交换离子能力的物质，均称为离子交换剂。有机合成的离子交换剂又称为离子交换树脂，能与阳离子交换的树脂称为阳离子交换树脂，能与阴离子交换的树脂称为阴离子交换树脂。离子交换法制备纯水，就是利用阳、阴离子交换树脂分别同水中存在的各种阳离子与阴离子进行交换，从而达到纯化水的目的。

一般常用的合成离子交换剂的价格比较高昂，必须再生重复使用。再生过程受化学平衡中离子交换平衡常数的制约，时常要加入比理论值过量的再生剂。因此，在下一次离子交换循环前，要把柱内的再生剂淋洗干净。离子交换循环操作包括返洗、再生、淋洗和交换几个步骤。

（1）返洗　返洗是离子交换剂再生前的准备步骤，目的是使床层扩大和重新调整，把水中滤出的杂物、污物清洗排出，以便液流分配得更均匀。清洗液一般用水，因其价廉易得。

（2）再生　一般来说，用一价的再生剂洗脱一价离子时，再生剂的浓度对再生的影响较小。用一价再生剂洗脱树脂上的二价离子时，增加再生剂的浓度，可提高洗脱的效果。通常再生剂浓度取5%～10%，最高不超过30%（偶有取高至33%的）。要防止再生剂再生时生成沉淀，填塞床层，宜先用稀的再生剂，逐渐再用浓的再生剂洗脱。

（3）淋洗　树脂再生后，须将过量的再生剂淋洗干净。再生剂置换出来后，可提高淋洗速度，以减少淋洗时间。

（4）交换　交换时要维持床层的结构正常，避免产生沟流和空洞。如果进料浓度过高，可能使树脂脱水，以致床层过度紧缩，使树脂受到损伤。固体树脂加入床层时，要考虑树脂的溶胀，如溶胀速度过大，将使树脂破裂。一般装柱时，应将树脂溶胀至体积稳定后，再行装入，以免床层内树脂颗粒之间受到过大的压力。

离子交换器的基本结构是离子交换柱。离子交换柱常用有机玻璃或内衬橡胶的钢制圆筒制成。一般产水量在5m^3/h以下时，常用有机玻璃制造，其柱高与柱径之比为5～10；产水量较大时，材质多为钢衬胶或复合玻璃钢的有机玻璃，其柱高与柱径之比为2～5。如图8-8所示，在每只离子交换柱的上、下端分别有一块布水板，此外，从柱的顶部至底部分别设有：进水口、上排污口、上布水板、树脂装入口；树脂排出口、下布水板、下出水口、下排污口等。在运行操作中，其作用分别如下。①进水口（上出水口）：在正常工作和淋洗树脂时，用于进水。②上排污口：在空柱状态，进水、松动和混合树脂时，用于排气；逆流再生和返洗时，用于排污。③上布水板：在返洗时，防止树脂溢出，保证布水均匀。④树脂装入口：用于进料，补充和更换新树脂。⑤树脂排出口：用于排放树脂（树脂的输入和卸出均可采用水输送）。⑥下布水板：在正常工作时，防止树脂漏出，保证出水均匀。⑦下出水口：经过交换完毕的水由此口出，进入下道程序；逆流再生时，作再生液的进口。⑧下排污口：松动和混合树脂时，作压缩空气的入口；淋洗时，用于排污。

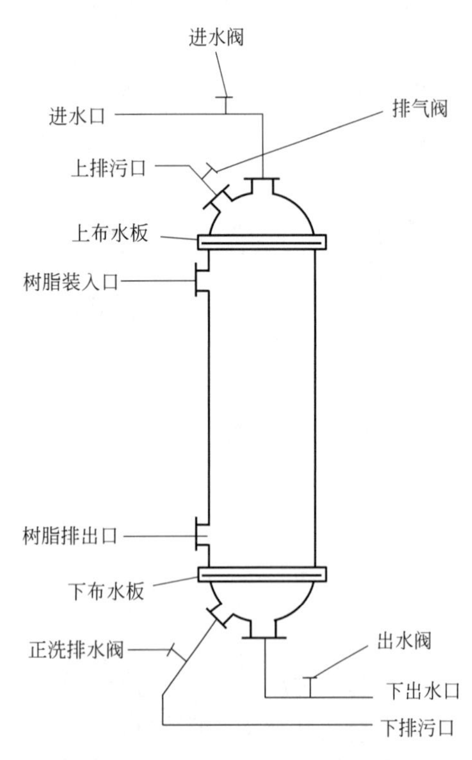

图8-8　离子交换柱结构示意

阳柱及阴柱内离子交换树脂的填充量一般占

柱高的2/3。混合柱中阴离子交换树脂与阳离子交换树脂通常按照2∶1的比例混合，填充量一般占柱高的3/50。

新树脂投入使用前，应进行预处理及转型。当离子交换器运行一周期后，树脂达到交换平衡，失去交换能力，则需活化再生。所用酸、碱液平时储存在单独的储罐内，用时由专用输液泵输送，由出水口向交换柱输入，由上排污口排出。

由于水中杂质种类繁多，故在进行离子交换除杂时，既备有阴离子树脂也备有阳离子树脂，或是在装有混合树脂的离子交换器中进行。

树脂床的组合分三种：复床为一柱阳树脂与一柱阴树脂组成；混合床为阴阳树脂以一定的比例混合均匀装入同一柱内；联合床为复床与混合床串联。为了保证去离子水质量，在实际应用上很少采用复床系统。在医院及药厂中多采用混合床系统或联合床系统。图8-9所示为成套离子交换法制纯水设备的装置示意。

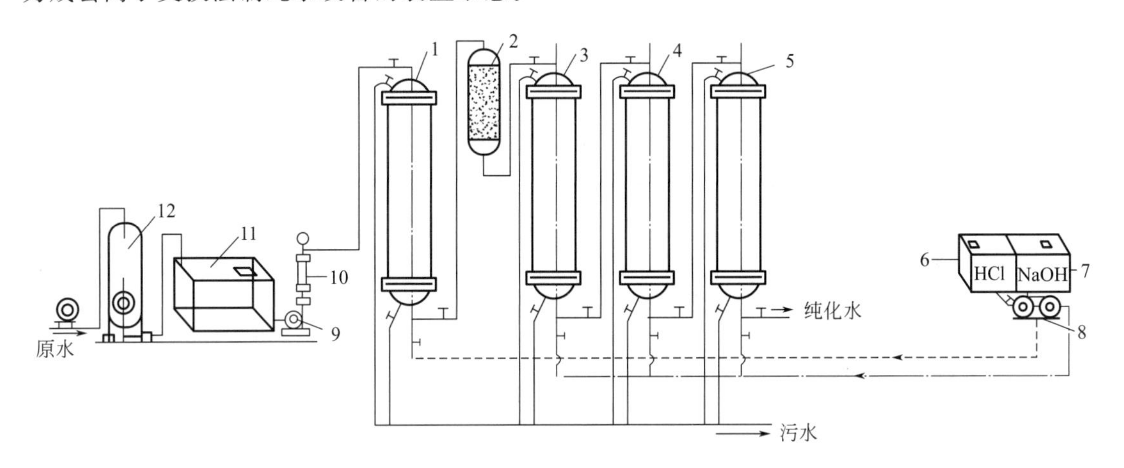

图8-9　离子交换法制纯水设备的装置示意

1—阳离子交换柱；2—除二氧化碳器；3—阴离子交换柱；4—混合离子交换柱；
5—再生柱；6—酸液罐；7—碱液罐；8—输液泵；9—泵；
10—转子流量计；11—储水箱；12—过滤器

原水先通过过滤器，以去除水中的有机物、固体颗粒、细菌及其他杂质，根据水源情况选择不同的过滤滤芯，如丙纶线绕管、陶瓷砂芯、各种折叠式滤芯等，原水先从阳离子交换柱顶部进入柱体后，经过一个上布水器，抵达树脂粒子层，经与树脂粒子充分接触，将水中的阳离子和树脂上的氢离子进行交换，并结合成无机酸，交换后的水呈酸性。当水进入阴离子交换柱时，利用树脂去除水中的阴离子，同时生成水。原水在经过阳离子交换柱和阴离子交换柱后，得到了初步净化。然后，再引入混合离子交换柱后，方作为产品纯水引出使用。

用离子交换法所得到的去离子水在250℃时的电阻率可达10MΩ·cm以上。但是由于树脂床层可能有微生物生存，以致使水含有热原。特别是树脂本身可能释放有机物质，如低分子量的胺类物质及一些大分子有机物（腐殖土、鞣酸、木质素等）均可能被树脂吸附和截留，而使树脂毒化，这是用离子交换法进行水处理时可能引起水质下降的重要原因。

（三）其他水处理设备

1. 电渗析器

用电渗析和离子交换的组合工艺取代单一离子交换工艺，可节省酸、碱用量50%～90%，不仅降低了制水成本，而且操作简便，减少了酸、碱废水的排放量。

电渗析是利用离子交换膜和直流电场的作用，从水溶液和其他不带电组分中分离带电离子组分的一种电化学分离过程。

（1）电渗析器的基本原理　如图 8-10 所示，在两电极间交替放置着阴膜和阳膜，如果在两膜所形成的隔室中充入含离子的水溶液（如 NaCl 水溶液），接上直流电源后，Na^{+} 将向阴极移动，易通过阳膜却受到阴膜的阻挡而被截留在隔室 2，4。同理，Cl^{-} 易通过阴膜而受到阳膜的阻挡在隔室 2、4 被截留下来。其结果使 2、4 隔室水中离子浓度增加，一般称为浓缩室，与其相间的第 3 隔室离子浓度下降，一般称为淡化室。极室中发生电化学反应，与普通电极反应相同。

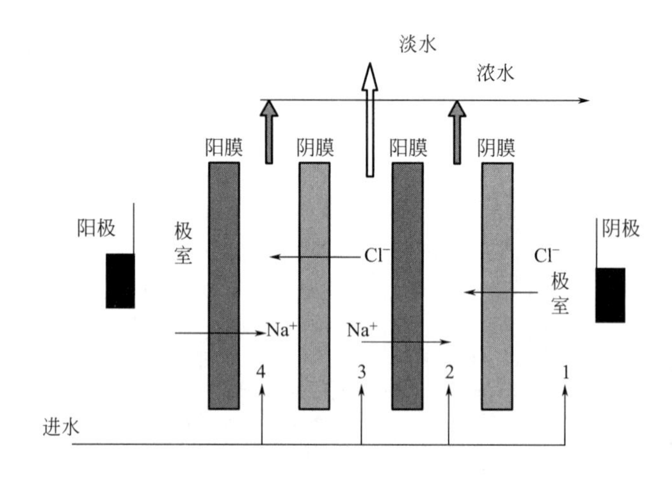

图 8-10　电渗析基本排布方式原理图

1～4—隔室

这种电渗析器的优点是加工制造和部件更换都比较容易，便于清洗，其缺点是组装比较麻烦。

（2）电渗析器的主要部件　见第五章第一节电渗析器中相关内容。

2. 反渗析器

（1）螺旋卷式膜器件的特点　其结构组成见第五章第一节螺旋卷式膜器件中相关内容。

在实际使用中，如图 8-11 所示，可将几个（多达 6 个）膜卷的中心管密封串联起来再装入压力容器内，形成串联式卷式膜组件单元，也可将若干个膜组件并联使用。

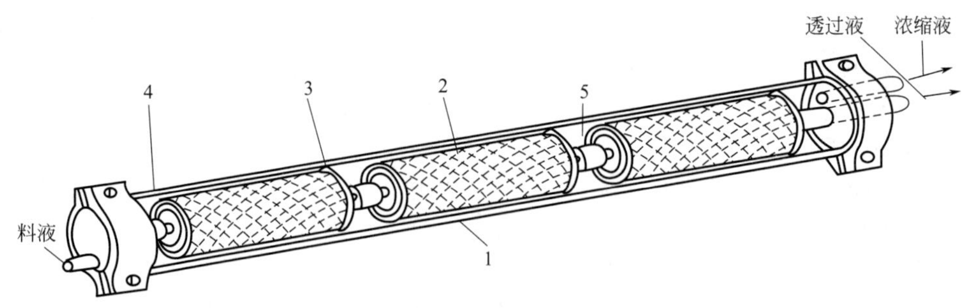

图 8-11　螺旋卷式膜组件

1—管式压力容器；2—螺旋式膜组件；3—密封圈；4—密封端帽；5—密封连接

螺旋卷式膜器件首先是为反渗透过程开发的，目前也广泛应用于超滤和气体分离过程，其主要特点为：①结构紧凑，单位体积内膜的有效膜面积较大；②制作工艺相对简单；③安装、操作比较方便；④适合在低流速、低压下操作，高压操作难度较大；⑤在使用过程中，膜一旦被污染，不易消洗，因而对原料的前处理要求较高。

（2）类型与结构

① 一叶型。这是螺旋卷式膜器件的最简单构型，它只有一个膜袋，其开放边与多孔的中心渗透液收集管相连，膜袋外部衬一层供原料液流入的网状间隔材料，并按膜袋/隔网的叠合顺序绕中心管紧密卷绕起来，装入圆柱形压力容器中。

② 多叶型。为了增加膜的面积，不仅可以把几个膜元件串联起来装入一个压力容器中，组成一个膜装置，而且也可采取增加膜袋长度的方法。但膜袋长度增加，透过液流向中心集水管的路程就要加长，阻力就会增大。为了避免这个问题，在一个膜组件内可以装几叶（2～4 叶或更多）膜袋，如此既能增加膜的面积，又不增大透过液的流动阻力。它有多个膜袋，其外部均衬隔网，并绕中心集水管紧密卷绕形成卷。

3. 多介质过滤器

一般采用机械过滤器或砂滤，过滤介质为不同直径的石英砂分层填装，较大直径的介质通常位于过滤器顶端，水流自上而下通过逐渐精细的介质层。

4. 活性炭过滤器

主要用于去除水中的游离氯、色度、微生物、有机物以及部分重金属等有害物质，以防止它们对反渗透膜系统造成影响。过滤介质通常为颗粒活性炭（如椰壳、褐煤或无烟煤）构成的固定层。

5. 水质软化器

水质软化器通常由盛装树脂的容器、树脂、阀或调节器以及控制系统组成，如图 8-12 所示。

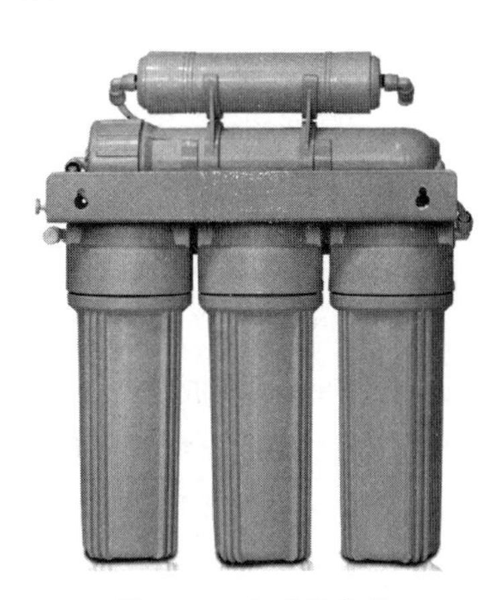

图 8-12　水质软化器

蒸馏水器和离子交换器、电渗析器、反渗透器及超滤器等生产设备在制药企业仍然要符合 GMP 规范。

第二节　制药用水设备的操作、维护与保养

一、药厂反渗透（RO）纯化水系统

（一）启动前的注意事项

① 检查原水进水压力。

② 检查各泵、管道、阀门位置。

③ 检查各药箱的药剂液位。

④ 按工艺流程检查原水单元、预处理单元、二级反渗透单元完好。

⑤ 检查各仪器仪表是否正常。

（二）过滤器的启动及清洗

① 该系统中机械过滤器、活性炭过滤器的水流通道转换由手动多路阀来完成，其阀门

共有运行、反洗、正洗三个操作位，对应相应的工作状态。当多路阀手柄处于“filter”挡时，滤器在运行状态；手柄处于“fast rinse”挡时，滤器处于正洗状态；手柄处于“back wash”挡时，滤器在反洗状态。

② 反洗。当滤器进出压力差值达到0.06MPa时需要反洗。用原水通过原水泵增压后反洗约40min；反洗时一定要将絮凝剂计量泵关闭。

③ 正洗。反洗结束后，开始正洗，正洗时间约为30min，正洗效果以水清澈、透明、无肉眼可见物为准，然后停止正洗。

（三）RO装置的操作运行

（1）本系统设有自动/手动两个选择旋钮。选择“自动”时，再按触摸屏上的“启动”按钮一次，设备运行即由PLC控制，所有运行的程序自动执行，触摸屏显示系统的运行状况。

（2）如果选择的是手动操作，需要按照以下规程操作。

① 反渗透装置运行之前的准备工作。当反渗透装置的进水压力＞0.15MPa时，适度开启一级进水球阀，电磁球阀自动打开，进行低压冲洗，新的反渗透系统要将保护液冲净为止，时间为6～8h。

② 装置的开机。完成前一步准备工作之后，将一级和二级反渗透装置的浓水截止阀、回流阀、排放阀、产水排放阀打开。启动一级高压泵，调节一级反渗透的进水球阀、浓水截止阀、回流阀、排放阀，使一级产水量达到$3m^3/h$，浓水排放量$1m^3/h$，进水压力约0.9MPa。在一级反渗透运行正常之后，关闭一级产水排放阀，打开二级高压泵进口前的排放阀，调节二级高压泵出口阀门，缓慢关闭二级高压泵进口前的排放阀，一级产水进入二级反渗透。开启二级高压泵和碱计量泵，调节二级反渗透的进水球阀、浓水截止阀，使二级产水量达$2.5m^3/h$，浓水回二级流量$0.5m^3/h$，进水压力约为0.9MPa，调节加碱量，使二级产水电导率最低。在二级反渗透运行正常后，关闭二级产水排放阀，此时装置进入正常运行状态。所有阀门一次调节到位后，在今后的运行过程中一般不再调节，必要时只需做微小调节（实际操作数据可以稍微做调整）。

③ 停机。开启二级产水排放阀，然后关闭一级和二级高压泵，此时电磁阀会自动开启，一级反渗透处于低压冲洗状态，低压冲洗1min后，关闭原水增压泵电源，进水压力降至0.05MPa时，切断反渗透装置总电源。

（四）RO装置停运保护

（1）短期停运保护　停车5～30天为短期停运，在此期间必须要用低压冲洗办法冲洗RO装置或者正常运转1～2h，争取2天重复一次上述操作。

（2）长期停运保护　停车一个月以上为长期停运，在此期间要采取系列保护措施。

① 用pH 2～4的HCl溶液，把RO装置分段清洗干净，清洗时间2～4h。

② 酸洗完毕后，用预处理水将RO装置清洗干净，清洗到进出水pH值基本相同。

③ 清洗完毕后，RO装置用清洗装置注入1%的$NaHSO_3$溶液进行保护（0～33℃）。环境温度在0℃以下则要采用18%甘油、1%$NaHSO_3$防冻保护液（防冻液及HCl清洗液都必须用反渗透水配制）。

④ 每6个月更换一次保护液，RO装置注满保护液后，要关闭所有的阀门，防止空气进入。

（五）RO装置的清洗

① 产水量比初始或上一次清洗后降低10%～20%，产水脱盐率下降10%；装置压力差

增加，装置连续运行3个月以上或长期停运使用保护液之前，在以上情况下需要进行RO装置的清洗。

② 此RO装置是二级反渗透，通常情况第二级反渗透不需要清洗，一级反渗透为一级三段，可以分段清洗。清洗液由清洗泵打出，经保安滤器与PVC增强软管、进水管卡套进入一级反渗透，出水经一级反渗透浓水卡套及PVC增强软管回清洗水箱，如此循环清洗。

③ 清洗操作时必须要有相关的安全防护措施。用酸液清洗时要考虑到通风。

④ 固体清洗剂必须充分溶解后，再加其他化学试剂，进行充分混合后才能进入RO装置。

⑤ 如果是没有加温及冷却设备的清洗装置，则要选择适当的清洗时间，清洗过程中温升不可以超过极限温度40℃，一般选室温10℃左右。

（六）整体系统设备的维护

① 要严格控制预处理系统出水的SDI_{15}（淤泥密度指数）值，不合格时决不能进入反渗透装置。SDI_{15}值小于4是确保RO装置正常运行的一个重要参数，机械滤器出水SDI_{15}值应每隔2h测定一次，活性炭除余氯值每班测定一次，做好相关记录。

② 定期对自来水作全面分析，以便掌握本纯水系统的进水情况。严格控制反渗透的进水参数，特别是温度和余氯值，决不能在超标的情况下运行，否则会导致反渗透膜的损坏。

二、纯化水制备系统

（一）主要技术参数

生产能力：3t/h	臭氧能力：10g/h
工作压力：1.3～1.7MPa	标准水温：25℃
脱盐率：97％	水回收率：70％～75％
进水pH值：6.5～7.5	进水含盐量：＜2500mg/L NaCl

（二）使用操作过程

1. 准备工作

① 打开供水总阀使原水箱注满饮用水。

② 依次打开机械过滤器和活性炭过滤器出水阀和进水阀，同时检查两台过滤器上的其他阀是否处在关闭状态，有开启的应关闭。

2. 反渗透

（1）自动操作

① 原水供应正常、电源电压正常、中间水箱水满。

② 检查所有阀门处于正确状态，各过滤器的产水（出水）阀门开启正常，其余阀门关闭。

③ 按要求配制阻垢液，加入药罐中至高水位，调好加药泵的单位时间出水量。

④ 开启原水泵，开启主机开关，将选择开关旋至自动。

⑤ 系统自动：开启进水电磁阀和冲洗阀，当原水压力达到预定值时，一级高压泵启动，15s后进入正常流量。对RO膜进行90s自动清洗，然后关闭冲洗阀，主机进入制水状态。

调整浓水阀，边关小浓水阀、边观察仪表使压力稳定在15～20kgf/cm^2[1]之间，同时观察一级电导率，当中间水箱达到一定水位后，二级高压泵启动，当二级电导率符合要求后，合格水进入纯水箱。

（2）手动操作

① 将开关转至手动位置。

② 原水供应正常、电源电压正常、中间水箱水满。

③ 检查所有阀门处于正确状态，各过滤器的产水（出水）阀门开启正常。

④ 其余阀门关闭。

⑤ 按要求配制阻垢液，加入药罐中至高水位，调好加药泵的单位时间出水量。

⑥ 开启主机开关，打开进水开关，同时打开冲洗开关，将选择开关转至手动。

⑦ 开启原水泵、加药泵和冲洗阀，当原水压力达到预定值时，一级高压泵启动，调整阀门并观察流量计及一级电导率，达到所需要求后打开中间水箱阀门蓄水，当中间水位达到要求后，打开二级高压泵。

⑧ 90s后关闭冲洗开关，此时调整浓水调节阀，然后开启阻垢剂加药泵，系统开始加药。系统进入制水状态。当合格水电导率达到要求后，使合格水进入纯水水箱。

（3）关机操作

① 打开冲洗开关，冲洗RO膜3min，然后关闭冲洗开关。

② 关闭主机电源，切断PLC控制电源，关闭反渗透设备的运行。

③ 关闭原水增压泵，关闭预处理，关闭总电源。

④ 检查各仪表读数归零。

3. 臭氧机操作

① 检查涡流泵，确认原水开关在开启状态。

② 打开电源开关，确认电源指示灯亮。

③ 打开主机开关，臭氧发生器开始工作。

④ 打开涡流泵或射流器开关，设备进入正常工作状态。

⑤ 关机时，先关闭主机电源，再关闭涡流泵或射流器开关。

（三）多介质（石英砂）过滤器的维修保养

1. 滤料清洗

装料后按反洗方式清洗滤料：打开上排阀，再打开反洗阀进水，过程一般需几小时，直至出水澄清，清洗时须密切注意排水中不得有大量正常颗粒的滤料出现，否则，应立即关小进气阀以防止滤料冲出。

2. 正洗和运行

滤料清洗干净后，打开下排阀，进入正洗状态，正洗时进水控制在滤速6～8m^3/h，时间为15～30min。当出水水质达到要求后，打开出水阀，关闭下排阀进行正常运行。

3. 反洗

过滤器工作一段时间后，由于大量悬浮物的截留使过滤器进出水压差逐渐增大，当此压差≥0.08MPa时，必须对过滤器进行反洗，打开上排阀，再关闭出水阀、进水阀，然后打开反洗阀进水，反洗强度与滤料清洗时完全相同，时间约为10min。

4. 活性炭过滤器

（1）活性炭预处理　颗粒活性炭进过滤器前应先在清水中浸泡，冲洗去除污物、内衬

---

[1] $1kgf/cm^2=98.0665kPa$，全书余同。

胶，即可装入过滤器，用5%HCl及4%NaOH溶液交替动态处理一次，流速$10m^3/h$，用量约为活性炭体积的3倍，处理后淋洗到中性，不衬胶的此过程宜在敞开水箱进行。

(2) 正常运行　打开下排阀、进水阀，待下排阀有水排出，打开出水阀，关下排阀。

(3) 反洗　活性炭过滤器工作一段时间后，由于悬浮物的截留使其进出水压差逐渐增大，当此压差≥0.08MPa时，必须对其进行反洗；打开上排阀，关闭进水阀、出水阀，缓慢打开反洗阀进水，由于活性炭密度小，故进水量控制在$10m^3/h$，反洗时须密切注意排水中不得有大量颗粒活性炭出现，否则应立即关闭反洗阀。

(4) 正洗　刚经过反洗投入使用的活性炭出水须排放，关闭反洗阀，再打开下排阀、进水阀，然后关闭上排阀，正洗流速可控制在$6\sim8m^3/h$，时间约为15min，待出水合格后，打开出水阀，关闭下排阀，即进入正常运行。

(5) 更换活性炭　活性炭一般用来吸附余氯、有机物等，当经过一段时间后（一般设计中假设使用寿命为一年左右），活性炭吸附量达到饱和（可以出水水质判断），此时应更换活性炭，方法是打开上部手孔和下部手孔，对活性炭进行全部更换。

【思考题】

1.制药用水设备在使用中如何防止二次污染？

2.制药用水设备如何正确维护？

实训任务　使用蒸馏水机

能力目标：能够熟练查询制药用水设备的相关资讯，运用现代职业岗位的相关技能，归纳和总结出设备的检修要点和安全措施，制定出检修制度和检修规范，包括检修记录表、检修要点、安全事项、检修规范等。

知识目标：了解该设备的相关基础知识，掌握该设备检修要点和检修方法，掌握该设备的分类、特点、安全、操作、维修、保养等知识，以及对设备资讯的对比、分析、归纳、总结的方法与要点。

实训设计：公司制剂车间维护小组接到工作任务，要求及时排除故障、完成维护和制水任务；按照车间组织构成，分为若干班组（项目组），选出组长，由组长协调组员进行检修任务的开展和工作，完成项目要求，提交维修报告，以公司绩效考核方式进行考评。

一、蒸馏水机特点

蒸馏水机指用蒸馏方法制备纯水的机器。蒸馏水可分一次蒸馏水和多次蒸馏水。水经过一次蒸馏，不挥发的组分残留在容器中被除去，挥发的组分进入蒸馏水的初始馏分中，通常只收集馏分的中间部分，约占60%。要得到更纯的水，可在一次蒸馏水中加入碱性高锰酸钾溶液，除去有机物和二氧化碳；加入非挥发性的酸，使氨成为不挥发的铵盐。由于玻璃中含有少量能溶于水的组分，因此进行二次或多次蒸馏时，要使用石英蒸馏器皿，才能得到很纯的水，所得纯水应保存在石英或银制容器内。

二、实训任务

按照明确任务、技能实训、知识学习、实训总结、理论拓展的五步项目实训教学法开展实训教学任务（参看第二章实训任务）。

可以因地适时选择某种型号的制药用水设备，通过文献检索，对该设备的技术背景、分类、前沿、热点进行归纳和总结，列出市场上该设备的优缺点、创新点、操作步骤、环保安全、使用要求等方面的要点。

针对该设备，开展近两年的文献检索研究，按照上述思路展开归纳与对比，根据具体设备的技术指标，完成使用评估实训任务，制定出该设备的使用要求和要点，提交设备使用记录和评估报告。

【课后任务】

1. 查询新型制药用水生产设备。
2. 请列举药用制药用水生产设备。

第九章 灭菌与洁净设备的使用与维护

临床上要求疗效确切、使用安全的药物制剂，尤其是注射剂和直接用于黏膜、创面的药剂必须保证灭菌或无菌。灭菌是保证用药安全的必要条件，它是制药生产中的一项重要操作。

无菌：是指物体或一定介质中没有任何活的微生物存在。即无论用任何方法（或通过任何途径）都鉴定不出活的微生物来。

灭菌：应用物理或化学等方法将物体上或介质中所有的微生物及其芽孢（包括致病的和非致病的微生物）全部杀死，即获得无菌状态的总过程。所使用的方法称为灭菌法。

消毒：以物理或化学等方法杀灭物体上或介质中的病原微生物。

防腐：用物理或化学方法防止和抑制微生物生长繁殖。

热原：是微生物的代谢产物，是一种致热性物质，是发生在注射给药后病人高热反应的根源。这种致热物质被认为是微生物的一种内毒素，存在于细菌的细胞膜和固体膜之间。内毒素是由磷脂、脂多糖和蛋白质所组成的复合物。此物质具有热稳定性，甚至用高压灭菌器或细菌过滤后仍存在于水中。

无菌操作法：是指在整个操作过程中利用和控制一定条件，尽量使产品避免微生物污染的一种操作方法。无菌操作所用的一切用具、辅助材料、药物、溶剂、赋形剂以及环境等均必须事先灭菌，操作必须在无菌操作室内进行。

灭菌和除菌对药剂的影响不同。灭菌后的药剂中含有细菌的尸体，尸体过多会因菌体毒素（热原）而引起副作用；除菌是指用特殊的滤材把微生物（死菌、活菌）全部阻留而滤除，除了原已染有的微量可溶性代谢产物外，由于没有菌体的存在，故不会有更多的热原产生。

采用灭菌措施的基本目的是，既要除去或杀灭药物中的微生物，又要保证药物的理化性质及临床疗效不受影响。因此，应根据药物的性质及临床治疗要求，选择适当的灭菌方法，或几种方法配合应用。

第一节 灭菌原理与灭菌设备

灭菌法可分为物理灭菌法、化学灭菌法、无菌操作法。化学灭菌法可分为气体灭菌法和化学药剂杀菌法；物理灭菌法可分为干热灭菌法、湿热灭菌法、辐射灭菌法、过滤灭菌法。在制药工业中普遍采用物理灭菌法。

一、干热灭菌

（一）干热灭菌法原理

热力灭菌的原理是：加热可破坏蛋白质和核酸中的氢键，故导致核酸破坏，蛋白质变性或凝固，酶失去活性，微生物因而死亡。

利用火焰或干热空气（高速热风）进行灭菌，称为干热灭菌法。由于空气是一种不良的传热物质，其穿透力弱，且不太均匀，所需的灭菌温度较高，时间较长，所以容易影响药物的理化性质。在生产中除极少数药物采用干热空气灭菌外，大多用于器皿和用具的灭菌。

（1）火焰灭菌法　灼烧是最彻底、最简便、最迅速、最可靠的灭菌方法，适宜对不易被火焰损伤的物品、金属、玻璃及瓷器等进行灭菌。

（2）干热空气灭菌法　在干热灭菌器中用高温干热空气进行灭菌的方法，称为干热空气灭菌法。干热灭菌所需的温度与时间，在各国药典与资料的记载中都不同。干热空气灭菌法适用的范围是，凡应用湿热方法灭菌无效的非水性物质、极黏稠液体或易被湿热破坏的药物，宜用本法灭菌。如油类、软膏基质或粉末等，宜用干热空气灭菌。对于空安瓿瓶的灭菌，可把空安瓿瓶置于密闭的金属箱中杀灭细菌。本法由于灭菌温度高，故不适用于对橡胶、塑料制品及大部分药物的灭菌。干热空气灭菌通常在干热灭菌器中或高温烘箱中进行，除小型者外，一般用风机使热空气循环。灭菌前应将需灭菌的器具洗净包严，被灭菌的药品要分装密封，置于烘箱中，四周不靠箱壁。灭菌结束后，应缓慢降温，取出被灭菌的物品。

（3）高速热风灭菌法　对某些药物的水溶液，采用较高的温度和较短的时间，其灭菌效果较好。

（二）干热灭菌设备

干热灭菌的主要设备有烘箱、干热灭菌柜、隧道灭菌系统等。干热灭菌柜、隧道灭菌系统是制药行业用于对玻璃容器进行灭菌干燥工艺的配套设备，适用于药厂经清洗后的安瓿瓶或其他的玻璃容器用盘装的方式进行灭菌干燥。

1. 柜式电热烘箱

目前，电热烘箱种类很多，但其主体结构基本相同，主要由不锈钢板制成的保温箱体、加热器、托架（隔板）、循环风机、高效空气过滤器、冷却器、温度传感器等组成（见图 9-1）。

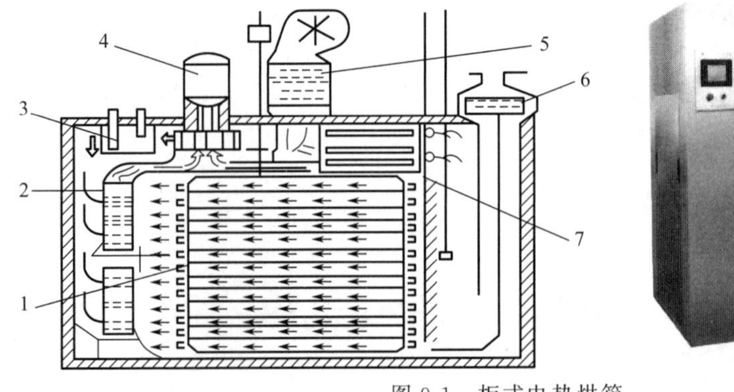

图 9-1　柜式电热烘箱

1—温度传感器；2,5—高效空气过滤器；3—冷却器；4—循环风机；6—过滤器；7—加热器柜式电热烘箱的操作过程：将装有待灭菌品的容器置于托架或推车上，放入灭菌室内，关门。在自动或半自动控制下加热升温，同时开启电动蝶阀，水蒸气逐渐排尽。此时，新鲜空气经加热并经耐热的高温空气过滤器后形成干空气。在加热风机的作用下形成均匀分布的气流向灭菌室内传递，热的干空气使待灭菌品表面的水分蒸发，通过排气通道排出。干空气在风机的作用下，定向循环流动，周而复始，达到灭菌干燥的目的。灭菌温度通常在 180～300℃范围，最低温度用于灭菌，而较高的温度则适用于除热原。干燥灭菌完成后，风机继续运转对灭菌产品进行冷却，也可通过冷却水进行冷却，减少对灭菌产品的热冲击。当灭菌室内温度降至比室温高 15～20℃时，烘箱停止工作。

柜式电热烘箱主要用于小型的医药、化工、食品、电子等行业的物料干燥或灭菌。

2. 隧道式远红外烘箱

远红外线是指波长大于 5.6μm 的红外线，它是以电磁波的形式直接辐射到被加热物体上的，不需要其他介质的传递，所以加热快、热损小，能迅速实现干燥灭菌。任何物体的温度大于绝对零度（－273℃）时，都会辐射红外线。物体的材料、表面状态、温度不同时，其产生的红外线波长及辐射率均不同。不同物质由于原子、分子结构不同，其对红外线的吸收能力也不同，显示极性的分子构成的物质就不吸收红外线，而水、玻璃及绝大多数有机物均能吸收红外线，特别是强烈吸收远红外线。对这些物质使用远红外线加热，效果更好。作为辐射源材料的辐射特性应与被加热物质的吸收特性相匹配，而且应该选择辐射率高的材料作辐射源。

隧道式远红外烘箱（煤气烘箱）是由远红外发生器、传送带和保温排气罩组成，如图 9-2 所示。

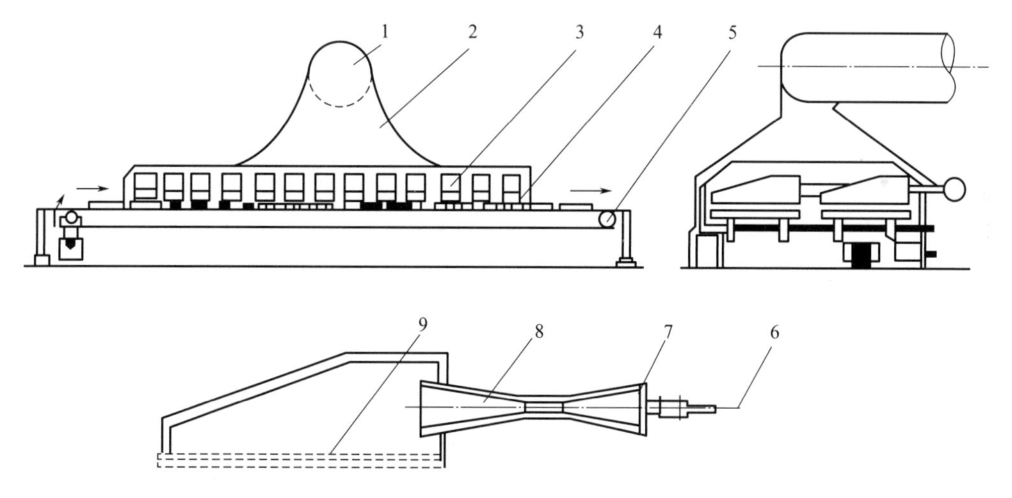

图 9-2　隧道式远红外烘箱结构

1—排风管；2—罩壳；3—远红外发生器；4—盘装安瓿；5—传送带；
6—煤气管；7—通风板；8—喷射器；9—铁铬铝网

瓶口朝上的盘装安瓿由隧道的一端用链条传送带送进烘箱。隧道加热分预热段、中间段及降温段三段，预热段内安瓿由室温升至 100℃左右，大部分水分在这里蒸发；中间段为高温干燥灭菌区，温度达 300～450℃，残余水分进一步蒸干，细菌及热原被杀灭；降温区是由高温降至 100℃左右，而后安瓿离开隧道。

为保证箱内的干燥速率不致降低，在隧道顶部设有强制抽风系统，以便及时将湿热空气排出；隧道上方的罩壳上部应保持 5～20Pa 的负压，以保证远红外发生器的燃烧稳定。该机操作和维修时应注意以下几点。

（1）调风板开启度的调节　根据煤气成分不同而异，每个辐射器在开机前需逐一调节调风板，当燃烧器赤红无焰时紧固调风板。

（2）防止远红外发生器回火　压紧发生器内网的周边不得漏气，以防止火焰自周边缝隙（指大于加热网孔的缝隙）窜入发生器内部引起发生器内或引射器内燃烧（回火）。

（3）安瓿规格需与隧道尺寸相匹配　应保证安瓿顶部距远红外发生器为15～20cm，此时烘干效率最高，否则应及时调整其距离。此外，还需定期清扫隧道及加油，保持运动部位润滑。

3. 热层流式干热灭菌机

热层流式干热灭菌机如图9-3所示，这种灭菌机的基本形式与煤气烘箱类似，也为隧道式。主要用在针剂联动生产线上，与超声波安瓿清洗机和多针拉丝安瓿灌封机配套使用，可连续对经过清洗的安瓿瓶或各种玻璃药瓶进行干燥灭菌除热原。

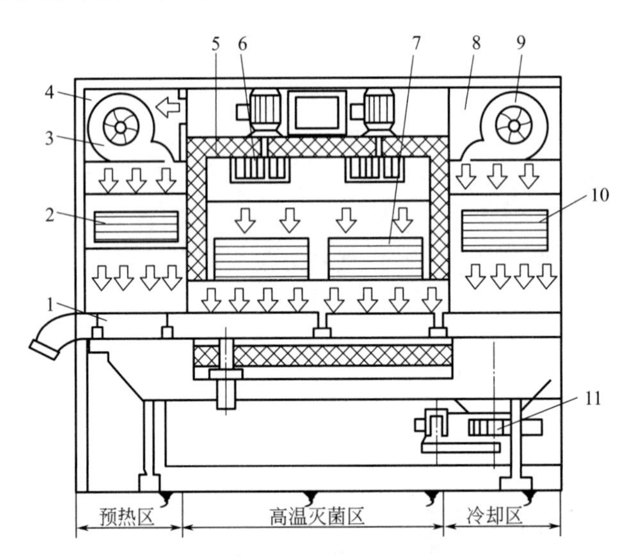

图9-3　热层流式干热灭菌机示意

1—传送带；2—空气高效过滤器；3—前层流风机；4—前层流箱；
5—高温灭菌箱；6—热风机；7—热空气高效过滤器；8—后层流箱；
9—后层流风机；10—空气高效过滤器；11—排风机

整个设备可安装在100000级洁净区内，按其功能设置可分为彼此相对独立的三个组成部分：预热区、高温灭菌区及冷却区，它们分别用于已最终清洁瓶子的预热、干热灭菌、冷却。灭菌器的前端与洗瓶机相连，后端设在无菌作业区。控制温度可在0～350℃范围内任意设定，并有控制温度达不到设定温度时停止网带运转的功能，能可靠保证安瓿瓶在设定温度时通过干燥灭菌机。前后层流箱及高温灭菌箱均为独立的空气净化系统，从而有效地保证进入隧道的安瓿始终处于100级洁净空气的保护下，机器内压力高于外界大气压5Pa，使外界空气不能侵入，整个过程均在密闭情况下进行，符合GMP要求。

热层流式干热灭菌机是将高温热空气流经空气过滤器过滤，获得洁净度为100级的洁净空气，在100级单向流洁净空气的保护下，洗瓶机将清洗干净的安瓿送入输送带，经预热后的安瓿进入高温灭菌段。在高温灭菌段流动的洁净热空气将安瓿加热升温（300℃以上），安瓿经过高温区的总时间超过10min，有的规格达20min，干燥灭菌除热原后进入冷却段。冷却段的单向流洁净空气将安瓿冷却至接近室温（不高于室温15℃）时，再送入拉丝灌封机进行药液的灌装与封口。安瓿从进入隧道至出口全过程时间平均约为 30min。

4. 辐射式干热灭菌机

辐射式干热灭菌机也是由预热区、高温灭菌区及冷却区三部分组成（见图 9-4）。12 根电加热管沿隧道长度方向安装，在隧道横截面上呈包围安瓿盘的形式。电热丝装在镀有反射层的石英管内，热量经反射聚集到安瓿上，以充分利用热能。电热丝分两组：一组为电路常通的基本加热丝；另一组为调节加热丝，依箱内额定温度控制其自动接通或断电。形如矩形料盘的水平网带和垂直网带将密集直立的安瓿以同步速度缓缓通过加热灭菌段，完成对安瓿的预热、高温灭菌和冷却。在箱体加热段的两端设置静压箱，提供 100 级垂直单向流空气屏。垂直单向流空气屏能使由洗瓶机输送网带传送来的安瓿立即得到 100 级单向流空气保护，不受污染；在灭菌结束后，100 级单向流空气对安瓿还起到逐步冷却的作用，使安瓿在出干热灭菌机前接近室温。该机的预处理部分通常都安装排风机，以排除湿的灭菌物在预热段产生的大量水蒸气。

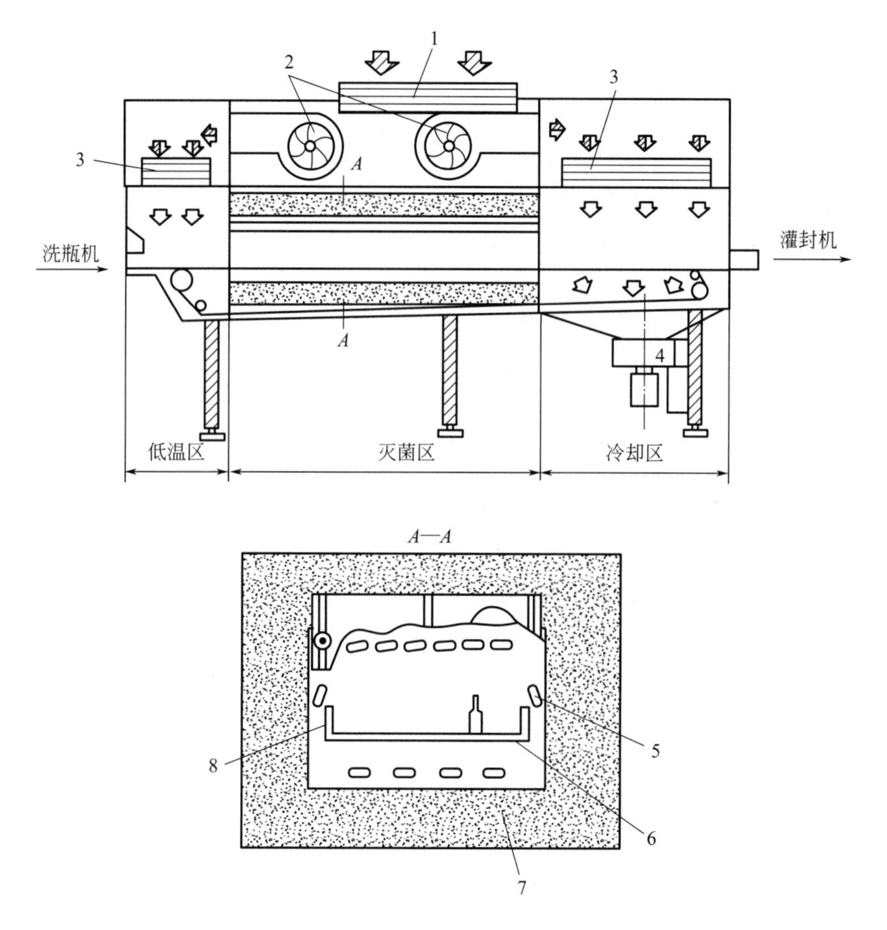

图 9-4　辐射式干热灭菌机示意

1—过滤器；2—送风机；3—高效过滤器；4—排风机；5—电加热管；6—水平网带；7—隔热材料；8—竖直网带

热层流和辐射式干热灭菌机均为隧道式、连续式干热灭菌机，并适用于高洁净度及无菌要求的空安瓿、西林瓶、片剂用包装瓶及其他器皿的干燥灭菌。干热灭菌机的前端与洗瓶机相连，后端设在无菌作业区与灌封机相连。

5. 微波灭菌器

由微波加热的特性可知，热是在被加热物质内部产生的，所以加热均匀，升温迅速。由于微波能穿透介质的深部，故可使药物溶液内外一致均匀加热。近年来的研究表明微波的生物效应不仅有热效应，同时还存在非热效应，是热效应和非热效应综合作用的结果。微波使生物体温度上升，同时对生物体内的离子状态、生物电变化及细胞状态、酶活性等产生影响，对菌细胞形态及通透性、细菌某些酶活性等产生影响。

微波灭菌由于其具有灭菌效率高、速度快、处理后无污染等优点而日益受到重视。但目前微波灭菌还存在灭菌不彻底、对不同菌种灭菌效果不同等问题。

微波灭菌器大多采用家用微波炉，或隧道式微波灭菌器。隧道式微波灭菌器可与注射剂生产组成联动线，可在30s内使安瓿中药物溶液的温度被加热到140℃，再经过保温器保温12s，可使注射安瓿达到灭菌效果，之后用空气或水冷却安瓿。实验证明这种微波灭菌器具有足够的灭菌效果，并且化学降解的成分比高压灭菌器低。

二、湿热灭菌

（一）湿热灭菌法原理

湿热灭菌法是利用饱和水蒸气或沸水来杀灭细菌的方法。由于蒸汽潜热大，穿透力强，容易使蛋白质变性或凝固，所以灭菌效率比干热灭菌法高。其特点是灭菌可靠、操作简便、易于控制、价格低廉。湿热灭菌是制药生产中应用最广泛的一种灭菌方法。缺点是不适用于对湿热敏感的药物。

（1）热压灭菌法　用压力大于常压的饱和水蒸气加热杀灭微生物的方法称为热压灭菌法。热压灭菌系在热压灭菌器内进行。热压灭菌器有密封端盖，使饱和水蒸气不从器内逸出，由于水蒸气量不断增加，而使灭菌器内的压力逐渐增大，利用高压蒸汽来杀灭细菌，是一种最可靠的灭菌方法。凡能耐高压蒸汽的药物制剂、玻璃容器、金属容器、瓷器、橡胶塞、膜过滤器等均能采用此法。

（2）流通蒸汽灭菌法　流通蒸汽灭菌法是在不密闭的容器内，用蒸汽灭菌。也可在热压灭菌器中进行，只要打开排汽阀门让蒸汽不断排出，保持器内压力与大气压相等，即为100℃蒸汽灭菌。流通蒸汽灭菌的灭菌时间通常为30～60min。本法不能保证杀灭所有的芽孢，系非可靠的灭菌法，适用于消毒及不耐高热的制剂的灭菌。

（3）煮沸灭菌法　煮沸灭菌法是把待灭菌物品放入沸水中加热灭菌的方法。通常煮沸30～60min。本法灭菌效果差，常用于注射器、注射针等器皿的消毒。必要时加入适当的抑菌剂，如甲酚、氯甲酚、苯酚、三氯叔丁醇等，可杀死芽孢菌。

（4）低温间歇灭菌法　低温间歇灭菌法是将待灭菌的物品，用60～80℃的水或流通蒸汽加热1h，将其中的细胞繁殖体杀死，然后在室温中放置24h，让其中的芽孢发育成为繁殖体，再次加热灭菌、放置，反复进行3～5次，直至消灭芽孢为止。本法适用于不耐高温的制剂的灭菌。缺点是：费时、工效低，芽孢的灭菌效果往往不理想，必要时可加适量的抑菌剂，以提高灭菌效率。

影响湿热灭菌的因素主要有以下几方面。

（1）细菌的种类与数量　不同细菌、同一细菌的不同发育阶段对热的抵抗力有所不同，繁殖期对热的抵抗力比衰老时期小得多，细菌芽孢的耐热性更强。细菌数越少，灭菌时间越短。注射剂在配制灌封后应当日灭菌。

（2）药物性质与灭菌时间　一般来说，灭菌温度越高灭菌时间越短。但是，温度越高，药物的分解速率加快，灭菌时间越长，药物分解越多。因此，考虑到药物的稳定性，不能只看到杀灭细菌的一面，还要保证药物的有效性，应在达到有效灭菌的前提下适当降低灭菌温度或缩短灭菌时间。

（3）蒸汽的性质　蒸汽有饱和蒸汽、湿饱和蒸汽和过热蒸汽。饱和蒸汽热含量较高，热的穿透力较大，因此灭菌效力高。湿饱和蒸汽带有水分，热含量较低，穿透力差，灭菌效力较低。过热蒸汽温度高于饱和蒸汽，但穿透力差，灭菌效率低。

（4）介质的性质　制剂中含有营养物质，如糖类、蛋白质等，可增强细菌的抗热性。细菌的生活能力也受介质 pH 值的影响，一般中性环境耐热性最大，碱性次之，酸性不利于细菌的发育。

（二）热压灭菌设备

热压灭菌法系在热压灭菌器内进行的，利用高压蒸汽杀灭细菌，是一种公认的可靠灭菌法。热压灭菌器的种类很多，但其结构基本相似。凡热压灭菌器应密闭耐压，有排气口、安全阀、压力表、温度计等部件。热源有通饱和蒸汽，也有在灭菌器内加水，用煤、电或木炭加热。常用的热压灭菌器有手提式热压灭菌器和卧式热压灭菌柜。

热压灭菌器-动画

1. 手提式热压灭菌器

手提式热压灭菌器结构如图 9-5 所示，锅盖上装有压力表、放气阀门、安全阀门和手柄。放气阀下接一放气软管，用以排出冷空气。当锅内压力增加达到此种灭菌器不能承受的压力时，安全阀门将被锅内蒸汽推开、放出蒸汽，以免发生事故。另外锅盖上还有两个小孔，内嵌有特制合金，在锅内蒸汽压力超过限度时，合金即被熔融，亦可放出蒸汽以防爆炸。锅内有电热管，用来加热水产生蒸汽。锅内有一铝桶（内桶），供放置灭菌物品，桶内壁上装一方管，供插入放气软管用。内桶置于锅内一圆形架上，避免压坏加热管。灭菌完毕后可连铝桶一起取出。

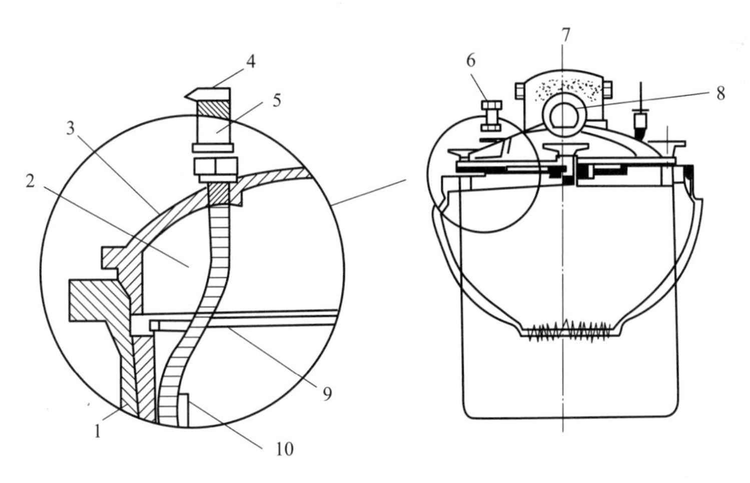

图 9-5　手提式热压灭菌器结构示意

1—锅身；2—放气软管；3—锅盖；4—安全阀门活塞；5—放气阀门；6—安全阀门；7—手柄；8—压力表；9—消毒物品安置桶；10—方管

手提式热压灭菌器灭菌时，必须先将铝桶取出。在锅内加足量水，然后将桶放回灭菌器内，再放入待灭菌物品。盖上锅盖时，必须把放气软管插到铝桶内壁方管中，同时将盖上方相对方向的螺丝同时旋紧，再接上电源加热。加热开始时应先打开放气阀门，待放气阀门冲出大量蒸汽时关闭放气阀门。当达到所需的温度、压力时，开始计算灭菌时间，同时调节安全阀门的螺丝帽，令其稍有漏气现象，使锅内压力保持在所需的高度上。

灭菌时间达到后，关掉电源停止加热，使温度渐渐下降，当压力降至零时，即可开启放气阀门，将锅内蒸汽放出，缓缓打开锅盖，取出灭菌物品。

2. 热压灭菌柜

在药品生产上，湿热灭菌法的主要设备是灭菌柜。灭菌柜种类很多，性能差异也很大，但其基本结构大同小异，所用的材质为坚固的合金。现在国内很多企业使用的方形高压灭菌柜，能密闭耐压，有排气口、安全阀、压力和温度指示装置。如图 9-6 所示，带有夹套的灭菌柜备有带轨道的活动格车，分为若干格。灭菌柜顶部装有两只压力表，一只指示蒸汽夹套内的压力，另一只指示柜室内的压力。灭菌柜的上方还应安装排气阀，以便开始通入加热蒸汽时排除不凝性气体。灭菌柜的主要优点是批次量较大，温度控制系统准确度及精密度较好，产品在灭菌过程中受热比较均匀。

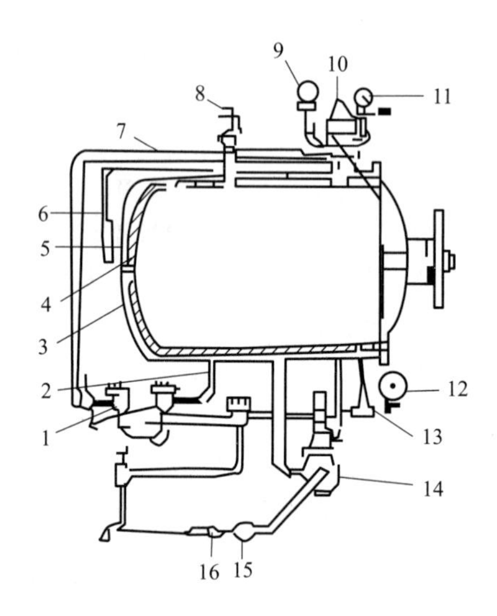

图 9-6　卧式热压灭菌柜结构示意

1—定温气阀；2—夹套回气管；3—夹套；4—柜室蒸汽进口；5—灭菌室；6—蒸汽管；7—上排气管；8—安全阀；9—柜室气压表；10—蒸汽控制阀；11—夹套气压表；12—温度表；13—柜室排气管；14—蒸汽压力调节阀；15—蒸汽过滤器；16—蒸汽阀

热压灭菌柜为高压设备，必须按国标《钢制压力容器》和《压力容器安全技术监察规程》制造，确保使用安全。使用时必须严格按照操作规程进行操作。使用热压灭菌柜应注意以下几点。

① 灭菌柜的结构，被灭菌物品的体积、数量、排布均对灭菌的温度有一定影响，故应先进行灭菌条件实验，确保灭菌效果。

② 灭菌前应先检查压力表、温度计是否灵敏，安全阀是否正常，排气是否畅通；如有故障必须及时修理，否则可造成灭菌不安全，也可能因压力过高，使灭菌器发生爆炸。

③ 排尽灭菌器内的冷空气，使蒸汽压与温度相符合。灭菌时，先开启放气阀门，将灭菌器内的冷空气排尽。因为热压灭菌主要依靠蒸汽的温度来杀菌，如果灭菌器内残留有空

气，则压力表上所表示的不是器内单纯的蒸汽压强，结果，器内的实际温度并未达到灭菌所需的温度，致使灭菌不完全。此外，由于水蒸气被空气稀释后，可妨碍水蒸气与灭菌物品的充分接触，从而降低了水蒸气的灭菌效果。

④ 灭菌时间必须在全部灭菌药物的温度真正达到所要求的温度时算起，以确保灭菌效果。

⑤ 灭菌完毕应缓慢降压，以免压力骤然降低而冲开瓶塞，甚至玻瓶爆炸。待压力表回零或温度下降到40～50℃时，再缓缓开启灭菌器的柜门。对于不易破损且要求灭菌后为干燥的物料，则灭菌后应立即放出灭菌器内的蒸汽，以利干燥。

三、其他物理灭菌

（一）放射灭菌法

1. 紫外线灭菌法

用于灭菌的紫外线波长是200～300nm，灭菌力最强的波长为254nm的紫外线，可作用于核酸蛋白促使其变性；同时空气受紫外线照射后产生微量臭氧，从而起到共同杀菌的作用。紫外线进行直线传播，其强度与距离平方成比例地减弱，其穿透作用微弱，但易穿透洁净空气及纯净的水，故广泛用于纯净水、空气灭菌和表面灭菌。一般在6～15m^3的空间可装置30W紫外灯一只，灯距地面距离以2.5～3m为宜，室内相对湿度为40%～60%，温度为10～55℃，杀菌效果最理想。

（1）影响紫外线灭菌的因素

① 辐射强度与辐射时间。随着辐射强度的增加，对微生物产生致死作用所需要的辐照时间会缩短。若辐照后立刻暴露于可见光中，可促使微生物“复原”增加，因此必须保持足够的辐照时间，以保证达到灭菌效果。

② 微生物对紫外线的敏感性。细菌种类不同，对紫外线的耐受性不同，如细菌芽孢的耐受性较大。紫外线对酵母菌、霉菌的杀菌力较弱。

③ 湿度和温度。空气的湿度过大，紫外线的穿透力降低，因而灭菌效果降低。紫外线灭菌以空气的相对湿度为40%～60%、温度为10～55℃范围为宜。

（2）用紫外线灭菌的注意事项

① 人体照射紫外线时间过久，易产生结膜炎、红斑及皮肤烧灼等现象，因此必须在操作前开启紫外灯30～60min，然后关闭，进行操作。如在操作时仍需继续照射，应有劳动保护措施。

② 各种规格的紫外灯都有规定有效使用时限，一般为2000h。故每次使用应登记开启时间，并定期进行灭菌效果检查。

③ 紫外灯管必须保持无尘、无油垢，否则辐射强度将大为降低。

④ 普通玻璃可吸收紫外线，故装在玻璃容器中的药物不能用紫外线进行灭菌。

⑤ 紫外线能促使易氧化的药物或油脂等氧化变质，故生产此类药物时不宜与紫外线接触。

⑥ 若水中有铁及有机物等杂质时，则紫外线灭菌效果降低。

2. 其他辐射灭菌法

用辐射线进行灭菌的方法称为辐射灭菌法。目前应用的有穿透力较强的γ射线和穿透力较弱的β射线。其特点是灭菌过程中不升高产品的温度，特别适用于某些不耐热药物的灭菌。可使有机化合物的分子直接发生电离，产生破坏正常代谢的自由基，导致大分子化合物分解，而起杀菌作用。适用于较厚样品的灭菌，可用于固体、液体药物的灭菌。对已包装的产品也可进行灭菌，因而大大减少了污染机会。

β射线是由电子加速器产生的高速电子流，带负电荷，穿透力较弱。通常仅用于非常薄和密度小的物质的灭菌，比γ射线的灭菌效果差。

辐射灭菌的特点是：①价格便宜，节约能源；②可在常温下对物品进行消毒灭菌，不破坏被辐射物的挥发性成分，适合于对热敏性药物进行灭菌；③穿透力强，灭菌均匀；④灭菌速度快，操作简单，便于连续化作业。

辐射灭菌法的主要缺点是存在放射源、成本较高、防护投入大、易产生放射污染等问题。

（二）过滤灭菌法

使药物溶液通过无菌滤器，除去其中活的或死的细菌，而得到无菌药液的方法，称为过滤灭菌法。此法适用于对不耐热药物溶液的灭菌，但必须无菌操作，才能确保制品完全无菌。

过滤灭菌法的特点如下。①不需要加热，可避免药物成分因过热而分解破坏。过滤可将药液中的细菌及细菌尸体一齐除去，从而减少药品中热原的产生，药液的澄明度好。②加压、减压过滤均可，加压过滤用得较多。在室温下易氧化、易挥发的药物，宜用加压过滤。另外，采用加压过滤，可避免药液污染。过滤灭菌法应配合无菌操作技术进行。③过滤灭菌前，药液应进行预过滤，尽量除去颗粒状杂质，以便提高除菌过滤的速度。④药品经过滤灭菌后，必须进行无菌检查，合格后方能应用。故过滤灭菌法不能用于临床上紧急用药的需要。

过滤器材通常有滤柱、微滤膜等。滤柱采用硅藻土或垂熔玻璃等材料制成。微滤膜大多采用聚合物制成，种类较多，如醋酸纤维素、硝酸纤维素、丙烯酸聚合物、聚氯乙烯、尼龙等。

第二节　药厂洁净设备

一、人员净化

在众多污染源中，人是主要的污染源之一，因此人员进入洁净厂房时必须采取净化措施。

对人员的净化要求随药品对环境洁净要求的不同而异。一般，药品按使用要求分为非无菌产品和无菌产品两类，按生产工艺，无菌产品又可分为可灭菌产品和不可灭菌产品，其中不可灭菌产品的环境洁净度要求最高。为此，《药品生产管理规范（GMP）实施指南》推荐了两个人员净化基本程序，“非无菌产品、可灭菌产品生产区人员净化程序”和“不可灭菌产品生产区人员净化程序”。

人员净化-视频

人员净化用室的入口处应有净鞋设施，净化用室宜包括雨具存放室、换鞋室、存外衣室、盥洗室、洁净工作服室和气闸（或空气吹淋室）等。100级、10000级洁净区的人员净化用室、存放外衣室和洁净工作服室应分别设置，外衣存衣柜和洁净工作服柜按最大班人数每人1柜，设计盥洗室应设洗手和消毒设施，并应安装自动烘干器，而且水龙头的开启方式以不直接用手开启为宜，水龙头个数按最大班人数每 10 人设 1 个。为了保持洁净生产区的空气洁净度并维持室内正压，在洁净生产区的入口处应设置气闸室或空气吹淋室。气闸室必须有两个以上的出入门，并且应有防止同时打开的措施，门的连锁可采用自控式、机械式或信号显示等方式。气闸室也可用空气吹淋室代替，同样，空气吹淋室使用时也不能将出入门同时开启。设置单人吹淋室时，宜按最大班人数每 30 人一台设置，当洁净区域工作人数超过 5 人时，空气吹淋室的一侧应设旁通门，供下班或应急时使用。

通常与人员净化用室合并考虑的厕所、浴室，就功能而言属于生活设施，并非人员净化的必要设施，可根据需要设置。由于厕所、浴室本身是污染源之一，因此最好不要设在人员净化程序内。可布置在靠近人员净化设施的同一层上（如图 9-7 所示）。如果需要将厕所、浴室设在人员净化程序内时，厕所、浴室前应增设前室，供入厕前更衣、换鞋用。同时，室内需连续排风，以免臭气、湿气进入洁净区。

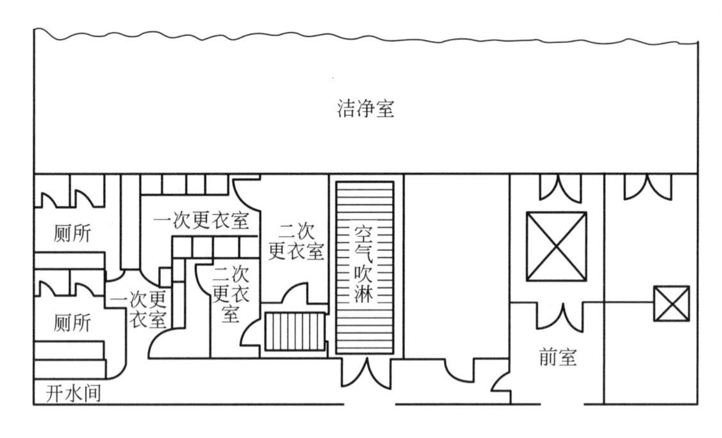

图 9-7　洁净室外的布置

人员净化用室和生活用室的洁净要求应由外至内逐步提高，室内可送入经过过滤的净化空气，其洁净级别可低于相邻生产区 1～2 个等级。

二、物料净化

生产使用的原辅料、包装材料及容器具等进入洁净区前应有效地清除外表面沾染的微粒和微生物。为此应设置物料净化设备，主要包括包装清洁处理室、气闸室或传递窗（柜）。

物料在外包装清理室拆除外包装，然后装入洁净容器内备用，外包装不能拆除的应清除或擦拭外包装上的尘土，要送入无菌室的物料则应进行灭菌处理。

外包装经过清理的物料还应经气闸室或传递窗（柜）方可进入洁净区，气闸室或传递窗（柜）的作用与人员净化设施相似，同样在于维持洁净区的空气洁净度和室内正压。一般传递窗（柜）的设计应满足下列要求：两侧门上设窗，能够看得见内部及两侧；两侧门上设连锁装置，保证出入门不会被同时打开，窗（柜）内尺寸应能适应搬送物品的大小和数量；有气密性，并有一定的强度；连接无菌室的传递窗（柜），在窗（柜）内需设有灭菌措施（如紫外灯）。传递物料用的传送带不得从非无菌室直接进入无菌室，除非对传送带连续灭菌，否则只能在传递窗（柜）两边分段输送。传递窗（柜）结构可参见图 9-8 所示。

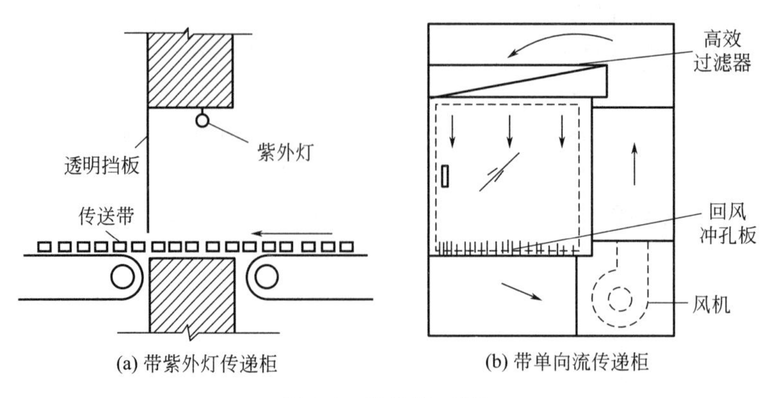

图 9-8　传递窗（柜）

三、空气净化

空调净化系统中的一些辅助设备虽独立于空调净化系统，但却是减少洁净室气流与外界直接沟通，以保证洁净室洁净度的必要措施。下面介绍空气吹淋室和物品传递窗两种设备。

空气吹淋室-视频

1. 空气吹淋室

吹淋室通常设置在洁净室人员入口处，其作用主要是通过高速洁净气流对入室人员体表进行吹淋，吹落并带走附着在人员衣服外表的尘和菌，减少入室人员的带尘带菌量。在很多洁净室内人体散尘散菌是室内的重要污染发生源。此外，国外有观点认为，空气吹淋室作为洁净区与准洁净区的一个分界，它具有某种警示性的心理作用，有利于规范入室人员在洁净室内的活动。空气吹淋室由洁净设备厂定型生产。常见的有单人、双人式。对于人员较多的洁净室还可以设计为通廊式，或者U形回廊式。图9-9给出了单人吹淋室的示意图。图中的喷嘴送风口底部为碗形，出口风向可调整，出口风速一般在23～25m/s，不宜低于18m/s，否则吹淋效果差，吹淋耗时长。

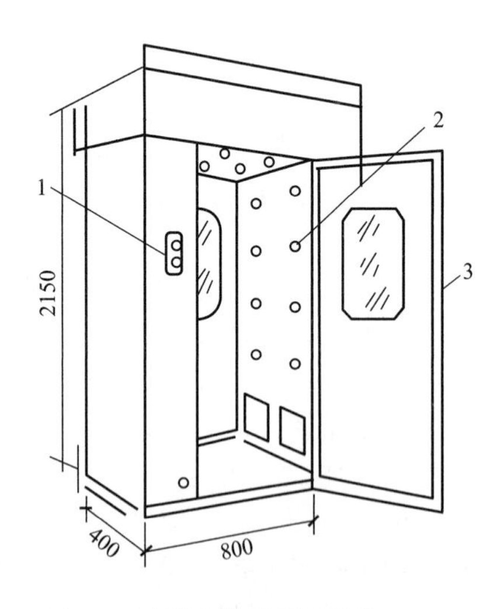

图 9-9　吹淋室外形图（单位：mm）

1—电启动开关；2—喷嘴；3—门锁

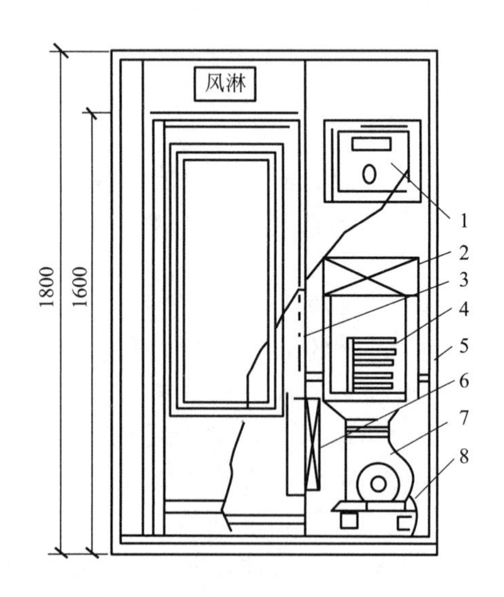

图 9-10　吹淋室结构图（单位：mm）

1—电器箱；2—高效过滤器；3—喷头；4—电加热器；5—整体钢框架；6—中效过滤器；7—通风机；8—减振器

如图 9-10 所示，吹淋室进、出的两个门是电气或机械连锁的。通常吹淋时间的长短，可由装置在外门侧的时间继电器予以设定，一般在 30s 左右。进入吹淋室关上外门后，送风机自动或手动开启运行。吹淋室内空气经预过滤器过滤后，进入送风机，再经高效过滤器过滤后进入送风静压箱。空气从喷口高速吹出，吹落人体表面尘、菌后的脏空气又经预过滤器流入回风静压箱形成循环。吹淋时间结束后，通往洁净室的内门自动或手动打开。在正常情况下吹淋室的内、外门不会同时开启。

由于吹淋效果与出风速度有密切关系，故定期测定风速，及时更换过滤器十分重要。一些洁净设备厂所提供的空气吹淋室，偏向侧重于减低噪声而使所选送风机风压不足，因此出厂时已达不到要求风速，使用后过滤器一旦积尘，风速下降明显，几乎起不到吹淋效果，对此应予注意。

2. 物品传递窗

洁净区与非洁净区，不同级别的相邻洁净室，往往需要传递物品，通过洁净室的门用人传递是不可取的。不仅因为开关门要影响洁净室的正压和洁净度，而且难于控制人员的流动，因此，洁净室的物品传送，通常都是通过物品传递窗来进行的。

目前国内最通行的是带机械连锁手柄的传递窗，传递窗通常装置在便于传递物品的侧墙上。传递窗是由两面带有观察窗的密封门的箱体组成。一扇门朝洁净室开启，另一扇朝非洁净区或相邻洁净室开启。两扇门靠手柄的机械连锁不能同时开启，避免了在物品传递过程中，侧墙两边的气流直接沟通。一些要求更高的传递窗在箱体内设有带高效过滤器的循环风机，可供给洁净空气吹淋物品并形成气闸，称之为带风浴的传递窗。也有些制药厂在传递窗中装有紫外灯，用于杀灭传入物品外侧附着的细菌。但紫外灯照射时间较短时，作用有限。

第三节　设备清洁与灭菌设备的操作维护

一、万级洁净区

1. 清洁频率及范围

① 操作室每天生产前、工作结束后，进行 1 次清洁、消毒，每天用臭氧消毒 60min。清洁范围：操作台面、门窗、墙面、地面、用具及其附属装置、设备外壁等。

② 每周工作结束后，进行全面清洁、消毒 1 次。清洁范围：以消毒剂擦拭室内一切表面，包括墙面、照明和顶棚。

③ 每月对室内空间用臭氧消毒 150min。

④ 根据室内菌检情况或出现异常，再决定消毒频率。

⑤ 倒班生产，两班清洁时间，间距应在 2h 以上。

⑥ 更衣室、缓冲间及公共设施，由专职清洁工每日上班后、下班前进行清洁、消毒。

2. 消毒剂及使用方法

① 用于消毒表面的有：0.2%新洁尔灭、5%甲酚皂液、75%乙醇溶液。

② 用于空间消毒的有：臭氧。

③ 消毒剂使用前，应经过 0.22μm 微孔滤膜过滤。

④ 各种消毒剂每月轮换使用。

⑤ 消毒剂从配制到使用不超过 24h。

3. 清洁、消毒方法

① 先用灭菌的超细布，在消毒剂中润湿后，擦拭各台面、设备表面，然后用灭菌的不脱落纤维的清洁布擦拭墙面和其他部位。最后擦拭地面。

② 操作室每天清洁后，对房间按臭氧消毒规程进行消毒。

4. 清洁程序

清洁过程中本着先物后地、先内后外、先上后下、先拆后洗、先零后整的擦拭原则。

5. 清洁效果评价

① 目检各表面应光洁，无可见异物或污垢。

② QA 对尘埃粒子、沉降菌进行检测，应达到标准。

6. 清洁工具的清洁及存放

清洁工作结束后，清洁工具按清洁工具清洁规程清洗、存放并贴挂状态标示。

二、万级洁净区设备

1. 设备清洁、消毒频度

设备使用前消毒 1 次，生产结束后清洁、消毒 1 次，维修保养后进行清洁、消毒。更换品种时进行清洁、消毒。

2. 使用清洁工具

① 经灭菌的不脱落纤维的专用擦机布。

② 消毒剂：0.2%新洁尔灭、75%乙醇溶液、1%碳酸钠。

③ 消毒剂每月轮换使用，并经 0.22μm 微孔滤膜过滤。

3. 清洁、消毒方法

① 生产前用 75%乙醇溶液润湿专用擦机布，对设备的各部位全面擦拭。

② 生产结束后，先清除设备表面所有的废弃物，如玻璃屑、胶塞屑等。

③ 将设备直接接触药品的可拆卸的部件（如灌注用的注射器、玻璃活塞、硅胶管、针头等）拆卸下来进行清洁后，放入机动门脉动真空灭菌器内，按其操作规程进行灭菌，132℃ 5min。

④ 用干擦机布将设备转动部位的油垢、药液擦拭干净，然后用注射用水擦拭干净再用 75%乙醇溶液擦拭各部位。

⑤ 新设备进入洁净区时，先在非无菌区清洁设备的内外灰尘、污垢，在臭氧大消毒之前搬运至洁净区操作室。

4. 清洁间隔时间

清洁、消毒后 24h 有效。

5. 清场、清洁、消毒后，填写“设备清洁”记录，操作人在“批生产记录”上签字，QA 检查员检查合格后签字，并贴挂状态标示卡。

6. 清洁工具的处理

清洁设备专用超细布，使用后清洗干净，按工序分类包扎好，装入相应的洁净袋中进行湿热灭菌 132℃ 5min。灭菌后存放在清洁工具间。

三、微孔滤膜

为规范微孔滤膜的清洁方法，以保证工艺卫生、防止污染，编制微孔滤膜的清洁操作规程，由负责微孔滤膜清洁的操作人员对本标准的实施负责，QA 检查员负责监督。程序如下。

（1）清洁频度：除菌过滤操作前，取新微孔滤膜清洁1次。

（2）清洁工具：洁净容器、镊子。

（3）清洁方法

① 取新微孔滤膜，用纯化水冲去表面尘埃颗粒后，用注射用水冲洗1遍；将微孔滤膜放入指定容器内，加适量注射用水浸没煮沸30min，密闭存放备用。

② 取新微孔滤膜放入70℃左右的注射用水内浸泡1h，再换用40℃左右的注射用水浸泡12～24h备用。临用前用新鲜的注射用水冲洗后再装入平板过滤器内。

③ 清洁完毕后，在盛装微孔滤膜容器表面贴挂“已清洁”状态标示。

（4）清洁效果的评价：整洁、干净、无异物污染。

（5）清洁工具应按清洁规程进行清洁消毒。

四、空气净化系统

为了规范空气净化系统的操作管理，确保操作者能正确操作，制定空气净化系统使用规范。

（一）准备工作

① 检查电源是否正常。

② 点动检查风机运转是否正常（方向、震动）。

③ 检查冷媒（冷水）、热媒（蒸汽）供应是否正常，管道和阀门有无泄漏。

④ 检查全部风阀（新风、回风、送风）开、闭是否正确。

⑤ 检查风机门是否密封严实。

（二）操作过程

（1）开机

① 开启电源开关。

② 启动风机，听电机运行声音是否正常。

③ 开启冷（热）媒供应系统，并调整至正常。

④ 检查初效滤布前后压差显示，一般应在下列范围即5～25Pa之间。

⑤ 检查中效滤布前后压差显示，一般应在下列范围即10～25Pa之间。

⑥ 净化空调系统应经常补充新鲜空气，一般换气量为30%～40%，换气量应根据车间温度和相对湿度的平衡来考虑并调整新风阀的开启程度。

（2）停机

① 关机前10min首先关闭冷（热）媒供应阀门。

② 关闭风机按钮，机组停止运行。

③ 关闭新风阀门。

（三）注意事项

① 机组运行中注意电流、电压是否正常。

② 特别注意风机轴承和马达的任何振动、异常声响或过热。

③ 定时查询车间温度、湿度，如果超标，应及时调整。

④ 初效滤布前后差压显示超出5～25Pa或中效滤布前后差压显示超出10～25Pa时，初效、中效过滤器应按清洁规程进行清洗。

⑤ 高效过滤器即使在提高送风速度的情况下，其送风量仍达不到要求时，其过滤器应更换。

⑥ 洁净室的消毒：按洁净室消毒操作规程进行。

⑦ 洁净室的自净操作：一般在生产操作前4h提前开机。

（四）除湿操作

若洁净室内的湿度超出标准规定可根据情况采取如下操作。

① 若属外界湿度过大原因造成可减少新风阀门的开启程度并在送风箱内放置一定量的硅胶，仍不能达到规定的应停止生产。

② 经若属洁净室内部原因造成可开大新风阀门的开启程度。

（五）维修保养

（1）风管及空调设备的清洁

① 风管吊装前，先用清洁剂或酒精将内壁擦洗干净，并在风管两端用纸或PVC封住，保持风管内壁清洁，等待吊装。

② 系统运行后，风管每2年清洗1次，用吸尘器除去风管内表面灰尘。

③ 空调器拼装结束后，内部先要清洗。

④ 系统运行后，空调箱内部应每季度认真清扫洗刷1次。如发现破损，必要时予以修补或更换。

⑤ 各工作间送回风口应每月清洗1次，并应填好清洁记录。

⑥ 空调机房必须保持整洁、卫生。

（2）日常检查、维护、保养

① 检查供水、回水阀门是否严密，开关是否灵活。

② 检查各部位的空气调节阀门有无损坏。

③ 检查空调箱、风管等内部有无锈蚀、脱漆现象。

④ 检查配电盘各种电器接线有无松脱、发热现象。

⑤ 检查仪表工作是否正常。

⑥ 检查风机皮带的张紧度。

⑦ 如发现有缺陷或损坏，应立即报告动力设备科组织维修，维修合格后填写记录。

（3）空调机每半年保养润滑一次。

（4）电机每年检修一次。

（5）高效过滤器发生堵塞或泄漏时，不能进行修补的，应对其进行更换。

（6）高效过滤器更换情况应填写记录。

（7）每年检验、校正测量仪器仪表设备，并有校正合格证，保证其测量精确。

（8）紧急情况下的维修：

① 系统在运行中如出现异常情况，应及时报告。

② 动力设备科立即组织人员进行抢修。

③ 维修后，动力设备科组织有关部门进行验收，合格后方可开机运行。

④ 系统的维修、保养，要认真填写设备检修保养记录。

（9）初效、中效过滤器的清洗

① 初效、中效过滤器在其压差示值达始值的三倍时即应清洗。

② 初效、中效过滤器的清洗均不得直接使用固体清洁剂。

(10) 其他

① 冬季不用冷水时，应把冷却器内水放尽。

② 每次使用蒸汽时应先排尽其中的冷凝水。

③ 引风机发现异常振动和噪声时，应停机维修。

【思考题】

1. 简要区分各类灭菌原理。
2. 列举几种灭菌设备，并阐述其维护要点和原因。

实训任务　维护灭菌和净化设备

能力目标：能够熟练查询该设备的相关资讯，运用现代职业岗位的相关技能，归纳和总结出设备的检修要点和安全措施，制定出检修制度和检修规范，包括检修记录表、检修要点、安全事项、检修规范等。

知识目标：了解该设备的相关基础知识，掌握该设备检修要点和检修方法，掌握该设备的分类、特点、安全、操作、维修、保养等知识，以及对设备资讯的对比、分析、归纳、总结的方法与要点。

实训设计：公司制剂车间维护小组接到工作任务，要求及时排除故障、完成维护任务；按照车间组织构成，分为若干班组（项目组），选出组长，由组长协调组员进行检修任务的开展和工作，完成项目要求，提交维修报告，以公司绩效考核方式进行考评。

一、GMP 对生产设施、设备的要求

为降低污染和交叉污染的风险，厂房、生产设施和设备应当根据所生产药品的特性、工艺流程及相应洁净度级别要求合理设计、布局和使用，应当综合考虑药品的特性、工艺和预定用途等因素，确定厂房、生产设施和设备多产品共用的可行性，并有相应评估报告。

为了防止交叉污染，生产必须在相应的洁净环境中进行，洁净区与非洁净区之间、不同级别洁净区之间的压差应当不低于 10Pa；无菌生产应建立无菌生产环境和日常监控，生产设备应进行无菌分装线的改造；原则上生产设备必须满足使用要求；保存设备设计、安装、确认文件的记录。设计和安装上应按照工艺和 GMP 的要求选择设备，加强对生产制药设备的质量监控，使 GMP 的实施从设备源头抓起，是生产设备贯彻 GMP 的重要措施；制药生产设备的设计、制造与材质的选择，应满足对原料、半成品、成品和包装材料无污染；与药品直接接触的设备应光洁、平整，易清洗或消毒，耐腐蚀；易于清洗、消毒和灭菌，便于生产操作和维修、保养，并能防止差错或减少污染；加强制药生产设备的验证制度。完善的验证是确保药品质量的关键因素之一。

对于生产设施和设备，应采用预防性维护策略；应进行日常维护；有维护记录；改造需要遵循变更控制的流程。

对于纯化水、注射用水的制备、储存和分配，应当能够防止微生物的滋生。纯化水可采用循环，注射用水可采用 70℃ 以上保温循环；应当对制药用水及原水的水质进行定期监测，并有相应的记录，并且按照操作规程对纯化水、注射用水管道进行清洗消毒，并有相关记录。

二、实训任务

按照明确任务、技能实训、知识学习、实训总结、理论拓展的五步项目实训教学法开展实训教学任务（参看第二章实训任务）。

可以因地适时选择某种型号的灭菌、洁净输送设备，通过文献检索，对该设备的技术背景、分类、前沿、热点进行归纳和总结，列出市场上该设备的优缺点、创新点、操作步骤、环保安全、使用要求等方面的要点。

针对该设备，开展近两年的文献检索研究，按照上述思路展开归纳与对比，根据具体设备的技术指标，完成使用评估实训任务，制定出该设备的使用要求和要点，提交设备使用记录和评估报告。

【课后任务】

1. 查询新型灭菌设备。
2. 请列举洁净设备。

第十章 液体制剂设备的使用与维护

第一节 液体制剂简介

液体制剂是包含广泛的一大类制剂，按给药途径、使用方法、制备方法等的不同可分为多种类型；液体制剂比相应的固体制剂分散度大，通常易于吸收、起效迅速。液体药剂还具有便于分剂量，易于服用，适宜于小儿、老年患者等优点。另外，对一些制成固体制剂口服后，因局部浓度过高易引起对胃肠道刺激的药物如溴化物、氯化钾、水合氯醛等宜制成液体制剂，以控制药物浓度，减少刺激性。液体制剂也存在一些不足，如自身稳定性较差、易霉败、体积大、不易携带和运输等。

按分散系统分类，液体制剂中的药物可以是固体、液体或气体，在一定条件下分别以分子或离子、胶体、颗粒、液滴状态分散于液体分散剂中组成分散体系，将药物分散在液体分散剂中而制成的供内服或外用的液体制剂，可分为均相和非均相液体制剂；按给药途径分类，可以分为内服液体制剂和外用液体制剂，内服液体制剂如合剂、糖浆剂等，外用液体制剂如洗剂、搽剂、滴耳剂、含漱剂等。

均相液体制剂可分为低分子溶液剂和高分子溶液剂。低分子溶液剂简称溶液剂，药物以小于 1nm 的微粒状态（分子或离子）分散在溶剂中，形成澄明液体。溶液剂为真溶液，无界面，为热力学稳定体系；药物扩散快，能透过滤纸和半透膜。常用溶解法制备，如复方碘溶液。高分子溶液剂质点粒径在 1～100nm 范围内，是由高分子化合物溶解在溶剂中所形成的澄明液体，为胶体溶液，无界面，属热力学稳定体系；扩散慢，能透过滤纸，但不能透过半透膜。如明胶溶液、胃蛋白溶液等。

非均相液体制剂包括溶胶、混悬液、乳浊液等，药物以微粒（多分子聚集体）或液滴形式分散在液体分散介质中形成的不稳定的多相分散体系。

溶胶药物以 1～100nm 的质点分散在液体分散介质中形成的分散体系，属热力学不稳定体系，有界面，扩散慢，能透过滤纸而不能透过半透膜。

混悬液药物以大于 100nm 的质点分散在液体分散介质中形成的多相分散体系，属热力学和动力学不稳定体系，有界面，扩散慢或不扩散。如炉甘石洗剂、复方硫洗剂。

乳浊液的液体药物以大于 100nm 的液滴分散在另一种不相混溶的液体分散介质中形成

的多相分散体系，属热力学不稳定体系，有界面，扩散很慢或不扩散。如石灰搽剂、鱼肝油乳剂、松节油搽剂等。

按照给药途径，可以分为注射制剂、输液制剂等，下面分别做简要介绍。

一、注射剂

注射剂的发展已有一百多年的历史，是当前应用最广泛的剂型之一。目前，注射剂不仅有西药制剂，中药注射剂也已经广泛使用，其类型包括溶液型、乳浊液型、混悬液型、固体粉末等多种形式，给药途径以肌内注射、静脉注射和穴位注射为主。

1. 注射剂分类

注射剂俗称针剂，按分散系统可以分成溶液型注射剂、混悬液型注射剂、乳浊液型注射剂、固体粉末型注射剂等。

溶液型注射剂包括水溶液和非水溶液两类。对于在水中易溶且稳定的药物，或本身在水中溶解度不大但用增溶或助溶方法能增加溶解度的药物，均可配制成水溶液型注射剂。如氯化钠注射液等。有些在水中难溶或注射后希望延长药效的药物可制成油溶液。

水难溶性药物、在水溶液中不稳定的药物或注射后要求延长药效作用的药物，可制成水或油的混悬液。如醋酸可的松注射液等。混悬液型注射剂一般要求99%以上的微粒粒度在2μm以下。

水不溶性的液体药物可视需要制成乳浊液型注射剂，其分散相粒径大小一般应在1～10μm范围内，供静脉注射用的乳浊液型注射剂，分散相球粒的粒度99%应控制在1μm以下，不得有大于5μm的球粒。如静脉注射用脂肪乳剂等。

固体粉末型注射剂俗称粉针剂，是将药物的无菌粉末分装在安瓿或其他适宜的容器中，临用前以适当的溶剂使之溶解或混悬的制剂。凡在液体状态不稳定的药物均可制成此类注射剂。

2. 注射剂的生产过程

注射剂的生产过程包括原辅料的准备与处理、配制、灌封、灭菌、质量检查和包装等步骤。制备不同类型的注射剂，其具体操作方法和生产条件有区别，一般工艺流程如图10-1所示。

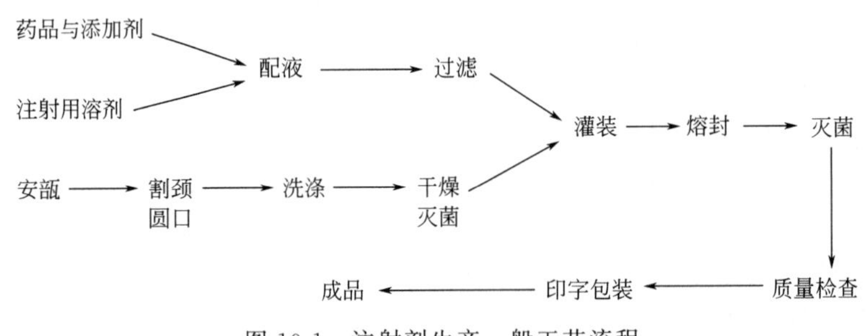

图10-1 注射剂生产一般工艺流程

注射剂的制备，要根据其种类的不同与给药途径的不同设计合理的工艺流程，也要具备与各生产工序相适应的环境和设施，这是提高注射剂产品质量的基本保证。设计注射剂生产厂房时，应根据实际生产流程，对生产车间布局、上下工序衔接、设备及材料性能进行综合考虑。

二、输液剂

输液剂是指由静脉滴注输入体内的大剂量注射液，俗称大输液。输液剂使用剂量大，直接进入血循环，故能快速产生药效，是临床救治危重和急症病人的主要用药方式。其作用多样，适用范围广，在现在医疗工作中，输液剂占有十分重要的地位。

输液剂在临床上主要用于纠正体内水和电解质的紊乱，调节体液的酸碱平衡，补充必要的营养、热能和水分，维持血容量。也常把输液剂作为一种载体，将多种注射液如抗生素、强心药、升压药等加入其中供静脉滴注，以使药物迅速起效，并维持稳定的血药浓度，确保临床疗效的发挥。

1. 输液剂的分类

（1）电解质输液　用于补充体内水分、电解质，纠正体内酸碱平衡等。如氯化钠注射液、复方氯化钠注射液、乳酸钠注射液等。

（2）营养输液　主要是为患者提供营养成分，其中包括糖类、蛋白质、人体必需的氨基酸、维生素和水分等。如葡萄糖注射液、氨基酸输液、脂肪乳剂输液等。

（3）胶体输液　也称渗透压输液。这是一类与血液等渗的胶体溶液，由于胶体溶液中的高分子不易通过血管壁，故可使水分较长时间在血液循环系统内保持，产生增加血容量和维持血压的效果。胶体输液有多糖类、明胶类、高分子聚合物等。如右旋糖酐、淀粉衍生物、明胶、聚维酮等。

2. 输液剂的生产过程

输液剂制备的一般工艺流程见图 10-2。

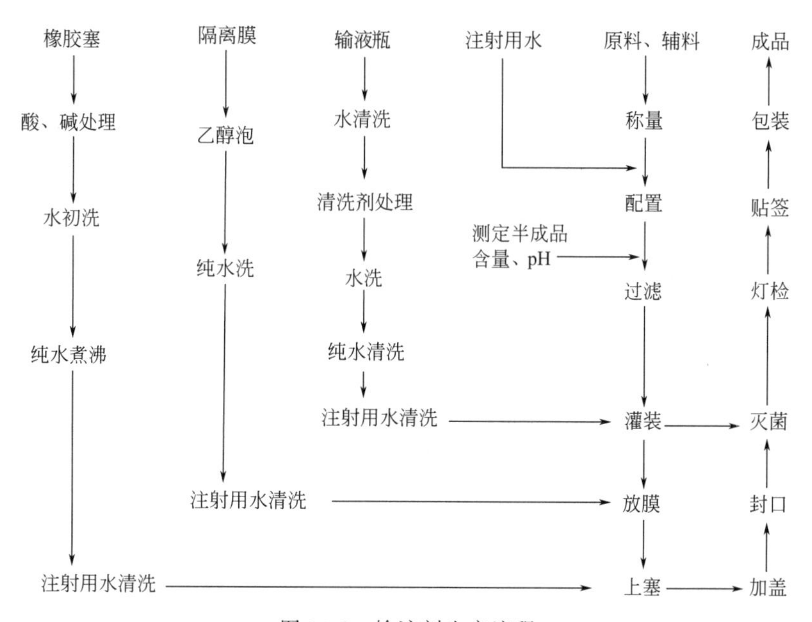

图 10-2　输液剂生产流程

根据我国 GMP 规定，输液生产必须有合格的厂房、车间及必要的设备和经过训练的相关人员才能生产。GMP 要求输液车间应采用洁净技术，输液的配制要求在洁净度为 10000 级条件下操作；过滤和灌封应在 100 级条件下操作。

乳浊液为热不稳定体系，在高温下易聚合成大油滴。为保证体系的稳定性，乳浊液型注射剂的制备方法应使分散相微粒的大小适当，粒度均匀。制备过程中常采用乳化器械帮助乳化，在实验室中一般可用高速组织捣碎机，实际生产时一般应用二步高压乳匀机。

三、胶体型液体制剂

胶体型液体制剂系指质点大小在 1～100nm 范围的分散相分散在液体分散介质中所形成

的液体制剂。分散介质大多数为水，少数为非水溶剂。分散相质点以多分子聚集体形式分散于分散介质中形成的胶体称为溶胶，又称疏水胶体。高分子化合物以单分子形式分散于溶剂中形成的溶液称高分子溶液，又称亲液胶体。

胶体型液体包括高分子溶液和溶胶。高分子溶液剂的制备多采用溶解法；溶胶剂的制备有分散法和凝聚法两种，其中分散法有研磨法、超声波分散法等。

四、乳剂型液体制剂

乳剂型液体制剂也称乳浊液，是两种互不相溶的液体经乳化制成的非均相分散体系。其中一种液体是水或水溶液，另一种则是与水不相溶的液体，又称为“油”。一种液体以细小液滴的形式分散在另一种液体中，分散的液滴称为分散相、内相或间断相，包在液滴外面的另一种液体称为分散介质、外相或连续相。一般分散相液滴的直径在0.1～100μm范围之间。乳剂可供内服、外用，也可注射；乳剂的制备包括干胶法、湿胶法和机械法等。

干胶法与湿胶法适用于以阿拉伯胶为乳化剂的乳剂的制备。湿胶法是指将油相加到含乳化剂的水相中。机械法是指将油相、水相、乳化剂混合后用乳化机械制成乳剂的方法。机械法制备乳剂对混合顺序要求不严，借助机械提供的强大能量，很容易制成乳剂。大量配制乳剂可用机械法。目前使用的乳化机械主要有搅拌机械、乳匀机、超声波乳化器、胶体磨等。

五、混悬液型液体制剂

混悬液型液体制剂系指难溶性固体药物以微粒形式分散在液体分散介质中形成的非均相分散体系，又称混悬剂。它属于粗分散体系，且分散相有时可达总重量的50%。分散相微粒大小一般在0.5～10μm之间，但有的可达到50μm左右。分散介质大多为水，也可以为植物油，也有将混悬剂制成干粉的形式，临用时可加水或其他液体分散介质，制成高含量混悬剂使用，如硫酸钡干混悬剂。

混悬剂的制备包括分散法和凝聚法。分散法系指将固体药物粉碎成微粒，再混悬于分散介质中的方法。凝聚法系指将离子或分子状态的药物借助物理或化学的方法使其在分散介质中聚集成新相的方法，物理凝聚法主要是指微粒结晶法。

六、真溶液型液体制剂

真溶液型液体制剂系指小分子药物以分子或离子状态分散在溶剂中形成的供内服或外用的澄明溶液。真溶液中由于药物的分散度大，其总表面积及与机体接触面积最大，口服后药物能较好地吸收，故其作用和疗效比同一药物的混悬液或乳浊液快而高。真溶液型液体制剂主要有：溶液剂、芳香水剂、甘油剂、醑剂等剂型。

七、眼用液体制剂

由浸出法、灭菌法制备的液体制剂分别称为浸出制剂、注射剂、眼用溶液剂等，眼用液体制剂是直接用于眼部的外用液体制剂，以澄明的水溶液为主，也有少数为胶体溶液或水性混悬液。眼用液体制剂可分为滴眼剂和洗眼剂。

滴眼剂用于眼黏膜，每次用量1～2滴，常在眼部起杀菌、消炎、收敛、扩瞳、麻醉等作用。有的在眼球外部发挥作用，有的则要求主药透入眼球内才能产生治疗作用。

第二节　液体制剂生产设备

注射剂系指药物制成的供注入人体内的溶液、乳浊液或混悬液及供临用前配制或稀释成溶液或混悬液的粉末或浓缩液的无菌制剂。注射剂是由药物、附加剂、溶剂及待制的容器组成。

中药注射剂系指以中医药理论为指导，经采用现代科学技术和方法，以中药的单方或复方中提取的有效物质制成的可供注入人体内使用的灭菌液体制剂，以及供临用前配制成溶液的无菌粉末或浓缩液。

由 GB/T 15692—2008 可知，将粉针剂机械、小容量注射剂机械及设备和大容量注射剂机械及设备归类为液体制剂生产设备。

一、粉针剂机械

将无菌粉末药物定量分装于抗生素玻璃瓶内，或将无菌药液定量灌入抗生素玻璃瓶再用冷冻干燥法制成粉末并盖封的机械及设备。

1. 粉剂粉针剂机械

经洗瓶、灭菌烘干、分装、压塞、轧盖等过程，将无菌粉末药物定量分装于抗生素玻璃瓶内的机械及设备。包括抗生素玻璃瓶清洗机、抗生素玻璃瓶隧道式灭菌干燥机、抗生素玻璃瓶分装机、抗生素玻璃瓶轧盖机、抗生素玻璃瓶粉针联动线、药用胶塞清洗机、药用铝盖清洗机、药用铝塑复合盖臭氧灭菌柜等。

其中抗生素玻璃瓶清洗机采用多次水、气冲洗或与超声波组合成抗生素玻璃瓶清洗机器，有轨道式、立式、行列式等形式。

抗生素玻璃瓶隧道式灭菌干燥机是洗涤后的抗生素玻璃瓶连续输入带净化加热空气装置的隧道箱体内进行干燥与去热原灭菌，有热风循环型、远红外辐射型等形式，如利用远红外石英管产生辐射热和净化热空气流双重加热的隧道式灭菌干燥机。

抗生素玻璃瓶分装机是将粉剂药物定量装入抗生素玻璃瓶内，并在瓶口塞入胶塞的机械。有螺杆分装机和气流分装机等。

抗生素玻璃瓶轧盖机有采用滚轮滚轧方式、开合爪轧方式等的轧盖机。

抗生素玻璃瓶粉针联动线是由抗生素玻璃瓶清洗机、隧道式灭菌干燥机、分装机、轧盖机，以及转盘与输送带等设备组成的联动线。

药用胶塞清洗机是进行清洗、硅化和灭菌干燥、冷却用的药用胶塞清洗机械，包括转笼式和集清洗、硅化、灭菌、干燥、冷却及自动进出料功能于一体的药用胶塞清洗机。

2. 冻干粉针剂机械

系经洗瓶、灭菌烘干、灌装、半压塞、冷冻干燥、轧盖等过程，将无菌药液定量灌入抗生素玻璃瓶再用冷冻干燥方法制成粉末并盖封的机械及设备。

包括配液设备、抗生素玻璃瓶清洗机、隧道式灭菌干燥机、半加塞液体灌封机、冻干粉针联动线和药用真空冷冻干燥机、抗生素玻璃瓶轧盖机、药用胶塞清洗机、药用铝盖清洗机、药用铝塑复合盖臭氧灭菌柜等。

其中抗生素玻璃瓶冻干粉针联动线是由抗生素玻璃瓶清洗机、隧道式灭菌干燥机、半加塞灌封机，以及供瓶转盘与输送带等设备组成的联动线。

粉针剂灌封机械-视频

图 10-3　粉剂灌装旋盖机

药用真空冷冻干燥机是抗生素玻璃瓶内的药液经快速冻结、加温升华干燥、快速冷却而制成无菌粉末或无菌块状物且能对瓶自动压塞的机械。粉剂灌装旋盖机如图 10-3 所示。

二、小容量注射剂机械及设备

系指制成 50mL 以下装量的无菌注射液机械及设备。

1. 配液设备

包括浓配罐、稀配罐、自动配液设备等。自动配液设备能自动完成原料各组分的称重配料、搅拌混合、溶解，配制成所需浓度的药液，如图 10-4 和图 10-5 所示。

2. 安瓿小容量注射剂机械

系指制成 50mL 以下装量的安瓿小容量注射剂的机械及设备。

图 10-4　立式自动配液罐

图 10-5　卧式配液罐

包括安瓿清洗机、安瓿热风循环隧道式灭菌干燥机、安瓿灌封机和安瓿洗、烘、灌、封联动线，以及安瓿小容量注射剂灭菌器等。

其中安瓿清洗机有直线式、回转式、卧式、立式安瓿清洗机等。

安瓿灌封机有直线式、旋转式。

安瓿洗、烘、灌、封联动线是由安瓿清洗机、热风循环隧道式灭菌干燥机、安瓿灌封机及输送带等设备组成的联动线。

安瓿小容量注射剂灭菌器有水浴式、蒸汽、蒸汽快冷式等灭菌方式。

安瓿灌封机灌注部分结构和封口部分结构如图 10-6 和图 10-7 所示。

3. 抗生素玻璃瓶小容量注射剂机械

系指制成 50mL 以下装量的抗生素玻璃瓶小容量注射剂的机械及设备，包括清洗机、隧道式灭菌干燥机、全加塞灌封机、轧盖机、药用胶塞清洗机、药用铝盖清洗机、药用铝塑复合盖臭氧灭菌柜和抗生素玻璃瓶小容量注射剂联动线等。

液体制剂灌封-视频

其中抗生素玻璃瓶小容量注射剂联动线是由抗生素玻璃瓶清洗机、隧道式灭菌干燥机、抗生素玻璃瓶全加塞灌装机、轧盖机，以及转盘与输送带等设备组成的联动线。

4. 卡式瓶小容量注射剂机械

系指制成 50mL 以下装量的卡式瓶小容量注射剂的机械及设备，包括玻璃套筒清洗机、

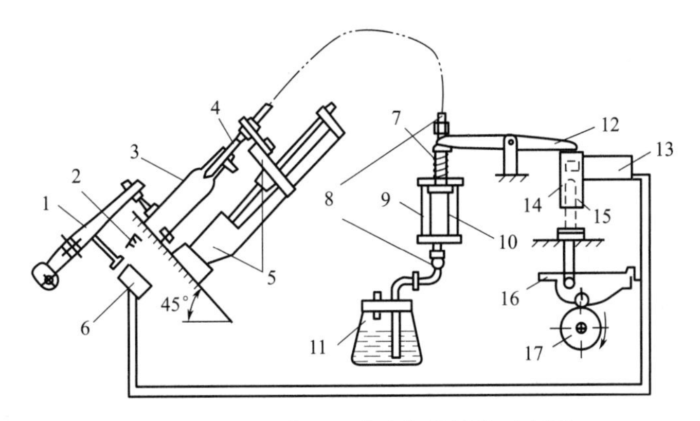

图 10-6 安瓿灌封机灌注部分结构示意图

1—摆杆；2—拉簧；3—安瓿；4—针头；5—针头托架；6—行程开关；7—压簧；8—单向玻璃阀；9—针筒；10—针筒芯；11—储液罐；12—压杆；13—电磁阀；14—顶杠座；15—顶杆；16—扇形板；17—凸轮

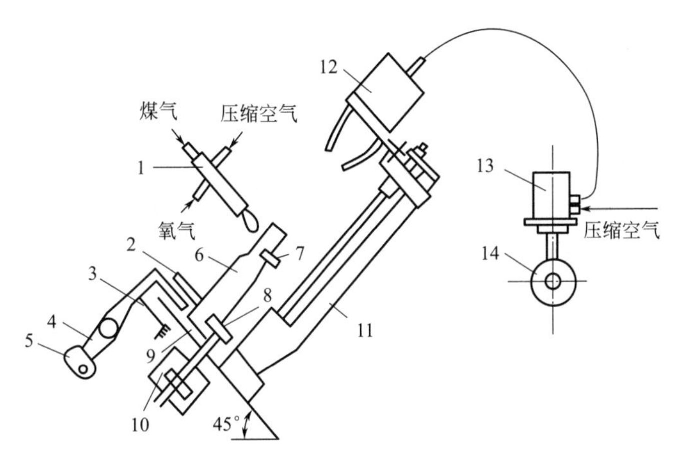

图 10-7 安瓿灌封机封口部分结构示意图

1—燃气喷嘴；2—压瓶滚轮；3—拉簧；4—摆杆；5—压瓶凸轮；6—安瓿；7—固定齿轮；8—滚轮；9—半球形支头；10—涡轮蜗杆箱；11—钳座；12—拉丝钳；13—气阀；14—凸轮

玻璃套筒隧道式灭菌干燥机、灌封机、小容量注射剂联动线、药用活塞清洗机、药用铝盖清洗机等。

5. 塑料瓶小容量注射剂机械

系指完成制瓶、定量灌装、封口的塑料瓶小容量注射剂机械。

6. 预灌液注射器注射剂机械

系指制成 50mL 以下装量的注射器小容量注射剂的机械及设备，包括玻璃针管清洗机、玻璃针管隧道式灭菌干燥机、灌封机和活塞清洗机等。

三、大容量注射剂机械及设备

系指制成 50mL 及以上装量的注射剂的机械及设备。

1. 配液设备

包括浓配罐、稀配罐、自动配液设备等。

2. 玻璃输液瓶大容量注射剂机械及设备

系指制成玻璃输液瓶大容量注射剂的机械及设备，包括玻璃输液瓶理瓶机、玻璃输液瓶清洗机、玻璃输液瓶灌装机、玻璃输液瓶灌装压塞机、玻璃输液瓶压塞机、玻璃输液瓶翻塞机、玻璃输液瓶压塞-翻塞机、玻璃输液瓶轧盖机、玻璃输液瓶洗-灌-塞-封一体机、玻璃输液瓶洗-灌-封联动线、药用胶塞清洗机、药用铝盖清洗机、玻璃输液瓶灭菌车上瓶机、玻璃输液瓶灭菌车卸瓶机等。

其中，玻璃输液瓶清洗机包括外清洗机、滚筒式内洗机、行列式清洗机、箱式清洗机、超声波清洗机等。

玻璃输液瓶灌装机有直线式、回转式、负压灌装机和压力时间式等灌装机。

玻璃输液瓶轧盖机有铝盖振荡落盖机、铝盖落盖揿盖机和多功能轧盖机等。

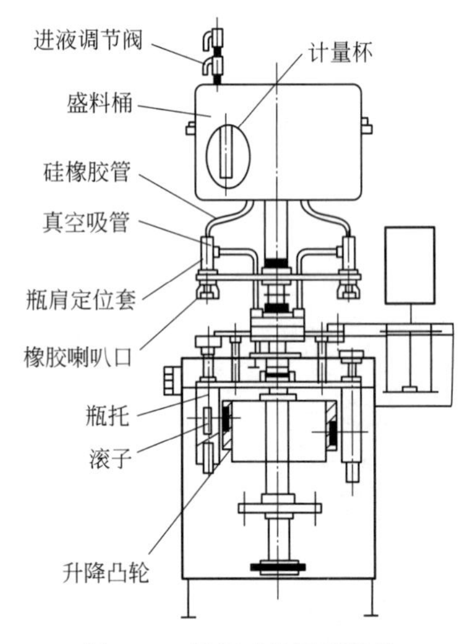

图 10-8　量杯式负压灌装机

玻璃输液瓶洗、灌、封联动线是由玻璃输液瓶理瓶机、清洗机、灌装机、压塞封口机、轧盖机和辅助输送机等组成的联动线。

量杯式负压灌装机如图 10-8 所示。

3. 塑料输液瓶大容量注射剂机械及设备

系指制成塑料输液瓶大容量注射剂的机械及设备，包括塑料输液瓶瓶坯注塑机、塑料输液瓶半自动焊环机、塑料输液瓶吹塑成型机、塑料输液瓶清洗机、塑料输液瓶组盖机、塑料输液瓶灌封机、塑料输液瓶洗灌封联动线、塑料输液瓶吹瓶-洗灌封一体机、塑料输液瓶成型灌封机、胶塞垫清洗机、塑料输液瓶盖清洗机等。

其中，塑料输液瓶吹塑成型机是塑料瓶坯经过整理、加热送入模腔，由洁净空气吹塑成型的机械，包括直线式、转盘式等成型方式。

4. 非 PVC 膜软袋大容量注射剂机械及设备

系指制成非 PVC 膜软袋大容量注射剂的机械及设备，包括注塑机、清洗机、制袋机、大容量注射剂灌封机、大容量注射剂制造机、灭菌车上袋机和下袋机等。

非 PVC 膜软袋管口注塑机是将塑料粒料熔融后，在模腔内注塑成非 PVC 膜软袋管口的机械。

非 PVC 膜软袋管口清洗机是采用多次水、气或与超声波组合成清洗非 PVC 膜软袋管口的机械。

非 PVC 膜软袋制袋机是将非 PVC 膜按规定尺寸热压封边、剪切废料、焊管封口成型的机械。

非 PVC 膜软袋大容量注射剂灌封机是完成非 PVC 膜软袋定量灌装和加塞、加盖、焊盖封口的机械。

非 PVC 膜软袋大容量注射剂制造机能自动完成非 PVC 膜软袋的送膜、印标签、一次或多次制袋、一次或多次灌装、排气封口，有单室、多室、膜粉/液等形式。非 PVC 膜单室袋大容量注射剂制造机在同一袋中只有一个装药室；非 PVC 膜多室袋大容量注射剂制造机在同一袋中有两个及以上装药室；非 PVC 膜粉/液袋大容量注射剂制造机在同一袋中有两个及以上装药室，分别装入药液和粉剂药物。

非 PVC 膜软袋灭菌车上袋机是将装有非 PVC 膜软袋大容量注射剂的灭菌盘依次推入灭

菌车的机械。

非 PVC 膜软袋灭菌车下袋机是将灭菌车上的装有非 PVC 膜软袋大容量注射剂的灭菌盘依次推入输送机的机械。

5. 大容量注射剂灭菌设备

系指对大容量注射剂进行加温、加压灭菌的设备，包括浴式、回转水浴式、蒸汽、蒸汽快冷式灭菌器和非 PVC 膜软袋烘干机等。

其中，大容量注射剂水浴式灭菌器是以纯化水为加热介质，对玻璃输液瓶、塑料输液瓶、非 PVC 膜软袋大容量注射剂以喷淋方式进行加温、加压灭菌的设备。

大容量注射剂回转水浴式灭菌器是灭菌腔内装载有灭菌车的滚筒架可转动的大容量注射剂水浴式灭菌器。

玻璃输液瓶大容量注射剂蒸汽灭菌器是以蒸汽为加热介质，对玻璃输液瓶大容量注射剂进行加温、加压灭菌的设备；而玻璃输液瓶大容量注射剂蒸汽快冷式灭菌器是以蒸汽为加热介质，对玻璃输液瓶大容量注射剂进行加温、加压灭菌，冷水喷淋快速冷却的设备。

另外，非 PVC 膜软袋烘干机是烘干非 PVC 膜软袋外表残留水分的机械。

灭菌设备请参看第九章。

第三节　液体制剂生产操作与维护

一、小容量注射剂机械及设备

（一）制水

（1）小容量注射剂所需工艺用水包括饮用水、纯化水、注射用水。

（2）纯化水的制备以饮用水为水源，经过二级反渗透装置制备而成；注射用水的制备以纯化水为水源，通过蒸馏法制备而成。

（3）纯化水及注射用水储罐、输送管路均采用 316L 不锈钢材质，储罐为密闭罐，通气口安装 0.22μm 疏水性的空气过滤器，完整性试验在安装后进行一次，连续生产时每周进行一次，起泡点压力应大于 0.25MPa，若不合格则更换。

（4）注射用水的储存采用 80℃以上保温。

（5）注射用水/纯化水储罐及管路的清洁

① 在系统安装后、投入使用前，经注射用水/纯化水预冲洗→1% NaOH 循环清洗 30min→注射用水/纯化水冲洗→钝化（8%硝酸溶液 49～52℃循环 60min）→注射用水/纯化水冲洗→3%双氧水溶液循环 2h→注射用水/纯化水冲洗→清洁蒸汽消毒。

② 投入使用后的日常清洁

a. 注射用水/纯化水储罐、管路每月按以下步骤清洁一次：1%NaOH 溶液循环半小时→注射用水/纯化水冲洗→氧化剂循环 2h→注射用水/纯化水冲洗→清洁蒸汽消毒。

b. 氧化剂为 3%双氧水溶液和二氧化氯溶液（1000mg/kg），每次一种，交替使用。

c. 清洁蒸汽消毒保证终端温度不低于 121℃，时间在 20min 以上。

③ 停产三天以上（包括三天），注射用水储罐、管路用清洁蒸汽消毒 1 次。

(6) 注射用水储罐及管路每周/每月清洁后需检测以下出水点质量：蒸馏水机出口、储罐、总送水口、总回水口、浓配、稀配、配炭。

(7) 纯化水每周/每月清洁后需检测以下出水点质量：反渗透设备出口、纯化水储罐总送水口、总回水口。

(二) 空调岗位

1. 洁净系统空调

新风经初效过滤器、预热器（表冷器），与室内回风一起经加湿器、中效过滤器、高效过滤器，由送风管路送至洁净区各岗位。

2. 舒适系统空调

新风经初效过滤器、预热器（表冷器），与室内回风一起经加湿器、中效过滤器，由送风管路送至非洁净区各岗位。

3. 过滤器更换

初、中效过滤器一般情况下每 6 个月更换一次，若压差超过警示压差应及时更换，高效过滤器每两年更换一次。

(三) 准备工作

1. 消毒清洁液的配制

(1) 日常使用的消毒清洁液

① 洗衣粉溶液：供洁净服、工作服、清洁工具洗涤用。

② 洗手液：供手部清洁用。

③ 0.4%氢氧化钠溶液：供配液罐及工器具清洁。

(2) 房间消毒液为 75%酒精溶液、1000mg/kg 的二氧化氯溶液。

(3) 手部消毒液为 75%酒精溶液、200mg/kg 的二氧化氯溶液。

(4) 连续生产时，消毒液每月一种交替使用。

2. 工作服的清洁

(1) 工作服按编号进行管理。

(2) 万级洁净服、洁净鞋每天清洁灭菌一次，10 万级洁净服、洁净鞋连续生产时每两天或更换品种时清洁灭菌一次。

(3) 洁净服及洁净鞋用洗衣粉溶液洗涤后，经纯化水漂洗、甩干后进行整理，然后经过灭菌（自由设定程序：真空 3 次，灭菌 121℃ 30min，干燥 12min）。

(4) 不同洁净级别洁净服及洁净鞋应分别清洗。

(5) 非洁净区工作服、鞋用洗衣粉溶液洗涤，饮用水漂洗、甩干后进行整理，存放时用紫外灯照射 1h 以上，每周至少清洗两次，更换品种时清洁一次。

(6) 参观用大衣每次参观结束后清洗一次。

(7) 万级及 10 万级洁净服灭菌后应在 48h 内使用，超过时间重新灭菌。

(四) 压缩空气与惰性气体的预处理

(1) 压缩空气的净化　空气→压缩机→缓冲罐→四通阀除水→缓冲罐→15μm 钛滤棒粗滤→0.22μm 微孔滤柱精滤→使用点。

(2) 氮气　氮气→缓冲罐→浓硫酸→碱性焦性没食子酸溶液→注射用水→缓冲罐→15μm 钛滤棒粗滤→0.22μm 微孔滤柱精滤→使用点。

(3) 二氧化碳　二氧化碳→缓冲罐→浓硫酸→硫酸铜溶液→高锰酸钾溶液→注射用水→

缓冲罐→15μm 钛滤棒粗滤→0.22μm 微孔滤柱精滤→使用点。

（4）过滤介质更换　粗过滤介质每季度更换一次，精滤微孔滤柱用起泡点实验监测（0.22μm 聚四氟乙烯材质的滤材应不小于 0.25MPa），达不到要求者则应更换。

（五）理瓶

（1）安瓿的验收　按生产指令领取安瓿，按化验单及领料单认真核对外观质量、数量、生产厂家、规格，验收无误后再进行摆瓶。

（2）安瓿要均匀地摆放在铝盘中，摆好的安瓿要整齐地摆放在中转车中。

（六）原料的取检、预制

（1）原料在使用前应做小样预制。

（2）预制原料的领取　车间预制人员接到厂化验员送来的预制原料后（按配液 500mL 取检），要认真核对原料的生产厂家、品名、规格、批号及外观质量，确保准确无误后，方可接收，做好登记。

（3）预制　将取检的原料按工艺卡片进行预制，查看灭菌前及灭菌后的颜色、pH 值、澄明度，对于药典规定需检查热原的品种，将样品送到质检处检查热原。根据预制结果，发放预制报告单，经工艺员签字后，送至原辅料领用员处。

（4）预制样品经二人核对销毁并做好记录。

（七）领料与称量

1. 领料

领取原辅料时，必须有质检处注明“供针剂用”的化验单和车间预制报告单，领取时要认真核对生产厂家、品名、规格、批号及数量，领回车间在原料暂存室按品种、规格、批号分别存放并做记录。

2. 称量

① 首先检查外观质量，核对原辅料的品名、生产厂家、规格及批号，如发现异常现象不得使用，并及时上报。

② 认真学习和熟悉工艺卡片，计算出投料量，核对无误后方可称量。

③ 根据称取重量选择称量仪器，称料前检查电子秤等是否灵敏正常，合格证是否在有效期内，称料要准确，并经过复核。

④ 称量后剩余原料要经过检查复核并封口，确认无误后放入指定地点，做好标示及记录。

（八）配液

① 根据生产品种的工艺规程及工艺卡片进行。

② 每批剩药于冰箱内 0～4℃冷藏储存，与下批同品种药液一起调配，超过 60h 将剩药灌封于清洁输液瓶，经覆膜、扣胶塞，压盖后灭菌保存。期限为：成品有效期 2 年以下的品种保存 3 个月，有效期大于或等于 2 年、小于或等于 5 年的保存 5 个月，有效期 5 年以上的品种可保存 8 个月，上批剩药与回收药液的总量不得超过总配液量的 10%。

③ 药液的回收处理。如不更换品种，灯检可回收不合格品于次日进行回收处理，方法为：将不合格品装入三角盒，用专用镊子敲去瓶头，控出药液，回收药液倒入回收专用不锈钢桶内与新药液共同调配。

（九）药液的过滤及输送

① 输药前要处理管路。

② 根据生产品种选择粗、精过滤器（精滤用微孔滤柱要做完整性检查）。

③ 新钛滤棒使用前先用重铬酸钾硫酸洗液浸泡 30min，纯化水顶洗后再灭菌处理（121℃ 25min，干燥 20min），连续进行两遍，使用前以注射用水顶洗；新微孔滤柱使用前灭菌一遍（121℃ 30min，干燥 12min），安装前内外用注射用水冲洗。

④ 连续生产时，生产前钛滤棒进行灭菌处理（121℃ 25min、干燥 20min），微孔滤柱在线清洁（注射用水冲洗）。

⑤ 滤药用滤材分品种专用，更换品种时，将前一品种使用过的钛滤棒、微孔滤柱分别灭菌处理（钛滤棒 121℃ 25min，干燥 20min；微孔滤柱 121℃ 30min，干燥 12min）后封存并作好标示。

⑥ 药液经粗、精滤至澄明（无毛、点、块），送至灌封岗位。

⑦ 药液从配制到灌封应在 14h 之内完成，然后进行灭菌。

⑧ 每批生产结束后要进行清场并填写记录，并应由检查员检查合格。

⑨ 每批生产结束后应进行物料平衡计算（95%≤物料平衡值≤100%）。

⑩ 更换品种及连续生产一周时

a. 配液罐、管路的清洁：纯化水冲洗→0.4%NaOH 溶液冲洗或刷洗→纯化水冲洗→注射用水冲洗。

b. 工器具的清洁：纯化水冲洗→0.4%NaOH 溶液冲洗或刷洗→纯化水冲洗→注射用水冲洗→灭菌（真空 3 次，121℃ 30min)→干燥 12min。

c. 配液罐、管路、工器具、滤器清洁灭菌后应在 3 日内使用，超过 3 日应重新灭菌。

（十）半成品检验

① 由专职化验员依据各品种的工艺规程、工艺卡片及检验操作规程的要求进行配液后半成品的化验，并根据规定标准及检验结果出具报告单交给配液岗位（化验数据要经复核）。

② 对灌装过程中的半成品无特殊要求的应定期进行检验（上、下午各一次）。

（十一）洗瓶及灌封

1. 安瓿洗、烘、灌、封联动线（如图 10-9 所示）

① 安瓿在洗瓶机内注满注射用水，经超声波振荡清洗后，经过 3 次注射用水、4 遍压缩空气清洗吹扫，进入隧道烘箱进行干燥灭菌（高温段 300℃以上、5min 以上），最后经冷却段冷却至 40℃以下进入灌封岗位，然后经过空瓶充惰性气体、灌药液、安瓿上部充惰性气体、封口，完成灌封过程。

② 根据生产品种确定是否通惰性气体。

③ 新鲜水、循环水、压缩空气、惰性气体及药液的澄明度应合格。

④ 循环水、新鲜水、压缩空气的压力分别应为 0.3MPa、0.15MPa、0.2MPa 以上。

⑤ 惰性气体的流量前充气应在 400L/h 以上，后充气应在 600L/h 以上。

⑥ 隧道烘箱内应保持清洁，隧道烘箱出口前 5 排安瓿生产前弃去，清洗灭菌后的安瓿应清洁干燥，温度在 40℃以下，于 1h 内使用，超过时间应重新清洗灭菌。

⑦ 灌封过程中随时调整液量及火焰，并检查澄明度，正常后方可连续进行。正式运行前 3 组药液回收，安瓿丢弃不用。

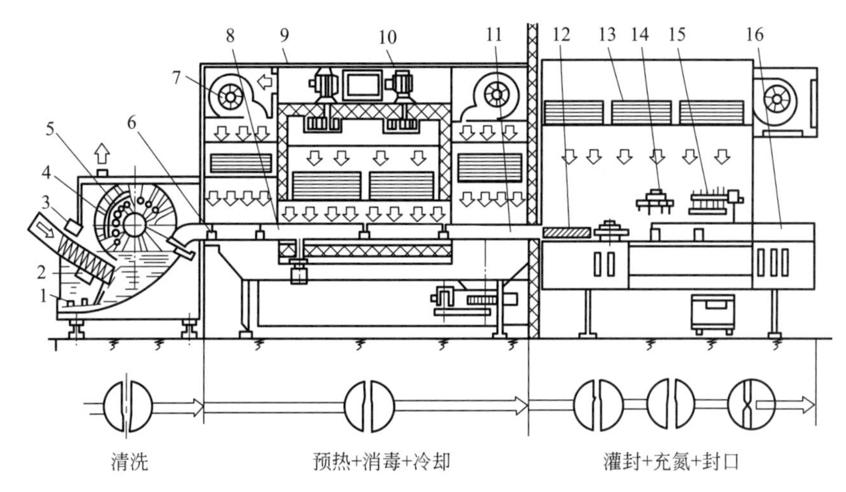

图 10-9 安瓿洗、烘、灌封联动机原理示意图

1—水加热器；2—超声波换能器；3—喷淋水；4—冲水、汽喷嘴；5—转鼓；6—预热器；7,10—风机；8—高温灭菌区；9—高效过滤器；11—冷却区；12—不等距螺杆分离；13—洁净层流罩；14—充气灌药工位；15—拉丝封口工位；16—成品出口

⑧ 1mL、2mL、20mL 易流动液装量分别控制在 1.1mL、2.15mL、20.6mL 以上，黏稠液装量分别控制在 1.15mL、2.25mL、20.9mL 以上。

⑨ 每灌完一盘药后，仔细检查将不合格品挑出，堵头插牢，放入灌封卡，整齐摆放于指定地点。

⑩ 生产结束后要进行清洁和清场，设备、输药管路及灌封针头应用注射用水冲洗干净，清场应由检查员确认合格。

⑪ 灌封过程中的不合格品回收药液后与当日配液剩药一并放入冰箱内 0～4℃冷藏储存，与下批同品种药液一起调配。

⑫ 更换品种和连续生产一周时

a. 管路的清洁：纯化水冲洗→0.4%NaOH 溶液冲洗或刷洗→纯化水冲洗→注射用水冲洗。

b. 工器具的清洁：纯化水冲洗→0.4%NaOH 溶液冲洗或刷洗→纯化水冲洗→注射用水冲洗→灭菌（真空 3 次，121℃ 30min)→干燥 12min。

c. 管路及工器具应在清洁灭菌后 3 日内使用，超过 3 日应重新清洁灭菌。

⑬ 生产结束后灌封针头用注射用水冲净后，进行灭菌处理（121℃ 30min，干燥 12min)，使用前用注射用水冲洗，胶管浸泡于消毒清洁液（75%酒精溶液与 1000mg/kg 二氧化氯溶液，每月一种交替使用）1h 以上，用注射用水冲洗后甩干，胶管、针头灭菌消毒后应在 3 日内使用，超过 3 日应重新灭菌消毒。

⑭ 灌封用软管按品种专用，更换品种时将前一品种使用的胶管用消毒清洁液浸泡消毒后，用注射用水冲洗甩干后在专用桶中存放，累计使用 20 批后进行更换。

⑮ 灌封后传至非洁净区的中转盘，经安瓿缓冲室进入 10 万级工器清洗室清洗后，经灭菌（121℃ 30min，干燥 12min）传至灌封岗位继续使用，清洗灭菌后 3 日内使用。

2. 单机线

（1）洗瓶及干燥

① 理好的安瓿放在荡瓶机内，使其全部进入专用模具内，然后放入超声波洗瓶机内进行超声波振荡洗瓶、注射用水冲洗、压缩空气吹扫，洗后的安瓿进入隧道烘箱，经过350℃高温干燥灭菌。

② 清洗灭菌后的安瓿应清洁干燥，温度在40℃以下，于1h内使用，超过时间应重新清洗灭菌。

③ 循环水、新鲜水、压缩空气澄明度应合格。

④ 保证洗瓶水压力大于0.35MPa，压缩空气压力大于0.4MPa。

⑤ 每次洗瓶结束后，洗瓶机内剩余安瓿应重新清洗灭菌。

(2) 单机灌封　安瓿灌封机如图10-10所示。

图10-10　安瓿灌封机

① 灌封前，首先检查压缩空气工作压力（控制在0.4MPa以上），检查员确认药液、惰性气体（根据生产品种确定是否通惰性气体）、压缩空气澄明度合格。

② 通入惰性气体保护的品种，惰性气体压力保证在0.1MPa以上。

③ 开车前，操作者用手转动机器皮带轮，检查机器运转情况。

④ 对好针头，调好液量及火焰，正常后方可开车，开车后前3组药液回收至稀配岗位，安瓿弃去不用。

⑤ 上瓶前，应把裂纹、破口、掉底、潮湿及有水珠的安瓿挑出。

⑥ 操作中要注意观察封口质量及装量。

其余同“安瓿洗、烘、灌、封联动线”相关内容。

（十二）灭菌及检漏

① 灌封后的药品整齐排列装车，进行检漏和灭菌（灌封后6h内），灭菌过程保证温度、气压的稳定，保证灭菌时间。

② 利用真空将有色水加入灭菌柜内进行检漏（真空度在－0.05MPa以上），色水检漏后进行灭菌。

③ 每柜灭菌结束后清场并做好记录，清场结果由检查员检查确认合格后方可进行下一灭菌柜的操作。

④ 每柜灭菌后逐盘挑出破损药品并按灭菌柜次划分亚批。

⑤ 在同一灭菌柜内不得同时对不同品种、不同规格的药品灭菌。

（十三）灯检

① 核对待检产品的品名、批号、亚批号、数量，正确无误后按批号及亚批号进行灯检。

② 首先检查外观质量，然后检查澄明度，将可回收与不可回收的不合格品分别挑出。

③ 可回收的不合格品指药液内有毛、玻璃屑、纤维块和外观不合格品（不包括漏眼），不可回收的不合格品指药液混浊、变色，安瓿裂纹等。

④ 澄明度检查法：用夹子夹住安瓿颈部，在伞棚灯下轻轻上下翻动，重复翻动三次。1～2mL 每次夹取 10 支，检查时间 10～12s；20mL 每次夹取 6 支，检查时间 21s。

⑤ 灯检发现异常情况要及时通知工艺员。

⑥ 灯检员检查的合格品由检查员进行抽检确认，不合格品超限者进行返工重检，直至合格。

⑦ 灯检合格后的药品每盘放入一张填有品名、批号、检查者及盘数的灯检卡，合格品、待检品、待抽检、不合格品分别加以标示，放在指定地点。

⑧ 灯检过程每 2h 休息眼睛 15min。

⑨ 灯检后统计灯检合格产量和不合格品支数。

⑩ 将可回收的灯检不合格品集中起来，做好标示（注明品名、规格、批号、数量、生产日期），送至配液岗位（更换品种时送至不合格品储存室），并与配液岗位负责人交接。

⑪ 将不可回收的不合格品由专人销毁并记录。

⑫ 每一灭菌柜的药品灯检结束后应清场并做好记录，清场结果由检查员检查确认合格。

（十四）包装

① 按生产指令领取各种包装材料，核对品名、数量，限额领取。

② 核对待包装产品的品名、批号、亚批号、灯检代号和数量，按批号、亚批号、灯检代号进行包装。

③ 需印字的品种用蓝色油墨在瓶身印字，保证字迹清晰整齐、内容完整正确（含量、规格、品名及批号）、瓶身清洁。

④ 需贴签的品种（麻醉药品、一类精神药品）不干胶打印正确、完整（批号、有效期至）、字迹清晰，并要保证不干胶粘贴端正，无漏贴、无重叠。

⑤ 标签、产品合格证、包装箱上需打印品名、规格、批准文号、批号、有效期至、生产日期等项的打印应清晰准确（包装箱上打印的字体颜色按照各品种包装标准执行），内外包装应相符，按灯检代号进行包装，并做好标示和记录。

⑥ 盒内支数与箱内盒数要准确，按各品种规定加放说明书。

⑦ 标签粘贴或摆放要端正、牢固。

⑧ 麻醉药品及一类精神药品需加防盗锁，保证锁牢固，不得漏锁，其他根据各品种包装标准加贴封签。

⑨ 每箱放 1 张产品合格证，按照各品种包装标准在包装箱内衬泡沫托或箱垫，每年的 10 月第一批产品至次年 2 月最后一批产品装箱时用 15 层防寒纸代替箱垫。

⑩ 每亚批零头与下一亚批产品合箱，并做好标示和记录。

⑪ 按照各品种包装标准用胶带纸封包装箱上、下两面，用打包带捆两道或捆“井”字，箱上打印灯检代号。

⑫ 每一亚批包装结束后将印有批号的标签、包装箱、产品合格证和残损的标签、包装箱、产品合格证、说明书由二人监督销毁，剩余的标签、包装箱、说明书退至包材领料员处。

⑬ 每一亚批包装结束后清场并做好记录，清场结果由检查员检查确认合格。

（十五）入库

每批包装后的产品应核对数量后及时入库，接到合格报告单后，办理正式入库手续。

二、大容量注射剂机械及设备

（一）工艺操作准备

1. 生产任务的签发

① 生产任务由车间技术负责人根据生产计划表起草，并依据产品工艺规程于生产前一个工作日制定。

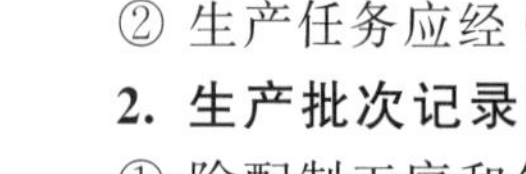

大容量注射剂灌封机-视频

② 生产任务应经 QA 质监员审核并签字，由车间主任签字批准后生效。

2. 生产批次记录的发放

① 除配制工序和包装工序外，工序相应的生产批次记录于生产当日由车间工艺质监员发放给各工序负责人，并于工序结束当日填写完整返回车间工艺质监员处汇总。

② 配制工序和包装工序的生产批次记录于生产前一天由车间工艺质监员随同批次生产指令或批包装指令一同发放，并于工序结束当日填写完整返回车间工艺质监员处汇总。

③ 所有生产工序必须按批次生产（包装）指令执行。

3. 工艺用水的管理使用

① 纯化水、注射用水系统由工程设备科管理，经制水工序制备而得。

② 按照车间质量控制规范，纯化水每周生产第一个工作日由 QA 质监员取样送 QC 检验，注射用水在生产期间每天下午三点由 QA 质监员取样送 QC 检验，QC 检验合格后出具报告单由 QA 质监员交至车间工艺质监员。

③ 车间配料岗位投料前，确认所用注射用水经检验符合规定，记录使用注射用水的批号检验报告单附批生产记录中。

④ 车间在没有收到工艺用水检验报告单的情况下，不得进行生产操作。

4. 各工序取（留）样一览表（见表 10-1）

表 10-1　各工序取（留）样一览表

工序	取样数	取样人	参照文件	接收部门
配制	200mL	QA 质监员	中间体检验	QC
灭菌	12 支/柜		无菌检查	
包装	45#瓶(盒)		检验、留样	QC、QA

5. 批包装指令的签发

① 车间技术负责人在灭菌工序完成后对半成品数量、质量等方面进行审核并对照生产工艺检查已完成的工作是否按工艺执行。

② 车间技术负责人计算理论成品率和预计成品率后根据公司质量规定判定生产是否异常，如有异常按质量管控规定调查分析原因。

③ 批审查通过后，车间技术负责人依据产品工艺规程，于包装前一个工作日签发批包装指令。批包装指令应经 QA 质监员审核并签字，由车间主任签字批准后生效。

6. 批生产记录在交由车间工艺质监员汇总后，由车间技术负责人审核并签名，要求在包装完成的两个工作日内送质监科。

（二）操作过程及工艺条件

1. 工艺用水

（1）操作过程

① 原水为符合国家饮用水标准的自来水。

② 纯化水由原水经机械过滤→活性炭过滤→精滤（保安）→一级反渗透→二级反渗透→脱气塔→进入储罐→紫外灯灭菌→膜过滤→各使用点。

③ 注射用水由纯化水经多效蒸馏水机蒸馏而得。

（2）工艺条件

① 原水应符合国家饮用水标准。

② 原水的预处理的进水流量应≤8.6m^3/h。

③ 纯化水和注射用水的电导率和离子检查应符合《中国药典》注射用水的标准。

2. 配制工序

（1）操作过程

① 按批生产指令，开领料单由车间主任签字后，凭领料单领取原辅料。

② 根据原辅料检验报告书，对原辅料的品名、批号、生产厂家及数量进行核对，并分别称（量）取所需原辅料，各不同品种的具体操作按照各自不同工艺要求执行。

③ 原辅料的计算、称量、投料必须进行复核，操作人、复核人均应在原始记录上签名。

④ 过滤前及本批生产结束，滤芯均需要做气泡点测试，应符合企业技术规定。

⑤ 配料过程中，凡接触药液的配制容器、管道、用具等均需做特别处理。

⑥ 称量时使用经计量检定合格、标有在有效期内的合格证的衡器，每次使用前应检查核对。

（2）工艺条件

① 配制用注射用水应符合《中国药典》“注射用水标准”。

② 其余工艺条件按照各自不同工艺要求执行。

③ 药液从稀配到灌装结束应不超过4h（特殊品种另定）。

3. 理瓶外洗工序

（1）操作过程　按批生产指令领取输液瓶并除去外包装，在理瓶间经理瓶转盘送入外洗机，瓶身外表面清洗干净后进入洁净区，洗瓶可采用超声波洗瓶机，也可采用箱式洗瓶机。箱式洗瓶机工位如图10-11所示。

（2）工艺条件　外洗机采用纯化水进行清洗，毛刷无断裂、脱毛。

4. 洗瓶工序

（1）操作过程　输送带将外洗好的输液瓶送至超声波洗瓶机内进行清洗，具体操作见超声波洗瓶机标准操作规程。

（2）工艺条件

① 纯化水和注射用水应符合《中国药典》标准。

② 超声波槽水温应控制在40～50℃；检查超声波强度2kW×2组（折合电流约9A/组），大于额定电流的80%属正常，在线操作须每小时记录一次。

③ 注射用水压力0.15～0.20MPa，流量4m^3/h。喷射管路压力，表压为0.10～0.15MPa。

④ 超声波洗瓶出口处取洁净输液瓶用过滤注射用水荡洗后进行不溶性微粒监测，要求10μm以上的微粒不得过20粒/mL，25μm以上的微粒不得过2粒/mL。

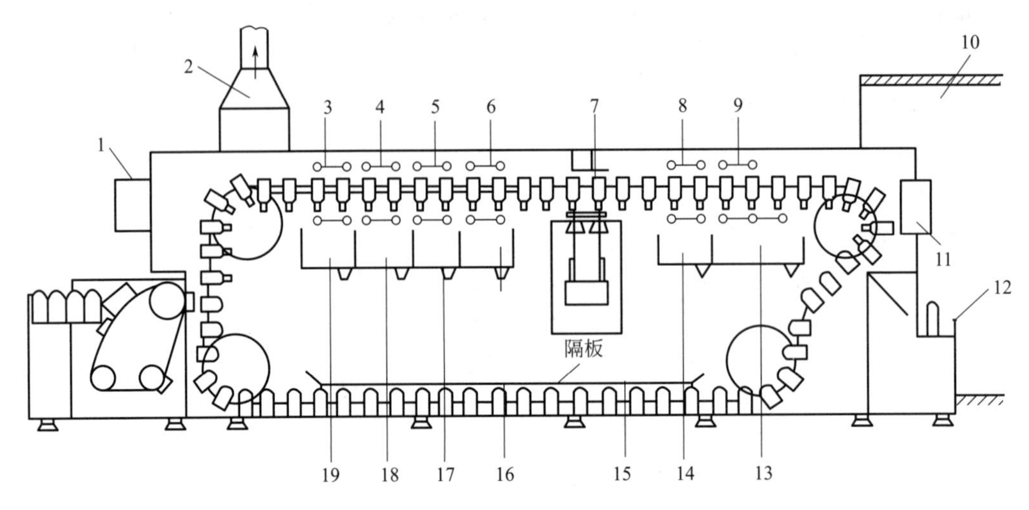

图 10-11　箱式洗瓶机工位

1,11—控制箱；2—排风管；3,5—热水喷淋；4—碱水；6,8—冷水喷淋；7—喷水毛刷清洗；9—蒸馏水喷淋；10—出瓶净化室；12—手动操作杆；13—蒸馏水收集瓶；14,16—冷水收集箱；15—残液收集箱；17,19—热水收集箱；18—碱水收集箱

5. 胶塞清洗工序

（1）操作过程　将已脱包的胶塞通过全自动胶塞清洗机吸料装置送入清洗机内腔，设定清洗程序后开始清洗、硅化、灭菌及干燥。出料在百级层流罩下进行。

（2）工艺条件

① 注射用水应符合《中国药典》标准。终端使用 0.22μm 的聚醚砜滤芯过滤。

② 对硅化前最后冲洗水和清洁胶塞分别进行不溶性微粒监测，要求 10μm 以上的微粒不得过 20 粒/mL，25μm 以上的微粒不得过 2 粒/mL。

6. 灌装、压塞工序

（1）操作过程

① 将已处理的灌装机、阀门等安装好，用 0.22μm 滤芯过滤的新鲜注射用水清洗，调试灌装机，校正装量，并抽干注射用水。

② 接通药液管道，将开始打出的适量药液回入配制，重新过滤，并检查澄明度合格后，开始灌装；灌装时每半小时抽检装量一次，灌装容量可通过灌装机上的药液调节阀进行流量调节达到要求装量，并填写在原始记录上。

③ 将清洁无菌的胶塞倒入理塞斗，开振荡器调节旋钮使胶塞充满送塞轨道。液体灌装机如图 10-12 所示。

（2）工艺条件

① 量筒检测装量，100mL 产品理论装量为 102.0mL，在线控制在 100.0～103.0mL。

② 灌装压塞间内的风速、换气次数、尘埃粒子、菌落数、温度、湿度按百级层流洁净环境监控制度执行。

③ 从传送带上取已轧盖产品，进行澄明度检查（20 瓶/次）和不溶性微粒（1 瓶/次）监测，要求 10μm 以上的微粒不得过 20 粒/mL，25μm 以上的微粒不得过 2 粒/mL。

④ 已灌装的半成品，应在 6h 内灭菌。

7. 轧盖工序

（1）操作过程　筛选好盖子装入理盖斗内。检查瓶口瓶盖高度与轧盖位置。开理盖振荡

图 10-12　液体灌装机

器调节旋钮至所需要的量使盖子充满送盖轨道。运行中应时刻注意绞龙与拨轮及轧头轧刀运转情况。每半小时抽查一次轧盖是否完好。

（2）工艺条件　每半小时检查轧盖质量，用三指拧法检查轧盖严密性，不能有歪盖、松盖及皱纹。

8. 灭菌工序

（1）操作过程

① 按批生产记录，设定好温度、时间等数据。

② 将轧盖后的输液产品根据产品流转卡，核对品名、规格、批号、数量正确后，送入灭菌柜中进行灭菌，具体见操作规范。

③ 同一批号需要多个灭菌柜次灭菌时，需由车间技术负责人编制亚批号，灭菌负责人填写产品流转卡，对灭菌产品和未灭菌产品以及不同亚批号产品加以区分，并严格控制操作间的人员进入。

（2）工艺条件　按产品各自不同工艺要求执行。

9. 灯检

（1）操作过程　产品由卸瓶机输送至工作台面，并由转盘将产品送上输送带，上灯检台灯检。按卫生部《澄明度检查细则和判断标准》进行灯检，将灯检合格产品由输送带送到下道工序。不同亚批号要分别灯检，不得混淆。具体见操作规范。

（2）工艺条件　按产品各自不同工艺要求执行。

10. 贴签、装箱工序

（1）操作过程

① 由灯检输送带输出的成品进入贴签工段，并由质监员检查印有该产品名称、规格以及批号、有效期的瓶贴，放置于设备上。再由气缸用正负压缩空气将瓶贴贴在输液瓶上。

② 根据批包装指令领取包装材料，由质监员核对装箱单、拼箱单等内容。在无误的情况下进行封箱入库。

③ 不同亚批号要分别贴签和包装，拼箱要有拼箱单。

（2）工艺条件　按产品各自不同工艺要求执行。

（三）技术安全、工艺卫生及劳动保护

1. 技术安全

① 操作人员操作时应按规定穿戴好劳保用品，并严格按设备操作规程进行操作，做到人离关机、关水、关电。

② 灌装应严格控制氮气的压力，操作完及时关闭氮气开关及一切电源开关。

③ 包装材料严格按防火措施。

④ 相关岗位应注意防酸、碱等化学试剂损伤。

2. 工艺卫生

① 洗瓶、浓配、稀配、灌装压塞区域的风速、换气次数、尘埃粒子、菌落数、温湿度按洁净环境监控制度执行。

② 各工序执行厂房、设备的清洁规程和清场管理制度。

③ 操作人员按规定穿戴好工作衣、帽，一万级、局部百级区域需戴好口罩。

3. 劳动保护

① 产生粉尘的房间（如称量间）在操作过程中，应开启除尘罩。

② 使用注射用水、烘箱时要注意安全，以防烫伤。

③ 除国家有关劳保规定外，本生产线无特殊劳保要求。

安瓿灌封-视频

三、安瓿灌封机

以安瓿拉丝灌封机为例，如图 10-13 所示介绍液体制剂操作、清洁、维护和保养规范。

（一）准备阶段

灌封岗位生产操作人员根据生产指令进入生产区域，执行《人员进出万级、万级（局部百级）区域更衣程序》。

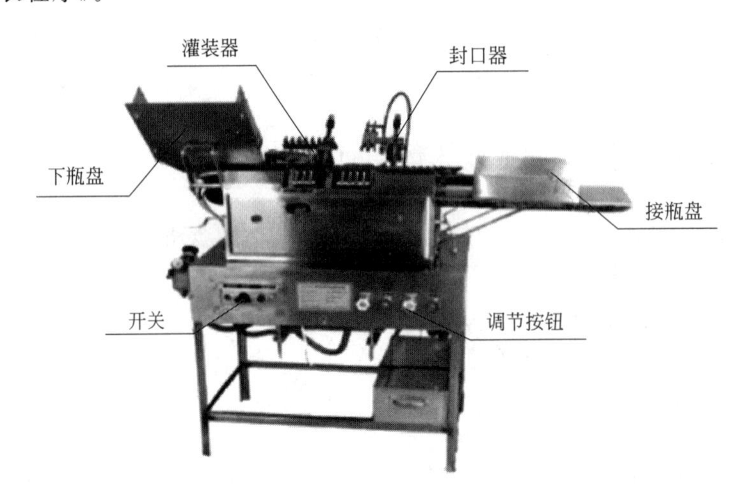

图 10-13　安瓿拉丝灌封机

（二）检查阶段

（1）检查灌封岗位的生产状态标示是否为“已清场”。如果是，由 QA 检查员进行生产前确认并开具“清场合格证”；如果不是，则执行《灌封岗位清场标准操作规程》，由 QA 检查员到现场进行清场检查，检查合格，取得“清场合格证”后，再执行“已清场”后的操作。

（2）检查生产区域各种状态标示处于可生产状态，用记号笔在生产状态标示上填写产品名称、规格、批号、数量、生产日期等内容，换挂“生产中”状态标示。

（3）检查生产操作区静压差、温度、相对湿度是否正常，并做好记录。

（4）检查灌封机设备是否是“已清洁”，如果不是，执行《拉丝灌封机清洁规程》。

① 清洁工具：洁净擦布，镊子，橡胶手套，清洁盘。

② 清洁部位：拉丝灌封机的内外部。

③ 清洁剂及消毒剂：注射用水、0.5%NaOH、75%乙醇。

④ 清洁、消毒方法：生产操作前，用消毒剂清洁、消毒灌封机进瓶斗、出瓶斗、齿板及外壁。清洁后，将设备挂上“运行中”标示。

⑤ 根据《生产指令单》核对生成文件及处方，岗位操作人员根据《生产指令单》认真核对待灌封产品的品名、批号、规格、数量及是否有检验报告单，审查合格后，按《洁净区人流、物流管理规程》将待灌封产品转入生产区域。

⑥ 确认灌封用容器具、低硼硅玻璃安瓿已清洁灭菌，并在灭菌有效期内。

（三）灌封操作阶段

1. 灌药器的安装和机器的调试

① 将灌药器与活塞分离，安装灌药器弹簧，分解和安装时应避免直接接触活塞表面及其他接触药液部位。右手拿吸液管上端，注意不要碰到吸液管接触药液部位，左手迅速拧开原液瓶塞，右手迅速下入吸管后，用灭菌锡纸盖好瓶口。安装完毕后，检查灌封机各部件是否齐全，松紧是否合适并冲洗灌药器。

② 每次开车前，用手轮转动机器主轴，观察是否有异常现象，确认正常后方可开车运行。启动电机，空车运行检查有无异常响动、震动，并在各运行部位加润滑油。

③ 停机用手轮输送一组十二支空安瓿瓶放置于针架上，旋松螺母，使安瓿与上固定板及下固定板互成90°，再调整上固定板的高低，并使上固定板距离安瓿口约17mm，然后旋紧螺母。针头在进入安瓿时必须时机适当，针头伸入安瓿内的距离超过瓶颈2mm，但不得摩擦安瓿口，因此，可按以下步骤调节：a. 为使针头进入安瓿时不与安瓿口摩擦，可以将针头调节螺钉松动，移动针头固定板，然后对准安瓿中心旋紧即可。b. 针管在安瓿内的调节，首先调整针体到瓶内的大概位置，然后调节螺钉，使针管微量上下移动，到所规定的要求范围内。c. 上述两点的调节，必须是用手轮来调整的（手轮方向面对操作者为顺时针，不可逆时针旋转），转动手轮，针头架上针头下移时，安瓿恰好运动到灌装药液工位，针头进入安瓿内，灌注药液，待药液灌注完毕后，针头应在安瓿运动前完全退至安瓿口外。按此方法调整完毕后进行下一操作。

2. 装量

① 核对药液品名、规格、批号、药液体积、生产日期与批生产指令一致，填写交接记录。

② 根据需要调整装量（见表10-2），并进行控制。松开螺帽，旋动调节螺杆上下调节，即可调整药液装量，用量筒确定测试值后，旋紧螺帽即可。

表10-2 装量调整依据

标示装量/mL	增加量/mL	
	易流动液	黏稠液
2	0.15	0.25
5	0.30	0.50

3. 上安瓿瓶

把安瓿加入进瓶盘，在不停机情况下，可打开离合器手柄，使输送链送瓶，输送链、输送板要保持同步，使安瓿能顺利输送到各个工位。

4. 火焰调节

点燃火源，调整氢氧发生器，使火焰大小适中。调节螺钉使火头架上的火焰与安瓿位置保持一定距离约为12mm，使火点的火焰距离安瓿口约8mm。预热火头调节到使安瓿瓶颈微红，再调节拉丝火头。当燃气气压达到在0.5MPa时，反复调整，直至火焰达到生产要求。

5. 拉丝钳的调节

调节钳口位置，通过对拉丝钳的粗调，使拉丝钳钳口到达安瓿拉丝部位后，观察拉丝情况，再调整微调螺母进行微调，修正钳口位置，使瓶颈长短一致，封口严密不漏气，顶端圆整光滑。拉丝钳开闭的调节：开钳凸轮转动，使钢丝绳上下运动，压板上下摆动，从而使拉丝钳关闭，完成拉丝动作，调节螺栓微调钳口开合大小。调节完毕后，试生产若干瓶，检查机器运转、装量、封口是否达到技术标准。上述步骤完全符合生产技术规程后则可连续生产。

6. 出瓶调节，出瓶翻板与输送系统同步，出瓶应平稳。调整翻板侧面螺钉使翻板在安瓿的平稳点上。

7. 灌封过程中，岗位操作人员及QA检查员每隔30min抽取10～20支检查装量及可见异物，调节装量至规定范围内。

8. 物料平衡计算

玻璃安瓿瓶领用量＝调试量＋瓶抽查量＋破碎量＋灌封不合格量＋剩余量＋灌封合格数量＋抽检总数

药液物料平衡计算式：

药液总量＝(灌封合格安瓿瓶数量＋灌封不合格安瓿瓶数量＋抽检安瓿瓶总数量＋调试安瓿瓶数量)×单瓶实际灌封药液量＋剩余药液量

(四) 生产后处理阶段

1. 半成品处理，用镊子挑出不合格品放入指定盘内，做好标示，标明品名、批号；将封口合格产品装入盘内，放入封装卡，标明品名、批号、操作者，摆放在运输车上。

2. 将齿板上和进瓶盘上剩余低硼硅玻璃安瓿取下，按管理规定处理，灌封过程中挑出的碎瓶和不合格品，统计数量后送至指定位置，统一处理。

3. 清场

(1) 将设备状态标示换为“清洁中”，生产状态标示换为“清场中”。

(2) 生产结束后，按《拉丝灌封机清洁规程》、《不锈钢容器具、玻璃容器具、硅胶管及塑料容器具清洁灭菌标准操作规程》对灌封机、灌注器具进行清洁及消毒，按《灌封岗位清场标准操作规程》及《万级、万级(局部百级)区域清洁规程》进行清洁及清场。①关闭电源开关，拔下电源插头，拆卸灌注系统，放在指定容器内。②将进瓶斗、出瓶斗、齿板及灌封机各部存在的玻璃屑清除干净。③用洁净擦布，将进瓶斗、出瓶斗、齿板以及灌封机上的药液、油垢擦拭干净，用干燥的灭菌洁净擦布擦一遍。④用消毒剂清洁、消毒进瓶斗、出瓶斗、齿板以及灌封机外壁。⑤清除灌封机周围地面玻璃屑，用消毒剂清洁、消毒地面。

(3) 灌注系统清洁灭菌

① 在洁净区洗刷灭菌室，用纯化水冲洗各部件，用0.5%NaOH溶液浸泡1h以上除热原，用纯化水冲洗至洗涤水pH与纯化水pH一致。

② 用注射用水冲洗各部至洗涤水pH与注射用水pH一致，放入指定的洁净容器内，灭菌后备用。

(4) 清洁工具的清洁与存放

① 洁净擦布使用后，先用洗洁精水溶液洗涤干净，再用纯化水清洗干净，灭菌后，晾干，存放于洁具室指定位置。

② 清洁桶使用后，用纯化水冲洗干净，晾干，存放于洁具室。

③ 万级（局部百级）清洁工具在万级洁具室清洗，放于杀菌消毒箱中备用。

(5) 清洁结束后及时填写记录。

(6) 岗位操作人员把废弃物整理好后，由传递窗传出生产区。

(7) 清洁结束后，岗位操作人员及班组长进行自检，自检合格填写“清场记录”，由QA检查员进行清场检查，检查合格后在记录上签字，并签发“清场合格证”，合格证入批生产记录。

(8) 生产岗位操作人员生产状态标示换挂为“已清场”，将设备状态标示换挂为“已清洁”。如不能及时清场，生产状态标示应换挂为“待清场”，设备换挂为“待清洁”状态标示。

(9) 清洁清场结束后，生产操作人员执行《人员进出万级、万级（局部百级）区域更衣程序》，按进入程序逆向操作退出生产区，将脱下需清洗的工作服按《万级、万级（局部百级）区域工作服装清洗规程》规定及时清洗。

4. 重点操作的复核、复查

(1) 灌封过程中每30min进行一次装量检查。

(2) 操作者的手每15min用75%乙醇消毒一次，手自然风干后方可操作。

(3) 填写中间产品交接记录，核对品名、批号、规格、数量及分装量。

(4) 检查标准见表10-3。

表10-3 检查标准

工序	质量监控点	质量监控项目	质量标准	检测方法	频次
灌封	灭菌后低硼硅玻璃安瓿	清洁度	无可见异物	现场检查	随机/批
	药液	色泽，澄明度	符合质量标准	现场检查	1次/批
	灌封后中间产品	药液装量	符合生产工艺规程	现场检查	30min一次
		可见异物	无可见异物	灯检	随机/批
		封口长度、外观	长度一致、圆滑、无尖、无泡、无炭化	现场检查	随机/批

(5) 灌封机的维修清洗

① 维修。设备在使用前，检查各线路是否连接正确，各部位是否松动。设备在使用中一定严格按照设备标准操作规程运行。设备使用完后，要检查设备润滑情况，对设备进行彻底清洗。常见故障处理见表10-4。

表10-4 设备常见故障处理

出现的故障	解决方法
工作台面高度过大或过小	调节机脚螺丝
灌封量过大或过小	调节定量阀
灌封速度过低	调节变速箱检查皮带

② 清洗。生产操作前：用75％乙醇清洁，消毒灌封机进瓶斗、出瓶斗、搬运齿板及外壁。用注射用水浸湿洁净擦布，将进瓶盘、出瓶盘、传送齿板以及灌封机上的药液、油垢擦拭干净，用干灭菌洁净擦布擦干。

5. 工艺卫生和环境卫生

工艺卫生和环境卫生［低硼硅玻璃安瓿灌封岗位为万级、万级（局部百级）清洁区］具体内容详见表10-5。

表10-5 工艺卫生和环境卫生

内容 \ 区域		10000级区	局部100级区	发生偏差采取的措施
温湿度	标准	温度18～20℃，相对湿度45％～65％（特别要求例外）		① 增大制冷量 ② 增大除湿能力
风量和风速	标准	换气次数≥20次/h	风速≥0.25m/s	① 增大或减少进风阀门 ② 更换高效过滤器
空气压力	标准	≥5Pa		调整风量的分配及增大风速
尘埃粒子	标准	个/m^3	个/m^3	① 重新清洁环境卫生 ② 增加自静时间 ③ 更换高效过滤器
	≥5μm	≤2000	≤35000	
	≥0.5μm	≤350000		
沉降菌	标准	≤3个/m^3	≤1个/m^3	① 用消毒剂清洁环境卫生 ② 用臭氧消毒 ③ 更换高效过滤器

经常保持本区域的清洁卫生，符合本生产区域卫生管理规定。生产前，必须开启臭氧发生器消毒1.5h。洁净室（区内的人员定额为每人4m^2）中，进入操作室人员必须严格按照更衣程序更衣，手消毒后进入。进入操作室所经各门必须随手迅速关闭，不得连续同时进出和开门缝对话，各传递窗的两门不得同时对开。在洁净室（区）操作时应尽量避免外出，操作应稳、轻，尽量减少活动和交谈。从低级别进入高级别生产区的物品，须彻底清洁消毒后方可进入。洁净室（区）内记录用笔应为黑水笔，记录用纸、笔需清洁，消毒后传入洁净室。清洁工具（擦布、拖布、扫把）使用后立即洗净、消毒，存放在相应区的洁具区。

6. 安全和劳动保护

设备运行过程中如有异常现象发生，应及时停机，通知维修人员检修。生产结束时，关好电源开关。岗位人员应坚守本岗，不得随便进入其他岗位，外来人员未经车间领导允许，不得进入生产岗位。生产区不得存放与生产无关的物品，不能用水冲洗电气设备，以免发生意外。异常情况处理和报告：如遇突然停电应马上切断设备电源，待供电后再重新开机，操作过程中发现异常应上报班组长和车间主任。认真及时填写当日的批生产记录及生产辅助记录。

【思考题】

1. 液体制剂生产线的自动化有何意义？
2. 液体制剂生产设备如何达到洁净要求？

实训任务　维护粉针剂生产设备

能力目标： 能够熟练查询该设备的相关资讯，运用现代职业岗位的相关技能，归纳和总结出设备的检修要点和安全措施，制定出检修制度和检修规范，包括检修记录表、检修要点、安全事项、检修规范等。

知识目标： 了解该设备的相关基础知识，掌握该设备检修要点和检修方法，掌握该设备的分类、特点、安全、操作、维修、保养等知识，以及对设备资讯的对比、分析、归纳、总结的方法与要点。

实训设计： 公司制剂车间制剂小组接到工作任务，要求及时维护、排除故障、完成检修和制剂任务；按照车间组织构成，分为若干班组（项目组），选出组长，由组长协调组员进行检修任务的开展和工作，完成项目要求，提交维修报告，以公司绩效考核方式进行考评。

一、粉针剂生产设备特点

在小容量注射剂中，粉针剂的技术已相对成熟，与小容量液体注射剂相比，具有稳定性高、运输方便等优点，正是因其独特的剂型优越性在国内的主要剂型中占有极其重要的地位，成为药厂主打产品的剂型。抗生素瓶冻干粉针与粉针剂生产设备一般由联动线组成。在生产过程中，习惯上把洗瓶机、隧道式灭菌干燥机、分装机、轧盖机这几个单机组合成联动生产线，称为无菌粉末洗烘灌轧联动线。

国外粉针剂生产设备发展很快，有许多公司都生产成套粉针剂生产联动线及单元设备。这些公司生产的粉针剂生产设备形式又各有不同，但共同的特点是：技术性能先进，自动化程度高，运行稳定可靠，成品质量好，符合GMP，且总是根据使用需要不断改进，基本上代表了当今世界粉针剂生产设备的水平。目前国内已开发了符合国情的成套生产线及单元设备，已能为制药厂提供符合GMP的粉针剂设备。而且该类设备价格比较合理，实用性、稳定性还可以，有关产品已经通过一定级别的技术鉴定，所以用户选购数量较多。但与国外先进水平相比，还有待改进与提高，尤其是联动线的模块化、数控型设计应为主流方向，要充分考虑在线检测装置，尽量降低风险。

二、实训任务

按照明确任务、技能实训、知识学习、实训总结、理论拓展的五步项目实训教学法开展实训教学任务（参看第二章实训任务）。

可以因地适时选择某种型号的液体制剂生产设备，通过文献检索，对该设备的技术背景、分类、前沿、热点进行归纳和总结，列出市场上该设备的优缺点、创新点、操作步骤、环保安全、使用要求等方面的要点。

针对该设备，开展近两年的文献检索研究，按照上述思路展开归纳与对比，根据具体设备的技术指标，完成使用评估实训任务，制定出该设备的使用要求和要点，提交设备使用记录和评估报告。

【课后任务】

1. 查询新型粉针剂生产设备。
2. 请列举药用液体制剂生产设备。

第十一章 固体制剂设备的使用与维护

散剂、颗粒剂、片剂、胶囊剂、滴丸剂、膜剂等属于常用的固体制剂，固体制剂的物理、化学稳定性比液体制剂好，生产制造成本较低，服用与携带方便。固体药物在体内首先溶解后才能透过生理膜，被吸收入血。其中片剂在世界各国药物制剂中占有重要地位，是目前临床应用最广泛的剂型之一。

第一节　固体制剂概述

一、片剂

片剂是指药物与适宜辅料混合后经压制而成的片状或异形片状制剂，可供内服和外用。其种类包括普通压制片、包衣片、糖衣片、薄膜衣片、肠溶衣片、泡腾片、咀嚼片、多层片、分散片、舌下片、口含片、植入片、溶液片、缓释片。

一种片剂的性质受处方和制法的影响，而这两因素之间有很大的相关性，一个适宜的处方能制得满意的片剂，因此，必须按照需要、有利条件、制法及所用的设备来设计。制备片剂的主要单元操作是粉碎、过筛、称量、混合（固体-固体、固体-液体）、制粒、干燥及压片、包衣和包装等，其中制粒方法有：湿法制粒、干法制粒、流化床制粒、喷雾制粒等。其中湿法制粒最常用。压制的片剂可再进行包衣制成包衣片。片剂生产设备主要有压片机、包衣机、抛光机。

二、颗粒剂

颗粒剂是将药物与适宜的辅料配合而制成的颗粒状制剂。一般按其在水中的溶解度分为可溶性颗粒剂、混悬型颗粒剂和泡腾性颗粒剂。

颗粒剂可以直接吞服，也可以冲入水中饮入，应用和携带比较方便，溶出和吸收速率较快。颗粒剂的特点如下：

① 飞散性、附着性、团聚性、吸湿性等均较少；

② 服用方便，可根据需要制成色、香、味俱全的颗粒剂；

③ 可对颗粒剂进行包衣，使颗粒剂具有防潮性、缓释性或肠溶性等，但必须保证包衣的均匀性；

④ 多种颗粒混合时易发生离析现象，从而导致剂量不准确。

颗粒剂的制备工艺与片剂的制备工艺相似，其主要单元操作包括粉碎、过筛、称量、混合（固体-固体、固体-液体）、制粒、干燥、分剂量、包装等，即不需压片，而是将制得的颗粒经干燥定量直接装入袋中。

三、散剂

散剂系指一种或数种药物均匀混合而制成的粉末状制剂，可外用也可内服。按组成药味多少来分类，可分为单散剂与复散剂；按剂量情况来分类，可分为分剂量散与不分剂量散；按用途来分类，可分为溶液散、煮散、吹散、内服散、外用散等。

散剂的粉碎程度大，比表面积大，易于分散、起效快；散剂外用覆盖面积大，可以同时发挥保护和收敛等作用；散剂储存、运输、携带比较方便；散剂制备工艺简单，剂量易于控制，便于婴幼儿服用。

基于上述散剂的优点，也就存在飞散性、附着性、团聚性、吸湿性的缺点。

散剂制备的工艺流程如图 11-1 所示。

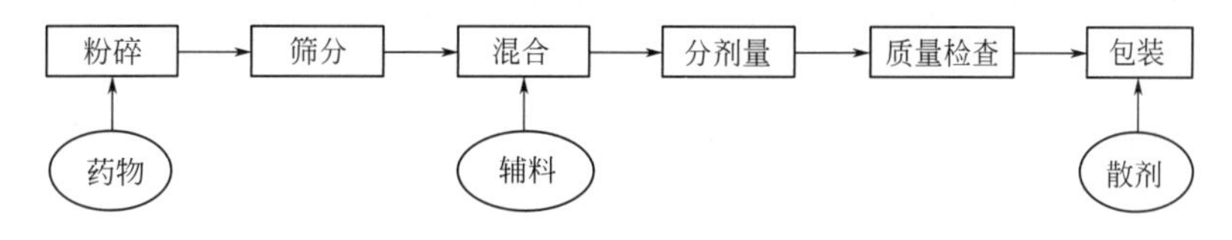

图 11-1　散剂制备的工艺流程

四、胶囊剂

胶囊剂系指饮片用适宜方法加工后，加入适宜辅料填充于空心胶囊或密封于软质囊材中的制剂，可分为硬胶囊、软胶囊（胶丸）和肠溶胶囊等，主要供口服用。其中硬胶囊剂指将饮片提取物、饮片提取物加饮片细粉、饮片细粉与适宜辅料制成的均匀粉末、细小颗粒、小丸、半固体、液体填充于空心胶囊中的胶囊剂。

硬胶囊剂的制备工艺流程包括空胶囊的制备和选择、药物的处理和填充、封口、除粉打光、质量检查、包装。

软胶囊剂也称软胶丸剂，它是将油类或对明胶物无溶解作用的非水溶性的液体或混悬液、固体药粉等封闭于胶囊壳中而成的一种制剂，其形状有圆形、椭圆形、鱼形、管形等。软胶囊是继片剂、针剂之后发展起来的一种新剂型，其特点是比针剂起效慢，但又比片剂、硬胶囊剂、颗粒剂起效快，生物利用度高；比口服液携带方便，且在囊壳上稍加改变，便可制成肠溶软胶囊等缓释剂型，还可做成栓剂。软胶囊剂的制备通常分为压制法和滴制法。

适宜制成软胶囊剂的药物如下：

① 油性药物及低熔点药物最适宜制软胶囊；

② 对光敏感、遇湿热不稳定、易氧化的药物可制成软胶囊；

③ 软胶囊可制成直肠栓剂；

④ 具不良气味的药物及微量活性药物；

⑤ 具有挥发性成分、易逸失的药物；

⑥ 生物利用度差的疏水性药物。

肠溶胶囊指不溶于胃液，但能在肠液中崩解或释放的胶囊剂，能够掩盖药物不良臭味，改善口服药消化道副反应；肠溶胶囊中药物的生物利用度高；能提高药物的稳定性，可定时定位释放药物；软胶囊剂可弥补其他固体剂型的不足。如含油量高或液态药物；服用剂量小，难溶于水，消化道内不易吸收的药物；肠溶胶囊的物态适应性好，填充物形态和形状可有多种形式。

但是有些药物不适宜制成胶囊剂，例如易溶性药物（如溴化物、碘化物、氯化物等），以及一些刺激性较强的药物，还有老人或儿童用药。另外要保证药物、填充剂等不对囊壳起作用，如水性药物、稀乙醇溶液、O/W 型乳剂、风化性药物、挥发性有机物等会使囊壳溶解或变软；强碱药物、醛类药物会使囊壳变性；而强酸药物易使囊壳水解；吸湿性药物会使囊壳干裂变脆。

五、滴丸剂

滴丸剂指固体或液体药物与适当物质（一般称为基质）加热熔化混匀后，滴入不相混溶的冷凝液中，收缩冷凝而制成的小丸状制剂，主要供口服使用，具有“三效”的优势，三效是指速效、高效、长效。滴丸多为舌下含服，药物通过舌下黏膜直接吸收，进入血液循环，避免了吞服时引起的肝脏首过效应，以及药物在胃内的降解损失，使药物高浓度到达靶器官，迅速起效。一般含服 5～15min 就能起效，最多不超过 30min。有的还加入了缓释剂，可明显延长药物的半衰期，达到长效的目的。

从滴丸剂的组成、制法看，它具有如下一些特点：

① 设备简单、操作方便、利于劳动保护，工艺周期短、生产率高；

② 工艺条件易于控制，质量稳定，剂量准确，受热时间短，易氧化及具挥发性的药物溶于基质后，可增加其稳定性；

③ 基质容纳液态药物量大，故可使液态药物固化；

④ 用固体分散技术制备的滴丸具有吸收迅速、生物利用度高的特点；

⑤ 发展了耳、眼科用药新剂型，五官科制剂多为液态或半固态剂型，作用时间并不持久，做成滴丸可起到延效作用。

六、膜剂

膜剂系指药物溶解或分散在适宜的成膜材料中，经加工制成的薄膜状剂型，又称薄膜剂。可供口服、口含、舌下或黏膜给药，也可用于眼结膜囊内或阴道内，外用可作皮肤和黏膜创伤、烧伤或炎症表面的覆盖。

膜剂的厚度和面积视用药部位的特点和含药量而定：厚度一般为 0.1～0.2mm，通常不超过 1mm。面积为 $1cm^2$ 者供口服，$0.5cm^2$ 者供眼用，$5cm^2$ 者供阴道用，其他部位应用者可根据需要剪成适宜大小。其外观应完整光洁，厚度一致，色泽均匀，无明显气泡。多剂量的膜剂，分格压痕应均匀清晰，并能按压痕撕开。膜剂的成膜材料、辅料和包装材料均应性质稳定，无刺激性、无毒性，且不与药物发生理化作用。

膜剂生产工艺简单，易于自动化和无菌生产；药物含量准确、质量稳定；使用方便，适于多种给药途径；可制成不同释药速率的制剂；制成多层膜剂可避免配伍禁忌；体积小，重量轻，便于携带、运输和储存。但不适于剂量较大的药物制剂；重量差异不易控制，收率不高。

第二节　固体制剂设备

一、固体制剂设备分类

1. 颗粒剂机械

系将药物或与适宜的药用辅料经混合制成颗粒状制剂的机械及设备。

（1）混合机械　将两种或两种以上的药物或与适宜的药用辅料均匀混合的机械。

① 槽形混合机。通过搅拌桨在混合槽内旋转，使物料均匀混合的机械。

② 回转式混合机。通过容器或容器的内置抄板回转，使容器内的物料产生流动、相互扩散均匀混合的机械。包括 V 形混合机：容器两端呈圆锥形的回转式混合机；双锥形混合机：混合筒两端呈圆锥形的回转式混合机；摇滚式混合机：容器沿对称轴同时作圆周和摇摆运动的回转式混合机；万向式混合机：容器作三维运动的回转式混合机。

③ 行星锥形混合机。锥形容器内的螺旋轴作自转和公转的混合机。

④ 料斗混合机。料斗与回转轴线成一夹角翻转的混合机。

⑤ 气流混合机。物料在气流作用下进行混合的机械。

（2）制粒机械　将粉状物料或与适宜的药用辅料制成颗粒的机械。

① 湿法制粒机。将物料或与适宜的药用辅料制成湿颗粒的机械。

包括摇摆式制粒机：通过滚筒往复摆动，使搅拌混合后的物料挤压通过筛网，制成湿颗粒的机械；旋压式制粒机：搅拌混合后的物料在旋转制粒刀的推动和挤压下，从筛筒挤出或同时受筛筒外固定切刀切割而制成湿颗粒的机械；挤压式制粒机：搅拌混合后的物料通过机械力挤出筛网，制成湿颗粒的机械；离心式制粒机：物料在转盘离心力、摩擦力和气体浮力的作用下，与雾化后的黏合剂黏合聚集成湿颗粒的机械；湿法混合制粒机：物料与黏合剂，在搅拌混合的同时，经制粒刀切制成湿颗粒的机械。

② 干法制粒机。干粉经挤压、破碎、整粒，制成干颗粒的机械。

③ 流化床制粒机。物料在热气流作用下，与雾化的黏合剂聚集制成干颗粒的机械。

包括旋转流化床制粒机：带有离心式转盘的流化床制粒机；旋流流化床制粒机：带有涡旋导向板的流化床制粒机。

④ 喷雾干燥制粒机。液体物料雾化成液滴在热气流作用下，制成干颗粒的机械。

（3）制粒包衣机械　制粒后对颗粒表面喷射包衣辅料的机械。

包括流化床制粒包衣机：具有包衣功能的流化床制粒机；离心制粒包衣机：具有包衣功能的离心流化床制粒机；旋流流化床制粒包衣机：具有包衣功能的旋流流化床制粒机；流化喷动床制粒包衣机：利用喷动床内导向筒的热空气、物料的自重及底部雾化器喷射的联合作用，完成混合、制粒、包衣的机械。

（4）整粒机　通过筛筒而获得均匀颗粒的机械。

（5）多功能制粒机　集混合、制粒、包衣、干燥、整粒、自动进出料于一体的多功能机械。

2. 片剂机械

系将药物或与适宜的药用辅料混匀压制成各种片状的固体制剂机械及设备。

（1）混合机械　混合机械、制粒机械、整粒机与颗粒剂机械相同。

（2）压片机械　将干性颗粒状或粉状物料通过模具压制成片剂的机械。

① 单冲式压片机。由一副模具作垂直往复运动的压片机。

② 旋转式压片机。由均布于旋转转台的多副模具按一定轨迹作垂直往复运动的压片机。

③ 高速旋转式压片机。模具的轴心随转台旋转的线速度不低于 60m/min 的旋转式压片机。

④ 旋转式包心压片机。干性颗粒物料将片心或心料包裹后压制成片状的旋转式压片机。

（3）包衣机械　对片剂表面包裹介质，形成致密光滑包衣薄层的机械。

① 荸荠式包衣机。包衣锅体为荸荠状的包衣机。

② 滚筒式包衣机。自动完成包衣滚筒的旋转、包衣介质的雾化及对片剂进行包衣、干燥、抛光全过程的机械。包括有孔包衣机。包衣滚筒有孔的滚筒式包衣机；无孔包衣机：包衣滚筒无孔的滚筒式包衣机。

3. 胶囊剂机械

将药物或与适宜的药用辅料，充填于空心胶囊或密封于软质囊材中的机械。

（1）硬胶囊剂机械　将药物充填于空心胶囊内制作成硬胶囊制剂的机械。

① 硬胶囊充填机。经分囊、插囊、药物定量充填、合囊等过程，制作成硬胶囊制剂的机械。

包括半自动硬胶囊充填机：人工辅助完成合囊的机械；间歇插管式全自动硬胶囊充填机：在间歇回转过程中，自动完成空心胶囊送囊、定向播囊、真空分囊及插管量取定量容积药粉后进行充填、合囊的硬胶囊充填机；连续插管式全自动硬胶囊充填机：在连续回转过程中，自动完成空心胶囊送囊、定向播囊、真空分囊及通过同步回转的插管量取定量容积药粉后进行充填、合囊的硬胶囊充填机；填塞式全自动硬胶囊充填机：在间歇回转过程中，自动完成空心胶囊送囊、定向播囊、真空分囊，并通过多级往复填塞杆对间歇回转粉盘的剂量孔进行充填，量取定量容积药粉后对胶囊进行充填、合囊、剔废的硬胶囊充填机。

② 胶囊抛光机。抛除已充填药物的胶囊表面粉末的机械。

③ 胶囊开囊取粉机。完成胶囊壳与药粉分离的机械。

（2）软胶囊（丸）剂机械　制造软胶囊制剂的机械。

① 明胶液设备。将明胶加热熔融成溶胶的设备。包括溶胶锅：将明胶搅拌，熔融成溶胶，并有真空脱泡功能的设备；明胶液桶：盛放明胶液，使其恒温、自然脱泡的容器。

② 软胶囊配料设备。配制软胶囊药物的设备。

③ 胶体磨。由成对磨体（面）的相对运动，对液固相药物进行研磨与混合的机械。

④ 软胶囊制造机。经溶胶、成型、定量充填、合囊等过程，将一定量的液体药物直接包封于软质囊材中的机械。包括滴制式软胶囊制造机：明胶液包裹药液后滴入不相混溶的冷却液中，凝成软胶囊的机械；脉冲切割滴制式软胶囊制造机：利用间歇喷出的液体将明胶液柱均匀切断的软胶丸制造机；滚模式软胶囊压制机：将药液定量灌注于两层连续生成的明胶薄膜带之间，通过模具滚压，制成软质胶囊的机械。

⑤ 软胶囊输送机。输送软胶囊的机械。

⑥ 转笼式软胶囊定型干燥机。由多级可正反旋转的转笼组成，通过输入冷热风，使软质胶囊定型、干燥并自动排出的卧式回转机。

⑦ 软胶囊清洗机。清洗干燥软胶囊表面的机械。

⑧ 滚模式软胶囊联动线。由滚模式软胶囊压制机、软胶囊输送机及转笼式软胶囊定型干燥机组成的联动线。

⑨ 网胶粉碎机。粉碎网状明胶的机械。

4. 药膜剂机械

将药物和药用辅料与适宜的成膜材料制成膜状制剂的机械与设备。

(1) 纸型药膜机　将可食性纸浸入药槽，吸附药物经加热除去溶剂，制成纸型药膜的机械。

(2) 纸型药膜分格包装机　将纸型药膜分格、切割后包封于覆合膜内的机械。

(3) 制膜机　将浆状药物流涂布于膜材上，经加热除去溶剂，制成药膜的机械。

二、典型固体制剂的主要生产设备

(一) 制粒设备

制粒是把熔融液、粉末、水溶液等物料加工成具有一定形状大小的粒状物的操作过程。几乎所有的固体制剂的制备过程都离不开制粒过程。所制成的颗粒可能是最终产品，如颗粒剂；也可能是中间产品，如片剂。除某些结晶性药物可直接压片外，一般粉末状药物均需事先制成颗粒才能进行压片。

制粒操作使颗粒具有某种相应的目的性，以保证产品质量和生产的顺利进行。如在散剂、颗粒剂、胶囊剂中颗粒是产品，制粒的目的不仅仅是为了改善物料的流动性、飞散性、黏附性及有利于计量准确、保护生产环境等，而且必须保证颗粒的形状大小均匀、外形美观等。而在片剂生产中颗粒是中间体，不仅要改善流动性以减少片剂的重量差异，而且要保证颗粒的压缩成型性。制得的颗粒应具有良好的流动性和可压缩性，并具有适宜的机械强度，能经受住装卸与混合操作的破坏，但在冲模内受压时，颗粒应破碎。

制粒方法有多种，即使是同样的处方，制粒方法不同不仅所得制粒物的形状、大小、强度不同，而且崩解性、溶解性也不同，从而产生不同的药效。因此，应根据所需颗粒的特性选择适宜制粒方法。

制粒的目的如下。

① 改善流动性。一般颗粒状比粉末状粒径大，每个粒子周围可接触的粒子数目少，因而黏附性、凝聚性大为减弱。从而大大改善颗粒的流动性，物料虽然是固体，但使其具备与液体一样定量处理的可能。

② 防止各成分的离析。混合物各成分的粒度、密度存在差异时容易出现离析现象。混合后制粒或制粒后混合可有效地防止离析。

③ 防止粉尘飞扬及器壁上的黏附。粉末的粉尘飞扬及黏附性严重，制粒后可防止环境污染与原料的损失，有利于 GMP 管理。

④ 调整堆密度，改善溶解性能。

⑤ 使片剂生产中压力均匀传递。

⑥ 便于服用，携带方便，提高商品价值等。

在医药生产中广泛应用的制粒方法可分类为三大类，即湿法制粒、干法制粒、喷雾制粒。其中湿法制粒最常用。

1. 湿法制粒

湿法制粒是在药物粉末中加入黏合剂或润湿剂先制成软材，过筛而制成湿颗粒，湿颗粒干燥后再经过整粒而得。湿法制粒主要包括制软材、制湿颗粒、湿颗粒干燥及整粒等过程，适用于受湿和受热不起变化的药物。工业中湿法制粒常用的方法有挤压过筛制粒、旋转制粒、流化床制粒等。

(1) 挤压过筛制粒（摇摆式制粒机、螺旋挤压制粒机）　挤压过筛制粒是将药物粉末用适当的黏合剂制备软材后，用强制挤压的方式使其通过具有一定大小筛孔的孔板或筛网而制粒的方法。

如图 11-2 所示的摇摆式制粒机就属于挤压过筛制粒。以强制挤出型为机理。

电动机通过传动系统使滚筒作左右往复摆动，滚筒为六角滚筒，在其上固定有若干截面为梯形的“刮刀”。借助滚筒正反方向旋转时刮刀对湿物料的挤压与剪切作用，将物料经不同目数的筛网挤出成粒。

摇摆式制粒机主要由动力部分、制粒部分和机座构成。动力部分包括电动机、皮带传动装置、蜗轮蜗杆减速器、齿轮齿条传动结构等。制粒部分由加料斗（由长方体不锈钢制造）、七角滚筒、筛网及管夹等组成。

摇摆式颗粒机制得的颗粒一般粒径分布均匀，有利于湿粒均匀干燥。其主要特点为旋转滚筒的转速可以调节，筛网装拆容易，还可适当调节其松紧。机械传动系统全部密封在机体内，并附有调节系统，提高了机件的寿命。但由于成粒过程是由滚筒直接压迫筛网而成粒的，物料对筛网的挤压力和摩擦力均较大，使用金属筛网时易产生金属屑污染处方，而尼龙筛网由于容易破损需经常更换，在使用时应加以注意。

该设备具有产量较大，结构简单，操作、装卸及清理方便等优点，既适用于湿法制粒，又适用于干法制粒，亦适用于干颗粒的整粒。

此外螺旋挤压制粒机也属于挤压过筛制粒设备，如图 11-3 所示。其挤出螺杆可进行冷却或加热。挤出筒体采用剖分式结构，卸掉螺栓，即可轻松地将筒体打开，易于清洗。螺杆挤出制粒机可配置切割刀，调节相关速度，可得到要求长度的短颗粒。

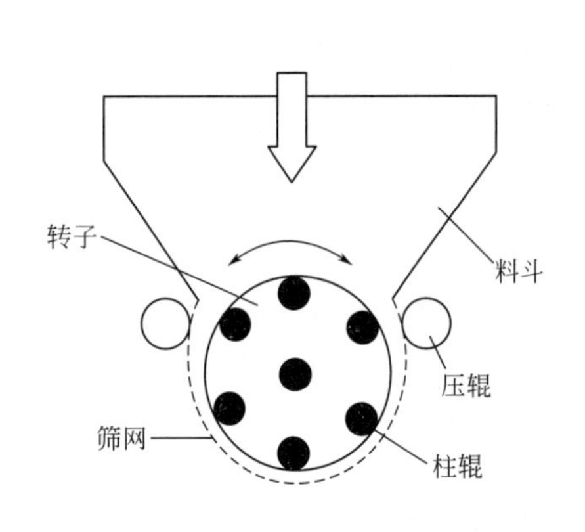

图 11-2　摇摆式制粒机示意图

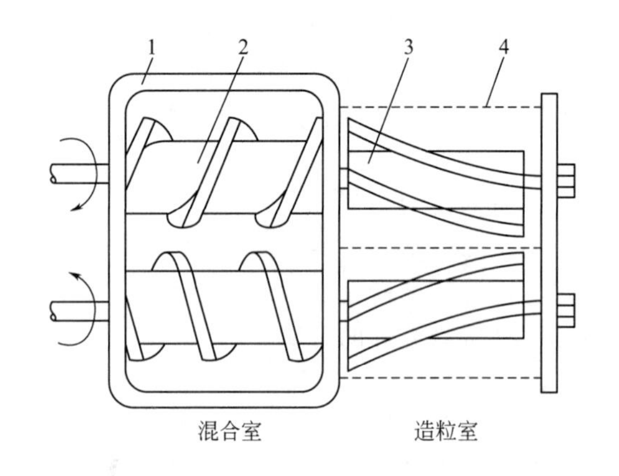

图 11-3　螺旋挤压制粒机

1—外壳；2—螺杆；3—挤压滚筒；4—筛筒

（2）旋转制粒　旋转制粒是在药物粉末中加入一定量的黏合剂，经转动、摇动、搅拌等作用使粉末结聚为颗粒的方法。适于含黏性药物较少的粉末。

另有一种集混合与制粒功能于一体的先进设备，在制药工业中有着广泛的应用，称为高效混合制粒机，它是通过搅拌器混合及高速制粒刀切割而将湿物料制成颗粒的装置。

高效混合制粒机通常由盛料筒、搅拌器、造粒刀、电动机和控制器等组成，如图 11-4 所示。工作时，首先将原、辅料按处方比例加入盛料筒，并启动搅拌电机将干粉混合 1～2min，待混合均匀后再加入黏合剂。将变湿的物料再搅拌 4～5min 即成为软材。此时，启动制粒电机，利用高速旋转的制粒刀将湿物料切割成颗粒状。由于物料在筒内快速翻动和旋转，使得每一部分的物料在短时间内均能经过制粒刀部位，从而

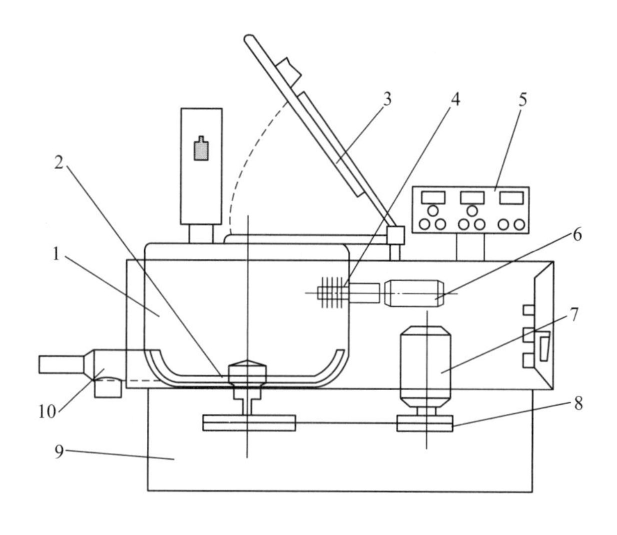

图 11-4　高效混合制粒机

1—盛料器；2—搅拌桨；3—盖；4—制粒刀；5—控制器；6—制粒电机；
7—搅拌电机；8—传动皮带；9—基座；10—出料口

都能被切割成大小均匀的颗粒。控制造粒电机的电流或电压，可调节造粒速度，并能精确控制造粒终点。

高效混合制粒机的混合制粒时间很短，一般仅需 8～10min，所制得的颗粒大小均匀、质地结实，烘干后可直接用于压片，且压片时的流动性较好。高效混合制粒机采用全封闭操作，在同一容器内混合制粒，工艺缩减；无粉尘飞扬，符合 GMP 要求。它与传统的制粒工艺相比黏合剂用量可节约 15%～25%。

（3）流化床制粒　又称沸腾制粒，指利用气流使粉末物料悬浮呈沸腾状，再喷入雾状黏合剂使粉末结合成粒，最后得到干燥的颗粒。在此过程中，物料的混合、制粒、干燥同时完成，因此又称一步制粒。

流化制粒机一般由空气预热器、压缩机、鼓风机、流化室、袋滤器等组成，如图 11-5 所示。流化室多采用倒锥形，以消除流动“死区”。气体分布器通常为多孔倒锥体，上面覆盖着 60～100 目的不锈钢筛网。流化室上部设有袋滤器以及反冲装置或振动装置，以防袋滤器堵塞。

工作时，经过滤净化后的空气由鼓风机送至空气预热器，预热至规定温度（60℃左右）后，从下部经气体分布器和二次喷射气流入口进入流化室，使物料流化。随后，将黏合剂喷入流化室，继续流化、混合数分钟后，即可出料。湿热空气经袋滤器除去粉末后排出。

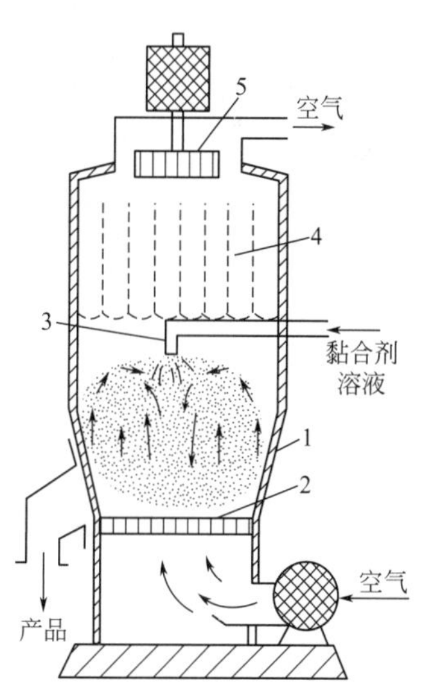

图 11-5　流化床制粒装置

1—容器；2—筛板；3—喷嘴；
4—袋滤器；5—排风机

流化制粒机制得的颗粒粒度多为 30～80 目，颗粒外形比较圆整，压片时的流动性也较好，这些优点对提高片剂质量非常有利。流化制粒机可完成多种操作，在一台设备内进行混合、制粒、干燥，还可包衣，简化了工序和设备，节约时间，生产效率高、生产能力大，并容易实现自动化，适用于遇湿不稳定或热敏性物料的制粒。制得的颗粒密度小、粒度均匀，流动性、压缩成型性好，但颗粒强度小。此外，物料密度不能相差太大，否则将难以流化制粒。

2. 干法制粒

干法制粒：将药物粉末（必要时加入稀释剂等）混匀后，用适宜的设备直接压成块，再破碎成所需大小颗粒的方法。该法靠压缩力的作用使粒子间产生结合力。上述摇摆式颗粒机也可用于干法制粒。

干法制粒的特制机器，如美国生产的 Chitsonator 机，速度快而稳定，并能连续不断地压紧物料块，过筛后制成颗料。一些片剂中主药遇湿或热不稳定的及不宜用湿法制粒，而物料本身又具有良好的黏性和流动性者，可采用干法制粒。如阿司匹林、氨基比林等曾用此法压片。

干法制粒的特点：常用于热敏性物料、遇水不稳定的药物及压缩易成型的药物，方法简单、省工省时。但应注意压缩可能引起的晶型转变及活性降低等。

3. 喷雾制粒

喷雾制粒是将原、辅料与黏合剂混合，不断搅拌制成含固体量约为 50%～60%的药物溶液或混悬液，再用泵通过高压喷雾器喷雾于干燥室内的热气流中，使水分迅速蒸发以直接制成球形干燥细颗粒的方法。

运行时将药物浓缩液送至喷嘴后与压缩空气混合形成雾滴喷入干燥室中，干燥室的温度一般控制在 120℃左右，雾滴很快被干燥成球状粒子进入制品回收器中，收集制品可直接压片或再经滚转制粒，如图 11-6 所示。

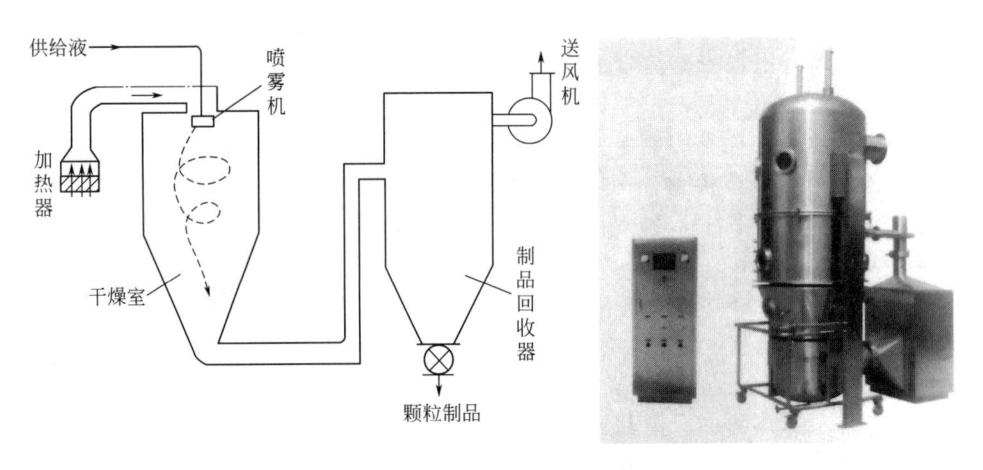

图 11-6　喷雾干燥制粒装置

优点包括：

① 由液体直接得到粉末固体颗粒；

② 热风温度高，但雾滴比表面积大，干燥速率非常快（数秒至数十秒），物料的受热时间极短，干燥物料的温度相对低，适合于热敏性物料的处理；

③ 所得的颗粒多为中空球状粒子，具有良好的溶解性、分散性和流动性。

缺点：设备费用高、能耗大、操作费用高，黏性较大的料液易粘壁。

主要适用于抗生素粉针的生产、微囊的制备、固体分散体的制备以及中药提取液的干燥等。

（二）压片设备

压片机-动画

将各种颗粒或粉状物料置于模孔中，用冲头压制成片剂的机器称为压片机。目前常用的压片机有撞击式单冲压片机和旋转式多冲压片机。其压片过程基本相同，在此基础上，根据不同的特殊要求尚有二步（三步）压制压片机、多层片压片机和压制包衣机等。

1. 冲和模

冲和模是压片机的基本部件，如图11-7所示，由上冲、中模、下冲构成。上、下冲的结构相似，其冲头直径也相等。上、下冲的冲头和中模的模孔相配合，可以在中模孔中自由上下滑动，但不会存在可以泄漏药粉的间隙。冲模加工尺寸为统一标准尺寸，具有互换性。冲模的规格以冲头直径或中模孔径来表示，一般为5.5～12mm，每0.5mm为一种规格，共有14种规格。

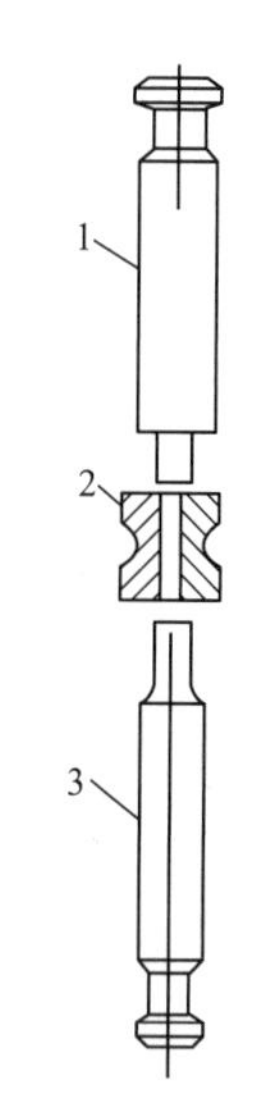

图11-7　压片机的冲和模
1—上冲；2—中模；3—下冲

冲头和中模在压片过程中受的压力很大，常用轴承钢（如Cr15等）制作，并热处理以提高其硬度。

冲头的类型很多，其形状取决于药片所需的形状。常用冲头和药片的形状如图11-8所示。按冲模结构形状可划分为圆形、异形（包括多边形及曲线形），冲头断面的形状有平面形、斜边形、浅凹形、深凹形及综合形等。平面形、斜边形冲头用于压制扁平的圆柱体状片剂，浅凹形用于压制双凸面片剂，深凹形主要用于压制包衣片剂的心片，综合形主要用于压制异形片。为了便于识别及服用药品，在冲模端面上也可以刻制出药品名称、剂量及纵横的线条等标志。压制不同剂量的片剂，应选择大小适宜的冲模。

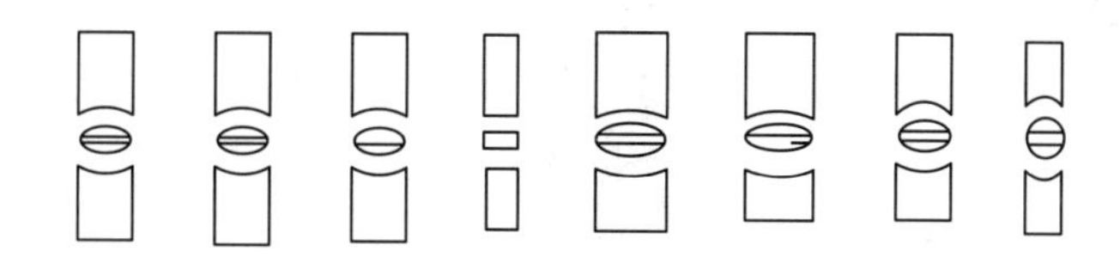
图11-8　冲头和药片的形状

（1）压片机的工作过程　压片机的工作过程可以分为如下步骤：①下冲的冲头部位（其工作位置朝上）由中模孔下端伸入中模孔中，封住中模孔底；②利用加料器向中模孔中填充药物；③上冲的冲头部位（其工作位置朝下）自中模孔上端落入中模孔，并下行一定行程，将药粉压制成片；④上冲提升出孔，下冲上升将药片顶出中模孔，完成一次压片过程；⑤下冲降到原位，准备下一次填充。

（2）压片机制片原理

① 剂量的控制。各种片剂有不同的剂量要求，大的剂量调节是通过选择不同冲头直径的冲模来实现的，如有ϕ6mm、ϕ8mm、ϕ11.5mm、ϕ12mm等冲头直径。在选定冲模尺寸后，微小的剂量调节是通过调节下冲伸插入中模孔的深度，从而改变封底后的中模孔的实际长度，调节模孔中药物的填充体积。因此，在压片机上应具有调节下冲在模孔中的原始位置的机构，以满足剂量调节要求。由于不同批号的药粉配制总有比容的差异，因此这种调节功能是十分必要的。

在剂量控制中，加料器的动作原理也有相当的影响，比如颗粒药物是靠自重，自由滚落入中模孔中时，其装填情况较为疏松。当采用多次强迫性填入方式时，模孔中将会填入较多药物，装填情况则较为密实。

② 药片厚度及压实程度。控制药物的剂量是根据处方及药典确定的，不可更改。为了储运、保存和崩解时限要求，压片时对一定剂量的压力也是有要求的，它也将影响药片的实际厚度和外观。压片时的压力调节是必不可少的。这是通过调节上冲在模孔中的下行量来实现的。有的压片机在压片过程中不单有上冲下行动作，同时也可有下冲上行动作，由上、下冲相对运动共同完成压片过程。但压力调节多是通过调节上冲下行量的机构来实现压力调节与控制的。

2. 单冲压片机

在制药厂的片剂生产中，早期使用的是单冲压片机。该机为小型台式压片机，产量为80～100 片/min，适用于小批量、多品种的生产。在压片过程中，该机噪声较大，且上冲头向下冲头撞击，片剂单侧受压，受压时间短、受力分布不均匀，使药片内部密度和硬度不一致，易产生松片、裂片或片重差异大等质量问题。

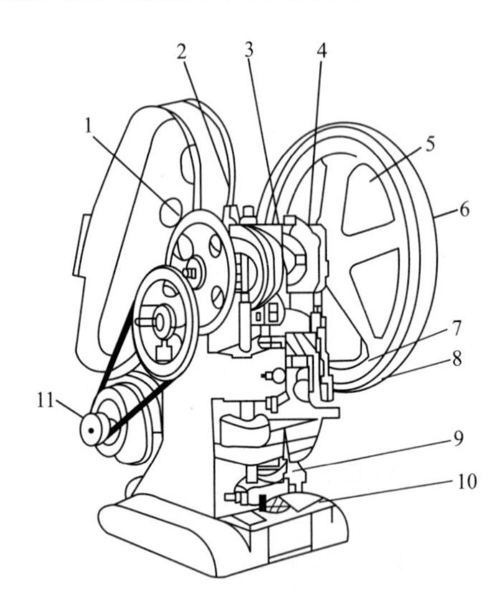

图 11-9　单冲压片机结构示意

1—齿轮；2—左偏心轮；3—中偏心轮；4—右偏心轮；5—手柄；6—飞轮；7—加料器；8—上冲；9—出片调节器；10—片重调节器；11—电机

单冲压片机由冲模、加料机构、填充调节机构、压力调节机构及出片控制机构等组成。在单冲压片机上部装有主轴，主轴右侧装有飞轮，飞轮上附有活动的手柄可作为调整压片机各个部件工作状态和手摇压片用；左侧的齿轮与电动机相连接，电动机带动齿轮作电动压片用；中间连接着三个偏心轮：①左偏心轮连接下冲连杆，带动下冲头上升、下降，起填料、压片和出片的作用；②中偏心轮连接上冲连杆，带动上冲头上升、下降，起压片作用；③右偏心轮带动施料器在中模平台上作平移、往复摆动，起着向模孔内填料、刮粉和出片的作用。单冲压片机的压力调节器附在中偏心轮上或上冲连杆上：片重调节器附在下冲的下部；出片调节器附在下冲的上部（见图 11-9）。

此部分将主要介绍单冲压片机的加料机构、充填调节机构、压力调节机构。

（1）加料机构　单冲压片机的加料机构由料斗和加料器组成，二者由挠性导管连接，料斗中的颗粒药物通过导管进入加料器。由于单冲压片机的冲模在机器上的位置不动，只有沿其轴线的往复冲压动作，而加料器有相对中模孔的位置移动，因此需采用挠性导管。常用的加料器有摆动式靴形加料器及往复式靴形加料器。

① 摆动式靴形加料器。此加料器外形如一只靴子（见图 11-10），由凸轮带动做左右摆动。加料器底面与中模上表面保持微小（约 0.1mm）间隙。当摆动中出料口对准中模孔时，药物借加料器的抖动自出料口填入中模孔，当加料器摆动幅度加大后，加料口离开中模孔，其底面即将中模上表面的颗粒刮平。此后，中模孔露出，上冲开始下降进行压片，待片剂于中模内压制成型后，上冲上升脱离中模孔，同时下冲也上升，并将片剂顶出中模孔。在加料器向回摆动时，将压制好的片剂拨到盛器中，并再次向中模孔中填充药粉。这种加料器中的药粉随加料器同时不停摆动，由于药粉的颗粒不均匀及不同原料的密度差异等，易造成药粉分层现象。

② 往复式靴形加料器。这种加料器的外形也如靴子，其加料和刮平、推片等动作原理和摆动式靴形加料器一样，如图 11-11 所示。所不同的是加料器于往复运动中，完成向中模孔中填充药物的过程。加料器前进时，加料器前端将前个往复过程中由下冲捅出中模孔的药片推到盛器之中；同时，加料器覆盖了中模孔，出料口对准中模孔，使药物填满模孔；当加料器后退时，加料器的底面将中模上表面的颗粒刮平，其后模孔部位露出，上、下冲相对运动，将中模孔中粉粒压成药片，此后上冲快速提开，下冲上升将药片顶出模孔，完成一次压片过程。

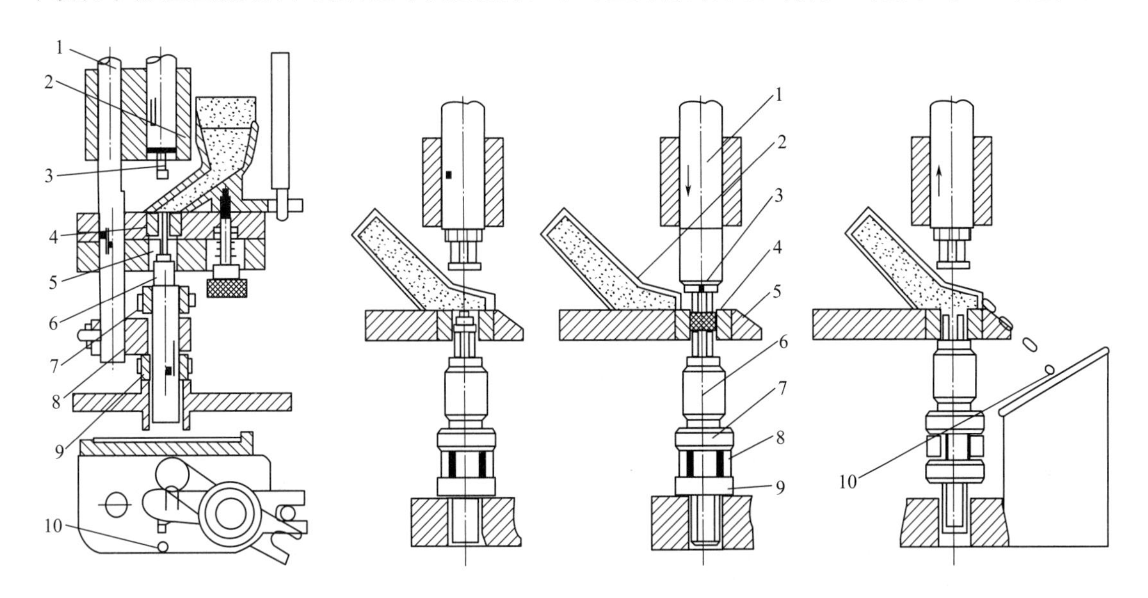

图 11-10　摆动式靴形加料器的压片机

1—上冲套；2—靴形加料器；3—上冲；4—中模；5—下冲；6—下冲套；7—出片调节螺母；8—拨叉；9—填充调节螺母；10—药片

图 11-11　往复式靴形加料器

1—上冲套；2—靴形加料器；3—上冲；4—中模；5—下冲；6—下冲套；7—出片调节螺母；8—拨叉；9—填充调节螺母；10—药片

（2）填充调节机构　在压片机上通过调节下冲在中模孔中的伸入深度来改变药物的填充容积。当下冲下移时，模孔内空容积增大，药物填充量增加，片剂剂量增大。相反，下冲上调时，模孔内容积减小，片剂剂量也减少。在下冲套上装有填充调节螺母，旋转螺母即可使下冲上升或下降。当确认调节位置合适时，将螺母以销固定。这种填充调节机构又称为直接式调节机构，螺母的旋转量直接反映出中模孔容积的变化量。

（3）压力调节机构　单冲压片机是利用主轴上的偏心凸轮旋转带动上冲做上下往复运动完成压片过程的。通过调节上冲与曲柄相连的位置，从而改变冲程的起始位置，可以达到上冲对模孔中药物的压实程度。也可以通过复合偏心机构，以改变总偏心距的方法，达到调节上冲对模孔中药物的冲击压力的目的。前一种可以叫做螺旋式调节，后一种称为偏心距式调节。

① 螺旋式压力调节机构。图 11-12 所示为螺旋式压力调节机构的压片机。当进行压力调节时，先松开紧固螺母 6，旋转上冲套 7，上冲向上移时，片剂厚度加大，冲压压力减小；上冲下移时，可以减小片厚，增大冲压压力。调整达到要求时，紧固螺母 6 即可。

② 偏心距式压力调节机构。图 11-13 所示为偏心距式压力调节机构的压片机。主轴 4 上所装的偏心轮 5 具有另一个偏心套 3。需要调节压力时，旋转调节蜗杆 2，使偏心套 3（其外缘加工有蜗轮齿）在偏心轮 5 上旋转，从而使总偏心距增大或减小，可以达到调节压片压力

的目的。

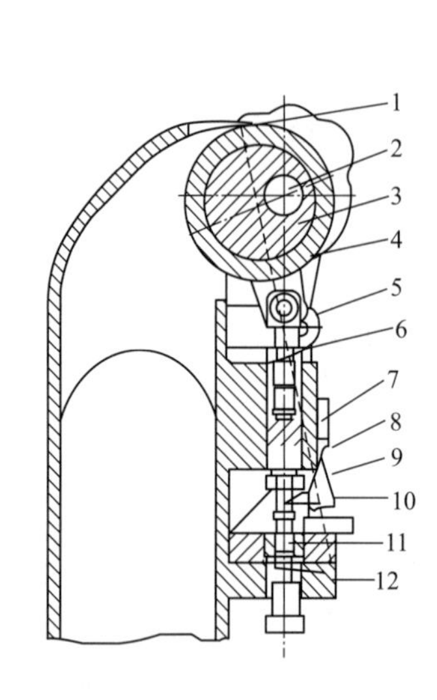

图 11-12　螺旋式压力调节机构的压片机

1—机身；2—主轴；3—偏心轮；
4—偏心轮壳；5—连杆；6—紧固螺母；
7—上冲套；8—加样器；9—锁紧螺母；
10—上冲；11—中模；12—下冲

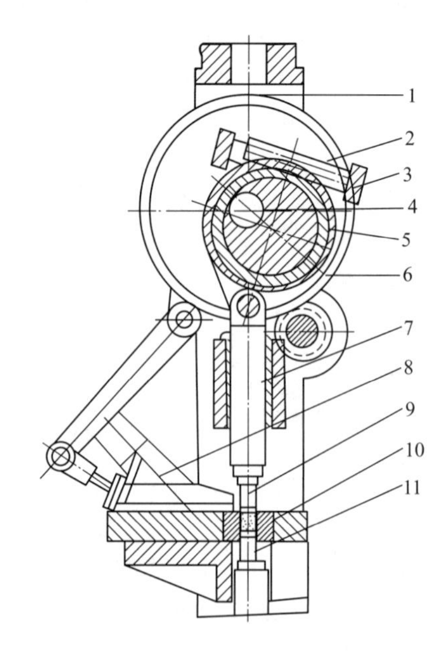

图 11-13　偏心距式压力调节机构的压片机

1—机身；2—调节蜗杆；3—偏心套；
4—主轴；5—偏心轮；6—偏心轮壳；
7—上冲套；8—加料器；9—上冲；
10—中模；11—下冲

在单冲压片机上，对药片施加的是瞬时冲击力，片剂中的空气难以排尽，影响片剂质量。

（4）出片机构　在单冲压片机上，利用凸轮带动拨叉上下往复运动，从而使下冲大幅度上升，而将压制成的药片从中模孔中顶出。下冲上升的最高位置也是需要调节的，如果下冲顶出过高，会发生加料器拨药片动作和下冲运动相互干涉，从而造成冲损坏现象。如果下冲顶出过低，药片不能完全露出中模上表面，容易发生药片打碎现象。这个调节是通过出片调节螺母来完成的，旋转出片调节螺母可以改变它在下冲套上的轴向位置，从而改变拨叉对其作用时间的早晚和空程大小。当调节适当时，应将出片调节螺母用销锁固。

3. 旋转式多冲压片机

旋转式多冲压片机（简称旋转式压片机）是片剂生产中应用最多的压片机，是一种连续操作设备，在其旋转时连续完成充填、压片、推片等动作。其原理如图 11-14 所示。具有三层环形凸边的转盘在垂直轴内等速旋转，中模以等距固定在中层环形凸边（模盘）上，在上下两层凸边（上、下冲转盘）以与中模相同的圆周等距布置相同数目的孔，孔内插有上冲及下冲，冲杆可在上、下冲转盘内垂直方向移动。上冲及下冲可以靠固定在转盘上方及下方的导轨及压轮等作用上升或下降，其升降的规律应满足压片循环的要求。操作时，利用加料器将颗粒充填于中模孔中，在转盘回转至压片部分时，上、下冲在压轮的作用下将药粉压制成片，压片后下冲上升将药片从中模内推出，等转盘运转至加料器处靠加料器的圆弧形侧边推出转盘。

旋转式多冲压片机按转盘上的模孔数分为 16 冲、19 冲、27 冲、33 冲等；按转盘旋转一周充填、压缩、出片等操作的次数，可分为单压、双压、三压、四压等。单压指转盘旋转一周只充填、压缩、出片各一次，双压指转盘旋转一周时进行上述操作各两次，故生产能力是单压的两倍，三压、四压较少使用。单压压片机的冲数有 12 冲、14 冲、15 冲、16 冲、

19 冲、20 冲、23 冲、24 冲等，双压压片机的冲数有 25 冲、27 冲、31 冲、33 冲、41 冲、45 冲、55 冲、75 冲等。双压压片机内有两套压轮，为使机器减少振动及噪声，两套压轮交替加压并且使动力的消耗大大减少，故双压压片机的冲数皆为奇数。

目前我国各药厂大多采用 ZP-19 及 ZP-33 等型号压片机。该系列压片机采用全封闭式结构，工作室与外界隔离，保证了压片区域的清洁，不会造成与外界的交叉污染。压片室与传动机构完全分开，与药品接触的零部件均采用不锈钢或表面特殊处理，无毒耐腐蚀；各处表面光滑，易于清洁，符合药品生产的 GMP 要求。

旋转式多冲压片机构造大致可分四部分：动力及传动部分、加料部分、压制部分、吸粉部分等。

(1) 传动系统　现有的各种旋转式压片机的传动机构大致相同，其共同点是都利用一个旋转的工作转盘，由工作转盘拖带着上、下冲，经过加料填充、压片、出片等动作机构，并靠上、下冲的导轨和压轮控制冲模作上下往复动作，从而压制出各种形状及大小的片剂药物。现以 ZP-33 型旋转压片机为例说明其传动过程，ZP-33 型旋转压片机的传动系统如图 11-15 所示。

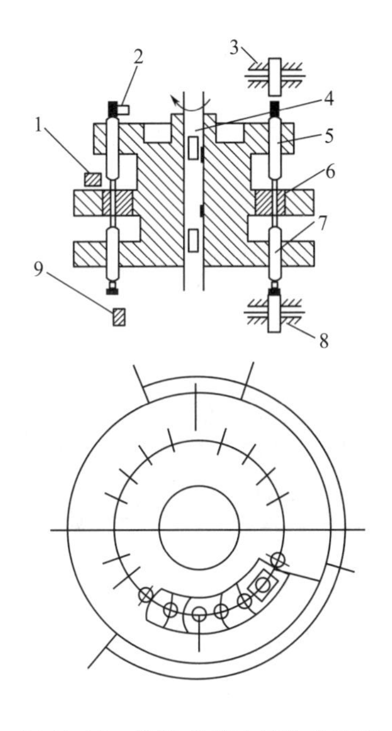

图 11-14　旋转式多冲压片机原理

1—加料器；2—上冲导轨；3—上压轮；4—转盘；5—上冲；6—中模；7—下冲；8—下压轮；9—下冲导轨

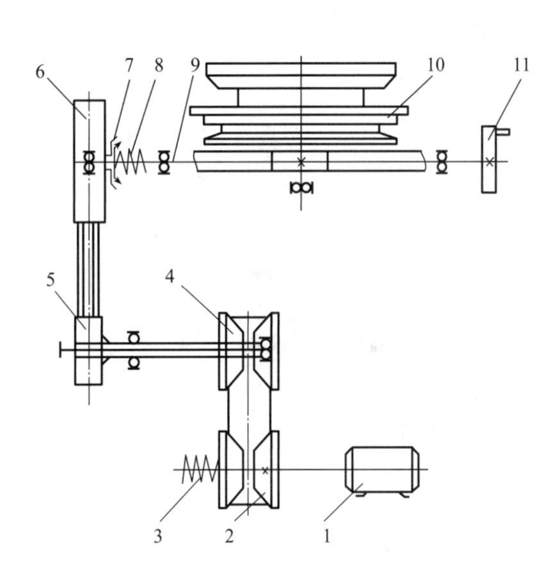

图 11-15　ZP-33 型旋转压片机的传动系统示意

1—电动机；2，4—变速转盘；3，8—弹簧；5—小皮带轮；6—大皮带轮；7—摩擦离合器；9—传动轴；10—工作转盘；11—手轮

工作转盘传动由二级皮带和一级蜗轮蜗杆组成。电动机 1 带动无级变速转盘 2 转动，由皮带将动力传递给无级变速转盘 4，再带动同轴的小皮带轮 5 转动。大小皮带轮之间使用三角皮带连接，可获得较大速度比。大皮带轮通过摩擦离合器使传动轴 9 旋转。在工作转盘的下层外缘，有与其紧配合一体的蜗轮与传动轴 9 上的蜗杆相啮合，带动工作转盘做旋转运动。传动轴装在轴承托架内一端装有试车手轮 11 供手动盘车之用，另一端装有圆锥形摩擦离合器，并设有开关手柄控制开车和停车。当摘开离合器时，皮带轮将空转，工作转盘脱离

开传动系统静止不动。当需要手动盘车时亦可摘开离合器，利用试车手轮 11 转动传动轴，带动工作盘旋转，可用来安装冲模、检查压片机各部运转情况和排除故障。需要特别指出旋转压片机上无级变速转盘及摩擦离合器的正常工作均由弹簧压力来保证，当机器某个部位发生故障，使其负载超过弹簧压力时就会发生打滑，会使机器受到严重损坏。

（2）加料机构　ZP-33 型旋转压片机的加料机构是月形栅式加料器，如图 11-16 所示。月形栅式加料器固定在机架上，工作时它相对机架不动。其下底面与固定在工作转盘上的中模上表面保持一定间隙（约 0.05～0.1mm）。当旋转中的中模从加料器下方通过时，栅格中的药物颗粒落入模孔中，弯曲的栅格板造成药物多次填充的形式。加料器的最后一个栅格上装有刮料板，它紧贴于转盘的工作平面，可将转盘及中模上表面的多余药物刮平和带走。月形栅式加料器多用无毒塑料或者铜材铸造而成。

从图 11-16 中可以看出，固定在机架上的料斗 7 将随时向加料器布撒和补充药粉。填充轨的作用是控制剂量，当下冲升至最高点时，使模孔对着刮料板以后，下冲再有一次下降，以便在刮料板刮料后，再次使模孔中的药粉振实。

图 11-17 所示为装有强迫式加料器的旋转压片机，这种是近代发展的一种加料器，为密封型加料器，于出料口处装有两组旋转刮料叶，当中模随转盘进入加料器的覆盖区域内时，刮料叶迫使药物颗粒多次填入中模孔中。这种加料器适用于高速旋转压片机，尤其适用于压制流动性较差的颗粒物料，可提高剂量的精确度。

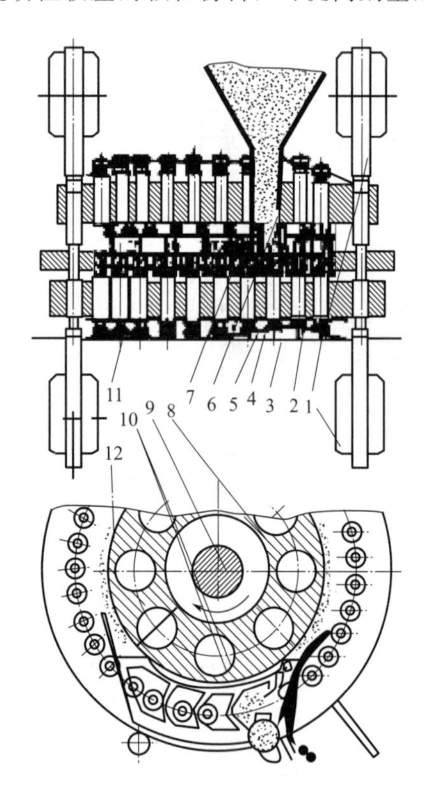

图 11-16　月形栅式加料器的旋转压片机

1—上、下压轮；2—上冲；3—中模；4—下冲；5—下冲导轨；6—上冲导轨；7—料斗；8—转盘；9—中心竖轴；10—栅式加料器；11—填充轨；12—刮料板

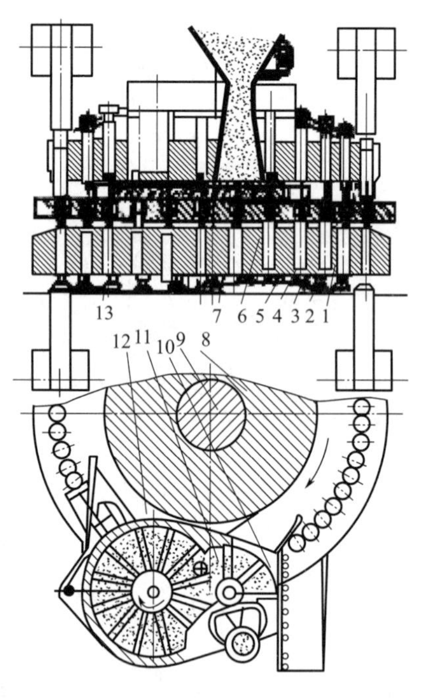

图 11-17　强迫式加料器的旋转压片机

1—上、下压轮；2—上冲；3—中模；4—下冲；5—下冲导轨；6—上冲导轨；7—料斗；8—转盘；9—中心竖轴；10—加料器；11—第一道刮料叶；12—第二道刮料叶；13—填充轨

(3) 填充调节机构　在旋转式压片机上调节药物的填充剂量主要是靠填充轨，如图 11-18 所示。转动刻度调节盘，即可带动轴转动，与其固联的蜗杆轴也转动。蜗轮转动时，其内部的螺纹孔使升降杆产生轴向移动，与升降杆固联的填充轨也随之上下移动，即可调节下冲在中模孔中的位置，从而达到调节填充量的要求。

(4) 下冲的导轨装置　压片机在完成充填、压片、推片等过程中需不断调节上、下冲间的相对位置，调节冲杆升降的机构由导轨装置完成。上、下冲导轨均为圆环形，上冲导轨装置固定在立轴之上，位于转盘的上方；下冲导轨固定在主体的上平面，位于转盘的下方。

上冲导轨装置由导轨盘及导轨片组成。导轨盘为圆盘形，中间有轴孔，用键将其固定于立轴上，导轨盘的外缘镶有经过热处理的导轨片，用螺钉紧固在导轨盘上，如图 11-19 所示。上冲尾部的凹槽沿着导轨片的凸边运转，作符合规律的升降。在上冲导轨的最低点装有上压轮装置。

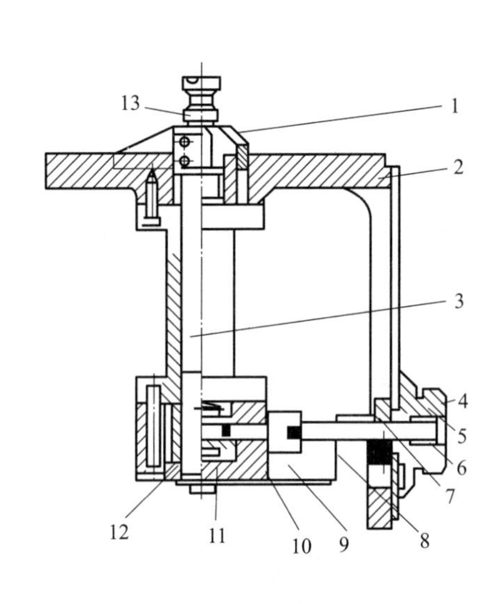

图 11-18　填充调节机构

1—填充轨；2—机架体；3—升降杆；4—刻度调节盘；
5—弹簧；6—轴；7—挡圈；8—指针；9—蜗杆轴；
10—蜗轮罩；11—蜗杆；12—蜗轮；13—下冲

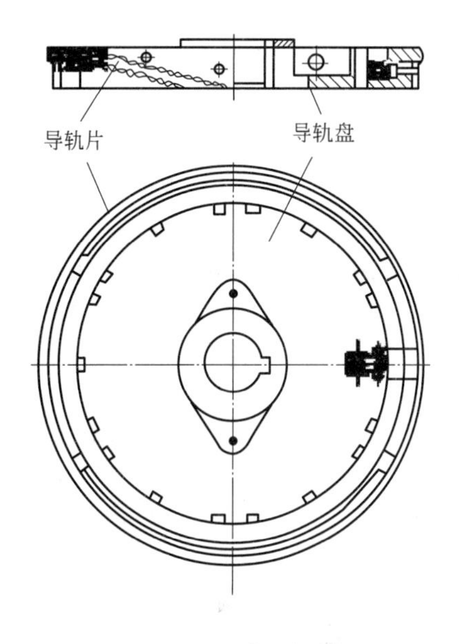

图 11-19　上冲导轨装置

下冲导轨用螺钉紧固在主体之上，当下冲在运行时，它的尾部嵌在或顶在导轨槽内，随着导轨梢的坡度作有规律的升降。在下冲导轨的圆周内主体的上平面装有下压轮装置、充填调节装置等。

(5) 压力调节装置　在旋转式压片机上真正对药物实施压力的并不是靠上冲导轨。上、下冲于加压阶段，正置于机架上的一对上、下压轮处（此时上冲尾部脱开上冲导轨），上、下压轮在压片机上的位置及工作原理如图 11-20 及图 11-21 所示。

① 偏心压力调节机构。图 11-20 所示为一种上压轮（偏心）压力调节机构，上压轮 3 装在一个偏心轴 5 上。通过调节螺母 12，改变压缩弹簧 8 的压力，并同时改变摇臂 1 的摆角，从而改变偏心轴 5 的偏心方位，以达到调节上压轮的最低点位置，也就改变了上冲的最低点位置。当冲模所受压力过大时，缓冲弹簧受力过大，使微动开关 14 动作，使机器停车，达到过载保护的作用。

图 11-21 所示为另一种下压轮（偏心）压力调节机构，松开紧定螺钉 15，利用梅花把手

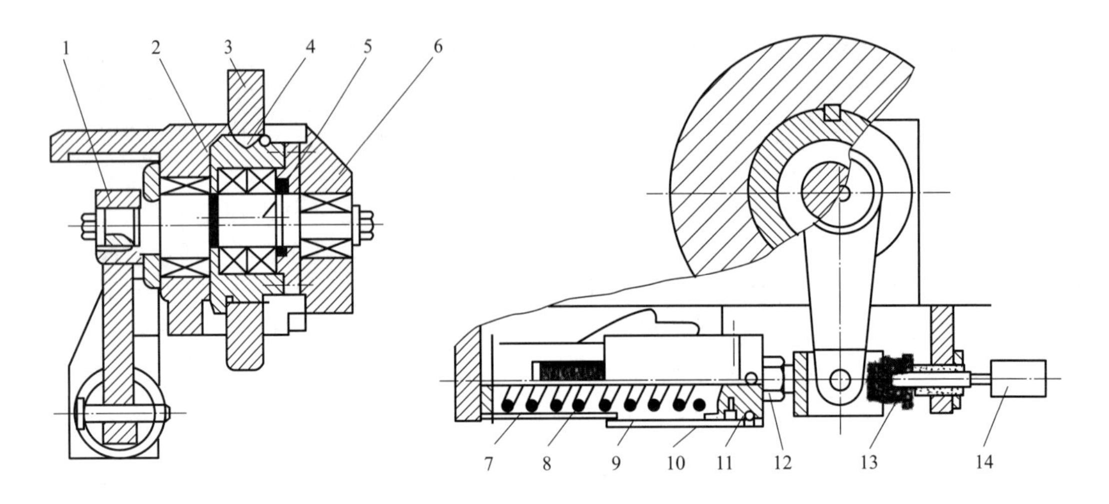

图 11-20　上压轮压力调节机构

1—摇臂；2—轴承；3—上压轮；4—键；5—上压轮轴（偏心轴）；
6—压轮架；7—罩壳；8—压缩弹簧；9—罩壳；10—弹簧座；
11—轴承座；12—调节螺母；13—缓冲弹簧；14—微动开关

11 旋动蜗杆轴 2，转动蜗轮 13，也可改变偏心轴 7 的偏心方位，以达到改变下压轮最高点位置的目的，从而调节了压片时下冲上升的最高位置。

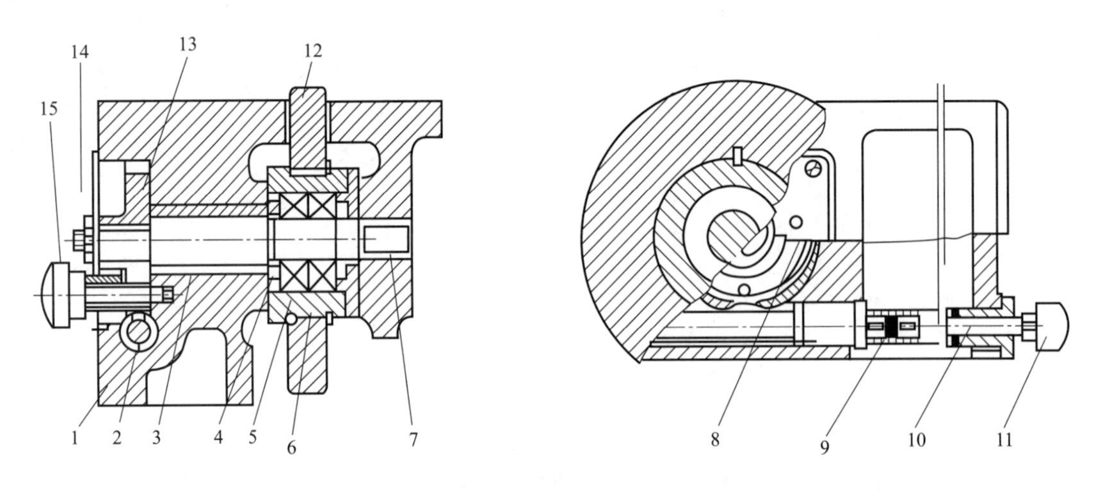

图 11-21　下压轮压力调节机构

1—机体；2—蜗杆轴；3—轴套；4—轴承垫圈；5—轴承；6—压轮芯；
7—下压轮轴（偏心轴）；8—厚度调节标牌；9—联轴节；10—接杆；
11—梅花把手；12—下压轮；13—蜗轮；14—指示盘；15—紧定螺钉

② 杠杆压力调节机构。图 11-22 所示为旋转式压片机杠杆式压力与厚度调节机构，上、下压轮分别装在上、下压轮架 2、17 上，菱形压轮架的一端分别与调节机构相连，另一端与固定支架 13 连接。调节上冲进模量调节手轮 1，可改变上压轮架的上下位置，从而调节上冲进入中模孔的深度。调节片厚调节手柄 4 使下压轮架上下运动，可以调节片剂厚度及硬度。压力由压力油缸 16 控制。这种加压及压力调节机构可保证压力稳定增加，并在最大压力时可保持一定时间，对颗粒物料的压缩及空气的排出有一定的效果，因此适用于高速旋转压片机。

4. 二次（三次）压制压片机

本机适用于粉末直接压片法。粉末直接压片时一次压制存在成型性差、转速慢等缺点，因而将一次压制压片机进行了改进，研制成二次、三次压制压片机以及把压缩轮安装成倾斜型的压片机。二次压制压片机的结构如图 11-23 所示。片剂物料经过一次压轮或预压轮（初压轮）适当的压力压制后，移到二次压轮再进行压制，由于经过二步压制，整个受压时间延长，成型性增加，形成的片剂密度均匀，很少有顶裂现象。

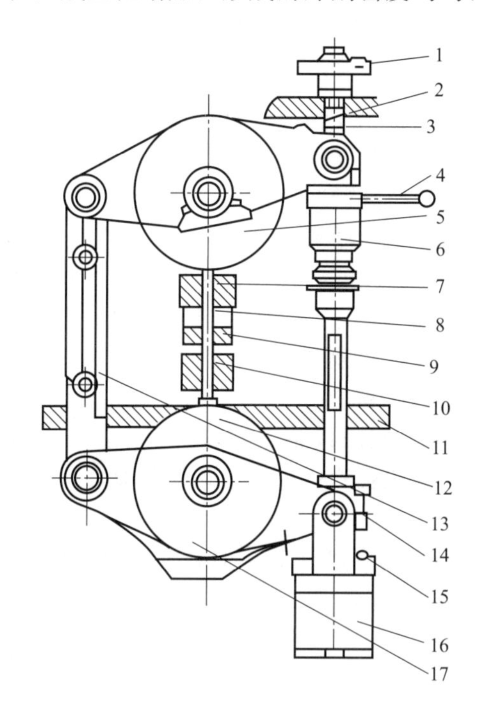

图 11-22　旋转式压片机杠杆式压力与片厚调节机构

1—上冲进模量调节手轮；2—上压轮架；3—吊杆；4—片厚调节手柄；5—上压轮；6—片厚调节机构；7—转盘；8—上冲；9—中模；10—下冲；11—主体台面；12—下压轮；13—固定支架；14—超压开关；15—放气阀；16—压力油缸；17—下压轮架

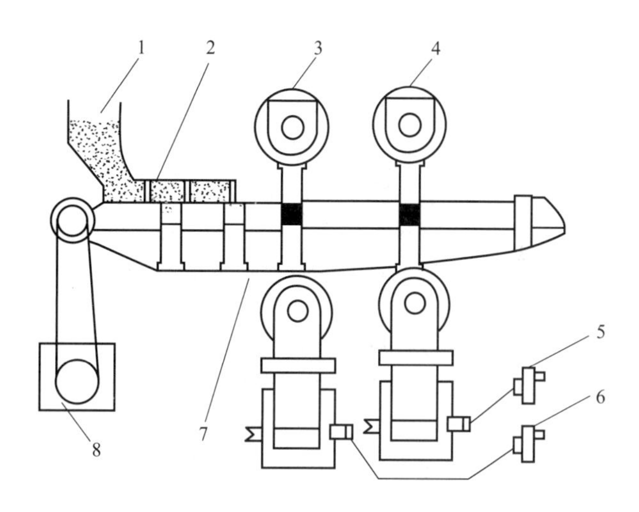

图 11-23　二次压制压片机结构示意图

1—加料斗；2—刮粉器；3—初压轮；4—二次压轮；5—二次压轮压力调节器；6——次压轮压力调节器；7—下冲导轨；8—电机

5. 多层片压片机

把组分不同的片剂物料按二层或三层堆积起来压缩成型的片剂叫多层片（二层片、三层片）或者叫做积层片，这种压片机则叫做多层片压片机或积层压片机。常见的有二层片和三层片。三层片的制片过程如图 11-24 所示。

近年来国外已发展有电子自动程序控制的封闭式压片机，如可防止粉尘飞扬，能自动调节片重及厚度、剔除片重不合格的药片及在压片过程中能自动取样、计数、计量和记录的无人操作的自动化压片机。

（三）胶囊剂机械

将药物装入胶囊而制成的制剂称为胶囊剂。胶囊剂不仅外形美观、服用方便，而且具有遮盖

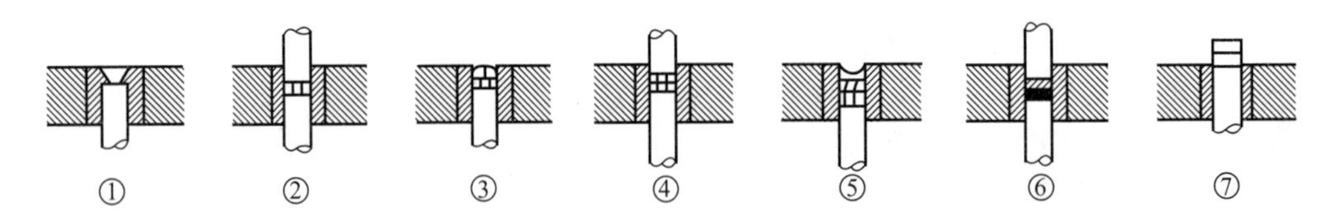

图 11-24　三层片的制片过程

① 向模孔中填充第一层物料；② 主冲下降，轻轻预压；③ 上冲上升，在第一层上填充第二层物料；④ 上冲下降，轻轻预压；⑤ 上冲上升，在第二层上填充第三层物料；⑥ 压缩成型；⑦ 三层片由模孔中推出

不良气味、提高药物稳定性、控制药物释放速率等作用，是目前应用最为广泛的药物剂型之一。

根据胶囊的硬度和封装方法不同，胶囊剂可分为硬胶囊剂和软胶囊剂两种。其中硬胶囊剂是将药物直接装填于胶壳中而制成的制剂。软胶囊剂是用滴制法或滚模压制法将加热熔融的胶液制成胶皮或胶囊，并在囊皮未干之前包裹或装入药物而制成的制剂。

硬胶囊一般呈圆筒形，由胶囊体和胶囊帽套合而成。胶囊体的外径略小于胶囊帽的内径，二者套合后可通过局部凹槽锁紧，也可用胶液将套口处黏合，以免二者脱开而使药物散落。软胶囊的形状一般为球形、椭圆形或圆筒形，也可以是其他形状。

软胶囊剂制备需要进行配料、化胶，然后进行滴制或压制。

成套的软胶囊剂生产设备包括明胶液熔制设备、药液配制设备、软胶囊压（滴）制设备、软胶囊干燥设备、回收设备等。下面主要介绍滚模式软胶囊机和滴制式软胶囊机。

1. 滚模式软胶囊机

滚模式软胶囊机的外形如图 11-25 所示。主要由软胶囊压制主机、输送机、干燥机、电控柜、明胶桶和药液桶等多个单体设备组成。各部分的相对应位置如图 11-26 所示，药液桶 6、明胶桶 7 吊置在高处，按照一定流速向主机上的明胶盒和供药斗内流入明胶和药液。其余各部分则直接安置在工作场地的地面上。

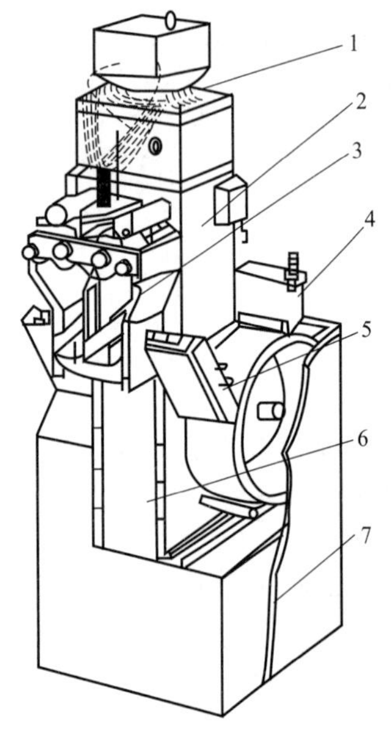

图 11-25　滚模式软胶囊机外形

1—供料斗；2—机头；3—下丸器；4—明胶盒；5—油辊；6—机身；7—机座

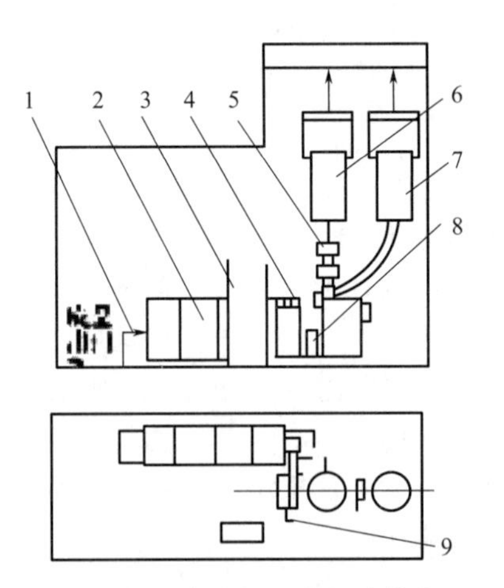

图 11-26　滚模式软胶囊机总体布置

1—风机；2—干燥机；3—电控柜；4—链带输送机；5—主机；6—药液桶；7—明胶桶；8—剩胶桶；9—废囊桶

下面介绍其主要机构的结构原理。

（1）胶带成型装置　由明胶、甘油、水及防腐剂、着色剂等附加剂加热熔制而成的明胶液，放置于吊挂着的明胶桶中。将其温度控制在 60℃左右。明胶液通过保温导管靠自身重力流入到位于机身两侧的明胶盒中。明胶盒是长方形的，见图 11-27 所示。通过将电加热元件置于明胶盒内而使得盒内明胶保持在 36℃左右，使其恒温，既能保持明胶的流动性，又能防止明胶液冷却凝固，从而有利于胶带的生产。在明胶盒后面及底部各安装了一块可以调节的活动板，通过调节这两块活动板，使明胶盒底部形成一个开口。通过前后移动流量调节板来加大或减小开口使胶液流量增大或减小，通过上下移动厚度调节板，调节胶带成型的厚度。明胶盒的开口位于旋转的胶带鼓轮的上方，随着胶带鼓轮的平稳转动，明胶液通过明胶盒下方的开口，依靠自身重力涂布于胶带鼓轮的外表面上。鼓轮的宽度与滚模长度相同。胶带鼓轮的外表面很光滑，其表面粗糙度≤0.8μm。要求胶带鼓轮的转动平稳，从而保证生成的胶带均匀。有冷风（温度以 8～12℃较好）从主机后部吹入，使得涂布于胶带鼓轮上的明胶液在鼓轮表面上冷却而形成胶带。在胶带成型过程中还设置了油辊系统，保证胶带在机器中连续、顺畅地运行，油辊系统是由上、下两个平行钢辊引胶带行走，有两个“海绵”辊子在两钢辊之间，通过辊子中心供油，为了使胶带表面更加光滑，可以利用“海绵”毛细作用吸饱可食用油并涂敷在经过其表面的胶带上。

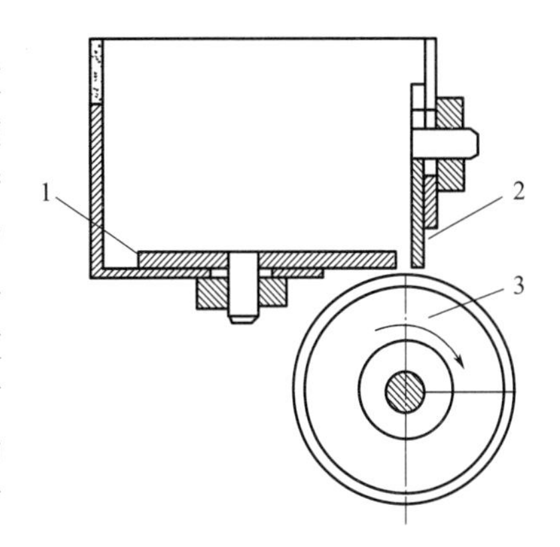

图 11-27　明胶盒示意图

1—流量调节板；2—厚度调节板；3—胶带鼓轮

（2）软胶囊成型装置　制备成型的连续胶带，经过油辊系统和导向筒，被送到两个辊模与软胶囊机上的楔形喷体之间，见图 11-28，喷体的曲面与胶带良好贴合，形成密封状态，从而使空气不能进入到已成型的软胶囊内。在运行过程中，一对滚模按箭头方向同步转动，喷体则静止不动，滚模的结构如图 11-29 所示，有许多凹槽（相当于半个胶囊的形状）均匀分布在其圆周的表面，滚模轴向凹槽的排数与喷体的喷药孔数相等，而滚模轴向上凹槽的个数和供药泵冲程的次数及自身转数相匹配。当滚模转到对准凹槽与楔形喷体上的一排喷药孔时，供药泵即将药液通过喷体上的一排小孔喷出。因喷体上加热元件的加热使得与喷体接触的胶带变软，依靠喷射压力使两条变软的胶带与滚模对应的部位产生变形，并挤到滚模凹槽的底部。为了方便胶带充满凹槽，在每个凹槽底部都开有小通气孔，这样，由于空气的存在而使软胶囊很饱满，当每个滚模凹槽内形成了注满药液的半个软胶囊时，凹槽周边的回形凸台（高约 0.1～0.3mm）随着两个滚模的相向运转，两凸台对合形成胶囊周边上的压紧力，使胶带被挤压黏结，形成一颗颗软胶囊，并从胶带上脱落下来。两个滚模主轴的平行度，是保证生产正常软胶囊的一个关键。如果两轴不平行，那么两个滚模上的凹槽及凸台不能良好地对应，胶囊不能可靠地被挤压黏合，也不能顺利地从胶带上脱落。通常滚模主轴的平行度要求在全长不大于 0.05mm。为了确保滚模能均匀接触，需在组装后利用标准滚模在主轴上进行漏光检查。

软胶囊机中的主要部件是滚模，它的设计与加工既影响软胶囊的接缝黏合度，也会影响软胶囊的质量。由于接缝处的胶带厚度小于其他部位，有时会在经过储存及运输过程中，产生接缝开裂漏液现象，主要是因为接缝处胶带太薄，黏合不牢所致。当凸台高度合适时，凸台外部空间基本被胶带填满。当两滚模的对应凸台互相对合挤压胶带时，胶带向凸台外部空

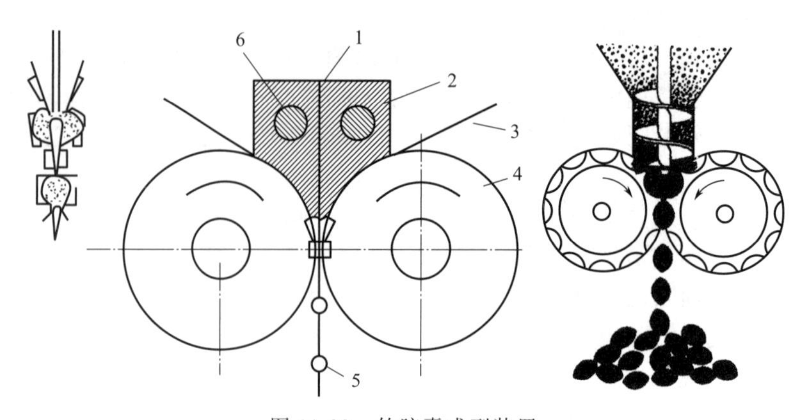

图 11-28　软胶囊成型装置

1—药液进口；2—喷体；3—胶带；4—滚模；5—软胶囊；6—电热元件

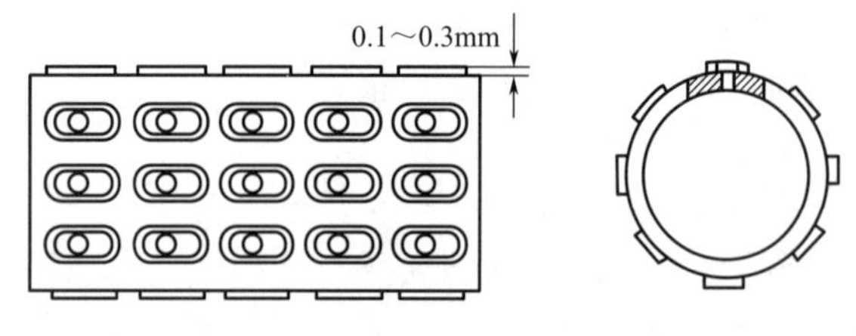

图 11-29　滚模

间扩展的余地很小，而大部分被挤压向凸台的空间，接缝处将得到胶带的补充，此处胶带厚度可达其他部位的85％以上。若凸台过低，那么就会产生切不断胶带、软胶囊黏合不上等不良后果。

楔形喷体是软胶囊成型装置中的另一关键设备。喷体曲面的形状将会影响软胶囊质量。在软胶囊成型过程中，胶带局部被逐渐拉伸变薄，喷体曲面与滚模外径相吻合，如不能吻合，胶带将不易与喷体曲面良好贴合，那样药液从喷体的小孔喷出后，就会沿喷体与胶带的缝隙外渗，既降低软胶囊接缝处的黏合强度，又影响软胶囊质量。

在喷体内装有管状电热元件，与喷体均匀接触，从而保证喷体表面温度一致，使胶带受热变软的程度处处均匀一致，当其接受喷体药液后，药液的压力使胶带完全地充满滚模的凹槽。滚模上凹槽的形状、大小不同，即可生产出形状、大小各异的软胶囊。

（3）药液计量装置　制成合格的软胶囊的另一项重要技术指标是药液装量差异的大小，要得到装量差异较小的软胶囊产品，首先需要保证向胶囊中喷送的药液量可调；其次保证供药系统密封可靠，无漏液现象。使用的药液计量装置是柱塞泵，其利用凸轮带动的10个柱塞，在一个往复运动中向楔形喷体中供药两次，调节柱塞行程，即可调节供药量大小。

（4）剥丸器　在软胶囊经滚模压制成型后，有一部分软胶囊不能完全脱离胶带，此时需要外加一个力使其从胶带上剥离下来，所以在软胶囊机中安装了剥丸器。结构如图11-30所示，在基板上面焊有固定板，将可以滚动的六角形滚轴安装在固定板上方，利用可以移动的调节板控制滚轴与调节板之间的缝隙，一般将二者之间的缝隙调至大于胶带厚度、小于胶囊外径。当胶带通过缝隙间时，靠固定板上方的滚轴，将不能脱离胶带的软胶囊剥落下来。被剥落下来的胶囊沿筛网轨道滑落到输送机上。

（5）拉网轴　在软胶囊的生产中，软胶囊不断地从胶带上剥离下来，同时产生出网状的废胶带，需要回收和重新熔制，为此在软胶囊机的剥丸机下方安装了拉网轴，将网状废胶带拉下，收集到剩胶桶内。其结构如图 11-31 所示，焊一支架在基板上，其上装有滚轴，在基板上还安装有可以移动的支架，其上也装有滚轴。两个滚轴与传动系统相接，并能够相向转动，两滚轴的长度均长于胶带的宽度。在生产中，首先将剥落了胶囊的网状胶带夹入两滚轴中间，通过调节两滚轴的间隙，使间隙小于胶带的厚度，这样当两滚轴转动时，就将网状废胶带垂直向下拉紧，并送入下面的剩胶桶内回收。

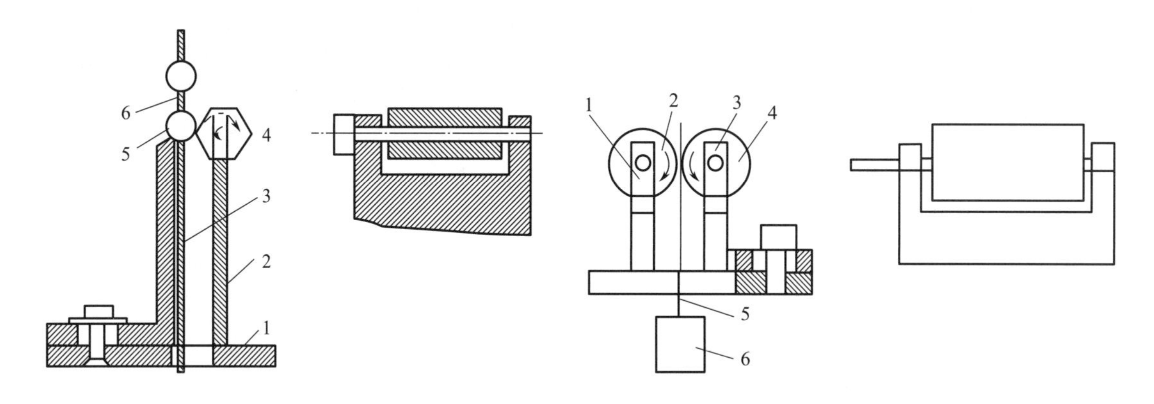

图 11-30　剥丸器

1—基板；2—固定板；3—调节板；4—滚轴；5—胶囊；6—胶带

图 11-31　拉网轴

1—支架；2，4—滚轴；3—可移动支架；5—网状废胶带；6—剩胶桶

2. 滴制式软胶囊机

滴制式胶囊机是将胶液与油状药液两相通过滴丸机喷头按不同速率喷出，当一定量的明胶液将定量的油状液包裹后，滴入另一种不相混溶的冷却液中。胶液接触冷却液后，由于表面张力作用而使之形成球形，并逐渐凝固成软胶囊。滴制式软胶囊机（滴丸机）的结构与工作原理如图 11-32 所示，主要由原料储槽、定量装置、喷头和冷却器、电气自控系统、干燥部分组成，其中双层喷头外层通入 75～80℃的明胶溶液，内层则通入 60℃的油状药物溶液。在生产中，喷头滴制速率的控制十分重要。

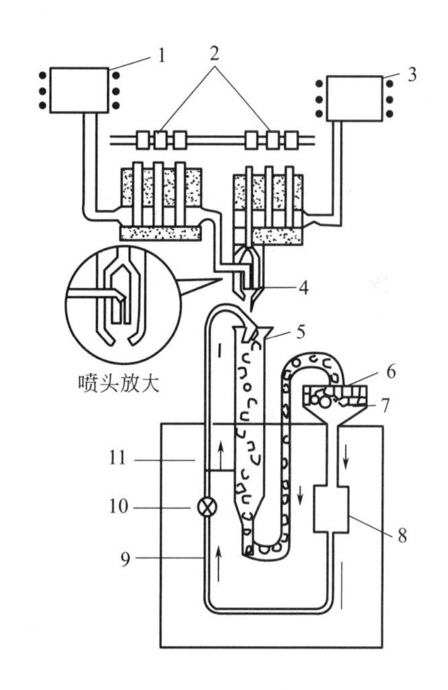

图 11-32　滴制式软胶囊机结构与工作原理示意图

1—原料储槽；2—定量装置；3—明胶液储槽；4—喷嘴；5—液状石蜡出口；6—胶丸出口；7—过滤器；8—液状石蜡储箱；9—冷却箱；10—循环泵；11—冷却柱

在软胶囊的滴制过程中，其分散装置包括凸轮、连杆、柱塞泵、喷头、缓冲管等，如图 11-33 所示。明胶与油状药液分别由柱塞泵 3 喷出，明胶通过连接管由上部进入喷头 4，药液经过缓冲管 6 由侧面进入喷头，两种液体垂直向下喷到充有稳定流动的冷却液的视盅 5 内，若操作得当，经过冷却系统内的冷却液的冷却固化，即可得球形软胶囊。柱塞泵内柱塞的往复运动由凸轮 1 通过连杆 2 推动完成，两种液体喷出时间的调整由调节凸轮的方位确定。

图 11-34 所示为喷头结构，在软胶囊制造中，明胶液与油状药物的液滴分别由柱塞泵压出，将药物包裹到明胶液膜中以形成球形颗粒，这两种液体应分别通过喷头套管的内、外侧，在严格的同心条件下，先后有序地喷出才能形成正常的胶囊，而不致产生偏心、拖尾、破损等不合格现象。如图 11-34 所示，药液由侧面进入喷头并从套管中心喷出，明胶从上部进入喷头，通过两个通道流至下部，然后在套管的外侧喷出，在喷头内两种液体互不相混。从时间上看两种液体喷出的顺序是明胶喷出时间较长，而药液喷出过程应位于明胶喷出过程的中间位置。在软胶囊的制备中，明胶液和药液的计量可采用泵打法。泵打法计量可采用柱塞泵或三柱塞泵。最简单的柱塞泵如图 11-35 所示。泵体 2 中有柱塞 1 可以做垂直方向上的往复运动，当柱塞 1 上行超过药液进口时，将药液吸入；当柱塞下行时，将药液通过排出阀 3 压出，由出口管 5 喷出，喷出结束时出口阀的球体在弹簧 4 的作用下，将出口封闭，柱塞又进入下一个循环。

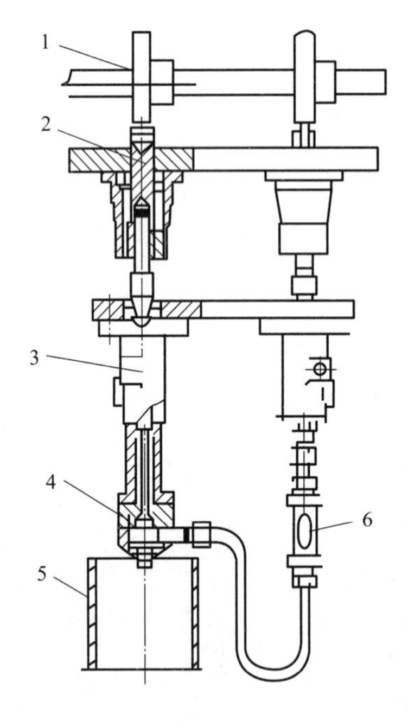

图 11-33　软胶囊的分散装置

1—凸轮；2—连杆；3—柱塞泵；4—喷头；5—视盅；6—缓冲管

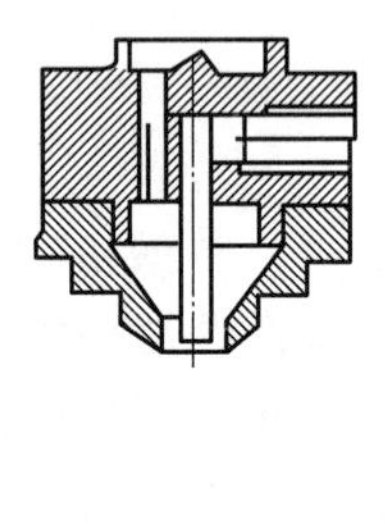

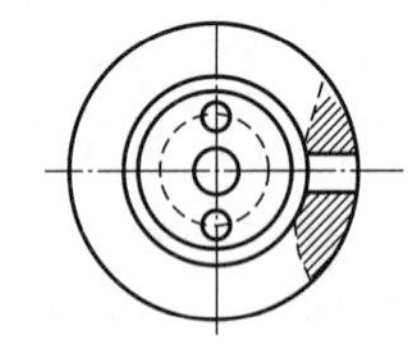

图 11-34　喷头

目前使用的柱塞泵的另一种形式如图 11-36 所示。该泵的机构是采用动力机械的油泵原理。当柱塞 4 上行时，液体从进油孔进入柱塞下方，待柱塞下行时，进油孔被柱塞封闭，使室内油压增高，迫使出油阀 6 受到出油阀弹簧 7 的压力而开启，此时液体由出口管排出，当柱塞下行至进油孔与柱塞侧面凹槽相通时，柱塞下方的油压降低，在弹簧力的作用下出油阀将出口管封闭。喷出的液量由齿杆 5 控制柱塞侧面凹槽的斜面与进油孔的相对角度来调节。该泵的优点是可微调喷出量，因此滴出的药液剂量更准确。

图 11-37 所示为常用的三活塞计量泵原理示意。泵体内有 3 个做往复运动的活塞，中间的活塞起吸液和排液作用，两边的活塞具有吸入阀和排出阀的功能。通过调节推动活塞运动的凸轮方位可控制 3 个活塞的运动次序，进而可使泵的出口喷出一定量的液滴。

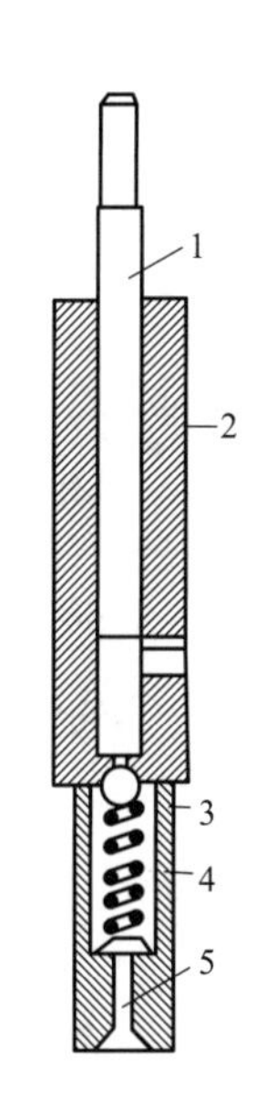

图 11-35　柱塞泵

1—柱塞；2—泵体；3—排出阀；
4—弹簧；5—出口管

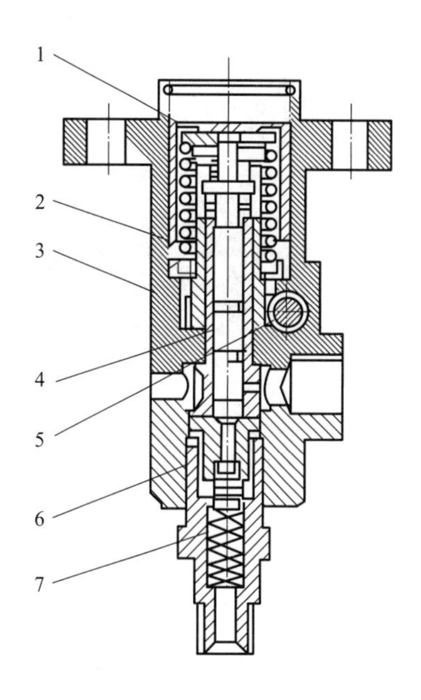

图 11-36　可微调喷出量的柱塞泵

1—弹簧座；2—柱塞弹簧；3—泵体；4—柱塞；
5—齿杆；6—出油阀；7—出油阀弹簧

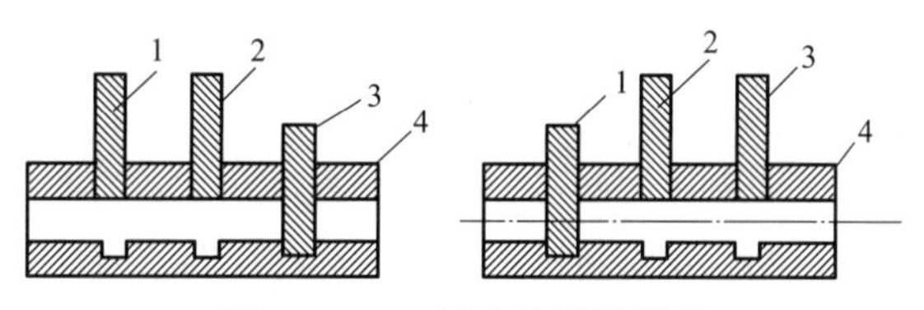

图 11-37　三活塞计量泵原理

1～3—活塞；4—泵体

(四) 药膜剂机械

将浆状药物流涂布于膜材上，经加热除去溶剂，制成药膜的机械是制膜机，是将药物和药用辅料与适宜的成膜材料制成膜状制剂的机械及设备，包括纸型药膜机、纸型药膜分格包装机、制膜机、药膜包装机等。

其中纸型药膜机是将可食性纸浸入药槽，吸附药物经加热除去溶剂，制成纸型药膜的机械；纸型药膜分格包装机是将纸型药膜分格、切割后包封于覆合膜内的机械；制膜机是将浆状药物涂布于膜材上，经加热除去溶剂，制成药膜的机械；药膜包装机是将药膜加在两层包装纸内，并完成打印、分格、切割的机械。

第三节　固体制剂设备的操作、保养与维护

一、旋转式压片机的操作步骤

如图 11-38 所示压片机，其操作步骤如下。

图 11-38　压片机实物图

1. 开机前的检查工作

① 机台上是否有异物体，如有应及时取出。

② 检查配件及模具是否齐全。

③ 准备好接料容量。

2. 操作步骤

① 打开右侧门，装上手轮。

② 装配好冲模、加料器、加料斗。

③ 转动手轮，空载运行 1～3 圈，检查冲模运动是否灵活自如、正常。

④ 合上操作左侧的电源开关，面板上电源指示灯 H1 点亮，压力显示 P1 显示压片支撑力，转速表 P2 显示“0”，其余件应无指示。

⑤ 转动手轮，检查充填量大小和片剂成型情况。

⑥ 拆下手轮，合上侧门。

⑦ 压片和准备工作就绪，面板上无故障，显示一切正常，开机，按动增压点动钮，将压力显示调整至所需压力，按动无级调速键调整频率适宜所需转速。

⑧ 充填量调整：充填人调节安装在机器前面中间两只调节手轮控制。中左调节手轮控制后压轮压制的片重。中右调节手轮按顺时针方向旋转时，充填量减少，反之增加。其充填量的多少与片剂厚度成正比。

⑨ 片厚度的调节：片剂的厚度调节是由安装在机器前面两端的两只调节手轮控制。左端的调节手轮控制前压轮压制的片厚，右端的调节手轮控制后压轮压制的片厚。当调节手轮按顺时针方向旋转时，片厚增大，反之片厚减少。片剂的厚度由测度显示，刻度带每转过一大格，片剂厚度增大（减少）1mm，刻度盘每转过一格，片剂的厚度增大（减少）0.01mm。

⑩ 粉量的调整：当充填量控制到位后，接着调整粉末的流量。首先松开斗架侧面的滚轴，再旋转斗架顶部的滚花，调节料斗口与转台工作面的距离，或料斗上提粉板的开启距离，以达到控制粉末流量的目的。

⑪ 所有调试完毕后，即可正式生产。

⑫ 停机前先降低转速，关闭启动开关，关闭电源。

3. 填写设备运行记录。

二、旋转式压片机的维修保养

1. 机器保养

① 定期检查机件，每月 1～2 次。检查蜗轮、蜗杆、轴承、压轮等各活动部分是否转动灵活，是否磨损，发现缺陷应及时修复后使用。

② 一次使用完毕或停工时，应取出剩余粉剂、刷洗机器各部分的残留粉末，如所压制粉剂细粉较多或黏度较高时，则应每两班清理一次，如停用时间较长，必须把冲模全部拆下，并将机器全部擦拭干净，机件表面涂防锈油，用布篷罩好。

③ 冲模应放置在有盖的铁皮箱内，并全部浸入油中，保持清洁，勿使生锈和碰伤。

④ 电气元件要注意维修、定期检查、保持良好运行状态，冷却风应定期用压缩气清除积尘；电气元件应注意在良好的环境下工作；电气元件的维修，应由专业技术人员执行，变频器维修需特别小心。

2. 机器的润滑

① 本机一般机件润滑，在各装置的外表有油嘴，可按油杯的类型，分别注入润滑脂和机械油。每班开车使用前应加一次。中途可按各轴承的温升和运转情况添加。

② 蜗轮箱内加机械油，油量以蜗杆浸入一个齿面高为宜。通过视窗观察油面的高低，使用半年左右更换新油。

③ 上轨导盘上的油杯是供压轮表面润滑的，滴下的油量以毛毡吸附的油不溢出为宜。

④ 冲杆和导轨用 30 号机械油润滑，不宜过多，以防止油污渗入粉末而引起污染。

3. 每次维修、保养完毕，应及时填写《设备、检修、保养记录》。

【思考题】

1. 固体制剂设备在使用与维护过程中应该注意哪些方面？
2. 固体制剂生产设备如何分类？

实训任务　维护片剂生产设备

能力目标： 能够熟练查询该设备的相关资讯，运用现代职业岗位的相关技能，归纳和总结出设备的检修要点和安全措施，制定出检修制度和检修规范，包括检修记录表、检修要点、安全事项、检修规范等。

知识目标： 了解该设备的相关基础知识，掌握该设备检修要点和检修方法，掌握该设备的分类、特点、安全、操作、维修、保养等知识，以及对设备资讯的对比、分析、归纳、总结的方法与要点。

实训设计： 公司制剂车间制剂小组接到工作任务，要求及时维护、排除故障、完成检修和制剂任务；按照车间组织构成，分为若干班组（项目组），选出组长，由组长协调组员进行检修任务的开展和工作，完成项目要求，提交维修报告，以公司绩效考核方式进行考评。

一、包衣机操作、维护要点

以某型号高效包衣机为例，如图 11-39 所示，操作人员按照规范操作，班组长、车间主任负责人对本规程的有效执行承担监督检查责任。

包衣机-动画

图 11-39　高效包衣机

（一）操作准备

① 检查包衣锅内有无异物。

② 检查喷雾系统是否正常，准备好薄膜包衣液。

（二）操作步骤

① 打开电气柜电源开关。

② 按手动键和连续两次按动匀浆键，短暂开启主机，检查转动系统运转是否正常。

③ 依次按总停→置数→温度→数字→输入键，按要求设置热风温度。

④ 打开热风柜蒸汽，开旁路排水开关，排除冷凝水后，关闭旁路排水开关，打开进汽阀和排汽阀。

⑤ 打开包衣锅前门盖，盖紧出料孔盖。

⑥ 将片心放入锅内，按手动键及热风键，将药片预热，在预热过程中经常短暂起动主机搅拌药片使预热温度均匀。

⑦ 启动主机，开启排风键，抽除细粉。

⑧ 将包衣液加入保温桶，装好喷雾系统，预热达到要求后，打开压缩空气开关，按匀浆键、排风键、喷浆键，调整喷雾角度和大小，调整好后，进行包衣操作。

⑨ 在喷浆过程中根据工艺要求，用加速或减速键，调整主机转速，用温度键、数字键调整热风温度。

⑩ 包衣操作完成后，关机的顺序为停止喷雾，关热风、喷浆及压缩空气和蒸汽阀，将喷枪连同支架移出包衣锅；关闭主机，装上卸料器后，再启动主机，将药片取出盛于洁净容器中，关闭所有电源。

（三）安全注意事项

① 包衣操作时，应将室门关好，注意排气口密封性。

② 操作中禁止动火。

（四）维护保养

① 检查电、压缩空气、蒸汽等是否符合开机要求。

② 检查气动马达油雾器的油位是否在规定位置。

③ 热风柜使用前应将蒸汽管道内的冷凝水利用旁路管道排出。

④ 工作完毕后，应将热风柜蒸汽薄膜阀和疏水前后阀门关闭；旁路阀打开。

⑤ 工作完毕，应及时将喷枪和输液管清洁干净，并用压缩空气吹干。

⑥ 每隔 6 个月检查转动部位的润滑情况并及时加注润滑脂，一年清洗更换一次润滑脂，每隔 3 个月检查清洗或更换热风柜、排风柜的空气过滤器。

二、实训任务

按照明确任务、技能实训、知识学习、实训总结、理论拓展的五步项目实训教学法开展实训教学任务（参看第二章实训任务）。

可以因地制宜的选择某种型号的固体制剂生产设备，通过文献检索，对该设备的技术背景、分类、前沿、热点进行归纳和总结，列出市场上该设备的优缺点、创新点、操作步骤、环保安全、使用要求等方面的要点。

针对该设备，开展近两年的文献检索研究，按照上述思路展开归纳与对比，根据具体设备的技术指标，完成使用评估实训任务，制定出该设备的使用要求和要点，提交设备使用记录和评估报告。

【课后任务】

1. 查询新型片剂生产设备。

2. 请列举药用固体制剂生产设备。

第十二章
半固体等制剂设备的使用与维护

第一节 半固体制剂

半固体制剂包括软膏剂、眼膏剂、凝胶剂、栓剂四种。中药软膏剂常常外用，又称作外用膏剂；外用膏剂系指采用适宜的基质将药物制成专供外用的半固体或近似固体的一类剂型。此类制剂广泛应用于皮肤科与外科，具有保护创面、润滑皮肤和局部治疗作用，也可以起全身治疗作用。外用中药膏剂包括软膏剂、膏药、橡胶膏剂、贴膏剂、糊剂、涂膜剂等。

外用中药膏剂的透皮吸收系指其中的药物通过皮肤进入血液循环的过程，包括释放、穿透及吸收进入血液循环的三个阶段。释放系指药物从基质中脱离出来并扩散到皮肤或黏膜表面上。穿透系指药物通过表皮进入真皮、皮下组织，主要对局部组织起作用。吸收系指药物透过血管壁进入血管或淋巴管加入体循环而产生全身作用。

一、软膏剂

软膏剂是指药物与油脂性或水溶性基质均匀混合制成具有适当稠度的半固体外用制剂。软膏剂中含有的药物可以溶解，也可以分散于基质中。乳膏剂是指药物溶解或分散于乳状型基质制成均匀半固体制剂。

软膏剂具有热敏性（遇热熔化而流动）和触变性（施加外力时黏度降低，静止时黏度升高，不利于流动），长时间内紧贴、黏附或铺展在用药部位，主要起局部治疗作用，如抗感染、消毒、止痒、止痛和麻醉等，也可起全身治疗作用。

1. 软膏剂的分类

按分散系统分，则可分为溶液型、混悬型、乳剂型；按基质的性质和特殊用途分，则可分为油膏剂、乳膏剂、凝胶剂、糊剂、眼膏剂等。软膏剂主要由活性成分药物、基质和附加剂组成。基质包括油脂性基质、乳剂型基质、亲水或水溶性基质。附加剂包括抗氧剂、抑菌剂、助溶剂、增稠剂、皮肤渗透促进剂等。

2. 药物加入方法

按照形成的软膏类型、制备量及设备条件不同，采用的方法也不同。溶液型或混悬型软膏常采用熔合法或研和法；乳剂型软膏常在形成乳剂型基质过程中或在形成乳剂型基质后加入药物，称为乳化法；在形成乳剂型基质后加入的药物常为不溶性微细粉末，也属于混悬型软膏。

制备软膏的基本要求，必须使药物在基质中分布均匀、细腻，以保证药物剂量与药效，这与制备方法和加入药物的方法正确与否密切相关。加入药物的一般方法如下。

① 药物不溶于基质或基质的任何组分中时，必须将药物粉碎至细粉（眼膏中药粉细度为 75μm 以下）。若用研磨配制，配制时取药粉先与适量的液体组分，如液状石蜡、植物油、甘油等研成糊状，再与其余基质混匀。

② 药物可溶于基质某组分中时，一般油溶性药物溶于油相或少量有机溶剂，水溶性药物溶于水或水相再吸收混合或乳化混合。

③ 药物可直接溶于基质中时，则油溶性药物溶于少量液体油中，再与油脂性基质混匀成为油脂性溶液型软膏；水溶性药物溶于少量水后，与水溶性基质成水溶液性溶液型软膏。

④ 具有特殊性质的药物，如半固体黏稠性药物（鱼石脂或煤焦油），可直接与基质混合，必要时先与少量羊毛脂或聚山梨酯类混合再与凡士林等油性基质混合。若药物有共熔性组分（如樟脑、薄荷脑）时，可先共熔再与基质混合。

⑤ 中药浸出物为液体（如煎剂、流浸膏）时，可先浓缩至稠膏状再加入基质中。固体浸膏可加少量水或稀醇研成糊状，与基质混合。

二、眼膏剂

眼膏剂系指药物与适宜基质制成的专供眼用的灭菌软膏剂。具有在眼结膜囊内保留时间长的特点，属缓释长效制剂，与滴眼剂相比，具有疗效持久、能减轻眼睑对眼球的摩擦等特点。但其油腻，影响视线。

国家标准中关于眼膏剂有以下规定。

① 制备眼膏剂应在避菌的环境中进行，注意防止微生物污染。所用的器具、容器等用适宜的方法清洁、灭菌。基质应融化后滤过，并经 150℃灭菌至少 1h。

② 眼膏剂中所用的药物，可先配成或研细过筛使颗粒细度符合要求，再与基质研和均匀；选用的基质应便于药物分散吸收，必要时可酌加抑菌剂等附加剂。

③ 眼膏剂应均匀、细腻，易涂于眼部，对眼部无刺激性。

④ 眼膏剂所用的包装容器紧密，易于防止污染、方便使用，并不应与药物或基质发生理化作用。

⑤ 眼膏剂应置遮光、灭菌容器中密封储存。

眼膏剂的制备方法与软膏剂基本相同，眼膏剂是无菌制剂，基质应融化后滤过，并经 150℃灭菌至少 1h，所用容器与包装材料均应严格灭菌。能溶于基质的药物可制成溶液型眼膏剂；不溶性药物应先研成极细粉末，并通过九号筛，将药粉与少量基质或液状石蜡研成糊状，再与基质混合制成混悬型眼膏剂。

三、凝胶剂

凝胶剂系指药物与适宜辅料制成的均一、混悬的稠厚液体或半固体制剂，美观、易涂展、不油腻；生物利用度高；易洗除，不污染衣物；易失水、霉变，需添加保湿剂和防腐剂。

凝胶剂有单相凝胶和双相凝胶之分，双相凝胶是由小分子无机物药物胶体粒子以网状结构存在于液体中，具有触变性，如氢氧化铝凝胶。单相凝胶系指由有机化合物形成的凝胶剂，又可分为水性凝胶和油性凝胶。水性凝胶基质一般由西黄蓍胶、明胶、淀粉、纤维素衍生物、聚羧乙烯和海藻酸钠等加水、甘油或丙二醇制成。油性凝胶基质常由液状石蜡与聚氧乙烯或脂肪油与胶体硅或铝皂、锌皂构成。

四、栓剂

栓剂系指药物与适宜基质制成的有一定形状专供人体腔道给药的固体剂型。人体腔道指肛门、尿道等。栓剂在常温下为固体，置入人体腔道后，在体温下能迅速软化熔融或溶解于分泌液，逐渐释放药物而产生局部或全身作用。

栓剂是我国传统剂型之一，又称坐药或塞药。汉代张仲景《伤寒杂病论》中的“蜜煎导方”即为最早的肛门栓剂。最初认为栓剂只是起局部作用，以后又发现栓剂中的药物可以通过直肠等途径吸收发挥全身作用。由于栓剂的作用特点逐渐引起人们的重视，加之新基质的不断出现、栓剂机械化生产的实现以及新型的单个密封包装技术的应用等，使栓剂生产的品种和数量显著增加。

目前欧美等国栓剂应用较多，我国还存在着对栓剂使用不习惯、栓剂品种规格少、生产成本较高等问题。

按使用腔道不同进行分类可分为肛门栓、阴道栓、尿道栓、喉道栓、耳用栓、鼻用栓等；按形状分可分为圆锥形、鱼雷形、球形、鸭嘴形等。

栓剂给药具有以下优点：①药物不受胃肠 pH 或酶的破坏而失去活性；②对胃黏膜有刺激性的药物可用直肠给药，可免受刺激；③药物直肠吸收，不像口服药物受肝脏首过作用破坏；④直肠吸收比口服干扰因素少；⑤对不能或者不愿吞服片、丸及胶囊的病人，尤其是婴儿和儿童可用此法给药；⑥对伴有呕吐的患者的治疗为一有效途径。但也存下以下缺点：①使用不如口服方便；②栓剂生产成本比片剂、胶囊剂高；③生产效率低。

栓剂由药物、基质及附加剂组成。药物需溶于或混悬于基质中，细粉过六号筛。对基质要求室温时具有适宜的硬度，当塞入腔道时不变形、不破碎；在体温下易软化、融化，能与体液混合或溶于体液；对黏膜无刺激性、无毒性、无过敏性；性质稳定不妨碍主药的作用与含量测定；不因晶形的转化而影响栓剂的成型。

栓剂的种类如下。①中空栓剂，栓中有一空心部分，可供填充各种不同类型药物，包括固体和液体。若中心是水溶性液体药物，可有速效作用。若制成固体分散体可使药物快速或缓慢释放，而具有速释和缓释作用。②双层栓剂，分两种。一是内外两层栓：两层有不同药物，先后释药。二是上下两层栓：又分两种，一种是上部脂溶性基质，用于缓释，下部水溶性基质，用于速释；另一种是上部空白基质，避免首过作用，下部含药栓层，用于释药。另外还有几种新型栓剂，如微囊栓剂、渗透泵栓剂、缓释栓剂等都是长效栓剂，在直肠内不溶解、不崩解，通过吸收水分而逐渐膨胀，缓慢释药。

栓剂的制备有两种方法。①冷压法。此法采用制栓机制备，是将药物与基质的粉末置于冷却的容器内混合均匀，然后装入制栓模型机内压成一定形状的栓剂，即得。②热熔法。热熔法应用较广泛，将计算量的基质锉末加热熔化，然后按药物性质以不同方法加入药物混合均匀，倾入冷却并涂有润滑剂的模型中至稍微溢出模口为度。放冷，待完全凝固后，削去溢出部分，开模取出。

第二节　气雾剂

气雾剂是指药物与适宜的抛射剂装在具有特制阀门系统的耐压容器中，使用时借助于抛射剂气化产生的压力，将内容物以雾状微粒或其他形态喷出的剂型。气雾剂可供呼吸道、皮肤、腔道给药，产生局部的治疗作用；也可呼吸道给药，通过肺部吸收发挥全身治疗作用。

气雾剂药物喷出时多为细雾状，也可以呈烟雾状、泡沫状或细流状。气雾剂是一种可在呼吸道、皮肤或其他腔道使用，药物进入呼吸道深部、腔道黏膜或皮肤等体表发挥全身或局部作用的给药系统。该给药系统应对皮肤、呼吸道与腔道黏膜和纤毛无刺激性、无毒性。

一、气雾剂的分类

气雾剂具有奏效迅速、增加药物稳定性、避免被微生物污染等优点，但成本高。按相组成可分为二相气雾剂（气相与液相）和三相气雾剂（气相、液相、固相或液相）；按医疗用途分类，可以分为吸入气雾剂、皮肤和黏膜用气雾剂与空间消毒气雾剂三类。按照给药途径，气雾剂可分为吸入气雾剂、非吸入气雾剂和外用气雾剂。按分散系统分类，气雾剂可以分为溶液型气雾剂、混悬型气雾剂与乳浊液型气雾剂三类。

二、气雾剂的组成

气雾剂由药物与附加剂、抛射剂、耐压容器和阀门系统四部分组成。

（一）附加剂

气雾剂的附加剂包括帮助药物分散的附加剂、增加药物稳定性的附加剂及改善药物气味的附加剂。附加剂应该对呼吸道、皮肤及黏膜无刺激性。用于烧伤、出血等疾病的气雾剂，其附加剂最好有一定防腐、杀菌作用。

（二）抛射剂

抛射剂是喷射药物的动力，有时兼有药物的溶剂和稀释剂的作用。抛射剂多为液化气体，为一类低沸点物质，在常温下蒸气压大于1atm，当阀门打开时，压力骤然降低，急剧气化，将药物分散成微粒抛射出来。抛射剂首先应具备沸点低、常温下蒸气压大于1atm的性质，这是作为抛射动力必须达到的要求。另外，与其他剂型赋形剂的要求相同，抛射剂还应该具有安全性与稳定性，如应无毒、无致敏性和刺激性；性质稳定，不易与药物等发生化学反应；不可燃和不易爆；来源广，成本低等。

（三）耐压容器

耐压容器用于盛装药物、抛射剂和附加剂。耐压容器除能承受气雾剂较大的压力外，还应该性质稳定，不与内容物发生理化作用，同时还应考虑到价廉、轻便、耐腐蚀、不易破碎以及外形美观等因系。常用有以下几种。

1. 金属容器

有铝薄板、马口铁和不锈钢三种，这类容器的特点是容量大，耐压高、但是化学稳定性较差，易被药液和抛射剂腐蚀，故常在容器的内壁涂上环氧树脂或乙烯树脂等有机涂层，以增强其耐腐蚀性能。

2. 玻璃容器

由中性玻璃制成，具有化学稳定性好、耐腐蚀、价廉等优点，但耐压性和耐腐蚀性能较差。玻璃容器一般用于压力和容积不大的气雾剂，并常在玻璃容器的外壁搪上塑料涂层，既能加强对内部压力的抵抗力，又可缓冲外界的冲击。

3. 塑料容器

常用聚丁烯对苯二甲酸酯树脂和缩乙醛共聚树脂等制成，质轻、牢固、耐压、耐撞击、耐腐蚀；但渗透性较高、成本较高。

（四）阀门系统

阀门系统的基本功能是调节药物和抛射剂从容器中定量流出，并形成微细雾状。其精密程度直接影响产品的质量。有两种类型阀门系统。

1. 一般阀门

（1）压发钮　可用来打开和关闭阀门，压发钮上有小孔，小孔的大小与雾粒的大小有关，并限制内容物喷出的方向，应用时按下压发钮，药液即可喷出。

（2）橡胶封圈　是封闭或打开阀门系统内孔的控制圈，起密封的作用。通常采用丁腈橡胶或氯丁二烯橡胶制成，能长久地保持弹性和牢固性。

（3）阀门杆　由塑料或不锈钢制成，上端有内孔和膨胀室，下端有一段细槽供药液进入定量室。内孔是阀门沟通容器内外的孔道，关闭时被弹性橡胶封圈封住，容器内外不通。当按下压发钮时，内孔与药液相通，容器内药液由内孔进入膨胀室，立即骤然膨胀，抛射剂气化将药物分散，连同药物一起呈雾状喷射出来。

（4）弹簧　一般用不锈钢制成，可供给压发钮上下弹力，当压发钮按下或放开时，能使阀门处于开启或关闭状态，并能对通过的药液起搅拌作用。

（5）浸入管　用聚乙烯或聚丙烯制成，其作用是将容器的药液通过浸入管输送至阀门内。

（6）封帽　可固定阀门于容器上。通常是铝制品，内镀锡或涂环氧树脂薄膜。

2. 定量阀门

定量阀与一般阀门类似，具有封帽、阀杆、内孔、膨胀室、橡胶封圈、弹簧和浸入管，所不同的是多了一个定量室。它的容量决定每次用药剂量，其用量为0.05～0.2mL的药液。定量阀门能一次给出一个较准确的剂量，一般适用于剂量小、作用强或含有毒性药物的吸入气雾剂。

阀门关闭时，定量室与内部药液相通，药液进入定量室。按下压发钮，阀门即打开，阀杆的内孔进入定量室，药液经内孔进入膨胀室，立即气化喷射出来，仅仅喷出定量室内的药液。如此，每按压发钮一次就可喷出定量的药物。

三、粉雾剂

粉雾剂分为吸入型粉雾剂和非吸入型粉雾剂。吸入型粉雾剂系指微粉化药物或药物与载体以胶囊、泡囊或多剂量储库形式，用特制的干粉吸入装置，由患者主动吸入雾化药物至肺部的制剂；非吸入型粉雾剂系药物或药物与载体以胶囊或泡囊形式，采用特制干粉给药装置，将雾化药物喷至腔道黏膜的制剂。干粉吸入装置中各组成部件均应采用无毒、无刺激性、性质稳定、与药物不起作用的材料制备。

配制粉雾剂时，为改善吸入粉末的流动性，可加入适宜的载体和润滑剂。所有附加剂均应为生理可接受物质，且对呼吸道黏膜和纤毛无刺激性；鼻用粉雾剂中药物及所用附加剂均应对鼻纤毛无毒性，且粉末粒径大多数应在 30～150μm 之间。应用中，吸入型粉雾剂主要用于治疗哮喘和慢性气管炎；非吸入型粉雾剂常见用于咽炎和喉炎等的治疗。

四、喷雾剂

喷雾剂系指不含抛射剂，借助手动泵的压力将内容物以雾状等形态喷出的制剂，分为单剂量喷雾剂和多剂量喷雾剂。喷雾剂一般以局部应用为主。吸入剂是借主药本身具挥发性和升华的特性供患者吸入使用的制剂。按给药途径不同，可分为吸入喷雾剂和非吸入喷雾剂。

喷雾剂系指不含抛射剂，借助于手动泵的压力将内容物以雾状等形态释出的制剂，分为单剂量和多剂量喷雾剂。喷雾剂是通过机械或电子装置（喷雾器或雾化器）做功将药液喷成雾状，来进行喷雾给药。

装置通常由手动泵和容器两部分构成，手动泵和容器一般都是标准配件，通过螺纹连接和机械密封，相同的容器可根据需要与不同的手动泵相连，可组合出各种不同规格的产品。喷雾剂装置中各组成部件均应采用无毒、无刺激性、性质稳定、与药物不起作用的材料制造。

喷雾剂应在避菌环境下配制，各种用具、容器等须用适宜的方法清洁、消毒，在整个操作过程中应注意防止微生物的污染。烧伤、创伤用喷雾剂应在无菌环境下配制，各种用具、容器等须用适宜的方法清洁、灭菌。

喷雾剂特点明显，喷射的雾滴粒径比较大（20～60μm），不需加压包装，制备方便。

第三节　半固体、气雾剂生产设备

一、软膏剂的生产方法

一般情况下，软膏剂中的基质需净化和灭菌。如果油脂性基质质地纯净可以直接使用，但若混有异物或在大量生产时都必须加热过滤后再用。一般在加热熔融后需通过数层细布或 120 目钢丝筛趁热过滤，然后加热至 150℃保持 1h，灭菌并除去水分。灭菌时不能用火直接加热，使用蒸汽夹层锅加热则需用耐高压夹层锅。制备的方法如下。

1. 研磨法

系将药物细粉用少量基质研匀或用适宜液体研磨成细糊状，再递加其余基质研匀的制备方法。凡软膏剂中含有的基质比较软，在常温下基质为油脂性的半固体，可采用此法。但水溶性基质和乳剂型基质不宜采用。该法简单易行，适用于小量制备，且药物不溶于基质者。通常是在放入木框的软膏板（陶瓷或玻璃）上用软膏刀（不锈钢刀或硬橡皮刀）进行调制，亦可在乳钵中研匀。最好将基质温热软化以助不溶性粉末的研磨和操作。大量生产时可用电动乳钵进行，但生产效率低。

2. 熔和法

系将基质先加热熔化，再将药物分次逐渐加入，边加边搅拌，直至冷凝的制备方法。凡软膏中含有的基质熔点不同，在常温下不能均匀混合者，以及油脂性基质大量制备主药可溶于基质或药材需用基质加热浸取其有效成分时都可用此法。特别适用于含固体成分的基质，通过加热熔化，再加入其他成分熔合成均匀基质，然后加入药物，搅拌均匀，冷却即可。含有不溶性固体粉末的软膏，经一般搅拌、混合往往还不够细腻，需要通过研磨机进一步研匀，使其无颗粒感。对于软膏中不同熔点的基质，一般应将熔点高的基质先熔化，再加熔点低的基质。

熔和法与研磨法常互相配合使用。大量制备时可使用电动搅拌机混合，并可通过齿轮泵循环数次混匀。

3. 乳化法

将处方中的油溶性和油脂性组分（油相）在一起加热（水浴或夹层锅）熔融，另将水溶性组分溶于水后一起加热至80℃成水溶液（水相），使温度略微高于油相温度，将两相加入乳化锅中，边加边搅拌，待皂化完全后搅至冷凝。在搅拌过程中尽量防止空气混入软膏剂中，如有气泡存在，一方面使得制剂体积增大，另一方面也会使制剂在储藏和运输中发生腐败变质。如大量生产，在温度降至30℃时再通过乳匀机或胶体磨使其更细腻均匀。

乳化法中水、油两相有三种混合方法。

① 连续相加入到分散相中，可用于大多数乳剂系统。

② 分散相加入到连续相中，可用于含小体积分散相的乳剂系统。

③ 两相同时混合到一起，可用于大批量或连续的操作。

4. 在软膏剂的制备过程中药物的加入方法

为了减少软膏对患者病患部位的刺激，要求制剂均匀细腻，且不含有固体粗粒，药物粒子越细，药效越强。制备药物时通常按以下几种方法来进行处理。

① 如药物能在基质中溶解，可用熔化的基质将药物溶解，制成溶液型软膏。

② 药物不溶于基质或基质的任何组分、直接加入的药材，应预先用适合的方法将其制成细粉，过100～120目筛（眼膏中药物细度为75μm以下），然后先与少量基质或液体成分如植物油、液状石蜡、甘油等混合均匀，再逐渐增加其余基质；或在不断地搅拌下，将药物细粉加至熔融的基质中，继续搅拌至冷凝即可。

③ 半固体黏稠性药物，例如鱼石脂中含有某些极性成分不易与非极性基质（例如凡士林等）混匀，可预先加入适量羊毛脂混合均匀，再加入到基质中。此外，中药煎剂、流浸膏等可先浓缩至糖浆状，再与基质混合均匀。固体浸膏应先用稀乙醇溶解使之转化或研成糊状后，再与基质混匀。

④ 一些挥发性或易于升华的药物或受热易结块的树脂类药物，应使基质降温至40℃左右，再与药物混合均匀。樟脑、冰片、薄荷脑、麝香、草酚等挥发性共熔组分共存时，可先研磨至共熔后，再与冷却至40℃左右的基质混匀。

⑤ 少量水溶性毒、剧药或结晶性药物，例如汞溴红、碘化钾、硫酸铜、生物碱盐、蛋白银等，应先加入少量水溶解再与吸水性基质或羊毛脂混合均匀，然后再与其他基质混匀。在溶解药物时，一般不宜采用乙醇、氯仿、乙醚等溶剂，因为此类溶剂挥发速度快，使得药物析出。

5. 软膏剂的工艺流程及洁净区的划分

软膏剂的制备，根据药物与基质的性质、制备量的多少及设备条件的选用其总的工艺流程如图12-1所示。

其生产的工艺过程可分三部分：制管、配料、包装。软管可以自制，也可由外厂加工，软管的生产条件也需要符合卫生条件，灌装前也需检验和消毒。表皮外用软膏的配料灌注的暴露工序需要在30万级净化条件下操作，深部组织创伤外用软膏、眼部用软膏的暴露工序及除直肠外的腔道用软膏的暴露工序均需在10万级以下操作。包装应在一般生产区进行，

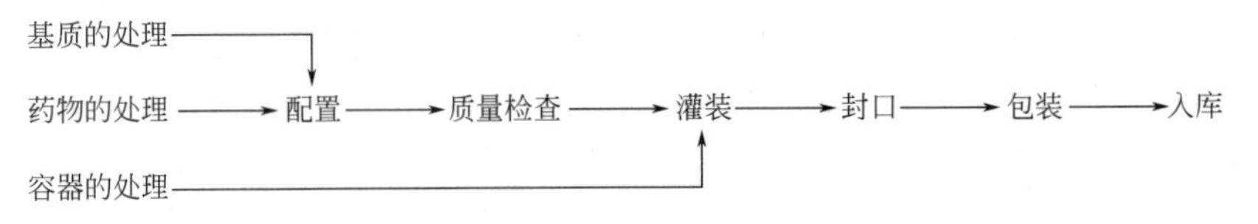

图 12-1　软膏剂制备工艺流程

无洁净级别要求，但要清洁卫生、文明生产、符合要求。凡士林等基质需经过消毒和过滤处理。

油性药膏的油脂性基质在使用前需经灭菌处理，可以采用反应罐夹套加热至150℃保持1h，起到灭菌和蒸除水分作用。过滤采用压滤或多层细布抽滤的方法，去除各种异物。

乳剂药膏的油相配制是将油或脂肪混合物的组分放入带搅拌的反应罐中进行熔融混合，加热至80℃左右，通过200目筛过滤。水相配制是将水相组分溶解于蒸馏水中，加热至80℃，也经过筛子过滤。

操作时将通蒸汽的蛇形管放入凡士林桶中，熔化后过滤，抽入夹层锅中，通蒸汽加热150℃灭菌1h后，通过布袋滤入接受桶中，再抽入储油槽中。配制前先将油通过滤网接头，滤入置于磅秤上的桶中，称重后再通过另一滤网接头，滤入混合锅中。开动搅拌器，加入药料混合，再由锅底输出，通过齿轮泵又回入混合锅中。如此循环30min～1h，将软膏通过出料管（顶端夹层保温），输入灌装机的夹层加料漏斗进行灌装。

常用的盛装软膏剂的软管有内壁涂膜铝管、复合材料管、塑料管等。药用软管常用规格及尺寸见表12-1。

表 12-1　常用药用软管

规格/g	直径/mm	管长/mm
2	11	50
4	13	62
10	16	84
14	19	96

二、软膏剂的主要生产设备

系将药物与适宜的基质混合制成外用制剂的机械及设备。

（1）膏体配料罐　通过夹套加热、搅拌使融化的油相或水相药物乳化与药用辅料混匀的容器。

（2）制膏机　将药物与适宜的基质制成半固体外用制剂的机械，如图12-2所示。

图 12-2　制膏机

① 滚辗式制膏机：使药物与基质在滚筒之间滚辗、研磨、混匀为半固体外用制剂的制膏机。

② 真空均质制膏机：在真空容器内对物料搅拌使其均质乳化、脱泡的机械。

③ 高压均质器：通过高压泵的作用使药液均质、乳化的设备。

④ 胶体磨：由成对磨体（面）的相对运动，对液固相药物进行研磨与混合的机械。

⑤ 乳化罐：将两种不相溶的液体，在高速搅拌作用下，形成乳状液的容器。

（3）软膏灌封机　对已旋盖的软管定位、定量灌注软膏并封尾的机械。软膏灌封机如图 12-3 所示。

软膏灌封机-视频

① 管座链回转式金属软管灌封机：管座坐落在链条上，以间歇回转形式完成上管、对标、灌装、折叠封尾、打印批号的软膏灌封机。

② 管座链回转式金属复合管灌封机：管座坐落在链条上，以间歇回转形式完成上管、对标、灌装、热熔封尾、打印批号的软膏灌封机。

③ 管座链回转式塑料软管灌封机：管座坐落在链条上，以间歇回转形式完成上管、对标、灌装、加热封尾、打印批号的软膏灌封机。

图 12-3　软膏灌封机

④ 圆盘回转式金属软管灌封机：管座坐落在圆盘上，在连续回转中完成上管、对标、灌装、折叠封尾、打印批号的软膏灌封机。

⑤ 圆盘回转式金属复合管灌封机：管座坐落在圆盘上，在连续回转中完成上管、对标、灌装、热熔封尾、打印批号的软膏灌封机。

⑥ 圆盘回转式塑料软管灌封机：管座坐落在圆盘上，在连续回转中完成上管、对标、灌装、加热封尾、打印批号的软膏灌封机。

⑦ 盒装软膏灌封机：将软膏定量灌注于盒内并盖封的机械。

⑧ 袋装软膏灌封机：将软膏定量灌注于袋内并封口的机械。

1. 胶体磨

由于对外用软膏剂的固体粒度有一定要求，一般来说越细越好，因而通常在出配料罐后再用胶体磨研磨加工。常用胶体磨有立式胶体磨和卧式胶体磨两种，在第六章粉碎设备中有详细介绍。

2. 加热罐

凡士林、石蜡等油性基质在低温时常处于半固体状态，与主药混合之前需加热降低其黏稠度。多采用蛇管蒸汽加热器加热，在蛇管加热器中央安装有一个桨式搅拌器，见图 12-4。低黏稠基质被加热后多使用真空管将其从加热罐底部吸出，再进行下一步的处理。输送物料的管线也需安装适宜的加热、保温设备，以避免黏稠性基质凝固后造成管道堵塞。

对于黏稠度较好的物料，当有多种基质辅料时在配料前也要使用加热罐加热与预混匀。一般采用夹套加热器内装框式搅拌器。大多数是从顶部进料，底部出料。对于真空吸料式的加热罐，则必须是封闭的罐盖，并配有灯孔和视镜。采用高位槽加料时，一般将罐盖做成半开的，即半边能开启、另一半也固定在罐体上。在制造此种设备时要有相应的防尘及防止异物掉入罐内的装置。此种加热罐的优点是方便清洗。

3. 配料锅

在制备基质时，为了保证充分熔融和各组分充分混合，一般需加热、保温和搅拌。所用油膏、乳膏的基质配料设备，称为配料锅，其基本结构见图 12-5。锅体由搪玻璃材料、不锈钢材料制成。在锅体和锅盖之间装有密封圈。其搅拌系统由电机、减速器、搅拌器构成。配料锅的夹套可以采用热水或蒸汽加热。使用热水加热时，根据对流原理，排水阀安装在上部，进水阀安装在设备底部。此外在夹套的较高位置，安装有放气阀，防止顶部放气而降低传热效果。在搅拌器轴穿过锅盖的部位安装有机械密封，除为了维持密封锅内真空或压力外还为防止锅内药物被传动系统的润滑油污染。图 12-5 中所示的真空阀是用来接通真空系统，主要是为了配料锅内物料引进和排出。使用真空加料时，可以有效防止芳香族原料向大气中散发；用真空排料时，需将接管伸入到设备底部。也可采用泵从底部向罐内送料或排料。在配制膏剂时，锅内壁要求光滑，搅拌桨选用框式，其形状要尽量接近内壁，间隙尽可能小，必要时安装聚四氟乙烯刮板，从而保证将内壁上附着的物料刮干净。

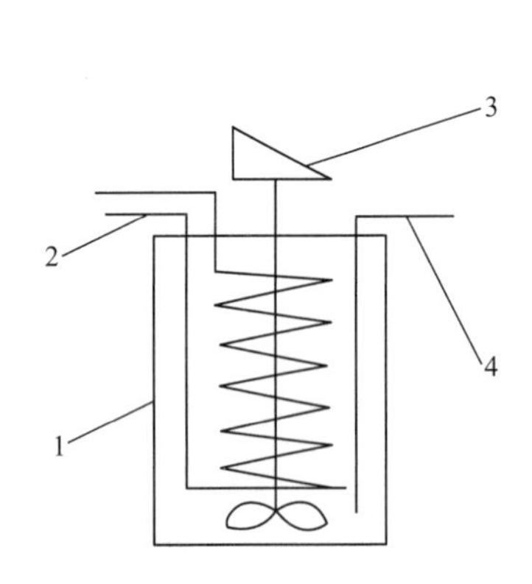

图 12-4　加热罐

1—加热罐壳体；2—蛇管加热器；3—搅拌器；4—真空管

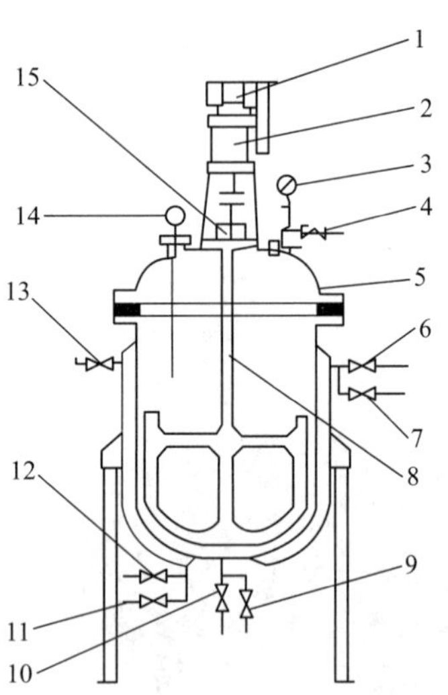

图 12-5　配料锅结构示意图

1—电机；2—减速器；3—真空表；4—真空阀；5—密封圈；6—蒸汽阀；7—排水阀；8—搅拌器；9—进泵阀；10—出料阀；11—排气阀；12，13—放气阀；14—温度计；15—机械密封

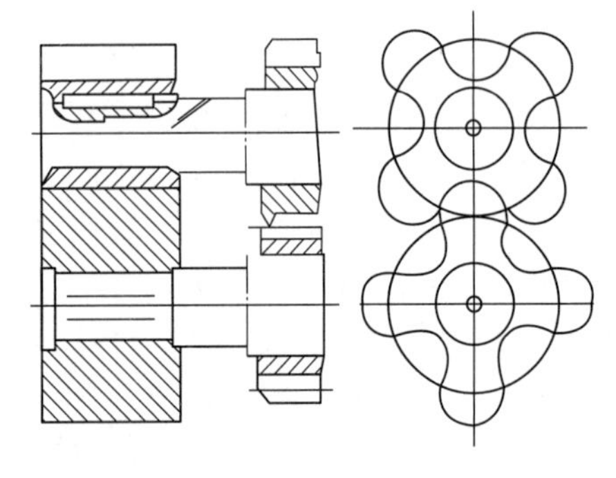

图 12-6　胶体输送泵转子结构示意

4. 输送泵

对于黏度大的基质、固体含量高的软膏及搅拌质量要求高的样品，需使用循环泵携带物料做锅外循环，帮助物料在锅内上、下翻动。常用胶体输送泵、不锈钢齿轮泵。胶体输送泵是一种少齿转子泵(见图 12-6)，它的传动齿轮与泵叶转子分开，泵叶转子的齿形、传动齿轮制造质量要求很高，轴封采用机械密封，使用寿命长，功耗低。

5. 制膏机

在软膏剂的制备过程中，制膏机是配制软膏剂的关键设备。所有物料都在制膏机内搅拌均匀、加温、乳化。在制备时，要求搅拌器性能好、操作方便、便于清洗。优良的制膏机能制成细腻、光滑的软膏。

三、眼用制剂机械简介

系将药物制成滴眼剂和眼膏剂的机械及设备，包括滴眼剂机械和眼膏剂机械两种。

滴眼剂机械是将药物与适宜的药用辅料制成无菌眼用液体制剂的机械及设备，包括配液设备、滴眼剂瓶清洗机、滴眼剂瓶内嘴（塞）清洗机、眼用液体制剂灌装压塞旋盖机、塑料滴眼剂瓶成型灌封机、眼用液体制剂联动线，与液体制剂类同。

滴眼剂瓶清洗机是用水、气冲洗滴眼剂瓶的机器。滴眼剂瓶内嘴（塞）清洗机是利用水、气清洗滴眼剂瓶内嘴（塞）的机械。眼用液体制剂灌装压塞旋盖机是对滴眼剂瓶定量灌装药液、压入内嘴（塞）和旋外盖的机械。塑料滴眼剂瓶成型灌封机是由塑料粒料熔融后注塑成滴眼瓶，定量灌液、封口、脱模成塑料瓶眼用制剂的机械。眼用液体制剂联动线是由理瓶机、清洗机、臭氧灭菌干燥机、灌封机、贴标签机组成的联动线。

眼膏剂机械是将药物与适宜的基质混匀，制成无菌眼用软膏，定量灌封于相应药包材内的机械及设备，包括膏体配料罐、制膏机、软膏灌封机。其中软膏灌封机包括管座链回转式金属软管灌封机、管座链回转式金属复合管灌封机、圆盘回转式金属软管灌封机、圆盘回转式金属复合管灌封机。与软膏制剂机械类同。

四、气雾剂制剂设备

由 GB/T 15692—2008 可知，气雾剂机械是指将药物与适宜的抛射剂共同灌注于具有特制阀门的耐压容器中，制作成药物以雾状喷出的机械及设备，包括气雾剂灌封机、旋转式气雾剂灌封机、气雾剂冷灌装机等。气雾剂灌装机如图 12-7 所示。

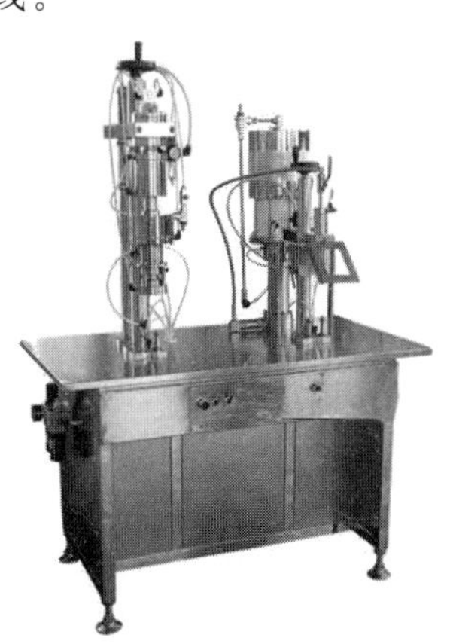

图 12-7　气雾剂灌装机

其中气雾剂灌封机是定量灌装气雾剂、落盖、旋盖封口的机械，由药液灌装机、喷雾阀门轧口机、抛射剂压装机和稳压罐等设备组成。药液灌装机是将药液灌装于耐压容器内的机械。喷雾阀门轧口机是将气动喷雾阀门轧封于装有药液的耐压容器口颈上的机械。抛射剂压装机是将抛射剂经阀门压注于装有药液的耐压容器内的机械。而稳压罐是调节控制压力稳定的设备。

全自动气雾剂生产线-视频

旋转式气雾剂灌封机是在旋转式转盘上自动完成药液定量灌注、安置阀门、轧口、压注抛射剂的机械。

气雾剂冷灌装机是将冷却后的药液及抛射剂定量灌装于耐压容器内并安置阀门、轧口的机械。

第四节　半固体制剂设备的操作、维护与保养

下面以软膏剂为例介绍半固体制剂设备的操作、维护与保养。

一、配制工艺操作规范

软膏剂的工艺制备流程框图如图 12-8 所示。

1. 生产前准备

① 检查操作间、工具、容器、设备等是否有清场合格标志，并核对是否在有效期内。否则按清场标准程序进行清场并经 QA 人员检查合格后，填写清场合格证，方可进入下一步操作。

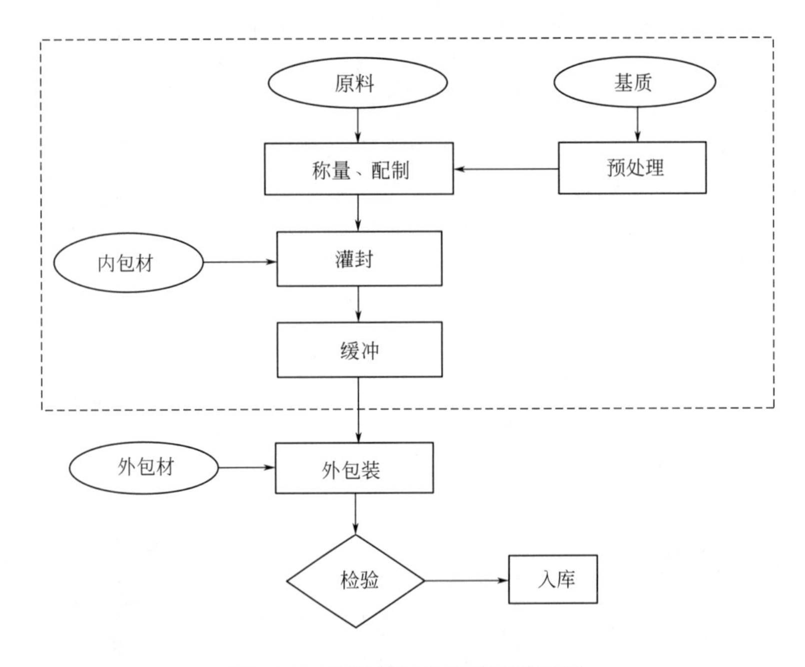

图 12-8 软膏剂制备工艺流程框图

注：虚线框内代表 30 万级或以上洁净生产区域

② 根据要求选择适宜软膏剂配制设备，设备要有“合格”标牌、“已清洁”标牌、并对设备状况进行检查，确证设备正常，方可使用。

③ 检查水、电供应正常，开启纯化水阀放水 10min。

④ 检查配制容器、用具是否清洁干燥，必要时用 75%乙醇溶液对乳化罐、油相罐、配制容器、用具进行消毒。

⑤ 根据生产指令填写领料单，从备料称量间领取原、辅料，并核对品名、批号、规格、数量、质量无误后，进行下一步操作。

⑥ 操作前检查加热、搅拌、真空是否正常，关闭油相罐、乳化罐底部阀门，打开真空泵冷却水阀门。

⑦ 挂本次运行状态标志，进入配制操作。

2. 配制操作

① 配制油相。加入油相基质，控制温度在 70℃。待油相开始熔化时，开动搅拌至完全熔化。

② 配制水相。将水相基质投入处方量的纯化水中，加热搅拌，使溶解完全。

③ 乳化。保持上述油相、水相的温度，将油相、水相通过带过滤网的管路压入乳化锅中，启动搅拌器、真空泵、加热装置。乳化完全后，降温，停止搅拌，真空静置。

④ 根据药物的性质，在配制水相、油相时或乳化操作中加入药物。

⑤ 静置。将乳膏静置 24h 后，称重，送至灌封工序。

3. 生产结束

① 按《操作间清洁标准操作规程》《真空乳化搅拌设备清洁标准操作规程》，对场地、设备、用具、容器进行清洁消毒，经 QA 人员检查合格，发清场合格证。

② 如实填写生产操作记录。

二、生产工艺管理要点

① 一般软膏剂的配制操作室洁净度要求不低于30万级，用于深部组织创伤的软膏剂制备的暴露工序操作室洁净度要求不低于10万级；室内相对室外呈正压，温度18～26℃、相对湿度45%～65%。

② 与药品直接接触的设备表面光滑、平整、易清洗、耐腐蚀，不与所加工的药品发生化学反应或吸附所加工的药品。

③ 使用前检查各管路、连接是否无泄漏，确定夹套内有足够量水时才能开启加热。

④ 油相熔化后才能开启搅拌，搅拌完成后要真空保温储存。

⑤ 一般情况下油相、水相应用100目筛过滤后混合。

⑥ 生产过程中所有物料均应有明显的标示，以防止发生混药、混批。

【思考题】

1. 半固体制剂与固体制剂相比有何特点？
2. 气雾剂在使用中应该注意哪些方面？

实训任务　维护软膏剂、气雾剂生产设备

能力目标：能够熟练查询该设备的相关资讯，运用现代职业岗位的相关技能，归纳和总结出设备的检修要点和安全措施，制定出检修制度和检修规范，包括检修记录表、检修要点、安全事项、检修规范等。

知识目标：了解该设备的相关基础知识，掌握该设备检修要点和检修方法，掌握该设备的分类、特点、安全、操作、维修、保养等知识，以及对设备资讯的对比、分析、归纳、总结的方法与要点。

实训设计：公司制剂车间制剂小组接到工作任务，要求及时维护、排除故障、完成制剂任务；按照车间组织构成，分为若干班组（项目组），选出组长，由组长协调组员进行检修任务的开展和工作，完成项目要求，提交维修报告，以公司绩效考核方式进行考评。

一、软膏剂、气雾剂制剂特点

软膏剂指药物与油脂性、水溶性或乳剂型基质混合制成均匀的半固体外用制剂。其中乳剂型基质的软膏称为乳膏剂，乳膏剂基质可分为水包油型与油包水型。软膏剂基质中油脂性基质常用的有凡士林、石蜡、液状石蜡、硅油、蜂蜡、硬脂酸、羊毛脂等，水溶性基质主要有聚乙二醇，乳膏剂常用的乳化剂可分为水包油型乳化剂（钠皂、三乙醇胺皂类、十二烷基硫酸钠和聚山梨酯类等）和油包水型乳化剂（钙皂、羊毛脂、单甘油酯、脂肪醇等）。

软膏剂基质应均匀、细腻，涂于皮肤或黏膜上无刺激性，具有适当的黏稠度，易涂布于皮肤或黏膜上，不融化，黏稠度随季节变化很小。除另有规定外，软膏剂应遮光密闭储存，乳膏剂应密封，置25℃以下储存，不得冷冻。

气雾剂指药物与适宜的抛射剂封装于具有特制阀门系统的耐压密封容器中而制成的制剂，使用时，借抛射剂的压力将内容物喷出，给药后药物进入呼吸道深部、腔道黏膜或皮肤体表发挥全身或局部治疗作用；喷雾剂是不含抛射剂，借助于手动泵的压力将药液喷成雾状的制剂；吸入粉雾剂是微粉化药物与载体以胶囊、泡囊或高剂量储库形式，采用特制

的干粉吸入装置，由患者主动吸入雾化药物的制剂。

溶液型气雾剂的处方设计与给药途径有关；对于局部麻醉、消炎、喷保护膜、口腔、吸入、鼻腔给药，局部用抛射剂用量为50%～90%，口、鼻腔用抛射剂用量可达99.5%。

制备溶液型气雾剂时应该注意：①抛射剂与潜溶剂对药物溶解度与稳定性的影响；②喷出液滴的大小与表面张力对用药部位的影响；③抗氧剂、防腐剂、潜溶剂对用药部位的刺激性；④吸入剂中各种附加剂是否能在肺部代谢或滞留。

二、实训任务

按照明确任务、技能实训、知识学习、实训总结、理论拓展的五步项目实训教学法开展实训教学任务（参看第二章实训任务）。

可以因地适时选择某种型号的半固体或者气雾剂生产设备，通过文献检索，对该设备的技术背景、分类、前沿、热点进行归纳和总结，列出市场上该设备的优缺点、创新点、操作步骤、环保安全、使用要求等方面的要点。

针对该设备，开展近两年的文献检索研究，按照上述思路展开归纳与对比，根据具体设备的技术指标，完成使用评估实训任务，制定出该设备的使用要求和要点，提交设备使用记录和评估报告。

【课后任务】

1. 查询新型软膏剂生产设备。
2. 请列举药用软膏剂生产设备。
3. 查询新型气雾剂生产设备。

第十三章 中药制剂设备的使用与维护

中药在我国医药中占有举足轻重的地位，中药产业是我国的传统民族产业，又是当今快速发展的新兴产业。随着国内外对中药认识的提高，中药的需求量逐年增加，这就要求中药生产工艺和装备能适应中药生产快速发展的要求。

第一节　中药制剂工艺

中药工业化生产包括中药材的预处理及炮制、中药材有效成分的提取液与中药浸膏的生产、中药制剂的生产等。

一、中药材的预处理及炮制

中药材前处理加工是中药企业的基础加工环节，中药材前加工设备应能适应其发展要求。中药材前处理是根据原药材或饮片的具体性质，在选用优质药材基础上将其经适当的清洗、浸润、切制、选制、炒制、干燥等，加工成具有一定质量规格的中药材中间品或半成品。中药材前处理主要生产工艺包括净制、切制、炮制、干燥等过程。中药材前处理的加工目的是生产各种规格和要求的中药材或饮片，同时也可为中药有效成分的提取与中药浸膏的生产提供可靠的保证。

药材包括植物药、动物药、矿物药三大类。其中，植物药和动物药为生物全体或部分器官、分泌物等，通常掺杂各种杂质；而矿物药多为天然矿石或动物的化石，常夹有泥沙等。

对不同类型的药材，采用的预处理方法也有所不同，主要有：①非药用部位的去除。通过去茎、去根、去枝梗、去粗皮、去壳、去毛、去核等方法来去除不作为药用的部位；②杂质的去除，通过挑选、筛选、风选、洗、漂等方法来净化药材，利于准确计量和切制药材；③药材的切片，将净选后的药材切成各种形状、厚度不同的“片子”，称为饮片，供调配处方药物。

对天然药用动、植物采取选、洗、润、切、烘等方法制取中药饮片的机械，包括选药机、洗药机、烘干机、切药机、润药机、炒药机等。

中药工业有着众多的操作单元，例如炮制是中药工业基础区别于其他工业的最显著的单元操作，是中药制剂中必不可少的一个重要部分。炮制技术有独特的理论体系和操作工艺技术。炮制有着悠久的历史，方法很多，如炮、炙、煨、炒、煮、浸、漂等，虽然在发展过程中已得到不断改进提高，使炮制加工生产逐步摆脱手工操作而进入工业化生产的行列，但炮制的原理和机制还不甚清楚，需要对炮制的每一种方法都进行深入研究，建立科学的炮制数据和依据。

炮制模型的建立既要保持古老炮制的特色，又要吸取先进的技术，推出新的炮制工艺，使中药炮制技术真正达到中药工业生产现代化要求。总之，要致力于研究中药生产中的单元操作理论和工艺技术，建立起适合中药体系的单元操作模型，丰富中药工程学的基础理论。

目前，中药制备工艺和工程化技术落后，生产效率和综合利用能力相对低下，缺乏标准化的专用制药工业装备。如中药炮制相关的机械工艺与实际炮制生产标准仍有一定的差距，不利于中药饮片生产过程的规范化和标准化，这也成为限制饮片工业发展的重要因素之一。炮制过程如水洗、浸润、切制、炒制、粉碎、干燥、水飞及制霜等，目前尚无统一的设备要求和技术规范。而中药炮制装备的标准化是饮片生产过程标准化的重要基础，也是饮片生产企业降低生产成本、保证产品质量的关键所在。为此，应该加强中药炮制机械设备的研制工作，推动和促进中药炮制工艺研究和中药饮片生产机械化水平。

二、中药材有效成分的提取工艺

当前，我国中药材产地加工较为粗糙，缺乏能保证中药材质量的净度标准，药材的包装物和自身夹带的泥沙、灰尘等杂质易污染设备和生产环境，也给后续的粉碎、灭菌、提取、浓缩等工艺带来了不便。所以满足制药过程规范化要求的装备是制药装备发展的基本要求。

随着我国对环境保护、资源利用效率重视程度越来越高，同时制药装备行业准入制度的逐步实施，未来我国制药装备行业集中度将不断提高，必将出现一批大型装备企业和集团。高效化和低碳化的制药装备将是今后大型制药集团的发展方向。

常见提取工艺如蒸发、蒸馏、干燥、过滤、固膜、吸附、色谱等，设备如中药提取罐、水沉醇提设备等，随着技术的不断进步，采用快速、高效的中药前处理技术和装备是实现制药行业高效和低碳化的重要途径。如前处理过程中的提取技术，包括多级逆流提取法、微波提取法、超声提取法、超临界提取法等；浓缩技术如减压浓缩、多效升降膜低温浓缩等；干燥技术如微波干燥、低温振动干燥等；灭菌技术如微波瞬时灭菌等，实现自动化连续生产，能够大大降低能量的损耗，节省大量的溶剂、热能和电能，提高能量的利用率和生产效率。新的制药前处理技术及新型设备能够大大降低制药过程中的能耗，并提高生产效能。

三、中药浸膏、制剂的生产设备

制药装备的集成化是未来装备发展的一个趋势，目前的制药机械还是单元化操作为主，随着新版GMP的推进以及设备自动化程度提高，强调对药品质量保证的程度也将越发严格，因此，制药装备应能将这一过程控制思想引入装备的设计与制造，从而实现药品制造过程的质量可视化，以全面保证药品的质量。中药从最初的清洗、切制到提取、浓缩、干燥及灭菌过程，药物从一个环节流入下一环节的过程中对于药物的参数可视化及取样点位的设置都应综合考虑，以期更好掌控各中间体的变化规律及质量状况，从而保证最终产品的质量。

近年来，新方法、新工艺及新设备研究取得了可喜的进展，新的制药装备也相继出现，如超临界流体提取、超声提取、微波提取、超高压技术、冷冻浓缩、膜浓缩、吸附分离浓缩、红外干燥、冷冻干燥、辐射灭菌等现代先进技术和设备等。但这些技术和装备有的起点高、设备复杂、价格相对较高，有些在使用上有局限性，新设备的使用一定要考虑大生产上的适宜性，否则很难实现其在工业化生产中的顺利过渡，使得其代替传统工艺进行现代化的生产成为奢望。中药现代化的生产还是以通用型设备为主，但是通过对设备的完善与改造，配合一些先进的工艺、理念来适应中药产业现代化大发展的需要一定大有可为。

中药制药装备的发展状况是我国中药制药行业发展水平的重要标志。制药工艺是中药生产过程的核心，而制药装备则是实现其核心的有力工具，只有先进的装备与生产工艺对接好，才能使工艺条件得以顺利实现，并制造出优质的产品。制药装备企业作为制药行业的上游行业，其始终受到下游企业需求和上游的材料、自动化技术、机械动力技术等的影响。随着下游的制药行业新版GMP的实施，其对高效、节能、系统化与自动化的制药装备的需求必将继续扩大，而制药装备行业也将迎来新的发展契机。制药装备的集成化和自动化生产，无论是从节省人工成本、提高生产效率的角度，还是从减少人为因素对于制药过程的污染等角度来看，都是未来制药设备发展的必然选择。

第二节　中药制剂工艺要求与设备

GMP对制药装备设计、选型、安装、改造和维护的要求是必须符合预定用途，便于操作、清洁和维护，必要时进行消毒或灭菌；与药品直接接触的设备表面应光洁、平整，易清洗或消毒，耐腐蚀，不与药品发生化学反应、吸附药品或向药品中释放物质。对于中药制剂的生产，主要从中药材前处理设备和后续的制剂生产设备的设计与效能等方面来考察。重点应考虑易清洗、不污染药物，同时要符合国家低碳节能的战略发展要求，中药生产装备也必须满足这些要求。

一、中药材的预处理及炮制设备

（一）中药材前处理生产工艺要求

中药材前处理主要生产工艺包括净制、切制、炮制、干燥等过程。净制包括中药材的净选与清洗。净制的目的是对药材进行选别和除去杂质，达到药用的净度标准和规格要求。

1. 净选和清洗工艺要求

净选工艺要求检查需净选的中药材，并称量、记录；净选操作必须按工艺要求分别采用拣选、风选、筛选、剪切、刮削、剔除、刷擦等方法，清除杂质或分离并除去非药用部分，使药材符合净选质量标准要求；拣选药材应设工作台，工作台表面应平整，不易产生脱落物；风选、筛选等粉尘较大的操作间应安装捕吸尘设施；经质量检验合格后交下道工序或入净材库。

清洗工艺要求清洗药材用水应符合国家饮用水标准；清洗厂房内应有良好的排水系统，地面不积水，易清洗，耐腐蚀；洗涤药材的设备或设施内表面应平整、光洁、易清洗、耐腐蚀，不与药材发生化学变化或吸附药材；药材洗涤应使用流动水，用过的水不得用于洗涤其他药材，不同的药材不宜在一起洗涤；按工艺要求对不同的药材采用淘洗、漂洗、喷淋洗涤等方法；洗涤后的药材应及时干燥。

主要净制设备有洗药机、带式磁选机、变频风选机和净选机组等。

水洗的主要设备是洗药机和水洗池。洗药机有喷淋式、循环式、环保式等，其中喷淋式洗药机的水源由自来水管直接提供，洗后的废水直接排掉，这种洗药机的造价相对较低，劳动强度较轻，耗水量大；循环水洗药机自带水箱、循环泵，具有泥沙沉淀功能，对于批量药材的清洗具有节水的优点；环保型洗药机在循环水洗药机的基础上，通过增加污水处理功能，能将洗药用的循环水经污水处理装置处理后反复利用（限同一批药材），从而进一步节约水资源。

干洗的主要设备是干式表皮清洗机。由于广泛地用水洗净制各种药材，易导致一些药材药效成分不必要的流失。为避免这些成分的流失，采用干式表皮清洗机就可达到这一效果，其主要功能是除去非药物和非药用杂质。该设备对于根类、种子类、果实类等药材具有良好的净制效果。

带式磁选机利用高强磁性材料自动除去药材中的铁性物质（包括含铁质沙石），该机适用于半成品、成品中药材的非药物杂质的净制。

变频风选机是运用变频技术调节和控制电机转速与风机的风速和压力，记录变频器的操作数据可以分析风选产品的质量，为生产质量管理提供量化依据。

净选机组将风选、筛选、挑选、磁选等单机设备，经优化组合设计，配备若干输送装置、除尘器等，组成以风选、筛选、磁选等机械化净选为主，人工辅助挑选相结合的自动化成套净选设备，对中药材进行多方位的净制处理。该机组设有机械化挑选输送机，对于不能用机械方式除净的杂物由人工进行处理。由于中药材种类繁多，物理形态差异大，不同药材有不同的净制要求等，该机组将传统的净制要求与现代化加工技术有机结合，使中药材的净制加工朝着机械化、自动化、高效率方向发展。

2. 切制工艺要求

切制包括中药材的浸润与切制。药材切制前须经过润泡等软化处理，使其软硬适度，便于切制，切制的目的是为了保证煎药或提取质量，或者利于进一步炮制和调配。

浸润工艺要求需浸润的药材按其大小、粗细、软硬程度，分别采用淋、抢水、泡、润等方法；控制好浸润药材用水量及时间，做到药透水尽，不得出现药材伤水腐败、变霉、产生异味等变质现象；浸润药材符合切制要求后应及时切制；采用真空加热浸润或冷压浸润，其工艺技术参数应经验证确认。

切制工艺要求根据不同药材及性质分别采用切、刨、锉、劈等切制方法，按工艺要求将药材切成片、段、丝、块等，并符合炮制品标准。

主要切制设备有真空气相置换式润药机、切药机、自动化净选切制机组等。

真空气相置换式润药机，运用气体具有强力穿透性的特点和高真空技术，让水蒸气置换药材内的空气，使药材快速、均匀软化，采用适当的润药工艺，使药材在低含水量的情况下软硬适度，切开无干心，切制无碎片。

切药机是常用的药材切制加工设备，其中剁刀式或转盘式切药机以其对药材适应性强、切制力大、产量高、产品性能稳定的特点，被广泛应用于各制药企业，但切制不够精细。切刀垫板式和旋料式切药机是近几年来开发的新产品，具有切制精细、成型合格率高、功耗低的特点。

自动化净选切制机组将风选、筛选、挑选、磁选、切制等单机设备配备若干输送装置、除尘器等，组成自动化净选切制机组。药材先进行风选、筛选、磁选和人工辅助挑选，再进行自动切制，各功能设备的生产能力和主要技术参数在一定范围内可调。该设备主要功能由设备自动完成，节约了人工成本，减少了人为偏差造成的净选缺陷，提高了产品质量。

3. 炮制工艺要求

中药炮制是指药物在应用或制成各种剂型以前进行的必要的加工处理过程。其目的主要是消除或降低药物的毒副作用，保证用药安全。

炮制工艺要求中药材蒸、炒、炙、煅等生产厂房应与其生产规模相适应，并有良好的通风、除尘、除烟、降温等设施；按工艺要求严格控制加入辅料的数量、方法、时间及炮制时间、温度等；炮制品应装在洁净、耐热、耐腐蚀容器内冷却，或在适宜的条件下冷却，每件容器均应附有标志，注明名称、编号、炮制批号、数量、日期、操作者等；炮制后的药材应符合炮制品标准要求，经质量检验合格后交下道工序或入净材库。

炮制的主要设备是炒药机。炒药机的热源多以电热、燃油、燃气为主取代燃煤，在一定程度上降低了烟尘对环境的污染。

自动控温燃油、燃气炒药机采用燃油或燃气为热源，设有温度和时间自动控制系统，具有快速温升和冷却功能，最高温度可达450℃。配有独立的电气控制箱，炒制过程能自动控温、计时。

智能化环保型炒药机组由自动控温炒药机、自动上料机、智能化控制系统、定量罐、除尘装置、废气处理装置等组成。其中，智能化控制系统可以设置和储存炒药程序，如自动上料、温度控制、炒制时间、自动出料、变温控制等。除了自身具备控制功能外，还要求对每批炒制的药材进行数量和湿度控制，因为只有在相同的时间、热能、药材的数量和湿度条件下，才能保证每批炒制具有相同的品质。

4. 干燥工艺要求

将切制好的药材或饮片及时干燥，否则容易霉烂变质，另外饮片干燥后便于称量。干燥工艺要求根据药材性质和工艺要求选用不同的干燥方法和干燥设备，但不得露天干燥。除另有规定外，干燥温度一般不宜超过80℃，含挥发性物质的不超过60℃。干燥设备及工艺的技术参数应经验证确认。干燥设备进风口应有适宜的过滤装置，出风口应有防止空气倒流的装置。

主要干燥设备有烘干箱、带式干燥机、远红外线辐射干燥机、微波干燥机等。

烘干箱是以蒸汽、燃油或燃气为热源，热风炉为螺旋结构，避免燃烧的烟气污染药材。烘干箱为敞开式结构，干燥速度快，进出物料极为方便，易清洗残留物料。适合小批量多品种生产，具有风干功能。因此，特别适合饮片干燥。

带式干燥器由若干个独立单元组成，每个单元包括循环风机、加热装置、单独或公用的新鲜空气抽入系统和尾气排除系统。因此，干燥介质数量、温度、湿度和尾气循环量等操作参数可进行独立控制，从而保证带式干燥机工作的可靠性和操作条件的优化。带式干燥机操作灵活，湿物料进料，干燥过程在完全密封的箱体内进行，劳动条件较好，可避免粉尘外泄。对干燥物料色泽变化和湿含量均至关重要的某些干燥过程来说，带式干燥机非常适用。缺点是占地面积大，运行时噪声较大。

远红外线辐射干燥机的特点是干燥速度快，药物质量好，具有较强的杀菌、杀虫及灭卵能力，节约能源，造价低，便于自动化生产，减轻劳动强度。近年来远红外线辐射干燥在原药、饮片等的脱水干燥及消毒中都有广泛应用，并能较好地保留中药成分。

微波干燥系指由微波能转变为热能使湿物料干燥的方法。其具有速度快、时间短、加热均匀、产品质量好、热效率高等优点。由于微波能深入物料的内部，干燥时间是常规热空气加热的1%～10%，所以对中药中的挥发性物质及芳香性成分损失较少。

中药是我国的特色产业，应大力研发先进的生产工艺和装备，采用环保、节能、自动化程度高的设备，不断推广、发展、完善国产中药设备，推动中药事业的快速发展。

（二）中药材前处理生产设备

对天然药用动、植物进行选、洗、润、切、烘等方法制取中药饮片，由 GB/T 15692—2008 可知，中药材通过净制、切制、炮制、干燥等方法，改变其形态和性状制取中药饮片的机械及设备称作饮片机械，包括净制机械、切制机械、炮制机械、药材烘干机械等。

1. 净制机械

振动筛工作原理-动画

系指将药材通过挑选、风选、水选、筛选、剪切、刮削、剔除、刷搽、碾串及泡洗等方法去除杂质和分离药材非有效部位的机械，包括挑选机械、风选机、水选机、洗药机械、筛选机械、磁选机、干法净制机械等。其中风选机有立式、卧式、吹送式、吸送式、变频式等；洗药机械有滚筒式和转鼓式等；筛选机械有回转筛、往复筛、斜面筛、旋涡式等振动筛，如图 13-1 所示；磁选机有带式和棒式；干法净制机械有圆筒形和多角筒干洗机，以及脱壳机。

2. 切制机械

指采用剪切方式改变药材形态的机械，包括润药机、切药机等。其中润药机有真空和加压润药机；切药机有往复式、旋转式、旋料式、转盘式切药机和刨片机械。直切式切药机如图 13-2 所示。

3. 炮制机械

系指根据中医药理论制定的法则和规定的工艺，加温改变净药材形态和性状的机械，包括蒸煮设备、炒药机、煅药机械等。其中蒸煮设备是内置多孔栅板，以水或水蒸气为蒸煮介质、蒸汽或电能为热源的炮制设备，有可倾式蒸煮锅、蒸汽型蒸药箱、电热型蒸药箱等。炒药机分为转筒式、转鼓式、立式等；煅药机械可以分为中温和高温煅药炉，高温煅药炉是温度低于 1200℃、高于或等于 600℃的煅药机械。炒药机如图 13-3 所示。

图 13-1 振动筛

图 13-2 直切式切药机

图 13-3 炒药机

4. 药材烘干机械

指利用热源除去药材中水分的机械及设备，包括转筒烘干机、厢式烘干机、远红外线烘干机和微波烘干机。其中厢式烘干机有热风循环烘箱、真空烘箱、隧道式烘箱、带式翻板烘干机等。

二、中药材有效成分的提取设备

传统制药行业中萃取技术是指溶剂萃取法和双水相萃取法（均属于液-液萃取）。溶剂萃取法是用一种溶剂将目标药物从另一种溶剂中提取出来的方法，这两种溶剂不能互溶或只部分互溶，能形成便于分离的两相。溶剂萃取对热敏物质破坏少，采用多级萃取时，溶质浓缩倍数和纯化度高，便于连续生产，生产周期短，但溶剂消耗量大，对设备和安全要求高。

如果待处理的混合物在通常状态下是固体，则此过程为液-固萃取，习惯上称浸出，也称为提取或浸取，即应用溶液将固体原料中的可溶组分提出来的操作。浸出药剂主要系指用适当的浸出溶剂和方法，从药材（动植物）中浸出有效成分所制成的供内服或外用的药物制剂。药材的浸出物也可作为原料供制其他制剂的应用。因此，浸出的含义除针对植物或动物药材外，也包括了对其他天然药材萃取某些成分的基本过程。

中药传统的浸出方法有煎煮法、浸渍法、渗漉法、回流提取法、水蒸气蒸馏法等。中国古代医籍中就有用水煎煮、酒浸渍提取药材的记载。随着科学技术的进步，在多学科互相渗透对浸出原理及其过程深入研究的基础上，浸出新方法、新技术，如半仿生提取法、超声提取法、超临界流体萃取法、旋流提取法、微波萃取法、加压逆流提取法、酶法提取等不断被采用，提高了中药制剂的质量。

本节主要讨论中药破碎设备、中药提取罐和近些年出现的新设备如超临界萃取设备、微波萃取设备、超细加工设备、高速逆流色谱分离设备、分子蒸馏设备。

（一）中药破碎应用技术

汤剂是中医应用最早、最广泛的中药剂型，已有2000多年的历史，能适应中医辨证论治、灵活用药的需要，制备方法简单，药效发挥迅速，从古沿用至今一直是中药的主要剂型。汤剂入药的原料如中药饮片的销售量占中药材销量的30%～50%。但这一剂型存在着临用煎制麻烦，使用和携带不方便，剂量大，不易保存，药材利用率低等缺点。有研究者采用细胞级微粉技术，提出了中药汤剂改为微粉中药汤剂，试验证明粉碎至300目的细胞破壁中药微粉组成复方散剂，加水煎煮时不出现糊底现象。如果用量小可以加水煎煮后全服，无煎煮条件时可以热水冲泡后全服，甚至还可以仿照内服散剂的方法冲服。

（二）多功能提取罐

近年来，许多中药厂采用的浸出设备是多功能提取罐，为夹套式压力容器，其结构多种多样。多功能提取罐可用于中药材水提取、醇提取、提取挥发油、回收药渣中的溶剂等，适用于煎煮、渗漉、回流、温浸、循环浸渍、加压或减压浸出等浸出工艺，因为用途广，故称为多功能提取罐。该设备均为不锈钢制成，耐腐蚀，能保证药品质量；提取时间短，生产效率高，消耗热量少，节约能源，且采用气压自动排渣，故排渣快，操作方便、安全、劳动强度小，可自动化操作。

1. 多功能提取罐的结构与工作过程

各类多功能提取罐主要由罐体、出渣门、加料口、提升气缸、夹层、出渣门气缸等组成，出渣门上设有不锈钢丝网，这样使药渣与浸出液得到了较为理想的分离；设备底部出渣门和上部投料门的启闭均采用压缩空气作动力，由控制箱中的二位四通电磁气控阀控制气缸活塞，操作方便；也可用手动控制器操纵各阀门，控制气缸动作；多功能提取罐属于压力容器。

多功能提取罐的工作过程为药材经加料口进入罐内，浸出液从活底上的滤板过滤后排出。夹层可通入蒸汽加热，或通水冷却。排渣底盖，可用气动装置自动启闭。为了防止药渣在提取罐内膨胀，因架桥难以排出，罐内装有料叉，可借助于气动装置自动提升排渣。

2. 常见多功能提取罐

如按设备外形分，有正锥形、斜锥形、直筒形三种形式；按提取方法分，有动态提取和静态提取两种。现以静态多功能提取罐和动态多功能提取罐为例进行介绍。

静态多功能提取罐有正锥式、斜锥式、直筒式三种。此类设备最简单的就是一台可加热（如夹套加热）的容器，将被萃取固体物料与溶剂水加入并加热至适当温度保持一定时间，萃取完毕时将萃取液放出，然后再将萃余的固体残渣取出。

当溶剂为易挥发需回收的有机物，或者萃出的溶质中含有易挥发成分（如中药的挥发油成分）时，敞口容器显然不合适，于是密闭的且方便加入与卸出固体物料的提取罐便成为最常用的固液萃取设备了。在中药行业，由于可以使用多种溶剂并收集馏出的中药挥发油成分，常将间歇操作且方便固体物料装卸的设备称作多功能提取罐，如图 13-4 所示。

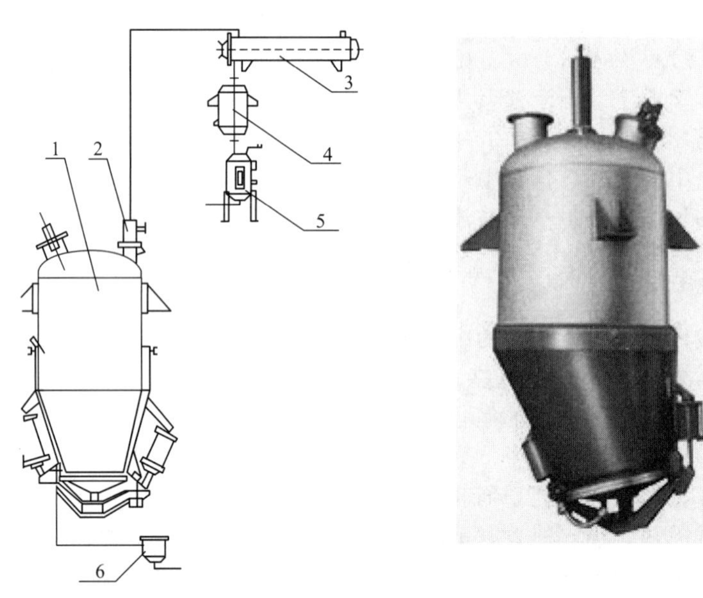

图 13-4　多功能提取罐

1—主体罐；2—除沫器；3—冷凝器；4—冷却器；5—油水分离器；6—过滤器

由图 13-4 可知其主体基本上是一个立式的压力容器，其下半部设有夹套以满足加热物料及馏出挥发油成分的需要；下半部可以是直圆筒形，也可制作成斜锥筒形。在底部则是一个由气动装置控制开闭的活动底，萃取完毕后，先将液体自底部放净，然后打开活动底并放出固体残渣。提取罐的上部则有固体加料口、溶剂加料口、挥发油成分馏出口、仪表接口等。罐体中心轴线处还设有提升气缸，它带动提升轴上下运动时，侧杆施力于残渣，用机械力破坏固体的架桥作用而使顺利出渣。

水提醇沉工艺常用于浸出液的前处理沉降和过滤，这是半个世纪来一直在使用的方法，目的是除去浸出液中的悬浮固体颗粒。水提醇沉工艺是向药材的水浸出液中加入一定浓度的乙醇液，由于乙醇的存在改变了水浸出液体系内的溶解度平衡，会有一些沉降物质析出，通过过滤操作将这些物质（认为是杂质）滤除。沉淀剂澄清工艺是用沉淀剂（又称吸附澄清剂）去破坏中药水提液胶体分散系的平衡，来除去体系中的较大颗粒或有凝集趋势的细微颗粒。比如澄清剂使得黄芪、茯苓等药液澄清，完整保留总酸、氨基酸态氮等的情况下使杂质基本沉淀。

中药浸出液早期的蒸发设备就是敞口的浓缩锅，至今一些未改造的中药企业还在使用，可采用单程型蒸发器（升膜、降膜或旋转刮膜式蒸发器等），或者采用液流速度较大的外循环式蒸发器来改造。值得注意的是，采用多效蒸发已经很好地解决中药液蒸发的节能问题。

中药液喷雾干燥主要存在的问题是结壁、产品吸湿，解决方法除在设备、操作条件下进行探索外，还应改变思维方法从中药浸提液的分离纯化，清除料液自身的结壁、吸湿因素着手。

（三）中药提取新技术设备

近年来超临界萃取技术、微波萃取技术、超细加工技术、高速逆流色谱分离技术、分子蒸馏技术发展迅猛，这些技术是中药现代化发展的方向。

超声提取是利用超声波具有的机械效应、空化效应及热效应，通过增大介质分子的运动速度，增大介质的穿透力以提取中药有效成分的方法。

1. 超临界萃取设备

超临界流体萃取是利用超临界流体作为在临界温度和临界压力附近具有特殊性能的溶剂进行萃取的一种新的分离方法。

超临界流体是指处于临界温度与临界压力以上状态的流体。如果某种气体处于临界温度之上，无论压力多高，也不能液化，这时称此气体为超临界流体。超临界流体兼有气、液两重性的特点，即密度接近于液体，而黏度和扩散系数又与气体相似，因而它不仅具有与液体溶剂相当的萃取能力，而且具有优良的传质效果。超临界流体萃取技术就是利用上述超临界流体的特殊溶解能力的特点，使之在高压条件下与待分离的固体或液体混合物接触，控制体系的压力和温度，选择性萃出所需的物质，然后通过减压或升温的方法，降低超临界流体的密度，从而使萃取物得到分离。

2. 微波萃取设备

微波协助萃取操作一般包括以下几步。

① 将物料切碎，使之更充分地吸收微波能。

② 将物料与适宜的萃取剂混合，置于微波设备中，接受辐照（这是关键性的一步）。

③ 从萃取相中分离除去残渣。

④ 获得目标产物。若萃取相需离析，可采用反渗透、色层分离等方法离析获得所需组分；若萃取物可直接使用，则无需除去萃取剂。

微波协助萃取设备一般要求为带有功率选择，有控制温度、压力、时间附件的微波制样设备。一般由聚四氟乙烯材料制成专用密闭容器作为萃取罐，它不仅能够允许微波自由通过，而且具有耐高温高压、不与溶剂反应的优点。

3. 超细加工设备

纳米药物成为目前研究和开发的热点，将成为新一代药物制剂。纳米药物的优越性在于：①能够直接通过毛细血管壁，可以作为口服制剂，也可以作为注射制剂，尤其可作为静脉注射制剂，加快药物在体内的扩散，提高疗效；②易于实现靶向给药，能够通过一定的化学或生物修饰，把药物运送到特定的组织细胞内进行释放，而在其他部位不释放，即实现主动靶向。如果能直接到达病变细胞内释放，则不会损害好的细胞，达到更好的治疗效果。因此纳米药物制剂可以大大提高药物的有效利用率，减少毒副作用。

纳米药物制剂的组成主要是主药、载体材料和附加剂，如稳定剂、稀释剂及控制释放速率的促进剂或阻滞剂等。附加剂可以和主药先混合均匀再负载在微球上，也可以先将主药负载之后再加入附加剂。主药可以是多种，可以混匀后再微球（囊）化，或分别微球（囊）化再混合，这将取决于载体材料、药物和附加剂的性质和制备的工艺条件。依据不同的制备方法，药物被溶解、分散、捕捉（夹杂）、包裹或吸附在高分子材料形成的纳米尺度的基质中，形成药物的纳米微球或纳米微胶囊。其中，纳米微胶囊是一种药物被包在由特定聚合物膜形成的空囊内的组件体系，而在纳米微球中药物则是通过物理作用均匀地分散在聚合物中。有的文献把上述两种载药形式的纳米微粒统称为纳米微球，以下叙述的纳米微球也包括这两种载药形式。

目前，纳米微球的制备方法主要有：①疏水性聚合物的分散法；②亲水性聚合物分散法；③聚合法制备聚合物纳米微球；④聚合物自组装方法制备载药纳米微球。

4. 高速逆流色谱分离设备

高速逆流色谱技术（HSCCC）是 20 世纪 70 年代首创，并且在最近 10 年之内发展迅速，是一种可在短时间内实现高效分离和制备的新型液-液分配色谱技术，这项技术可以达到几千个理论塔板数。它具有操作简单易行、应用范围很广、无需固体载体、产品纯度高、适用于制备型分离等特点，此项技术已被应用于生化、生物工程、医药、天然产物化学、有机合成、环境分析、食品、地质、材料等领域。

高速逆流色谱技术（HSCCC）是一种不用任何同态载体的液-液色谱技术，其分离原理是进行分离纯化时，首先选择预先平衡好的两相溶剂中的一相为固定相，并将其充满螺旋管柱，然后使螺旋管柱在一定的转速下高速旋转，同时以一定的流速将流动相泵入柱内。在体系达到流体动力学平衡后（即开始有流动相流出时），将待分离的样品注入体系，其中组分将依据其在两相中分配系数的不同实现分离。HSCCC 分离效率高，产品纯度高；不存在载体对样品的吸附和污染；制备量大和溶剂消耗少；操作简单，能从极复杂的混合物中分离出特定的组分。

目前，HSCCC 已从制备型发展到了分析型，甚至是微量分析型，应用范围也十分广泛。高速逆流色谱技术在我国的应用较早，是世界上为数不多的高速逆流色谱仪生产国之一，已研制并生产出系列分析型、半制备型、制备型高速逆流色谱仪设备。

5. 分子蒸馏设备

分子蒸馏是一种在高真空下操作的蒸馏方法，这时蒸气分子的平均自由程大于蒸发表面与冷凝表面之间的距离，从而可利用料液中各组分蒸发速率的差异，对液体混合物进行分离。

蒸馏工艺中，物料从蒸发器的顶部加入，经转子上的料液分布器将其连续均匀地分布在加热面上，随即刮膜器将料液刮成一层极薄、呈湍流状的液膜，并以螺旋状向下推进。在此过程中，从加热面上逸出的轻分子，经过短的路线和几乎未经碰撞就到内置冷凝器上冷凝成液，并沿冷凝器管流下，通过位于蒸发器底部的出料管排出；残液即重分子在加热区下的圆形通道中收集，再通过侧面的出料管中流出。

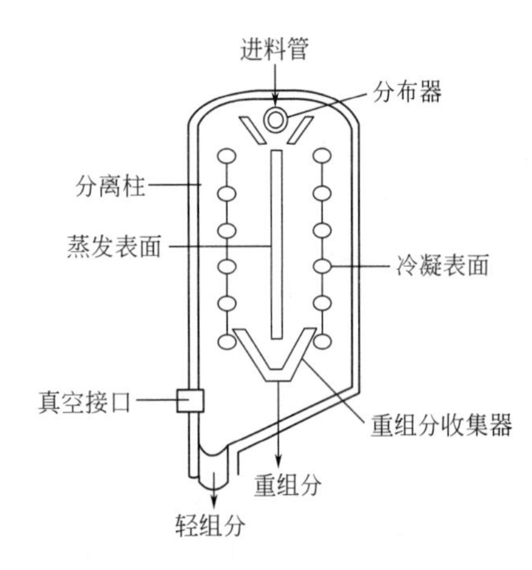

图 13-5　降膜式分子蒸馏器

一套完整的分子蒸馏设备主要包括：分子蒸发器、脱气系统、进料系统、加热系统、冷却真空系统和控制系统，如图 13-5 所示。分子蒸馏装置的核心部分是分子蒸发器，其种类主要有 3 种。①降膜式：为早期形式，结构简单，但由于液膜厚，效率差，如图 13-5 所示。②刮膜式：形成的液膜薄，分离效率高，但较降膜式结构复杂。③离心式：离心力成膜，膜薄，蒸发效率高，但结构复杂，真空密封较难，设备的制造成本高。为提高分离效率，往往需要采用多级串联使用而实现不同物质的多级分离。

第三节 中药制剂设备的使用与维护

主要用于制药工艺过程的机械设备称为制药机械和制药设备。药品生产企业为进行生产所采用的各种机器设备统属于设备范畴，其中包括制药设备和非制药专用的其他设备。制药机械设备的生产制造从属性上应属于机械工业的子行业之一，为区别制药机械设备的生产制造和其他机械的生产制造，从行业角度将完成制药工艺的生产设备统称为制药机械。广义上，制药设备和制药机械包含的内容是相近的，前者更广泛些。

制剂机械是将药物制成各种剂型的机械与设备。中药制剂机械也包括片剂机械、水针（小容量注射）剂机械、粉针剂机械、输液（大容量注射）剂机械、硬胶囊剂机械、软胶囊剂机械、丸剂机械、软膏剂机械、栓剂机械、口服液剂机械、滴眼剂机械、冲剂机械等。

中药浸膏是国家“八五”重点科技攻关项目，中药浸膏工艺包括了中药动态水提与醇提工艺技术与装置、浓缩工艺技术与装置、喷雾干燥技术与装置的研究及应用。该项目于1995年完成，现向全国中药企业提供中药浸膏生产成套装置，既保持了传统的工艺特点，又结合现代科学技术，配置了微机自动监测、控制系统，可以使用手动、手动电控和微机程序控制三种控制方式。该装置处于国际先进水平，为中药浸膏的生产现代化奠定了基础。

一、中药浸膏工艺设备

中药浸膏工艺成套装置的特点是：提取工艺具有完成吊油（提芳香油水或挥发油）、提取（水提、有机溶剂等）、浓缩、喷雾干燥和回收溶剂的功能，由提取罐组、三效浓缩器、乙醇沉淀罐组、乙醇回收、喷雾干燥机组、自动出渣系统及其配套的公用、辅助机组组成。各机组装备监测和自动控制系统，连接成网络，全线形成计算机控制。

此工艺有如下特点。

① 采用罐组式逆流提取工艺，有效地利用了固液两相的浓度梯度，增大了浓度差，提取速率快，提取液的浓度增高，提取周期短。

罐组式逆流提取的溶剂（水或醇）量，为单罐静态提取工艺的溶剂量的70%～75%，相应减少了蒸发装置的蒸发量。

罐组式逆流提取的提取罐串联台数，根据过程最佳化原理为三台；具体使用时也可以是两台或单台。每台罐均采用动态循环提取方式进行，以提高浸出速率；必要时也可设计成加压（水或醇）提取。该提取机组可适应多种形态和大小的药材，又可进行水蒸气蒸馏提取药材中的挥发油成分，对药材预处理要求低，适应性强，适用于目前大多数植物药的多品种、多味复方制剂生产。

② 蒸发浓缩机组用国家标准定型的外加热式中药三效蒸发器，充分利用了药液蒸发时所产生的二次蒸汽，作为下效蒸发的热源，从而大大节约蒸汽用量。外加热式结构造成高的液体循环流速，防止药液在加热管壁结垢，并适用于高的相对密度（1.3～1.4）下的应用。

③ 醇沉机组采用了机械搅拌、冷冻沉降新工艺。

④ 提取罐为直筒式，改变了长径比，使罐内药材受热均匀，提取完全。底部出渣门设置了自锁机构，在中断锁紧动力气源和未加脱钩动力气源时，不会脱钩开门。

⑤ 干浸膏亦采用国家标准定型的中药高速离心喷雾干燥机组，并又增设了“二流体装置”，克服了黏壁结焦现象，解决了中药生产的一大难题；干燥产品为均匀粉体，有利于后

面的制剂生产。

⑥ 过滤机组采用了快捷型过滤器，具有快开、快闭、维修清洗方便、多层快速过滤和占地面积小等特点。

二、常用中药制剂设备

（一）旋转式切药机的操作与维护保养

1. 检查准备

① 检查各紧固件是否松动，运行部位是否清洁无障碍物。

② 未接通电源前，应仔细检查电器系统是否完好。

③ 连通电源，先空转，检查各转动部位是否润滑灵活、正常，有无异声，如果发现有噪声应及时停车排除。

④ 填写并挂上运行状态卡。

2. 操作

① 根据药物的密实程度，调整上、下链条的夹角，调整上下链条后部辊上的螺栓，使链条松紧适宜，输送链条必须清洁无异物。

② 将待切药材铺在链条上，旋转主机开关，机器运转正常。

③ 当药材堵塞时，将离合手柄推至倒车位置，待药材疏松后，将手柄推至正常位置。

④ 切制完毕，关闭电源，清理调整挡板及刀盘上的杂质和机器表面灰尘。

⑤ 清洗切药机至合格。

3. 维修保养

① 经常检查变速箱油孔的油位是否达到要求。

② 经常检查刀片的锋利程度，发现磨钝或缺口时，应及时修磨。

③ 经常检查设备零部件是否松动，三角带松紧调整是否适宜，旋转刀盘是否有异声、异物。

④ 要注意上、下链条的清洁，上下链条松紧要调整是否适宜，严防链条轴轴向窜动、损坏零件。

4. 注意事项

① 如切制含淀粉量多、黏性大、纤维大的药材时，可适量喷水，以助切制。

② 润滑链条，要用植物油。

③ 加油时，油必须清洁过滤。

④ 操作时不准戴手套。

（二）洗药机的操作与维护保养

1. 检查准备

① 打开饮用水水源总阀及水箱阀门，将水箱放满水。

② 开启循环水泵，关闭水箱阀门，使粗洗与精洗喷淋管平稳喷出水来。

③ 开启滚筒正转按钮，空车试运转，检查有无异常现象。

④ 填写并挂上运行状态卡。

2. 操作

① 将待洗药材连续均匀装放在滚筒，药材经滚筒转动先粗洗后精洗，从另一侧出来。

② 及时更换水槽中脏水，并不断加饮用水补充。

③ 药材没洗净时，先停车后开启滚筒倒转按钮，药材在滚筒里倒转，然后停车再正转。

④ 药材清洗结束后，关闭循环水电机和滚筒用电机电源及饮用水阀门。

⑤ 清洗水箱及箱内滤网。

⑥ 按清洁规程清洁设备。

3. 维修保养

① 经常检查洗药机水槽中滤网，如有破损，及时更换。

② 本机每年保养一次，每半年换一次油，在蜗轮、蜗杆轴和滚轮轴的轴承位加钙基润滑脂。

4. 注意事项

① 本机使用时装入物料不宜太多，以连续均匀最佳。

② 注意喷水情况。

③ 注意设备转动时声音，如声音不正常时，及时检查和维修。

（三）渗漉筒的操作与维护保养

渗漉筒结构如图 13-6 所示。

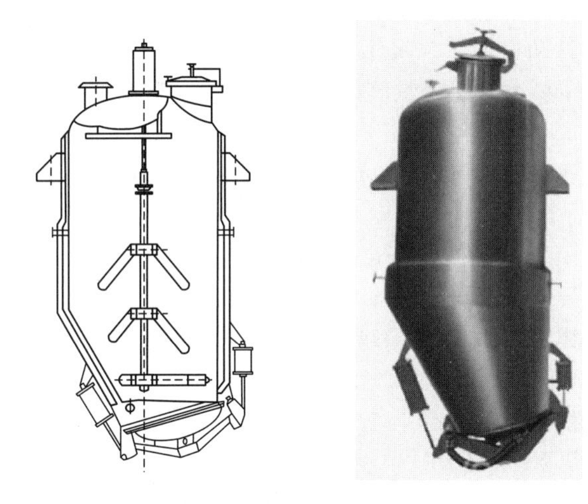

图 13-6　渗漉筒结构示意图

1. 检查准备

① 检查并关闭所有阀门。

② 检查渗漉筒是否漏液。

③ 填写并挂上运行状态卡。

2. 操作

① 打开进料口，按处方量和工艺要求装药材，加规定浓度和数量乙醇，浸渍至工艺规定时间。

② 打开进乙醇喷淋阀、出药液阀，使药液流入渗漉液储罐并控制流量，使进乙醇和出药液流速相等。

③ 渗漉结束后，打开排渣门，排渣。

④ 清洗渗漉筒至合格后，关闭所有阀门。

3. 维修保养

① 定期润滑设备转动部位。

② 经常检查渗漉筒密封系统是否漏液；如有漏液，及时更换，修补密封圈。

③ 经常检查下部滤网，发现损坏及时更换。

4. 注意事项

① 按清洁规程清洁设备。

② 出渣时，注意避免损坏底部滤网。

（四）多功能提取罐的操作与维护保养

1. 检查准备

① 检查投料门、排渣门是否正常，是否顺利到位。

② 检查设备各机件、仪表是否完整无损、动作灵敏，各气路是否畅通。

③ 检查排渣门是否有漏液现象。

④ 填写并挂上运行状态卡。

2. 操作

① 打开压缩空气阀，按排渣门关门按钮，关闭排渣门，然后按排渣门锁紧按钮，锁紧排渣门，关掉压缩空气阀。

② 用饮用水冲洗罐内壁、底盖，放掉。

③ 按工艺要求加药材和饮用水，浸泡。

④ 打开通冷凝器循环水，打开蒸汽阀门，升温加热，升温速度先快后慢，待温度升到所需温度时，调节蒸汽阀门，保持微沸至工艺要求时间，不断观察罐中动态，防止爆沸冲料。

⑤ 当提取挥发油时，二次蒸汽通过冷凝、冷却后，油水进入油水分离器，轻油在分离器上部排出。

⑥ 加热结束后，关闭蒸汽阀门，开启放料阀，放液。

⑦ 放液后，按工艺要求进行第二次、第三次提取。

⑧ 提取结束后，将出渣车开至使用罐下面，打开压缩空气阀，按排渣门脱钩按钮、出渣门按钮，开门放药渣。

⑨ 用饮用水清洁提取罐及其管道。

3. 维护保养

① 经常检查安全阀、压力表、疏水阀、温度表，应确保设备安全运行。

② 压缩空气，过滤后才能使用。

③ 各汽缸的进出口应接有足够长的调节软管，保证汽缸动作灵活。

④ 定期检查各管路、焊缝、密封面等连接部位。

⑤ 大修周期为一年，大修时所有传动部位滚动轴承需更换，或添加黄油。

4. 注意事项

① 按清洁规程，清洁设备及其管道、附件，确保设备清洁。

② 在操作中，罐内蒸汽压力≤0.02MPa，夹层蒸汽压力≤0.25MPa，蒸汽压力≤0.25MPa。

③ 在设备正常操作时或设备内残余压力尚未泄放完之前严禁开启投料门及排渣门。

④ 工作时，非岗位人员不准进入平台下封闭室。

【思考题】

1. 中药制剂设备的现代化需要做哪些工作？

2. 中药制剂设备的GMP认证有何意义？

实训任务　维护中药生产设备

能力目标： 能够熟练查询该设备的相关资讯，运用现代职业岗位的相关技能，归纳和总结出设备的检修要点和安全措施，制定出检修制度和检修规范，包括检修记录表、检修要点、安全事项、检修规范等。

知识目标： 了解该设备的相关基础知识，掌握该设备检修要点和检修方法，掌握该设备的分类、特点、安全、操作、维修、保养等知识，以及对设备资讯的对比、分析、归纳、总结的方法与要点。

实训设计： 公司制剂车间中药制剂小组接到工作任务，要求及时维护、排除故障、完成制剂任务；按照车间组织构成，分为若干班组（项目组），选出组长，由组长协调组员进行检修任务的开展和工作，完成项目要求，提交维修报告，以公司绩效考核方式进行考评。

一、中药制剂与生产设备

中药液体制剂是以中药材为原料，采用适当的溶剂和方法，将原料中有效成分、有效部位浸出，并分散于溶剂中所制成的各种液体形态的制剂，是除口服固体制剂（片剂、胶囊剂等）外另一类常用剂型。中药液体制剂要求纯度高、无微生物和其他毒性成分污染。中药注射剂和大容量注射剂的生产工艺、制剂洁净厂房、装备等，以及药用溶剂的制备是中药液体制剂制备的关键过程，一般液体制剂的溶剂有水、油及不同浓度的乙醇等，其中以水使用最为广泛。

制药装备的集成化和微型化是未来装备发展的一个趋势，目前的制药机械还是单元化操作为主，随着GMP的推进以及自动化程度提高，强调对药品质量保证的程度也将越发严格，因此，制药装备应能将这一过程控制思想引入装备的设计与制造，从而实现药品制造过程的质量可视化，以全面保证药品的质量。中药从最初的清洗、切制到提取、浓缩、干燥及灭菌过程，药物从一个环节流入下一个环节的过程中对于药物的参数可视化及取样点位的设置都应综合考虑，以便能更好掌控中间体的质量状况，从而保证最终产品的质量。近年来，新方法、微型设备的研究取得了可喜的进展，新工艺和微装备也相继出现，如超临界流体提取、超声提取、微波提取、超高压技术、冷冻浓缩、膜浓缩、吸附分离浓缩、红外干燥、冷冻干燥、辐射灭菌等现代技术和设备广泛地应用于中西药的生产。

二、实训任务

按照明确任务、技能实训、知识学习、实训总结、理论拓展的五步项目实训教学法开展实训教学任务（参看第二章实训任务）。

可以因地适时选择炮制、提取等某种型号的中药生产设备，通过文献检索，对该设备的技术背景、分类、前沿、热点进行归纳和总结，列出市场上该设备的优缺点、创新点、操作步骤、环保安全、使用要求等方面的要点。

针对该设备，开展近两年的文献检索研究，按照上述思路展开归纳与对比，根据具体设备的技术指标，完成使用评估实训任务，制定出该设备的使用要求和要点，提交设备使用记录和评估报告。

【课后任务】

1. 查询新型中药提取设备。
2. 请列举中药制剂设备。

第十四章 直接接触药品包装机械的使用与维护

制药工业中，药物制剂包装可以分为单剂量包装、内包装和外包装三类。

单剂量包装指对药物制剂按照用途和给药方法对药物成品进行分剂量并进行包装的过程，如将颗粒剂装入小包装袋，注射剂的玻璃安瓿包装，将片剂、胶囊剂装入泡罩式铝塑材料中的分装过程等，此类包装也称分剂量包装。

内包装指将数个或数十个成品装于一个容器或材料内的过程，如将数粒成品片剂或胶囊包装入一板泡罩式的铝塑包装材料中，然后装入一个纸盒、塑料袋、金属容器等，以防止潮气、光、微生物、外力撞击等因素对药品造成破坏性影响。

将已完成内包装的药品装入箱中或其他袋、桶和罐等容器中的过程称为外包装。进行外包装的目的是将小包装的药品进一步集中于较大的容器内，以便药品的储存和运输。

制药工业中，按照自动化程度，包装机械可分为全自动包装机和半自动包装机两类。全自动包装机是自动供送包装材料和内装物，并能自动完成其他包装工序的机器；半自动包装机是由人工供送包装材料和内装物，但能自动完成其他包装工序的机器。

在制药工业中，一般是按制剂剂型及其工艺过程进行分类。按照GB/T 15692—2008，药品包装机械分为药品直接包装机械、药品包装物外包装机械、药包材制造机械。药品直接包装机械是直接接触药品的包装机械，包括药品（药片、胶囊）印字机械、瓶包装机械、袋包装机械、泡罩包装机械、蜡壳包装机械、饮片包装机械六类。

第一节 直接接触药品包装机械简介

一、分类简介

（一）药品印字机械

指直接在药品上印字的机械，包括药片印字机和胶囊印字机。药片印字机指将商标、文字印刷在药片表面的机械；胶囊印字机指将商标、文字印刷在胶囊表面的机械。

（二）瓶包装机械

用于片、丸、胶囊等制剂直接装瓶的机械，包括理瓶机、瓶装容器（袋）计数充填机、瓶装容器塞封机械、瓶装容器封口机械、多功能药用瓶包装机、药用瓶包装联动线等。

1. 理瓶机

是指能整理和排列瓶子，并调节输瓶速度的机械。全自动理瓶机如图 14-1 所示。

图 14-1　全自动理瓶机

2. 瓶装容器（袋）计数充填机

是指将片（丸）、胶囊等制剂按预定量计数、充填到瓶装容器（袋）内的机械，包括转盘式计数充填机、履带式计数充填机、电子计数充填机、杯式计量充填机等。

转盘式计数充填机是利用转盘上的计数孔板对片、丸、胶囊等制剂进行计数、充填的机械；履带式计数充填机是利用履带上的计数孔板对片、丸、胶囊等制剂进行计数、充填的机械；电子计数充填机是利用光电传感器，对片、丸、胶囊等制剂进行计数、充填的机械；杯式计量充填机是采用量杯对粉剂、颗粒、小丸计量、充填的机械。

3. 瓶装容器塞封机械

是指对已充填药物的瓶装容器进行塞封的机械，包括塞纸机、塞棉机、塞带机、塞塞机等。

塞纸机是对已充填药品的瓶装容器塞纸的机械。塞棉机是对已充填药品的瓶装容器填塞脱脂棉的机械。塞带机是对已充填药品的瓶装容器填塞硅胶带的机械。塞塞机是对已充填药品的瓶装容器塞塞的机械。

4. 瓶装容器封口机械

是指对已充填药品的瓶装容器密封瓶口的机械，包括电磁感应铝箔封口机、旋盖机、压盖机等。

电磁感应铝箔封口机是利用电磁感应原理，将铝箔加热密封瓶口的机械。旋盖机是将螺旋盖旋合在瓶装容器口径上的机械。压盖机是将保险螺纹盖压制在瓶口径上的机械。电磁感应铝箔封口机如图 14-2 所示。

图 14-2　电磁感应铝箔封口机

5. 多功能药用瓶包装机

是指用于药物装瓶，能完成理瓶、计量、充填、塞封、盖封等工序的机械，包括微丸装瓶机、小丸剂装瓶机、筒管瓶片剂装瓶机等。

微丸装瓶机是用于微丸装瓶，能完成理瓶、计量、充填、塞封、盖封等工序的机械。小丸剂装瓶机是用于小丸装瓶，能完成理瓶、输瓶、计量、充填、塞封等工序的机械。筒管瓶片剂装瓶机是用于直径大、厚度薄的片剂单排重叠装入筒管瓶，能完成理瓶、计数、充填、塞封、盖封等工序的机械。

6. 药用瓶包装联动线

是由理瓶机、输瓶机、计数充填机、塞封机械、盖封机械、贴标签机、印字机等组成的联动线，包括玻璃瓶包装联动线、塑料瓶包装联动线等。

(三) 袋包装机械

图 14-3 软双铝包装机

是指采用可热封复合的材料，自动完成制袋、计量、充填、封合、分切、热压批号等功能，对药物进行袋包装的机械，包括三边封袋包装机、四边封袋包装机、背封袋包装机、三角袋包装机、带状包装机、软双铝包装机、行列式袋包装机等。软双铝包装机如图 14-3 所示。

三边封袋包装机是采用三边封合方式的袋包装机械。四边封袋包装机是采用四边封合方式的袋包装机械。背封袋包装机是采用背面封合方式的袋包装机械。三角袋包装机是包装袋呈三角形的袋包装机械。带状包装机是将药物充填于两层包装材料之间，经纵横方向热封合切割成型的机械。软双铝包装机是将片剂、胶囊剂充填于两层软铝复合材料之间，经纵横方向热封合切割成型的机械。行列式袋包装机是以多列形式完成多袋包装的机械。

(四) 泡罩包装机械

是将底材成型为泡罩，用热合方法将药品封合在泡罩与复合膜之间，经打印批号，冲切成泡罩板的机械，如图 14-4 所示。可分为铝塑泡罩包装机（PVC 片/铝箔）、铝-铝泡罩包装机（铝/铝）、铝-塑-铝泡罩包装机（铝/塑/铝）等包装形式。

图 14-4 铝塑泡罩包装机

铝塑泡罩包装机是将无毒塑料硬片成型为泡罩，用热合方法将药品封合在泡罩与药用铝箔复合膜内，经打印批号，冲切成泡罩板的机械，包括滚筒式泡罩包装机、平板式泡罩包装机、滚板式泡罩包装机。其中滚筒式泡罩包装机是泡罩由滚筒模具真空吸塑成型，从泡罩成型到热封合过程为连续运动的泡罩包装机；平板式泡罩包装机是泡罩由平板模具吹塑成型，从泡罩成型到热封合过程为间歇运动的泡罩包装机；滚板式泡罩包装机是泡罩由平板模具间隙吹塑成型，由滚筒连续热封合的泡罩包装机。

铝-铝泡罩包装机是用复合成型铝作底材，经冷冲压成型为泡罩的泡罩包装机。

铝-塑-铝泡罩包装机是把吹塑成型的塑料泡罩放在复合铝冷冲压成型的泡罩里，用热合方法将药品封合在铝箔膜下的泡罩包装机。

另外，泡罩包装联动线是由泡罩包装机与装盒机、裹包机、装箱机、卧式制袋充填封口包装机等分别组成的联动线，例如：

① 泡罩包装机＋装盒机；

② 泡罩包装机＋装盒机＋裹包机；

③ 泡罩包装机＋装盒机＋裹包机＋装箱机；

④ 泡罩包装机＋卧式制袋充填封口包装机。

（五）蜡壳包装机

是指将蜡制成壳，装入药丸后再封固的机械。

（六）饮片包装机械

是指对称量的饮片进行包装的机械，包括链斗式饮片包装机、称量式饮片包装机、容积式饮片包装机等。中药饮片包装机如图 14-5 所示。

链斗式饮片包装机是将已称量的饮片装入链条上的料杯，在链条输送过程中自动完成包装的机械；称量式饮片包装机是由多个称量器和给料装置自动完成饮片称量和包装的机械；容积式饮片包装机是通过容积计量，自动完成饮片包装的机械。

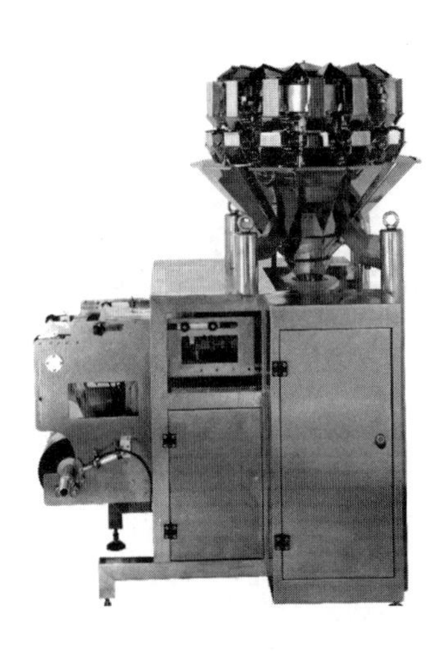

图 14-5 中药饮片包装机

二、 GMP 对药品包装机械的要求

① 药品包装机械应使用符合药品包装材料标准的包装材料。

② 药品包装机械应适应一定范围内包装规格的变化，运行速率应能调节，运行协调、稳定、无卡滞、无异常声响。

③ 药品包装机械的充填料斗、导料管内壁应光滑、无阻滞，不损伤物料或成品。充填装置应易于拆卸、清洗，具有冲裁功能的包装机应有收集所冲裁物边角余料的功能。

④ 药品包装机械中的压缩空气、真空及冷却管路应密封无渗漏。气路应有油水分离装置，水、气管路应有流量与压力的调节、显示装置。

⑤ 药品包装机械的控制装置应有工作状态显示、工艺参数设定和修改、故障报警功能。

⑥ 药品包装联动机组（生产线）的控制应匹配、可靠，能有效控制局部紧急故障。

⑦ 药品包装机械应有安全防护门、罩，防护门应有安全联锁装置。

⑧ 批号打印应字迹清晰，打印所使用的介质不得对药品和环境造成污染。

第二节　直接接触药品包装的机械与设备

直接接触药品包装的机械中，片剂与胶囊剂的包装形式可以完全一样。这是因为，在包装设计和剂型对包装机械的适应性上，两者有较相近的物性，本质上也大致相同；唯一需要考虑的问题是，胶囊中的明胶及其本身的水量会引起其硬度和脆性的变化，以及由于胶囊与内装药物相互作用会导致胶囊不能崩解。

对于片剂和胶囊剂，其包装虽然有各种类型，但不外乎有如下三类：

① 条带状包装，亦称条式包装，其中主要是条带状热封合（SP）包装；

② 泡罩式包装（PTP），亦称水泡眼包装；

③ 瓶包装或袋之类的散包装。

第①、第②类为适合于患者使用的药剂包装，第③类瓶包装包括玻璃瓶和塑料瓶包装。片剂与胶囊剂的产量大，迫切需要实现生产和包装的机械化与自动化。下面以泡罩包装机为例来介绍工艺，平板式泡罩包装机如图 14-6 所示。

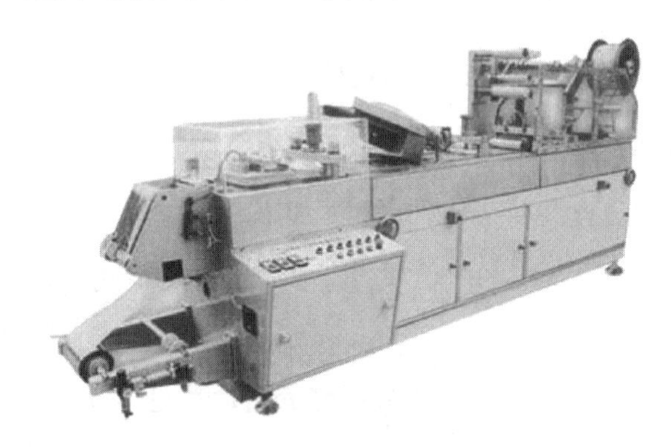

图 14-6　平板式泡罩包装机

泡罩包装机是将透明塑料薄膜或薄片制成泡罩，用热压封合、黏合等方法将产品封合在泡罩与底板之间的机器。

泡罩包装机的工艺流程如下。

由于塑料膜多具有热塑性，在成型模具上使其加热变软，利用真空或正压，将其吸（吹）塑成与待装药物外形相近的形状及尺寸的凹泡，再将单粒或双粒药物置于凹泡中，以铝箔覆盖后，用压辊将无药物处（即无凹泡处）的塑料膜及铝箔挤压粘接成一体。根据药物的常用剂量，将若干粒药物构成的部分（多为长方形）切割成一片，就完成了铝塑包装的过程。在泡罩包装机上需要完成薄膜输送、加热、凹泡成型、加料、印刷、打批号、密封、压痕、冲裁等工艺过程，如图 14-7 所示。在工艺过程中对各工位是间歇过程，就整体讲则是连续的。

胶囊铝塑包装机-视频

（1）薄膜输送　泡罩包装机是一种多功能包装机，各个包装工序分别在不同的工位上进行。包装机上设置有若干个薄膜输送机构，其作用是输送薄膜并使其通过上述各工位，完成泡罩包装工艺。国产各种类型泡罩包装机采用的输送机构有槽轮机构、凸轮摇杆机构、凸轮分度机构、棘轮机构等，可根据输送位置的准确度、加速度曲线和包装材料的适应性进行选择。

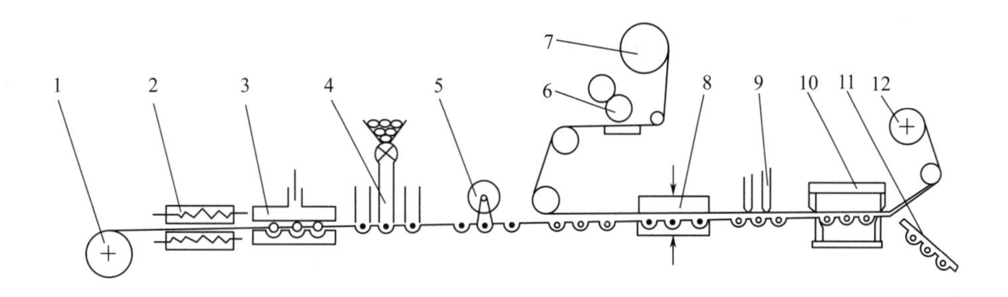

图 14-7　泡罩包装机工艺流程

1—塑料膜辊；2—加热器；3—成型；4—加料；5—检整；6—印字；
7—铝箔辊；8—热封；9—压痕；10—冲裁；11—成品；12—废料辊

(2) 加热　将成型模加热到能够进行热成型加工的温度，这个温度是根据选用的包装材料确定的。对硬质 PVC 而言，较容易成型的温度范围为 110～130℃。此范围内 PVC 薄膜具有足够的热强度和伸长率。温度的高低对热成型加工效果和包装材料的延展性有影响，因此要求对温度控制相当准确。但应注意：这里所指的温度是 PVC 薄膜实际温度，是用点温计在薄膜表面上直接测得的（加热元件的温度比这个温度高得多）。

国产泡罩包装机的加热方式有辐射加热和传导加热。一般采用辐射加热方法对薄膜加热，如图 14-8 (a) 所示。

传导加热又称接触加热。这种加热方法是将薄膜夹在成型模与加热辊之间 [见图 14-8 (b)]，或者夹在上下加热板之间 [见图 14-8 (c)]。这种加热方法已经成功地应用于聚氯乙烯 PVC 材料加热。

加热元件以电能作为热源，这是因为其温度易于控制。加热器有金属管状加热器、乳白石英玻璃管状加热器和陶瓷加热器。前者适用于传导加热，后两者适用于辐射加热。

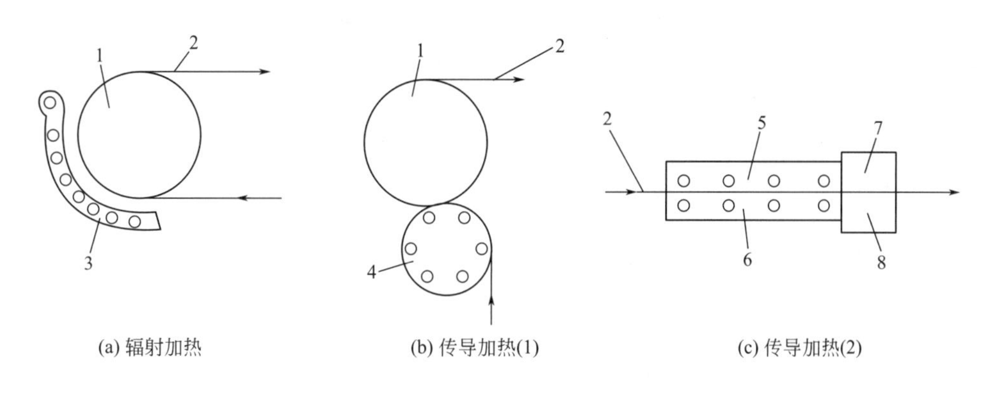

图 14-8　加热方式

1—成型模；2—薄膜；3—远红外加热器；4—加热辊；5—上加热板；
6—下加热板；7—上成型模；8—下成型模

(3) 成型　成型是整个包装过程的重要工序，成型泡罩方法可分为以下四种。

① 吸塑成型（负压成型）。利用抽真空将加热软化的薄膜吸入成型膜的泡罩窝内成一定几何形状，从而完成泡罩成型。吸塑成型一般采用辊式模具，成型泡罩尺寸较小，形状简单，泡罩拉伸不均匀，顶部较薄。

② 吹塑成型（正压成型）。利用压缩空气将加热软化的薄膜吹入成型模的泡罩窝内，形成需要的几何形状的泡罩。成型的泡罩壁厚比较均匀，形状挺阔，可成型尺寸大的泡罩。吹塑成型多用于板式模具。

③ 冲头辅助吹塑成型。借助冲头将加热软化的薄膜压入模腔内，当冲头完全压入时，通入压缩空气，使薄膜紧贴模腔内壁，完成成型加工工艺。冲头尺寸约为成型模腔的60%～90%。合理设计冲头形状尺寸、冲头推压速率和推压距离，可获得壁厚均匀、棱角挺阔、尺寸较大、形状复杂的泡罩。冲头辅助成型多用于平板式泡罩包装机。

④ 凸凹模冷冲压成型。当所用包装材料刚性较大（如复合铝）时，热成型方法显然不能适用，而是采用凸凹模冷冲压成型方法，即凸凹模合拢，对膜片进行成型加工，其中空气由成型模内的排气孔排出。

（4）充填　向成型后的塑料凹槽中填充药物可以使用多种形式加料器，并可以同时向一排（若干个）凹槽中装药。如可以通过严格机械控制，将单粒下料于塑料凹槽中；也可以一定速率均匀地铺撒式下料，同时向若干排凹槽中加料。在料斗与旋转隔板间通过刮板或固定隔板限制旋转隔板凹槽或孔洞中，只落入单粒药物。旋转隔板的旋转速率应与带泡塑料膜的移动速率匹配，即保证膜上每排凹槽均落入单粒药物。塑料膜上有几列凹泡就需相应设置有足够的旋转隔板长度或个数。对于左侧的水平轴隔板，有时不设软皮板，但在塑膜宽度上两侧必须设置围堰及挡板，以防止药物落到膜外。

弹簧软管多是不锈钢细丝缠绕的密纹软管，常用于硬胶囊剂的铝塑泡罩包装，软管的内径略大于胶囊外径，可以保证管内只存储单列胶囊。应注意保证软管不发生死弯，即可保证胶囊在管内流动通畅，通常借助整机的振动，软管自行抖动，即可使胶囊总堆储于下端出口处。卡簧机构形式很多，可以利用棘轮，间歇拨动卡簧启闭，保证每掀动一次，只放行一粒胶囊；也可以利用间隙往复运动启闭卡簧，每次放行一粒胶囊。在机构设置中，常是一排软管，由一个间歇机构保证联动。

（5）检整　利用人工或光电检测装置在加料器后边及时检查药物填落的情况，必要时可以人工补片或拣取多余的丸粒。较普遍使用的是利用旋转软刷，在塑料膜前进中，伴随着慢速推扫。由于软刷紧贴着塑料膜工作，多余的丸粒总是赶往未填充的凹泡方向，又由于软刷推扫，空缺的凹泡也必会填入药粒。

（6）印刷　铝塑包装中药品名称、生产厂家、服用方法等应向患者提示的标注都需印刷到铝箔上。当成卷的铝箔引入机器将要与塑料膜压合前进行上述印刷工作。机器上向铝箔印字的机构同样需有一系列如匀墨轮、钢质轮、印字板等机构，此处不再介绍。印刷中所用的无毒油墨，还应具有易干的特点，以确保字迹清晰、持久。

（7）热封成型　泡罩内充填好药物，覆盖膜即覆盖其上，然后将两者封合。其基本原理是使内表面加热，然后加压使其紧密接触，形成完全焊合，所有这一切是在很短时间内完成的。热封有两种形式：辊压式和板压式。

① 辊压式。将准备封合的材料通过转动的两辊之间，使之连续封合，但是包装材料通过转动的两辊之间并在压力作用下停留时间极短，若想得到合格热封，必须使辊的速度非常慢或者包装材料在通过热封辊前进行充分预热。

② 板压式。当准备封合的材料到达封合工位时，通过加热的热封板和下模板与封合表面接触，并将其紧密压在一起进行焊合，然后迅速离开，完成一个包装工艺循环。板式模具热封包装成品比较平整，封合所需压力大。

热封板（辊）的表面用化学铣切法或机械滚压法制成点状或网状的网纹，提高封合强度和包装成品外观质量。但更重要的一点是在封合时起到拉伸热封部位材料的作用，从而消除收缩褶皱。但必须小心，防止在热封过程中戳穿薄膜。

我国法律对产品包装作出了越来越严格的限制，对包装物上标示和印刷提出了更高要求，药品泡罩包装机行业标准中明确要求包装机必须有打批号装置。包装机打印一般采用凸模模压法印出生产日期和批号。打批号可在单独工位进行，也可以与热封、压痕同工位进行。

（8）压痕　一片铝塑包装药物可能适于服用多次，为了使用方便，可在一片上冲压出易裂的断痕，用手即可方便地将一片断裂成若干小块，每小块为可供一次的服用量。

（9）冲裁　将封合后的带状包装成品冲裁成规定的尺寸（即一片片大小）称为冲裁工序。为了节省包装材料，希望不论是纵向还是横向冲裁刀的两侧均是每片包装所需的部分，尽量减少冲裁余边，因为冲裁余边不能再利用，只能废弃。由于冲裁后的包装片边缘锋利，常需将四角冲成圆角，以防伤人。冲裁成品后所余的边角仍是带状的，在机器上利用单独的辊杆将其收拢。

第三节　直接接触药品包装机械的操作维护

一、瓶包装机械

瓶装设备能完成理瓶、计数、装瓶、塞纸、理盖、旋盖、贴标签、印批号等工作。许多固体成型药物，如片剂、胶囊剂、丸剂等常以瓶装形式供应于市场。瓶装机一般包括理瓶机构、输瓶轨道、数片头、塞纸机构、理盖机构、旋盖机构、贴签机构、打批号机构、电器控制部分等。

二、袋包装机械

自动制袋装填包装机常用于包装颗粒冲剂、片剂、粉状以及流体和半流体物料。其特点是直接用卷筒状的热封包装材料，自动完成制袋、计量和充填、排气或充气、封口和切断等多种功能。热封包装材料主要有各种塑料薄膜以及由纸、塑料、铝箔等制成的复合材料，它们具有防潮阻气、易于热封和印刷、质轻柔、价廉、易于携带和开启等优点。

自动制袋装填包装机的类型多种多样，按总体布局分为立式和卧式两大类；按制袋的运动形式来分，有连续式和间歇式两大类。下面主要介绍在冲剂、片剂包装中广泛应用的立式自动制袋装填包装机的原理和结构。

自动制袋装填包装机-视频

三、泡罩包装机械

泡罩包装机按结构形式可分为平板式、辊筒式和辊板式三大类。平板式泡罩包装机的泡罩成型和热封合模具均为平板形，如图 14-9 所示。

平板式泡罩包装机的特点：①热封时，上、下模具平面接触，为了保证封合质量，要有足够的温度和压力以及封合时间，不易实现高速运转；②热封合消耗功率较大，封合牢固程度不如辊筒式封合效果好，适用于中小批量药品包装和特殊形状物品包装；③泡窝拉伸比大，泡窝深度可达 35mm，满足大蜜丸、医疗器械行业的需求。

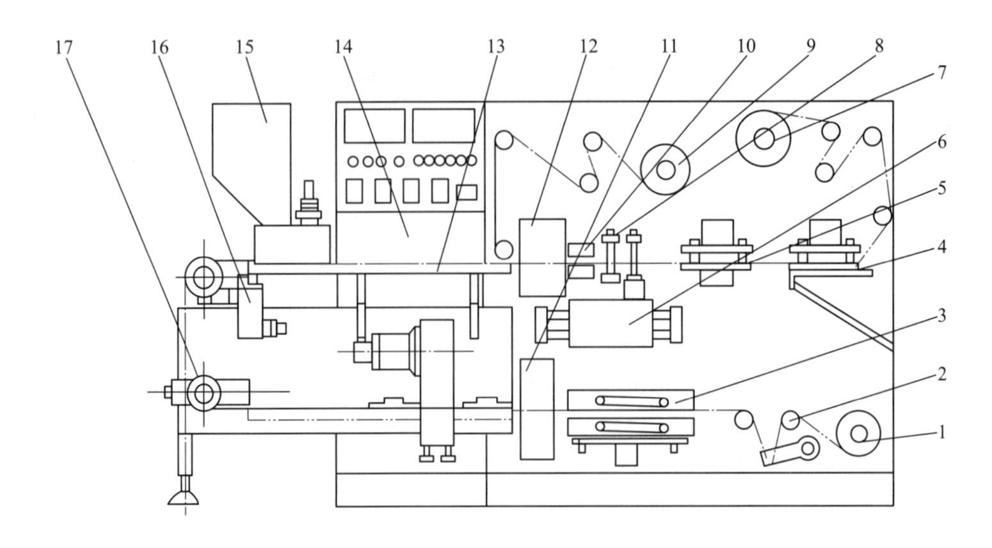

图 14-9　平板式泡罩包装机结构

1—塑料膜辊；2—张紧轮；3—加热装置；4—冲裁站；5—压痕装置；6—进给装置；7—废料辊；8—气动夹头；9—铝箔辊；10—导向板；11—成型站；12—封台站；13—平台；14—配电、操作盘；15—下料器；16—压紧轮；17—双铝成型压模

(一) 平板式泡罩包装机操作规范

1. 准备工作

① 检查平板式泡罩包装机是否具有“完好”标示及“已清洁”标示。

② 检查水、电、气的供应情况。

2. 操作过程

① 接通气泵电源扭开带锁开关，打开冷水阀、气控阀，成型加热板进气后自动打开。

② 将 PVC 硬片卷与透析纸卷分别安装于支撑轴上，微调 PVC 卷筒和透析纸卷筒的轴向位置，使其中心线与台面轨道中心线呈同一条直线，向左拨控制钮于“手动”位置点动主电机“ON”键，使成型、热封下模板处于下止点。

③ 拉出适宜长度的 PVC 硬片绕过导杆，穿过成型加热板、吹塑成型板、热封加热板、双道牵引压辊，送进冲裁机构的导向板内。

④ 换字模：旋下压痕盖板上的球形螺母将压痕盖板取下；旋下模块固定螺钉，取下固定活字模块条；将按产品要求排印好的活字（批号），安装在活字模块上，并按逆顺序安装于泡罩包装机上。

⑤ 向右拨控制钮于“自动”挡。此时成型、热封、下加热处于预热阶段。

⑥ 电压调整：顺时针旋转成型、热封、下加热的电压调节旋钮，将电压调至 200V。

⑦ 温控仪温度调整：根据泡罩成型情况设定成型温度，一般将成型温度控制在 120～170℃，将热封温度控制在 130～160℃；下加热温度控制在 110～125℃。温度上升至设定值后，在保证恒定温度前提下根据具体情况尽量调低电压在 190V 以下。

⑧ 根据操作需要调解变频调速控制按钮，调解冲裁速率（一般为 25～40 次/min）。

⑨ 待气压仪表显示达到 0.4MPa 时，按主电机“ON”键，成型加热板自动放下，机器延时启动。观察 PVC 的运行情况及批号的打印情况，必要时做适宜调整，当泡罩成型良好，批号打印清晰、正确后，按主电机“OFF”键停机。

⑩ 拉出适宜长度的透析纸绕过导杆，送入热封加热板内，覆盖在泡罩带上。按下主电机“ON”键，PVC与透析纸便热封在一起。

⑪ 由操作人员人工向PVC泡罩内添加药品，注意摆放时应将药品标签向下放置。

⑫ 操作时随时检查泡罩的封装质量，将包装不合格的不良品剔出重新封装。

⑬ 操作中随时清理废料斗内的废料置于废料桶内。

⑭ 将已泡罩包装成型的合格品码放整齐，以备下道工序操作使用。

⑮ 操作结束后，按主电机“OFF”键停机，关闭带锁总开关。

⑯ 关闭冷水阀并关闭气泵电源开关。

（二）平板式泡罩包装机清洁规范

1. 清洁频率

① 生产操作前、后清洁1次。

② 更换品种、规格时清洁1次。

③ 特殊情况随时清洁。

2. 清洁工具

毛刷、清洁布、钢丝刷或铜丝刷。

3. 清洁剂

95%乙醇溶液。

4. 清洁方法

① 将使用后的废PVC卷筒及透析纸卷筒按安装程序的逆顺序取下，收集入废料桶内。

② 旋下压痕盖板上的球形螺母，取下压痕盖板置于操作台上。旋下模块固定螺钉，取下活字用95%乙醇溶液擦拭干净后，放入储存盒内于指定柜内存放，并按拆卸逆顺序将压痕盖板安装于泡罩包装机上。

③ 用毛刷将散落于机器表面及废料斗内的碎屑等废弃物收集入废料桶内；用洁净湿布擦拭机器表面。

④ 视污染情况，每月1～2次，用钢丝刷刷洗成型加热板、热封加热板的上、下加热板面。

⑤ 特殊油污处用清洁剂擦拭后，用洁净湿布去除清洁剂残留。

⑥ 用干清洁布迅速擦干。

⑦ 清洁完毕后填写清洁记录，并请QA检查清洁情况，确认合格后，签字并贴挂“已清洁”状态标示。

5. 清洁效果评价

设备表面整洁干净无灰尘，无残余油垢污物污染，无前批生产遗留物。

6. 清洁工具

按清洁工具清洁规程在清洁间内进行清洁、晾晒，并在指定地点存放。

【思考题】

1. 为什么说内、外包装机械一体化是一个趋势？
2. 直接接触药品包装机械与一般机械有什么不同？

实训任务　保养充填机

能力目标：能够熟练查询该设备的相关资讯，运用现代职业岗位的相关技能，归纳和总结出设备的保养要点和维护措施，制定出设备保养制度，包括保养记录表、保养要点、安全保养事项、保养规范等。

知识目标：了解该设备的相关基础知识，掌握该设备保养要点和保养方法，掌握该设备的分类、特点、安全、操作、维修、保养等知识，以及对设备资讯的对比、分析、归纳、总结的方法与要点。

实训设计：公司制剂车间包装小组接到工作任务，要求及时维护、排除故障、完成保养和包装任务；按照车间组织构成，分为若干班组（项目组），选出组长，由组长协调组员进行保养任务的开展和工作，完成项目要求，提交保养报告，以公司绩效考核方式进行考评。

一、充填机特点

充填机是将产品按预定量充填到包装容器内的机器。运用范围很广泛，主要运用在液体产品及小颗粒产品的灌装上，因为采用机械化灌装不仅可以提高劳动生产率，减少产品的损失，保证包装质量，而且可以减少生产环境与被装物料的相互污染。

图 14-10　胶囊充填机

容积式充填机是将产品按预定容量充填到包装容器内的机器；适合于固体粉料或稠状物体填充的容积式充填机有量杯式、螺旋式、气流式、柱塞式、计量泵式、插管式和定时式等多种。胶囊充填机如图 14-10 所示。

称量式充填机是将产品按预定质量充填至包装容器内的机器；充填过程中，实现称出预定质量的产品，然后填充到包装容器内。对于易结块或黏滞的产品，如红糖等，可采用在充填过程中产品连同包装容器一起称重的毛重式充填机。

计数充填机是将产品按预订数目充填至包装容器内的机器；按其计数方法不同，有单件计数与多件计数两类。

二、实训任务

按照明确任务、技能实训、知识学习、实训总结、理论拓展的五步项目实训教学法开展实训教学任务（参看第二章实训任务）。

可以因地适时选择某种型号的直接接触药品包装设备，通过文献检索，对该设备的技术背景、分类、前沿、热点进行归纳和总结，列出市场上该设备的优缺点、创新点、操作步骤、环保安全、使用要求等方面的要点。

针对该设备，开展近两年的文献检索研究，按照上述思路展开归纳与对比，根据具体设备的技术指标，完成使用评估实训任务，制定出该设备的使用要求和要点，提交设备使用记录和评估报告。

【课后任务】

1. 查询新型自动灌装设备。
2. 请列举药用单剂量包装设备。

第十五章
药品外包装机械的使用与维护

药品外包装对药品存放起着重要作用，应能够提高药品的稳定性、延缓药品变质，防止在运输、存放过程中药品污染、失效、变质，便于分发和账务统计，符合储运要求，耐受运输过程中的撞击、震动而不致破碎。

外包装是将已完成内包装的药品装入箱中或其他袋、桶和罐等容器中的过程。进行外包装的目的是将小包装的药品进一步集中于较大的容器内，以便药品的储存和运输；药包材不同于一般包装材料，其制造机械、过程、产品、使用等均要符合GMP要求。

在制药工业中，药品包装物外包装机械可分为外包装机械和药包材制造机械，统称为药品外包装机械。

第一节　药品外包装机械简介

按照GB/T 15692—2008，药品外包装机械是对药品包装物实行装盒（袋）、印字、贴标签、裹包、装箱等功能的机械及设备，包括装盒机械、卧式软袋包装机、药品包装物印字机械、药品包装物贴标签机械、薄膜收缩包装机、药用透明膜包装机、药用枕式包装机、大包装机械八类。

1. 装盒机械

是指能完成开盒，插入使用说明书，对瓶子、泡罩板、软管等药品包装物装盒、封盒的机械，包括说明书折叠机、多功能折纸机、连续式插舌装盒机、间歇式插舌装盒机、连续式浆糊粘贴装盒机、间歇式浆糊粘贴装盒机等。

说明书折叠机是能自动将堆码的说明书分张取出，并进行折叠的机械，如图15-1所示。多功能折纸机是能按标准纸尺寸和非标准尺寸将纸张折成单折、双折或多折等形式的折纸机械。连续式插舌装盒机是采用连续运行，插舌式封盒的机械。间歇式插舌装盒机是采用间歇运行，捕舌式封盒的机械。连续式浆糊粘贴装盒机是采用连续运行，浆糊粘贴式封盒的机

图 15-1　说明书折叠机

械。间歇式浆糊粘贴装盒机是采用间歇运行，浆糊粘贴式封盒的机械。

2. 卧式软袋包装机

这类机械是采用卧式制袋方式，插入使用说明书，充填泡罩板块、膏贴类药品并封口的软袋包装机。

3. 药品包装物印字机械

是指将商标及文字印刷在瓶身或包装盒上的机械，包括安瓿印字机、安瓿色标机、安瓿印字装盒机、安瓿印字包装机、制盒安瓿印字包装机、标签/塑料袋批号印字机、纸盒批号印字机等。

安瓿印字机是将商标及文字印刷在安瓿或管形瓶身上的机械。安瓿色标机是在安瓿颈部印刷色点或色环的机械。安瓿印字装盒机是指用于安瓿及管形瓶印字、自动落盒、关盒的机械。安瓿印字包装机是指用于安瓿及管形瓶印字、自动落盒、关盒、贴标签、打印批号、叠盒、捆扎的多功能包装机。制盒安瓿印字包装机是完成纸带制盒、安瓿印字、自动落盒、关盒的多功能包装机。标签/塑料袋批号印字机是指在标签/塑料袋上印刷批号、有效期等标记的机械。纸盒批号印字机是在药品外包装纸盒上印刷批号的机械。

4. 药品包装物贴标签机械

是指将标签贴在药品包装物上的机械，包括不干胶药用瓶贴标签机、不干胶外盒贴标签机、转鼓式贴标签机、龙门式贴标签机、外盒贴标签机等。纸盒贴标机如图 15-2 所示。

不干胶药用瓶贴标签机是把标签带上的单个不干胶标签剥离下来，粘贴在药用瓶身上的机械。不干胶外盒贴标签机是把标签带上的单个不干胶标签剥离下来，粘贴在药品包装盒上的机械。转鼓式贴标签机是利用真空转鼓吸签并涂上浆胶，贴在药品包装物上的机械。龙门式贴标签机是利用摩擦轮分签并涂上浆胶，贴在龙门架下直线运行的药用瓶身上的机械。外盒贴标签机是涂上浆胶的标签粘贴在药品包装物的大包装盒上的机械。

5. 薄膜收缩包装机

是用热收缩薄膜，将药品包装物叠加集合裹包的机械，包括四边封热收缩包装机、六面封热收缩包装机、开式六面封热收缩包装机等。

四边封热收缩包装机是采用四边封合的小盒包装机，如图 15-3 所示。六面封热收缩包装机是采用六面封合的小盒包装机。开式六面封热收缩包装机是采用六面封合且封合后在长端的两侧有开口的小盒包装机。

图 15-2　纸盒贴标机

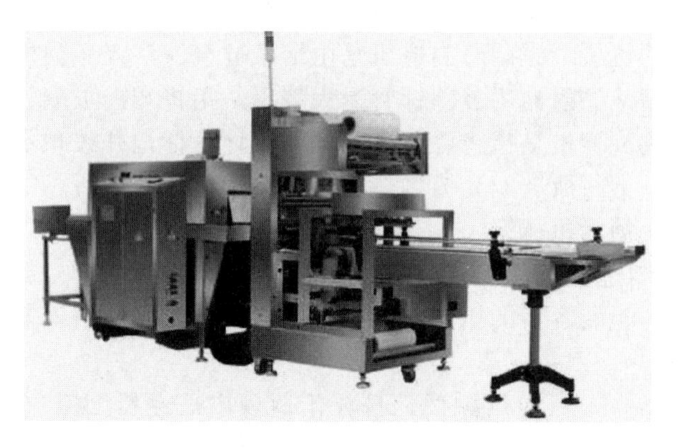

图 15-3　收缩包装机

6. 药用透明膜包装机

是采用透明薄膜包装材料，可对药品包装物自动送料、裹包、折叠、热封、计数，叠加集合裹包的机械。

7. 药用枕式包装机

是自动完成筒状卷膜、制袋、裹包非 PVC 膜软袋大容量注射剂或其他剂型药品的机械。

8. 大包装机械

大包装机械是将已装盒或裹包的药品包装物再叠加捆扎包装或装箱包装的机械，包括捆盒包装机、捆箱包装机、装箱机、胶带封箱机、多功能装箱机、大包装联动线等。

捆盒包装机是用捆扎带将药品包装物的一个或多个包装盒捆扎的机械。捆箱包装机是用捆扎带将药品包装物的一个或多个包装箱捆扎的机械。装箱机是将药品包装物装入包装箱内的机械。胶带封箱机是用胶带自动封箱包装的机械。多功能装箱机是完成药品包装物装箱、打批号、捆扎的多功能机械。大包装联动线是由捆盒（箱）包装机、装箱机、胶带封箱机等组成的联动线。

第二节　药包材的制造机械与使用

按照 GB/T 15692—2008，药包材制造机械是制造药用包装容器、包装材料的机械及设备，包括药用玻璃容器制造机械、药用塑料容器制造机械、药用金属容器制造机械、空心胶囊制造机械四类。

一、药包材制造机械简介

（一）药包材制造机械分类

1. 药用玻璃容器制造机械

是指制造药用玻璃容器的机械，包括立式安瓿制造机、卧式安瓿制造机、管制瓶制造机、模制瓶制造机、预灌液注射器用玻璃针管退火装置、预灌液注射器用玻璃针管切割成型机、卡式瓶玻璃套筒制造机等。

立式安瓿制造机是指通过立式导向传动机构，将玻璃管制成安瓿的机械。卧式安瓿制造机是通过卧式导向传动机构，将玻璃管制成安瓿的机械。管制瓶制造机指由玻璃管制成抗生素、口服液等药用瓶的机械。模制瓶制造机是由熔融玻璃液注入瓶模内经压缩空气吹制成药用玻璃瓶的机械。预灌液注射器用玻璃针管退火装置是指将硼硅玻璃管退火的设备。预灌液注射器用玻璃针管切割成型机是指将硼硅玻璃管印制计量标记并按预定长度（容积）切割制成注射器针筒的机械。卡式瓶玻璃套筒制造机是指将塑料粒熔融后，注入瓶模内，经压缩空气吹制成卡式瓶玻璃套筒的机械。

2. 药用塑料容器制造机械

是指制造药用塑料包装容器的机械，包括塑料瓶制造机、塑料盖制造机、药用塑料管膜制造机等。

塑料瓶制造机是指将塑料粒熔融后，挤注于瓶模内，经压缩空气吹制药用塑料瓶的机械。塑料盖制造机是指将塑料粒熔融后，挤注于瓶盖模内，压制成瓶盖的机械。药用塑料管膜制造机是指将塑料粒熔融后，由模头挤出，经压缩空气吹制药用塑料管膜的机械。

3. 药用金属容器制造机械

是指制造药用铝管及其他药用金属容器的机械，包括药用铝管制造机、金属复合铝管制造机、铝盖制造机、铝塑复合盖制造机、铝管旋盖机、其他药用金属容器制造机等。

（1）药用铝管制造机　是指制造药用铝管的机械，包括退火炉、铝管冲挤机、铝管螺纹机、铝管印刷机、铝管烘干机等。

退火炉是指将铝片退火的设备。铝管冲挤机是指将铝片冲挤压成铝管毛坯的机械。铝管螺纹机是指完成铝管毛坯螺纹加工、切尾成型的机械。铝管印刷机是指将文字、图案、色标印刷在铝管外壁的机械。铝管烘干机是指对印刷后的铝管进行烘干的机械。

（2）金属复合铝管制造机　是指制造金属复合铝管的机械，包括卷材制造机、螺纹头铝管制造机等。

卷材制造机是制造金属复合膜卷材的机械。螺纹头铝管制造机是将卷材制成带螺纹头的金属复合铝管制造机。其他如铝盖制造机是将铝片冲制成铝盖的机械。铝塑复合盖制造机是将铝盖与塑料盖结合在一起的机械。铝管旋盖机是在铝管上旋盖的机械。

4. 空心胶囊制造机

是指将食用明胶制成圆筒形囊体、帽，并相互套合成空心胶囊的机械，包括溶胶锅、明胶液桶、空心胶壳制造机等。

溶胶锅是指将明胶搅拌、熔融成溶胶，并有真空脱泡功能的设备。明胶液桶是指盛放明胶液，使其恒温、自然脱泡的容器。空心胶壳制造机是指能完成胶壳模杆蘸胶、整形、干燥、定长切割、帽体套合、模杆上油等工序的机械。

（二）药包材生产工序要求

药包材不同于一般包装材料，在生产中对各工序有洁净度的要求。

① 药包材生产企业可以根据产品的分类和用途确定相应洁净度级别，洁净级别的设置应遵循与所包装的药品生产洁净度级别相同的原则，以保证产品在符合规定的环境里生产。对于洁净室（区）内使用的压缩空气或各类气体，也应列入受控范围。

② 药包材企业生产区域可分为生产控制区和洁净室（区），其中生产控制区应为密闭空间，具备粗效过滤的集中送风系统，内表面应平整光滑，无颗粒物脱落，墙面和地面能耐受清洗和消毒，以减少灰尘的积聚。

③ 洁净室（区）内有多个工序时，应根据各工序的不同要求，采用不同的洁净度级别。在满足生产工艺要求的条件下，洁净室（区）的气流组织可采用局部工作区空气净化和全室空气净化相结合的形式，如C级下的局部A级洁净区。

④ 应当根据药包材品种、生产操作要求及外部环境状况等配置空调净化系统，使生产区有效通风，并有温度、湿度控制和空气净化过滤，保证药包材的生产环境符合要求。洁净区与非洁净区之间、不同级别洁净区之间的压差应当不低于10Pa，应当在压差相邻级别区之间安装压差表。压差数据应当定期记录或者归入有关文档中。必要时，相同洁净度级别的不同功能区域（操作间）之间也应当保持适当的压差梯度。

⑤ 应当按照气锁方式设计更衣室，使更衣的不同阶段分开，尽可能避免工作服被微生物和微粒污染。更衣室应当有足够的换气次数。更衣室后段的静态级别应当与其相应洁净区的级别相同。洗手设施只能安装在更衣的第一阶段。

⑥ 药包材生产洁净区洁净级别的设置应遵循与所包装的药品生产洁净度级别相同的原则，如被包装药品为口服液体和固体制剂、腔道用药（含直肠用药）、表皮外用药品等非无菌制剂，应当参照“无菌药品”D级洁净区的要求设置，企业可根据产品的标准和特性对该区域采取适当的微生物监控措施。

⑦ 药包材生产所需的洁净区可分为四个级别；应对微生物进行动态监测，评估无菌生产的微生物状况。

二、药包材的领用

药品包装材料的领用一般都建立领用操作规程，适用于所有医疗器械车间的包装材料。责任人员是车间操作人员、库管员、质检员、班组长、车间管理人员等。以PE料药包材为例，操作规程如下。

（一）药用料的领用

① 车间技术员根据待生产产品的库存情况，安排生产，下达生产指令，车间主任复核生产指令，复核无误后下达到带班主管。

② 车间技术员填写限额领料单，一式二份，车间一份，库管员一份。车间主任复核后，

一份交库管员，一份车间留存。

③ 库管员根据限额领料单对各种原料进行称量，并写标签贴在各原料的外包装上。

④ 带班主管凭生产指令从库管员处领取原料，班长将所领取PE料，按待生产产品不同分类进行使用，将夜班使用的料放到指定位置暂存。

（二）药用料的使用

① 带班主管根据生产指令，把生产用料分别放到指定位置，供注塑机使用。

② 每个班的剩余原料，当班带班主管包装好，并进行称重，填写标签，贴在包装袋的外面，放到指定位置。库管员上班后，与带班主管进行药用料的交接。

③ 生产所用原料建立交接纪录，在交接时双方都要进行签字确认。

④ 每种原料用完后，对现场要进行清场，带班主管检查清场的效果，合格后进行生产，如果不合格，继续清场直至合格。

（三）洁净区用料的领用

① 技术员根据待清洗产品的库存情况，安排生产，下达生产指令，车间主任复核生产指令，复核无误后下达到带班主管。

② 带班主管根据生产指令填写限额领料单，一式二份，工段一份，库管员一份。车间技术员复核后，交当班的带班主管，当班带班主管将限额领料单交库管员。

③ 库管员根据限额领料单，在仓库准备好洁净区所需的包装材料。

④ 库管员联系洁净区的带班主管，双方当面进行交接，并签字确认。

（四）其他物品的领取。

① 各班带班主管根据生产所需，填写限额领料单，车间主任签字，交库管员领取。

② 库管员凭限额领料单，准备好物品。

③ 通知带班主管，当面交接领取，并双方签字确认。

三、药包材验收、储存、发放操作规范

药用包装材料在使用过程中，其验收、储存、发放环节必须建立标准操作规程，使得包装材料从进厂验收到发放出库的过程符合规范，运行合理。该操作规程适用于药用包装材料中的大盒、包装箱、小瓶等的验收、储存、发放操作；责任人员是仓库管理员、质量部质监员、采购员等。

（一）药用包装材料的验收

① 包装材料进厂，仓库管理员应首先清洁外包装，检查外观、尺寸式样是否符合厂订规格要求，与送货凭单、订货合同是否相一致，票物是否相符，有否污染、破损，凡不符合要求的应予拒收，及时通知经营厂商退货。

② 所有包装材料必须有外包装，标明内容物的品名、规格、数量、生产厂家及附有产品合格证，直接接触药品的包装材料必须用双层包装，每层包装都应该封口严密，无破损、无泄漏。

③ 包装材料验收后，仓库管理员应按物料编号规定进行编号，登记包装材料进货记录，进行入库，并及时填写“请验单”送质量控制室，抽样检验。

④ 仓库管理员收到检验单报告后，应根据“检验报告”结果，移至合格区，挂上“合

格”绿色标志牌，当检验结果不合格时仓库管理员应该将包装材料放在不合格区，并有显著的红色不合格标牌。

⑤ 合格的包装材料，应及时记入分类账簿，并在货堆前建“货位卡”。

⑥ 不合格包装材料登记入账，并按相应处理程序进行处理。

（二）药用包装材料的储存

① 包装材料必须按指定区域分类存放，不得露天堆放。

② 直接接触药品的内包装材料，因故不予使用或检验不合格时，应隔离存放，并作出明显的“不合格”标志。

（三）药用包装材料的发放

① 仓库在接到生产部“批生产指令”后，提前做好备料工作，包括核对品名、规格、数量。根据“先进先出”的原则确定某编号的包装材料。

② 领料车间开具的“领料单”应有车间主任签字并一式四份，以此作为仓库、领料的依据，仓库管理员应依据“领料单”上规定的内容填写完整，并保留一份存根。

③ 领料前，仓库管理员需要进行发放包装材料的清洁工作，除去灰尘。

④ 仓库保管员及时整理料单，并填写记录。

第三节　药品包装物外包装机械与设备

完成灭菌并通过质量检查的注射剂安瓿可以进入安瓿包装生产线，在此完成安瓿印字、装盒、加说明书、贴标签等操作。印包机应由开盒机、印字机、装盒关盖机、贴签机四个单机联动而成，是典型的药品包装物外包装机械。印包生产线的流程如图 15-4 所示。现分述各单机的功能及结构原理。

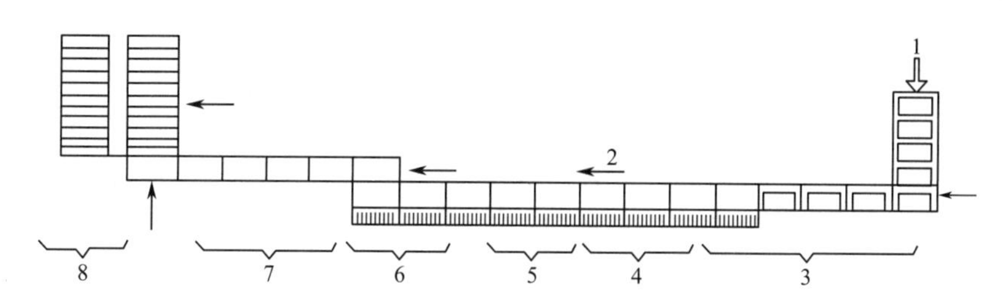

图 15-4　印包生产线流程图

1—储盒输送带；2—传送带；3—开盒区；4—安瓿印字理放区；5—放说明书；6—关盖区；7—贴签区；8—捆扎区

一、开盒机

国家标准中对安瓿的尺寸是有一定规定的，因此装安瓿用的纸盒的尺寸、规格也是标准的。开盒机是依照标准纸盒的尺寸设计和动作的。开盒机的结构示意如图 15-5 所示。

在开盒机上有两个推盒板组件 14、15 它们均受滑轨 16 约束。装在储盒输送带 13 尽头

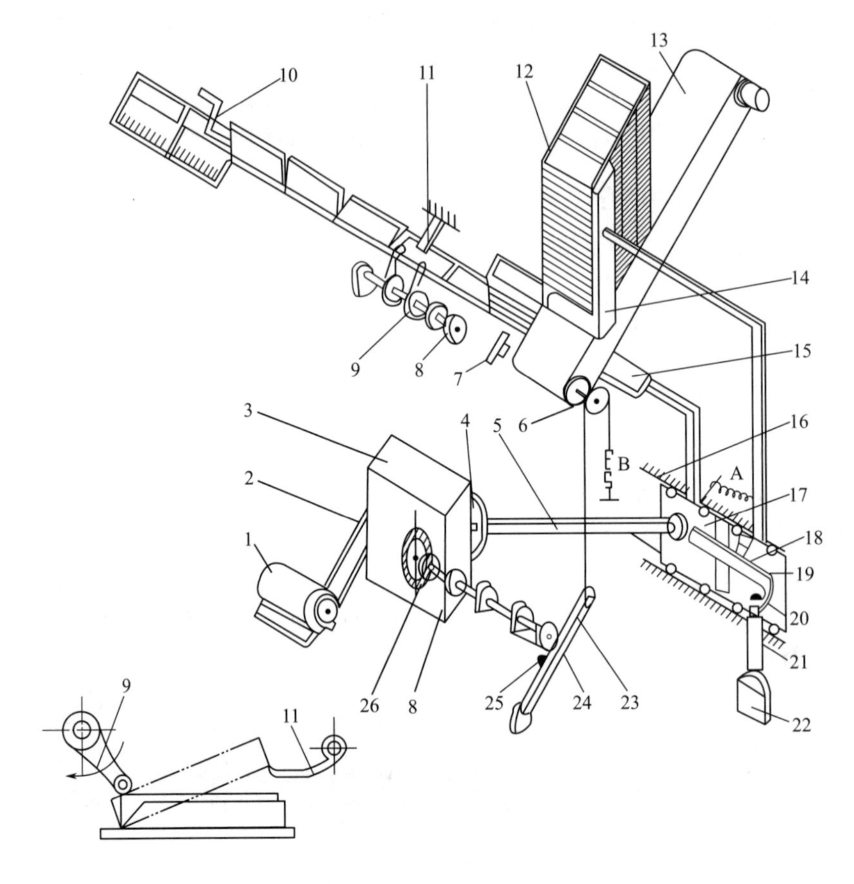

图 15-5　开盒机结构示意图

1—马达；2—皮带轮；3—变速箱；4—曲柄盘；5—连杆；6—飞轮；7—光电管；8—链轮；9—翻盒爪；10—翻盒杆；11—弹簧片；12—储盒；13—储盒输送带；14—推盒板；15—往复推盒板；16—滑轨；17—滑动块；18—返回钩；19—滑板；20—限位销；21—脱钩器；22—牵引吸铁；23—摆杆；24—凸轮；25—滚轮；26—伞齿轮；A—大弹簧；B—小弹簧

的推盒板 14 靠大弹簧 A 的作用，可将成摞的纸盒推到与储盒输送带相垂直的开盒台上去，但平时由于与滑板 19 相连的返回钩 18 被脱钩器 21 上的斜爪控制，故推盒板并不动作。往复推盒板 15 下面的滑动块 17 受连杆 5 带动，将不停地做往复运动，其往复行程即是一支盒长。受机架上挡板的作用，往复推盒板每次只推光电管 7 前面的，是一摞中最下面的与开盒台相接触的一只盒子。

当最后一支盒子推走后，光电管 7 发出信号使牵引吸铁 22 动作，脱钩器 21 的斜爪下移，返回钩 18 与脱钩器脱离，大弹簧 A 将带动推盒板 14 推送一摞新的纸盒到开盒台上去。当推盒板 14 向前时，小弹簧 B 将返回钩拉转，钩尖抵到限位销 20 上，同时返回钩另一端与滑动块上的撞轮接触。届时滑动块 17 受连杆 5 作用已开始向后移动，并顶着推盒板 14 后移，返回钩 18 的钩端将滑过脱钩器的销子斜面，将返回钩锁住。当滑动块再向前时，返回钩将静止不动。

在间歇运行的联动线上，经常巧妙地运用类似办法，而省去许多曲柄连杆结构的重复设置。

往复推盒板 15 往复推送一次，翻盒爪在链轮 8 的带动下旋转一周。被推送到开盒台上的纸盒，在翻盒爪 9（一对）的压力作用下，使盒底上翘，并越过弹簧片 11。当翻盒爪转过了头时，盒底的自由下落将受到弹簧片 11 的阻止，只能张着口被下一只盒子推向前方。前进中的盒底在将要脱开弹簧片下落的瞬间，遇到曲线形的翻盒杆 10 将盒底张口进一步扩大，直到完全翻开，至此开盒机的工作已经完成。翻开的纸盒由另一条输送带送到印字机下，等待印字及印字后装盒。

翻盒爪的材料及几何尺寸要求极为严格。翻盒爪需有一定的刚度和弹性，既要能撬开盒口，又不能压坏纸盒，翻盒爪的长度太长，将会使旋转受阻，翻盒爪若太短又不利于翻盒动作。

二、印字机

灌封、检验后的安瓿需在安瓿瓶体上用油墨清楚印写药品名称、有效日期、产品批号等，否则不许出厂和进入市场。

安瓿印字机除了往安瓿上印字外，还应完成将印好字的安瓿摆放于纸盒里的工序。其结构原理如图 15-6 所示。两个反向转动的送瓶轮按着一定的速率将安瓿逐只自安瓿盘输送到推瓶板前，即送瓶轮。印字轮的转速及推瓶板和纸盒输送带的前进速度等需要协调，这四者同步运行。作往复间歇运动的推瓶板 11 每推送一只安瓿到印字轮 4 下，也相应地将另一只印好字的安瓿推送到开盖的纸盒 2 槽内。油墨是用人工的方法加到匀墨轮 8 上。通过对滚，由钢质轮 7 将油墨滚匀并传送给橡皮上墨轮 6。随之油墨即滚加在字轮 5 上，带墨的钢制字轮再将墨迹传印给印字轮 4。由安瓿盘的下滑轨道滚落下来的安瓿将直接落到镶有海绵垫的托瓶板 3 上，以适应瓶身粗细不匀的变化。推瓶板 11 将托瓶板 3 及安瓿同步送至印字轮 4 下。转动着的印字轮在压住安瓿的同时也拖着其反向滚动，油墨字迹就印到安瓿上了。

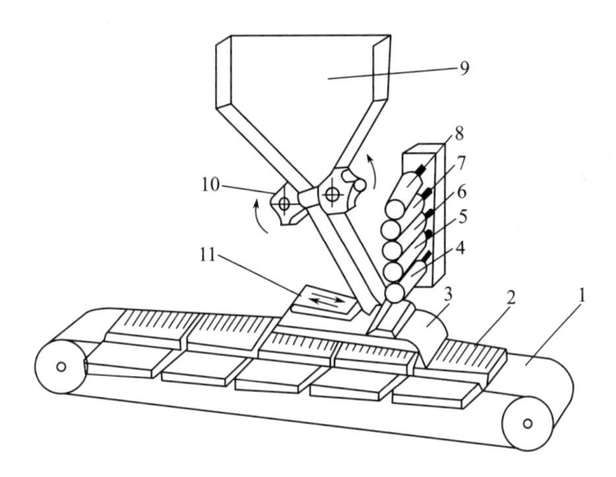

图 15-6　安瓿印字机结构原理图

1—纸盒输送带；2—纸盒；3—托瓶板；4—（橡皮）印字轮；
5—字轮；6—上墨轮；7—钢质轮；8—匀墨轮；
9—安瓿盘；10—送瓶；11—推瓶板

由于安瓿与印字轮滚动接触只占其周长的 1/3，故全部字必须在小于 1/3 安瓿周长范围内布开。通常安瓿上需印有三行字，其中第一、第二行是标明厂名、剂量、商标、药名等字样，是用铜板排定固定不变的。而第三行是药品的批号，则需使用活版铅字，准备随时变动调整，这就使字轮的结构十分复杂且需紧凑。

使用油墨印字的缺点是容易产生糊字现象。这需要控制字轮上的弹簧强度适当，方能保证字迹清晰。同时油墨的质量亦十分重要。

三、贴标签机

图 15-7 所示为完成向装有安瓿的纸盒上贴标签工作的设备结构示意。

贴标签机-视频

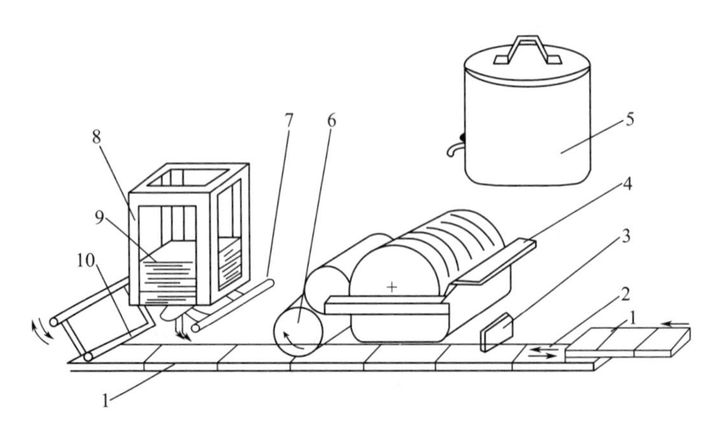

图 15-7　贴标签机结构示意图

1—纸盒；2—推板；3—挡盒板；4—胶水槽；5—胶水储槽；
6—上浆滚筒；7—真空吸头；8—标签架；9—标签；10—压辊

装有安瓿和说明书的纸盒在传送带前端受到悬空的挡盒板 3 的阻挡不能前进，而处于挡板下边的推板 2 在做间歇往复运动。当推板向右运动时，空出一个盒长使纸盒下落在工作台面上。在工作台面上纸盒是一只只相连的，因此推板每次向左运动时推送的是一串纸盒同时向左移动一个盒长。胶水槽 4 内储有一定液面高度的胶水。由电机经减速后带动的大滚筒回转时将胶水带起，再借助一个中间滚筒即可将胶水均布于上浆滚筒的表面上。上浆滚筒 6 与左移过程中的纸盒接触时，自动将胶水滚涂于纸盒的表面上。做摆动的真空吸头 7 摆至上部时吸住标签架上的最下面一张，当真空吸头向下摆动时将标签一端顺势拉下来，同时另一个做摆动的压辊 10 恰从一端将标签压贴在纸盒盖上，此时真空系统切断，真空消失。由于推板 2 使纸盒向前移动，压辊的压力即将标签从标签架 8 上拉出并被滚压平贴在盒盖上。

当推板 2 右移时，真空吸头及压辊也改为向上摆动，返回原来位置。此时吸头重新又获得真空度，开始下一周期的吸、贴标签动作。

贴标签机的工作要求送盒、吸签、压签等动作协调。两个摆动件的摆动幅度需能微量可调，吸头两端的真空度大小也需各自独立可调，方可保证标签及时吸下，并且不致贴歪。另外也可防止由于真空度过大，或是接真空时太猛而导致的双张标签同时吸下的现象。

第四节　药品外包装机械的操作与维护

以自动裹包机为例，来说明药品包装物外包装机械的操作规范。

（一）安全注意事项

操作过程中，工作人员应该身穿安全鞋、工作服、工作帽、耳塞、手套；安全注意事项如下。

① 设备维修或保养时，严格执行上锁挂牌程序，禁止手动或自动运行设备，必须上锁挂牌直到有专人监护。

② 设备维修时，注意设备带电部分，避免带电作业。

③ 设备运转时，非专业人士，严禁打开电柜门。

④ 开机前，检查所有水、电、气压等是否正常。

⑤ 各安全门，安全连锁不允许短接。

⑥ 机器在自动运行时，严禁人员进入机器内部。

⑦ 严禁设备在运转状态下攀登作业或随意打开安全门。

（二）开机操作

1. 原辅料准备

① 领取纸箱，检查纸箱的型号、印刷、外观质量是否合格。

② 按计划领取适量的热熔胶（热熔胶型号与要求的一致）。

2. 卫生准备

开机前按照 GMP 标准清理输送带、设备区域的杂物。收好设备维护时所使用的工具。

3. 开机准备

① 在输箱带上放置足够的纸板。

② 在胶箱内加入足够胶粒。

4. 开机检查

① 开机前，必须检查危险区域内有无其他工作人员。

② 检查所有安全和监控装置的运行是否正常。

③ 检查电、气是否正常；压缩空气压力 0.4～0.6MPa。

④ 检查各润滑点的润滑状态是否良好。

5. 开机

① 打开箱包机总电源，气阀（气压 0.4～0.6MPa）。

② 待触摸操作屏登陆后，选择生产操作参数［瓶子规格（mL）］。

③ 打开热熔炉加热按钮，给胶箱加热（提前 40min 加热）。

④ 按下点动按钮、设备找位。

⑤ 待走位完后，按下自动按钮，设备自动调节高度。

⑥ 高度调节结束，可以生产。

6. 热熔胶加热

① 检查喷胶系统压力是否在范围内（压缩空气压力 0.4～0.6MPa）。

② 启动设备后启动喷胶系统，等待熔胶。

③ 提前 40min 加热。

④ 待加热结束后（热熔胶的温度为 155℃±15℃），点动对应喷头试喷胶。

7. 进瓶进箱

① 选择自动模式。

② 按下自动运行按钮；在操作屏上按下剩余容器调用按钮。

③ 待瓶子自动走到位置时，打开手动进瓶按钮，手动进瓶到位即可以生产。

8. 箱包功能确认

① 确认热熔胶温度达到要求。

② 在自动方式下启动设备，按下自动进瓶按钮，再次按下按钮，停止进瓶。

③ 仔细观察进箱动作、喷胶、封箱动作是否正确符合要求。

(三) 过程控制

1. 运行检查

生产过程中要时刻关注有无异响、异常震动。各运动部件有无异常。禁止短接安全门来检查，或者直接在运行的设备内部进行检查。

2. 质量控制

① 是否有缺支。

② 折好的纸箱外观是否平整。

③ 完好有无折边。

④ 纸箱是否开胶、缺胶。

注意生产过程中喷胶头是否有堵塞。

3. 放箱放胶

根据生产的速度，及时补充热熔胶，补充纸箱；每小时记录一次。

4. 生产过程记录

按要求做好过程记录即红绿表规范填写，每小时记录一次。

(四) 故障处理

1. 进口卡瓶、倒瓶

当发现进瓶道有倒瓶或卡瓶时，设备会报警停机，将卡瓶、倒瓶扶起。按下通道隔板边上的手动进瓶补充按钮，待瓶子补满之后放开，设备自动运行。

2. 进瓶口过渡板卡瓶

当过渡板卡瓶时，将卡变形的瓶子取出，然后补满瓶子，复位开机。

3. 提升架卡箱处理

由于纸箱变形或者纸箱进不到位，导致 A 叉提升时，纸箱与挡杆卡死，A 叉提升不上去，纸箱吸不上。将纸箱退出，从新复位进箱。

4. 喷胶折箱故障处理

当发现喷胶头堵住时，按下停止按钮，待箱走空后，打开安全门，拆下堵住喷嘴。点动喷胶，疏通后将预备好的喷嘴装上，开机运行。注意：掉在地上的胶粒严禁捡起后重新投入胶箱，因为胶粒可能会带有灰尘，堵住胶嘴。

5. 送箱滚轮卡箱

当送箱滚轮卡箱时，将卡住的纸箱取出，检查 A 叉上的纸箱是否平整到位。

① 到位时，将送箱链条缺少的纸箱补满，正常开机。

② 不到位时，在操作屏，手动按钮，将纸箱退出，从新进箱，复位开机。

6. 送箱链条卡箱，缺少纸箱

送箱链条卡箱、缺少纸箱时，将卡坏纸箱取出，换上好的纸箱、补满，复位开机。

7. 送箱链条出口卡箱

当卡箱时，将卡坏纸箱取出，将推瓶杆上多的瓶子清出，复位开机。

8. 折箱装置卡箱

当卡箱时，将卡坏纸箱及瓶子取出，状态为开机，注意不要碰到溶胶炉的启动开关。

9. 出口纸箱开胶

当检测光眼检测到开胶时，设备会停下报警，此时出口复位开关会常亮，待机器停止后，按下此复位开关，设备正常运行。将输送带上开胶的产品取出，封盖好。

10. 包装件输送故障

当输送带突然停机，或者输送的两箱纸箱紧挨在一起，没有分开时，检测光眼没有检测到间隙，就会报警，待后工序正常后，在输送系统操作台上按下复位键，输送带正常运行。箱包机从新复位开机。

（五）停机

1. 停止放箱

根据剩余的瓶子，放置适量的纸箱。

2. 走完瓶子

选择瓶走空，走空输送带上的瓶子，尾数取出。

3. 关闭动力电源

① 等待设备内的纸箱完全走出后，按停止按钮停止机器。

② 手动退出剩余的纸箱。

③ 关闭箱包机总电源。

4. 关闭压缩空气

关闭设备压缩空气进气阀，排除余气，气压表显示 0Pa。

5. 生产结束

原辅料退仓，现场清理（设备底部的瓶子，破损纸板的处理）。

（六）维护保养

1. 上锁挂牌

关闭电源，直到设备指示灯关闭。关闭压缩空气阀，打开排气口，直到压力表显示为零。按要求填写上锁挂牌表，拿上锁具，上锁。

2. 集中润滑系统

当油罐的油在最低液位以下时，及时加注润滑油。注意：润滑油的规格必须符合卡朗斯的润滑要求。

3. 点检

① 按点检表要求，对设备进行检查，维修保养。

② 维修结束后，检查有无工具遗留在设备上。

③ 对设备进行润滑点的润滑，进行活动部件的润滑、保养。

④ 对机件的各部位紧固螺丝进行紧固。

4. 清洁

检修结束后对设备进行清洁，清理残留的积油。清理设备上的工具、碎布、手套等。

5. 紧固

紧固 A、B 叉提升架螺丝；紧固折箱器螺丝；紧固防护门手柄螺丝；紧固设备标示螺丝。

6. 试机

检修结束后，通知所有在场人员及上级主管，解锁试机。接通电源、气源。打开操作版面，选择手动操作，对进瓶道、进箱板、出箱口分别进行手动操作。试机正常后，通知上级主管验收。

【思考题】

1. 药品外包装机械需要 GMP 认证？为什么？
2. 药品外包装材料有什么要求？

实训任务　保养印包机

能力目标： 能够熟练查询该设备的相关资讯，运用现代职业岗位的相关技能，归纳和总结出设备的保养要点和维护措施，制定出设备保养制度，包括保养记录表、保养要点、安全保养事项、保养规范等。

知识目标： 了解该设备的相关基础知识，掌握该设备保养要点和保养方法，掌握该设备的分类、特点、安全、操作、维修、保养等知识，以及对设备资讯的对比、分析、归纳、总结的方法与要点。

实训设计： 公司制剂车间包装小组接到工作任务，要求及时维护、排除故障、完成保养和包装任务；按照车间组织构成，分为若干班组（项目组），选出组长，由组长协调组员进行保养任务的开展和工作，完成项目要求，提交保养报告，以公司绩效考核方式进行考评。

一、印包机械打码机

印包机由开盒机、印字机、装盒关盖机、贴签机四个单机联动而成，是典型的药品包装物外包装机械；是在完成灭菌并通过质量检查后进入包装生产线，在此完成安瓿印字、装盒、加说明书、贴标签等操作。

印包机-视频

以打码机为例，其操作及维护保养程序如下。

首先是检查打码机是否运转正常，准备好制成的丝网版。

其次是打码操作，先根据自己所打印的物体，选择移印油墨。在油槽中放一块大小、厚薄适当的海绵作储放油墨用，打印油墨放在海绵上，使海绵吸满油墨。其次将制好的丝网版装在打印台上，前后移动丝网版或胶头，直至移印胶头，对准需要打印图文后，用左右两边的螺丝将网版固定。

注意在使用油墨时，应先用慢干稀释剂调稀。打印一段时间后，应添加些油墨在槽中的海绵上；打印完毕后，必须马上用洗涤液将网版上的油墨擦洗干净。所打印的版不需要时，可用洗版液把网版擦洗干净，然后再用脱膜剂将网版上的感光胶脱掉后用清水洗净，如果还有少量痕迹，可依次用洗涤液及工业酒精擦洗，最后用清水洗干净，以便下次使用。

二、实训任务

按照明确任务、技能实训、知识学习、实训总结、理论拓展的五步项目实训教学法开展实训教学任务（参看第二章实训任务）。

可以因地适时选择某种型号的外包装机械，通过文献检索，对该设备的技术背景、分类、前沿、热点进行归纳和总结，列出市场上该设备的优缺点、创新点、操作步骤、环保安全、使用要求等方面的要点。

针对该设备，开展近两年的文献检索研究，按照上述思路展开归纳与对比，根据具体设备的技术指标，完成使用评估实训任务，制定出该设备的使用要求和要点，提交设备使用记录和评估报告。

【课后任务】

1.查询新型自动灌装设备。

2.请列举药用单剂量包装设备。

附录

设备使用（运行）记录单、设备维护记录单、设备保养记录单

某药业（集团）有限公司

记录——设备管理

文件名称	主要设备运行记录			编码	REC-SB-001-01	
				页数	1-1	实施日期
制订人		审查人		批准人		
制订日期		审查日期		批准日期		
制订部门	工程部	分发部门	动力机修、生产车间			

某药业（集团）有限公司

主要设备运行记录

编号：REC-SB-001-01　　　　日期：　　年　月　日

设备编号		设备名称	
型号规格		使用部门	
运行记录			
日期/班次	开/停机时间	运行（保养、事故）简况	操作者
设备实际开动台时：（小时）		设备故障停机台时：（小时）	

制药设备维护记录单

仪器设备名称			生产厂家	
规格型号			所属科室	
报修数量	报修人	报修日期	前次报修日期	维修后送还仪器日期

故障分析及处理方案（维修人员填写）：

故障判定：

□操作不当　□维护不当　□维修不当　□自然劣化　□固有故障

其他：

维修后仪器设备状况（验收人员填写）：

维修总数量	维修后可用的仪器数量	维修经费（金额）	材料经费（金额）	维修人	验收人	验收日期

制药设备保养记录单

Maintenance Record of Machines & Equipments of GMP Project

设备名称 Name of machine		自编号 No.	
型号 Model		检查日期 Check date	
需检查部位 Position to be checked			
需更换配件 Parts to be changed			
检查结果 Result			
操作人员 Operator		保养人员 Maintained by	
确认日期 Confirm date		确认日期 Confirm date	

参 考 文 献

[1] 张寿山.制药厂生产车间新技术新工艺流程与操作技能应用、质量控制及设备运行维护实用全书.北京：中国医药科技出版社，2005.

[2] 杨成德.化工单元操作与控制.北京：化学工业出版社，2010.

[3] 马秉骞.化工设备使用与维护.北京：高等教育出版社，2007.

[4] 王永红等.生物反应器及其研究技术进展.生物加工过程，2013，11（2）：14-24.

[5] 盖旭东等.新型化学反应器研究的前沿课题.现代化工，1998，（3）：13-16.

[6] 赵敏等.粉碎理论与粉碎设备发展评述.矿冶，2001，（02）：36-41.

[7] 骆广生等.微混合设备及其性能研究进展，现代化工，2003，23（8）：10-13.

[8] 朱玉玲.药物制剂技术.北京：化学工业出版社，2010.

[9] 李淑芬.高等制药分离工程.第3版.北京：化学工业出版社，2008.

[10] GB 28670—2012 制药机械（设备）实施药品生产质量管理规范的通则.

[11] 田园.除尘设备设计安装运行维护及标准规范操作指南.长春：吉林音像出版社，2011.

[12] 涂光备.制药工业的洁净与空调.第2版.北京：中国建筑工业出版社，2006.

[13] 于淑萍.化学制药技术综合实训.北京：化学工业出版社，2007.

[14] 沈雪梅.中药制剂学.第4版.北京：化学工业出版社，2010.

[15] 邓修.中药制药工程与技术.上海：华东理工大学出版社，2008.

[16] GB/T 15692—2008 制药机械术语.